Jetzt helfe ich mir selbst

VW T5 BUS/TRANSPORTER

WOHNMOBIL-SELBSTAUSBAU

Motor buch Verlag

Einbandgestaltung: Louis Dos Santos

Bilder/Zeichnungen: Christoph Pandikow; Silke Pandikow; Fertan Korrosionsschutz Vertriebsgesellschaft mbh; Flex Elektrowerkzeuge GmbH; Kent Deutschland GmbH; Steinel Vertrieb GmbH; Volkswagen AG Mediaservice; Volkswagen AG, Wolfsburg; DVFG, Deutscher Verband Flüssiggas e.V., Berlin; Skippy Campingmodule, Bonn; Space-Camper, Darmstadt; Terra Camper, Hagen; VanEssa, Großhöhenrain; Westfalia (Westfalen Mobil), Rheda-Wiedenbrück; Werz Wohnmobile, St. Johann-Upfingen; Bi-Mobil, Oberpframmern

Text und redaktionelle Bearbeitung:
Christoph und Silke Pandikow

Vielen Dank für die tatkräftige Unterstützung an die Firma Autolackiererei Paul Wahl, Limburg; Fertan Korrosionsschutz Vertriebsgesellschaft mbh, Saarbrücken; Smart-Repair; C. Müller und C. Richter GbR, Dillenburg; Vollverklebt, Thomas Burggraf, Limburg; Udo's Wagenpflege, Elz; Fronius Deutschland GmbH; Audi AG; Volkswagen AG, Wolfsburg; Volkswagen AG Mediaservice; Silke Pandikow.

ISBN 978-3-613-03878-3

1. Auflage 2016

Sie finden uns im Internet unter:
www.motorbuch-verlag.de

Herstellung: Ipa, 71665 Vaihingen/Enz
Druck und Bindung: Gorenjski tisk, 4000 Kranj
Printed in Slovenia

H NV 384

Inhalt

Ein Ratgeber stellt sich vor

Vor wenigen Jahren war die Eigenleistung wichtig um einen Camper so auszurüsten, um den eigenen Bedürfnissen und den Anforderungen zur Zulassung und im Betrieb im öffentlichen Straßenverkehr Genüge zu tun. Wurden vor wenigen Jahren noch ganze Möbelgruppen selbst gefertigt, wird heute eine Vielzahl von Umbaumöglichkeiten für den T5-Bus angeboten. Vom Umbau in Eigenleistung bis zum Systemfahrzeug ist alles erhältlich. Oftmals wird es schon schwierig, auch als Selbstbauer mit den Preisen der Fahrzeugsysteme mitzukommen. Moderne CNC-Fertigungstechniken haben auch im Fahrzeugumbau die Kosten für ein Einbausystem durchaus konkurrenzfähig gemacht.

Tipps und Wissenswertes

Damit Ihnen niemand etwas vormachen kann, gewähren wir Einblick in die Fahrzeugtechnik, erläutern Fachbegriffe und informieren Sie über Wissenswertes aus der Welt der Wohnmobil- und Campertechnik.
Darüber hinaus erhalten Sie Tipps, die bares Geld wert sind: Der richtige Umgang mit der Werkstatt, falls sie gebraucht wird – wenn Sie gezielt Reparaturaufträge erteilen können, haben Sie die Werkstattkosten fest im Griff. In diesem Band stellen wir Ihnen typische Bauteile und Baugruppen Ihres Campers vor, die wir selbstverständlich auch in ihrer Funktion erklären.
Wir werden uns hier auf Arbeitsschritte beschränken, die Sie durchaus in der heimischen Hobbywerkstatt realisieren können. Die Arbeitsbereiche werden lediglich hinsichtlich typischer Pflege- und Wartungsarbeiten und Reparaturen und Umbauten am VW T5-Camper aufgeteilt. Die Reparaturschritte zeigen Ihnen Möglichkeiten auf, Ihren Camper wieder instand zu setzen oder umzubauen. Auch wenn Sie sich nicht immer selbst an alle Arbeiten herantrauen, können Sie sich durch die Beschreibung der Bauteile, der Prüfungen und der Funktionen einzelner Systeme selbst ein Bild über die Arbeiten machen, die dann Ihre Werkstatt oder der Umbauer Ihrer Wahl ausführen soll. Natürlich werden wir im Rahmen dieses Sonderbandes auch auf die Anforderungen, die an Ihr Fahrzeug hinsichtlich der Zulassungsbestimmungen und der Sicherheit gestellt werden, eingehen.

Sicherheit hat Vorrang

Grundsätzlich sollten Sie sich immer dann Hilfe holen, wenn Sie eine Arbeit noch nicht kennen. Zumindest ist es hilfreich, wenn man jemanden hat, der ab und an mal »über die Schulter« gucken kann. Bedenken Sie auch, dass die Gewichtsklasse unserer Lieblinge in den meisten Fällen die eigene Hebekraft deutlich überschreitet. Arbeiten Sie deshalb immer sehr bewusst und überlegt. Sprechen Sie die nächsten Schritte immer mit dem Helfer ab. Kleine entdeckte Auffälligkeiten an Ihrem Campingmobil können dazu beitragen, einem größeren Schaden vorzubeugen – und zwar bevor etwas schief geht. Auch bei einem anstehenden Termin zur Hauptuntersuchung kann diese Schnelldiagnose jede Menge Ärger und Geld sparen. Abgesehen davon haben wir regelmäßig wiederkehrende Überprüfungsarbeiten für Sie zusammengefasst. Diese dürfen Sie gerne kopieren und für sich abheften.

Reparaturen in der heimischen Garage

Sollten Sie bereits im Umgang mit Werkzeug geübt sein, werden wir Sie Schritt für Schritt durch die einzelnen Arbeitsgänge führen. Dabei beschränken wir uns in dieser Reihe auf Wartungs-, Pflege- und leichte Reparatur- und Umbaumaßnahmen, die Sie ohne weiteres in der heimischen Garage durchführen können. Welche Grundausstattung Sie dafür benötigen, haben wir für Sie gleich am Anfang dieses Buches zusammengefasst. Neben handelsüblichen Werkzeugen werden oft zusätzliche Hilfswerkzeuge benötigt. Ein Quäntchen technisches Verständnis vorausgesetzt befähigt Sie oft, mit einem Stück Material eine solche Hilfe herzustellen.
Ein Problem tut sich in Sachen Entsorgung auf: Während Sie aus der Werkstatt Ihren hoffentlich einwandfrei reparierten oder umgebauten Camper ledig ich abholen müssen, fallen in der Heimwerkstatt natürlich Abfälle an, die Sie fachgerecht entsorgen müssen. In Deutschland können Sie ölgetränkte Lappen, Altöle, Farbreste o. Ä. in einem Schadstoffmobil umweltschonend entsorgen. Baumaterialien, die nicht in die Hausmülltonne passen, nehmen oft die Deponien an oder sie können über den Sperrmüll entsorgt werden.

Damit Sie sich besser zurechtfinden

Wenn Sie etwas Bestimmtes in diesem Buch suchen, haben Sie verschiedene Möglichkeiten. Natürlich können Sie auf das vertraute Inhaltsverzeichnis zurückgreifen. Aber auch beim schnellen Durchblättern werden Sie sich leicht zurechtfinden. Den Hinweis, in welchem Kapitel Sie sich bewegen, finden Sie oben links. Dazu die Information, ob es sich in diesem Abschnitt um theoretisches Wissen, konkrete Arbeitsanleitungen oder Vorschläge zur Optimierung handelt. Rechts oben auf jeder Seite haben wir den Bereich dargestellt, der im jeweiligen Abschnitt behandelt wird. Damit können Sie das Buch auf der Suche nach bestimmten Inhalten auch durch die Finger laufen lassen, ohne zuerst im Inhaltsverzeichnis suchen zu müssen.

INFORMATION

Bevor Teile ausgebaut oder etwas auseinandergenommen wird, ist es immer besser, die theoretischen Zusammenhänge zu kennen. Wenn Sie dieses Zeichen sehen, erklären wir die Funktion der Technik, ihre Bedeutung für das gesamte Auto und Ihren Alltag damit. Oder wir informieren Sie ganz einfach auch einmal über den historischen Hintergrund der Entwicklung. Dieser Abschnitt soll Sie also mit der Technik Ihres Autos vertraut machen. Mit dem nötigen theoretischen Wissen im Hinterkopf schraubt es sich viel leichter.

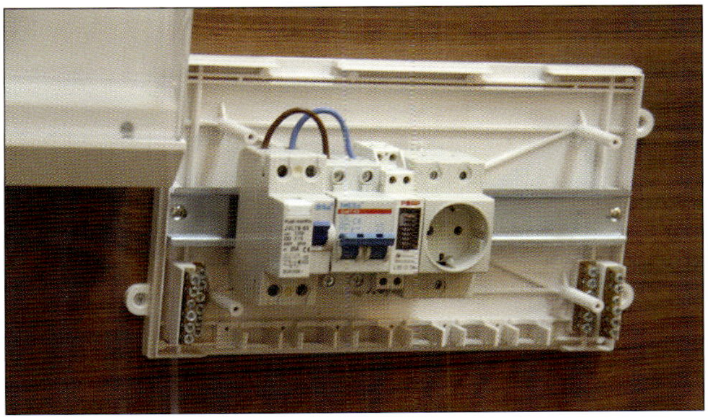

ARBEITSSCHRITTE

So bald am Auto gearbeitet wird, werden Sie dieses Symbol sehen. Auf diesen Seiten erhalten Sie Schritt für Schritt Anleitungen zum Ein- und Ausbau von Teilen. Bei der Auswahl haben wir uns strikt daran gehalten, was in der heimischen Garage noch machbar ist und was nicht. Und damit Sie sehen, dass wir uns gerne die Finger für Sie schmutzig machen, haben wir uns bewusst gebrauchtes Werkzeug benutzt und uns nicht ständig die Hände gewaschen. Wir hoffen, dass die Fotos Ihnen dennoch Appetit auf das Schrauben machen.

BESSER MACHEN

Nicht alle Fahrzeuge müssen serienmäßig bleiben. In der Praxis gleicht sogar kaum ein Auto dem anderen. Autos werden tiefer gelegt, Karosseriebauteile werden verändert oder die Innenausstattung individualisiert. Vielleicht benutzen Sie dieses Buch ja auch, um Ihr Auto gezielt zu verbessern.
Damit wir uns richtig verstehen: Dieses Buch ist keine Tuninganleitung, aber immerhin stellen wir Ihnen verschiedenste zusätzliche Teile vor und verraten Ihnen, worauf Sie beim Einkauf von Zubehörteilen achten sollten.

Rechte und Pflichten

Sie haben einen Wagen erworben und sind der Meinung, er ist kaputt oder funktioniert nicht so, wie er sollte? Bevor Sie sich unnötig aufregen, sollten Sie sich zuerst kundig machen, wie es um Ihre Rechte steht. Dann müssen Sie sicherstellen, dass Sie keinem Irrtum unterliegen und es sich hier tatsächlich um einen Mangel handelt

Was ist ein Mangel?

Vereinfachte Darstellung des § 434 BGB:
Eine Sache ist frei von Mängeln, wenn sie sich für die Verwendung eignet für die sie gemäß Kaufvertrag gedacht war, oder sie sich für die gewöhnliche Verwendung eignet oder die Beschaffenheit aufweist, die man üblicherweise erwarten kann. Das beinhaltet auch Eigenschaften, von denen der Käufer aufgrund von Aussagen, die in der Werbung oder von Mitarbeitern des Verkäufers gemacht wurden, ausgehen kann. Liegt also tatsächlich ein Mangel vor, wie z. B. eine deutlich geringere Höchstgeschwindigkeit als im Prospekt angegeben, sollten Sie sich auf das Gespräch mit dem Kundendiensttechniker vorbereiten und Ihr Recht einfordern. Damit Sie Ihr Anliegen präzise und fachlich richtig an den Mann bringen können, nachfolgend einige Begriffserklärungen und Zusammenhänge:

Gewährleistung, Sachmangelhaftung & Garantie

Garantie und Gewährleistung (Letzteres ist die so genannte Sachmangelhaftung) sind zwei völlig verschiedene und vor allem unabhängige Sachverhalte. Diese beiden Begriffe werden oft umgangssprachlich miteinander verwechselt. Um nicht missverstanden zu werden, sollten Sie diese Begriffe unbedingt voneinander trennen.

Die **Garantie** ist eine freiwillige und zusätzliche Leistung des Verkäufers oder Herstellers. Sie kann nach Belieben ausgestaltet oder befristet sein, und sie folgt aus einer eigenständigen Vereinbarung im Rahmen des Kaufvertrages bzw. in Verbindung mit dem Kaufvertrag. Die Garantie kann an bestimmte Voraussetzungen geknüpft sein, kann bestimmte Kosten ausschließen und auch die Leistungen einschränken. Dies könnte beispielsweise bedeuten, dass die Garantie nur greift, wenn Sie das Fahrzeug regelmäßig in der dem Händler angegliederten Werkstatt warten lassen und Sie nur die Materialkosten und nicht die Arbeitszeit bei einem Schaden erstattet bekommen. Also sollten Sie sich die Garantiebedingungen vor dem Kauf genau anschauen, um diese später nicht durch ein Falschverhalten zu verwirken. Auf Verlangen müssen Ihnen die Garantiebestimmungen, wenn sie Ihnen zugesprochen werden, auch in schriftlicher Form ausgehändigt werden.

Die **Gewährleistung** (Sachmangelhaftung) folgt aus den gesetzlichen Regelungen zum Kaufvertrag. Eine Gewährleistung ist in dem Augenblick gegeben, wenn ein rechtsgültiger Kaufvertrag geschlossen wird. Eine Ausnahme ist nur möglich, wenn die Gewährleistung wirksam ausgeschlossen ist. Ein vollständiger Ausschluss der Gewährleistung im Rahmen eines Kaufvertrags zwischen einem Unternehmer (z. B. Kfz-Händler) als Verkäufer und einer Privatperson als Käufer ist nicht möglich. Die Gewährleistung kann aber z. B. bei Abschluss eines Kaufvertrages zwischen Privatpersonen vollständig ausgeschlossen werden. Dies muss dann aber ausdrücklich und individuell im Kaufvertrag geregelt sein.

Mit dem **Gewährleistungsrechts-Änderungsgesetz** vom 01.01.2007 ergaben sich unter anderem folgende Neuerungen:

- Bei neuen Sachen beträgt die Frist grundsätzlich 2 Jahre ab Datum der Übergabe.
- Bei gebrauchten Sachen kann eine Frist von 1 Jahr vereinbart werden (nicht in Allgemeinen Geschäftsbedingungen!), wobei nur Kraftfahrzeuge, die älter als ein Jahr (ab Erstzulassung) sind, als gebrauchte Sachen gelten.
- Innerhalb der ersten sechs Monate hat bei einer Reklamation der Händler zu beweisen, dass die Sache zum Zeitpunkt der Übergabe dem Vertrag entsprach (also keinen Mangel hatte). Nach sechs Monaten hat der Kunde die Beweispflicht (bisher hatte ausschließlich der Kunde die Beweispflicht).

Diese beschriebenen Regelungen, die das Recht des Endkunden stärken, sind verständlicherweise bei den Händlern nicht so gut angekommen, und diese suchen nach Möglichkeiten, wie sie die Gewährleistung einschränken oder gar ausschließen können. In den letzten Jahren hat darum der Handel mit Bastlerfahrzeugen und Schrottfahrzeugen massiv zugenommen. In solchen Verträgen werden dann sämtliche Gewährleistungsansprüche ausgeschlossen, obwohl die Fahrzeuge teilweise mit frischer Plakette der Haupt- und Abgasuntersuchung versehen sind. Solche und ähnliche Vorgänge können die Gerichte allerdings recht gut einschätzen und entscheiden meistens zugunsten des Verbrauchers. Ebenso verhält es sich mit den Verkäufen, die »im Auftrag« stattfinden. Ein Händler, der in seinem Namen die aktuelle Hauptuntersuchen und weitere Instandsetzungsarbeiten durchgeführt hat, wird es vor Gericht schwer haben zu beweisen, dass er den Verkauf nur vermittelt hat. Er wird damit auch nicht die gesetzlichen Regelungen beschneiden können. Je klarer die Vereinbarung und je genauer die Fahrzeugbeschreibung, desto geringer ist das Haftungsrisiko. Wir raten Ihnen, einen Musterkaufvertrag für Gebrauchtfahrzeuge sowie einen Gebrauchtfahrzeuge-Zustandsprüfbericht zu verwenden. Damit lassen sich kostspielige Prozesse und unangenehme Streitigkeiten vermeiden.

Zusammenfassung:
Eine freiwillige Garantie besteht also zusätzlich zur gesetzlichen Gewährleistung (Sachmangelhaftung) und ist im Umfang der Leistungen, im Vergleich zur Gewährleistung meistens eingeschränkt. Allerdings greift sie oft auch noch für Mängel, die erst nach dem Kauf auftreten, was so nicht auf die gesetzliche Gewährleistung zutrifft.

Zum Reizthema Farbabweichung

Farbabweichung kann ein Sachmangel sein. Das Oberlandesgericht Köln hat zu diesem Thema eine wichtige Entscheidung getroffen: Danach gehört die Farbe eines Neufahrzeugs zu den Beschaffenheitsmerkmalen und stellt ein äußerliches Merkmal des Fahrzeugs dar, welches für den Käufer im Rahmen der Kaufentscheidung maßgeblich ist. Ergeben sich Abweichungen im Farbton des bestellten zu dem tatsächlich gelieferten Fahrzeug, so kann der Käufer hierauf grundsätzlich Gewährleistungsansprüche geltend machen. Durch das OLF Köln bestätigtes Urteil des LG Aachen vom 26.04.2005 (Az. 12 O 493/04).

Das Recht der Nachbesserung

Seit dem 01.01.2002 gibt die neue Rechtslage sowohl dem Käufer als auch dem Verkäufer einen Anspruch auf Beseitigung eines Mangels. Anstatt von Nachbesserung spricht jetzt das Gesetz von Nacherfüllung. Grundsätzlich hat der Händler das Recht bis zu drei Mal nachzuerfüllen. Hierbei hat der Verkäufer die zum Zwecke der Nacherfüllung erforderlichen Aufwendungen zu tragen, das sind Transport-, Wege-, Arbeits- und Materialkosten. Zu beachten ist in diesem Zusammenhang, dass der Verkäufer sein Recht einen Mangel nachzubessern behält, auch wenn Reparaturen bereits in einer fremden Werkstatt erfolglos waren. Der Verkäufer muss sich diese Nachbesserungsversuche nicht zurechnen lassen, er kann auf eine Nacherfüllung im eigenen Firmensitz bestehen. OLG Köln vom 14.02.2006 (Az. 20U 188/05).

Wandlung und Preisnachlass

Hat sich ein erheblicher Mangel nach drei Nacherfüllungsversuchen immer noch nicht beseitigen lassen oder fehlen zugesicherte Eigenschaften, haben Sie das Recht auf Wandlung oder Preisnachlass. Dies ist dann auch der Zeitpunkt, an dem Sie einen Rechtsanwalt zu Rate ziehen sollten. Sie werden sich auf jeden Fall eine Nutzungspauschale, die abhängig ist von der genutzten Laufleistung des Fahrzeugs, anrechnen lassen müssen. Eine Wandlung ist grundsätzlich nur dann möglich, wenn sich das Fahrzeug noch im Originalzustand befindet.

Der Kulanzantrag

Nach Ablauf der Gewährleistungszeit und gegebenenfalls der Garantiezeit bleibt Ihnen immer noch die Möglichkeit der Kulanzregelung beim Händler. Die Kulanz bezeichnet im Allgemeinen ein Entgegenkommen zwischen den Vertragspartnern nach Vertragsabschluss. Sie regelt den Ablauf der freiwilligen Reparatur- und Serviceleistungen nach Ablauf der gesetzlichen oder individualvertraglichen Gewährleistungspflicht.

Hinweis: Dieses Kapitel soll nur erste Hinweise geben und erlaubt daher keinen Anspruch auf Vollständigkeit. Obwohl es mit der größtmöglichen Sorgfalt erstellt wurde, kann eine Haftung für die inhaltliche Richtigkeit nicht übernommen werden.

Transporter T5

Ruhestand – nur weil die 65 erreicht ist? Auf keinen Fall. 2014 liefen im Werk Hannover 150.871 Fahrzeuge der T5-Familie Multivan, Transporter, Caravelle und California vom Band. Es ist die höchste Zahl an produzierten T5 seit 2008. Besonders große Zuwächse verzeichnete die California-Fertigung, wo die Produktion des Reisemobils um 35,4 Prozent anwuchs.

Bautypen und Tradition

Wer bei der Aussage »Ich fahre Bus!« nicht zwingend an die Fahrzeuge im öffentlichen Nahverkehr denkt, weiß, wovon die Rede ist. Kein Fahrzeug ist so eng mit dem Namen eines kompletten Fahrzeugsegments verbunden wie der »Bulli« von Volkswagen. Etwa 75 Prozent der hergestellten Transporter werden als gewerbliche Transporter ausgeliefert. Die privat genutzten Fahrzeuge wie der Multivan, der California oder die Caravelle machen den Rest aus. Unter der Bezeichnung Transporter beginnt die anhaltende Erfolgsgeschichte des VW-Busses. Er ist der Begründer einer eigenen Fahrzeuggattung und bis heute deren führender Vertreter.

Der T1
In zahlreichen Ausführungen werden bis zum Jahr 1967 insgesamt 1,82 Millionen Transporter der ersten Version (T1) gefertigt.

Der T2
Die zweite Generation (T2) entwickelt sich während ihrer 13 Jahre dauernden Produktion in Deutschland zum meist gebauten VW-Bus aller Zeiten.

Der T3
Der T3, der gleichfalls mit Heckmotor und Heckantrieb vom Band rollt, wird elf Jahre lang gebaut. Die luftgekühlten Boxermotoren werden im Laufe der Produktionszeit durch wassergekühlte Aggregate ersetzt. Zudem kommen eine Dieselversion und auch der Allradantrieb hinzu. Der Marktforderung nach größeren Triebwerken, mehr Komfort und höherer Funktionalität wurde Rechnung getragen. In den 80er-Jahren kamen Caravelle, Multivan und California auf dem Markt. Während die Fertigung in Hannover anfangs des folgenden Jahrzehnts endete, wurde der T3 in Südafrika noch lange gebaut.

Der T4
Im Sommer 1990 erscheint der Nachfolger, der nach 40 Jahren Transporterbau vor allem umfassende technische Änderungen erfährt. Die vierte Baureihe (T4) ad-

Ahnengalerie: Ob nun serienmäßig oder nach einem Umbau in Eigenregie – die gesamte Familie hat weltweite Campingerfahrungen: 1 VW T1, 2 VW T2, 3 VW T3, 4 VW T4, VW T5.

aptiert die Konzernphilosophie des Frontmotors mit Frontantrieb. Mit diesem Konzept beginnt bei Volkswagen Nutzfahrzeuge eine komplett neue Ära. Die ausgewogene Fahrdynamik und die Bündelung der Antriebstechnik unter der Motorhaube lassen nun eine höhere Anzahl der Bauvarianten zu.

Der T5

Im März 2003 startete die fünfte Generation (T5) des Transporters. Erstmals kann der Kunde unter zwei Radständen und drei Dachhöhen auswählen. Neben neuen Motoren kommt auch eine komplett andere Allrad-Technologie mit Haldex-Kupplung zum Einsatz. Aus »Syncro« wird nun »4MOTION«. Zudem kommen ein elektronisches Stabilisierungsprogramm (ESP) mit ABS, EDS, ASR und ein Berganfahrassistent zum Einsatz sowie bei mitbestellter Anhängerkupplung eine Gespann-Stabilisierung.

Radparkplatz: Zur Freizeitausstattung gehören durchaus auch unhandliche Alltagsgegenstände.

T5 Modellreihen

Die fünfte Generation des Transporters ist die Basis vieler eigenständiger Modelle wie California Beach, PanAmericana und Rockton. Verbesserte Kraftstoffverbräuche und Emissionen werden unter dem Technologie-Kürzel »BlueMotion« und »BlueMotion Technology« vertrieben. Allein über 60 Grundvarianten werden produziert. Addiert man die möglichen Auf- und Ausbauten hinzu, ist die Zahl der Modellversionen nach oben offen.

Alles in Griffweite: Staufächer sind praktisch und sorgen für Ordnung.

Transporter BlueMotion

Eine Sonderstellung nimmt der Transporter Kastenwagen »BlueMotion« ein. Er verfügt mit 84 kW (114 PS) oder 103 kW (140 PS) über eine fünfte und eine deckungsgleiche Leistungsversion des 2.0l-TDI-Motors. Zusätzlich zu dem bekannten Transporter »BlueMotion Technology« mit Motor-Start-Stopp System, Bremsenergierückgewinnung (Rekuperation), rollwiderstandsoptimierten Reifen, Reifendruckkontrollanzeige und Tempomat verfügt der Transporter »BlueMotion« noch über ein speziell angepasstes Fünfgang-Getriebe sowie ein speziell abgestimmtes Motormanagement.

Transporter Rockton

Der »Rockton« basiert auf dem Kombi, verfügt serienmäßig über permanenten Allradantrieb und Differenzialsperre an der Hinterachse, eine Höherlegung um 30 Millimeter sowie über verstärkte Federung und Dämpfung (3,2-t-Fahrwerk). Als Motorisierung werden 103 kW (140 PS) und 132 kW (180 PS) starke TDI-Motoren verbaut. Für den extremen Offroad-Einsatz gibt es die 103-kW-Rockton-Version mit dem Namen »Expedition«, äußerlich erkennbar an 16-Zoll-AT-Reifen auf verstärkten Stahlfelgen. Ein besonderes Ausstattungselement dieser Version ist jedoch ein speziell abgestimmtes Getriebe. Im Fahrzeuginneren ist der T5 Rockton »Expedition« serienmäßig mit einem robusten Schienenboden im Fahrgastraum ausgestattet, auf dem zwei mit robustem Stoff überzogene Einzelsitze befestigt sind. Ein »ProtectionPaket« ist für beide Rockton-Versionen mit jeweils einem Unterfahrschutz für Motor und Getriebe, Tank, Schweller, Hinterachsdifferenzial und Hauptschalldämpfer erhältlich.

Die Caravelle

Die Caravelle ist eigentlich der klassische VW-Bus. Serienmäßig mit sieben Sitzplätzen ausgestattet. In der »Comfortline« werden die Art und der Umfang der Ausstattung durch viele Komfortlösungen, die das Fahren angenehmer machen, serienmäßig geliefert. Optisch entspricht der »Caravelle Comfortline« zur Personenbeförderung mit lackierten Stoßfängern, Türgriffen und Außenspiegel in Wagenfarbe dem Erscheinungsbild des Multivan.
Zwei Radstände von 3000 Millimeter oder 3400 Millimeter stehen zur Wahl. Zur Belüftung des Fahrgastraums kommt wie beim Multivan ein Umlufthimmel inklusive der integrierten Leuchtenbänder zum Einsatz. Eine Klimaanlage (Climatic) im Fahrerraum. Ein separates Heizgerät mit eigenem bodennahem Luftausströmer sorgt für eine rasche Erwärmung des Fonds.

Der Multivan

Der absolute Luxusliner der VW-Busflotte ist in unterschiedlichen Ausstattungsvarianten vom »Multivan Startline« über den »Multivan Comfortline«, den »Multivan Highline«, und den »Multivan BlueMotion« erhältlich. Die Ausstattungsvarianten »Multivan PanAmericana« und «Multivan Business» schließen diese Fahrzeugklasse nach oben ab. Systeme wie DVE (Digital Voice Enhancement), bei dem die Stimme des jeweils Sprechenden automatisch über die Lautsprecher verstärkt wird, machen ihn nicht unbedingt zum typischen Basisfahrzeug für die Umrüstung zum Camper.

Der California

Der California ist das serienmäßige Campermobil von VW für diese Busbaureihe. Zwei unterschiedliche Konzepte zeichnen die California-Baureihe aus. Der California Beach ist ein Alltagsfahrzeug, das mit einem Hubdach für das gelegentliche Übernachten mit bis zu vier Schlafplätzen konzipiert ist. Der California Comfortline mit seiner kompletten Wohnzeile mit Schrank und Küche soll auf große Reisemobil-Tour gehen. Dazu entscheidet sich der Kunde entweder zwischen dem vier- bis fünfsitzigen Camper-Grundriss

Ob Baustelle oder Urlaub: Kombinierbar ist, was zusammenpasst, auch wenn die Kombination sehr ungewöhnlich ist. Ungewöhnlich praktisch.

mit Staubox oder dem fünf- bis siebensitzigen Innenraumkonzept, das vorrangig dem Charakter einer Großraumlimousine entspricht. Fahrer- und Beifahrersitz sind zum Innenraum hin drehbar.
Die 2er-Sitz- und Liegebank ergibt umgeklappt einen 2,0 Meter langen und 1,14 Meter breiten Doppelschlafplatz. Das Dachbett ist mit 1,20 x 2,00 Metern sogar noch etwas geräumiger und besitzt ein Sicherheitsnetz.

Das Bimobil

Für das Modell Bimobil VL 230 des T5-Doppelkabiners ist der Wechsel des Camperaufbaus mit dem Pritschenaufbau vorgesehen. Der Aufbau entspricht in der Konstruktion dem eines Wohnwagens. Es kann durchaus auch ein anderer Container beziehungsweise die Ladepritsche montiert werden. So wird auch aus einem Pritschenbus mit Ladefläche je nach Bedarf in wenigen Minuten ein vollwertiges Campingfahrzeug für die Freizeit oder auch den beruflichen Einsatz.

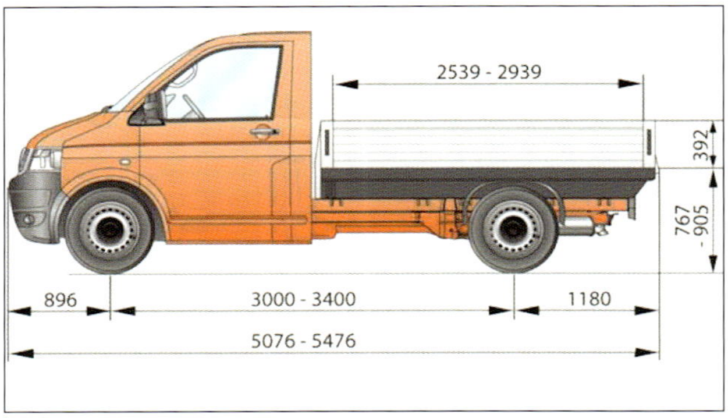

Längenabmessung Pritsche: Die Abmessungen sind im mm angegeben.

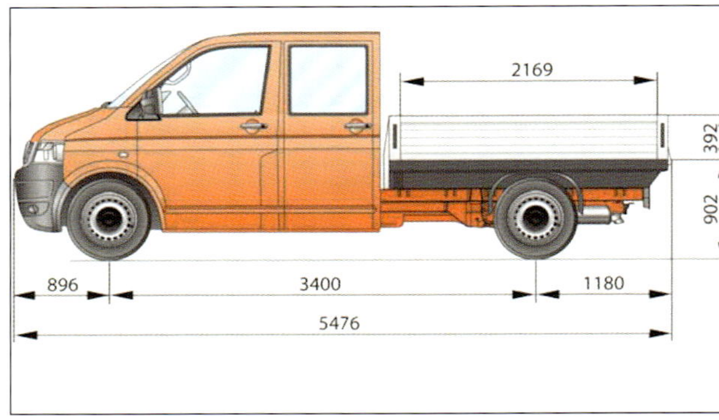

Längenabmessung Doppelkabine mit Pritsche: Die Abmessungen sind im mm angegeben.

Längenabmessung Kombi: Die Abmessungen sind im mm angegeben.

Längenabmessung Kastenwagen: Die Abmessungen sind im mm angegeben.

Kastenwagen und Kombi

Werte	Kurzer Radstand, normales Dach	Kurzer Radstand, mittelhohes Dach	Langer Radstand, normales Dach	Langer Radstand, mittelhohes Dach	Langer Radstand, Hochdach	Rockton kurzer Radstand, normales Dach
Zulässiges Gesamtgewicht	2,7 t (BlueMotion) 2,8 t – 2,85 t 2,6 t (Ablastung)	2,7 t (BlueMotion) 2,8 t – 2,85 t 2,6 t (Ablastung)	2,7 t (BlueMotion) 2,8 t – 2,85 t 2,6 t (Ablastung)	2,7 t (BlueMotion) 2,8 t – 2,85 t 2,6 t (Ablastung)	2,7 t (BlueMotion) 2,8 t – 2,85 t 2,6 t (Ablastung)	2,7 t (BlueMotion) 2,8 t – 2,85 t 2,6 t (Ablastung) 3,2t
Auflastung ab Werk	3,0 t (SA) 3,2 t (SA)	3,0 t (SA) 3,2 t (SA)	3,0 t (SA) 3,2 t (SA)	3,0 t (SA) 3,2 t (SA)	3,0 t (SA) 3,2 t (SA)	3,0 t (SA) 3,08 t (SA)
Laderaumvolumen	5800 Liter	6700 Liter	6700 Liter	7800 Liter	9300 Liter	5800 Liter
Gesamtlänge (ohne Anhängekupplung)	4,892 m	4,892 m	5,292 m	5,292 m	5,292 m	4,892 m
Gesamtbreite mit Außenspiegeln	2,283 m	2,283 m	2,283 m	2,283 m	2,283 m	2,283 m
Gesamthöhe der Karosserie	1,990 m	2,176 m	1,990 m	2,176 m	2,476 m	1,990 m

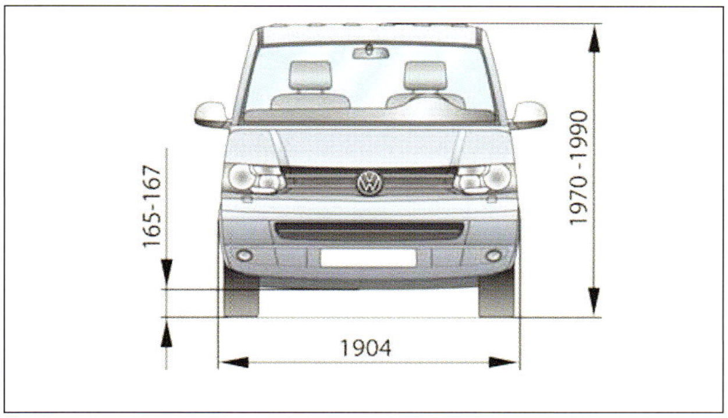

Breitenabmessung Kombi und Kastenwagen: Die Abmessungen sind im mm angegeben.

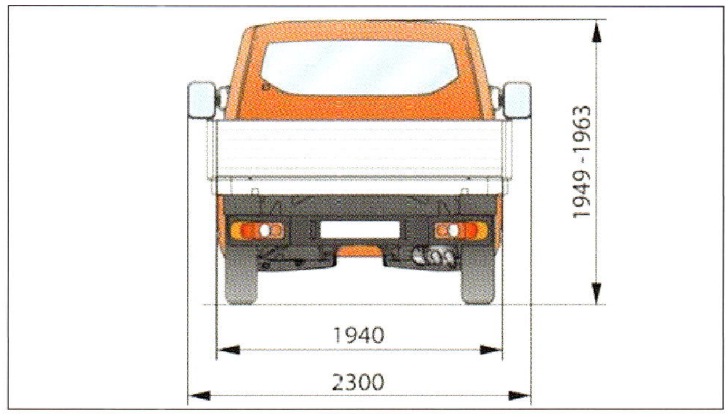

Breitenabmessung Pritschenwagen: Die Abmessungen sind im mm angegeben.

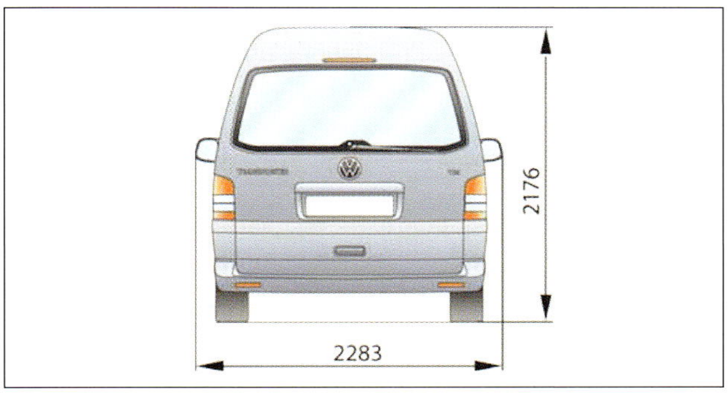

Breiten- und Höhenabmessungen: Kombi und Kastenwagen mit mittelhohem Dach (Maße in mm angegeben).

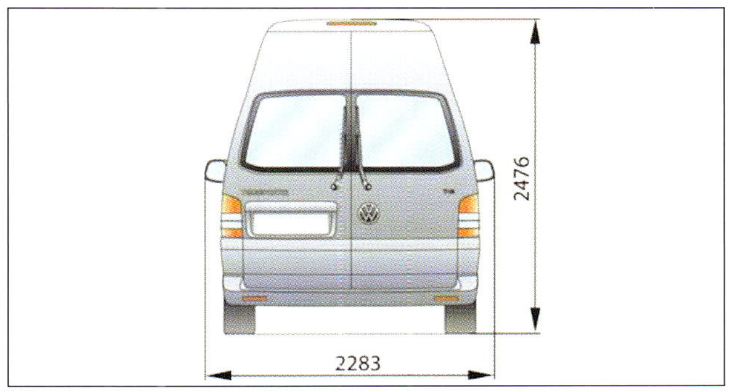

Breiten- und Höhenabmessungen: Kombi und Kastenwagen mit Hochdach (Maße in mm angegeben).

Rockton und Pritsche

Werte	Rockton Kurzer Radstand, mittelhohes Dach	Rockton Langer Radstand, normales Dach	Rockton Langer Radstand, Hochdach	Pritsche Kurzer Radstand, normales Dach	Pritsche Langer Radstand, normales Dach	Doppelkabine Langer Radstand, normales Dach
Zulässiges Gesamtgewicht	2,7 t (BlueMotion) 2,8 t – 2,85 t 2,6 t (Ablastung) 3,2t	2,7 t (BlueMotion) 2,8 t – 2,85 t 2,6 t (Ablastung) 3,2t	2,7 t (BlueMotion) 2,8 t – 2,85 t 2,6 t (Ablastung) 3,2t	2,8 t – 2,85 t 2,6 t (Ablastung)	2,8 t – 2,85 t 2,6 t (Ablastung)	2,8 t – 2,85 t 2,6 t (Ablastung)
Auflastung ab Werk	3,0 t (SA) 3,08 t (SA)	3,0 t (SA) 3,08 t (SA)	3,0 t (SA) 3,08 t (SA)	3,0 t (SA)	3,0 t (SA)	3,0 t (SA)
Laderaumvolumen	6700 Liter	6700 Liter	9300 Liter	4,9 m^2	5,7 m^2	4,2 m^2
Gesamtlänge (ohne Anhängekupplung)	4,892 m	5,292 m	5,292 m	5,076 m	5,476 m	5,476 m
Gesamtbreite mit Außenspiegeln	2,283 m	2,283 m	2,283 m	2,300 m	2,300 m	2,300 m
Gesamthöhe der Karosserie	2,176 m	1,990 m	2,476 m	1,952 m	1,949 m	1,963 m

Lernen Sie Ihr Auto kennen

Egal, ob Sie Ihren VW T5 schon lange besitzen oder ihn eben erst erworben haben – nehmen Sie sich die Zeit und erkunden Sie Ihr Fahrzeug gründlich. Denn selbst wenn Sie die Bedienungsanleitung gelesen haben, wovon wir selbstverständlich ausgehen, kennen Sie bestimmt noch nicht alle Details Ihres Autos.

Die Fahrgestellnummer

Die Fahrgestellnummer enthält bereits etliche – in Zahlen- und Buchstabencodes verschlüsselte – Informationen zu Ihrem VW T5. Die Fahrgestellnummer finden Sie an verschiedenen Stellen Ihres VW T5 angebracht: in den Unterlagen für den Service, im Sichtfenster der Frontscheibe und im Typenschild auf der Federbeinaufnahme.

Stelle	Bedeutung	Beispiele	Auswertung
1	Weltherstellercode	WVW = VW PKW WV2 = VW Nutzfahrzeug	WV1
2			
3			
4	Füllzeichen	ohne Bedeutung	ZZZ
5			
6			
7	Fahrzeugmodell	7H = VW T5	7H
8			
9	Füllzeichen	ohne Bedeutung	Z
10	Modelljahr	E = 2014 5 = 2005 6 = 2006 7 = 2007 8 = 2008 9 = 2009	E
11	Produktionsstandort	H = Hannover E = Emden W = Wolfsburg	x
12		Laufende Produktionsnummer	100100
13			
14			
15			
16			
17			

Das Typenschild

Das Fahrzeugtypenschild kann im Motorraum am linken Federbeinturm gesehen werden. Es enthält:

- Fahrzeug-Identifizierungsnummer
- zul. Gesamtgewicht
- zul. Zuggewicht (Zugmaschine plus Anhänger)

Die Fahrgestellnummer: Im Scheibenrahmen ist die Fahrgestellnummer in die Karosserie eingeschlagen.

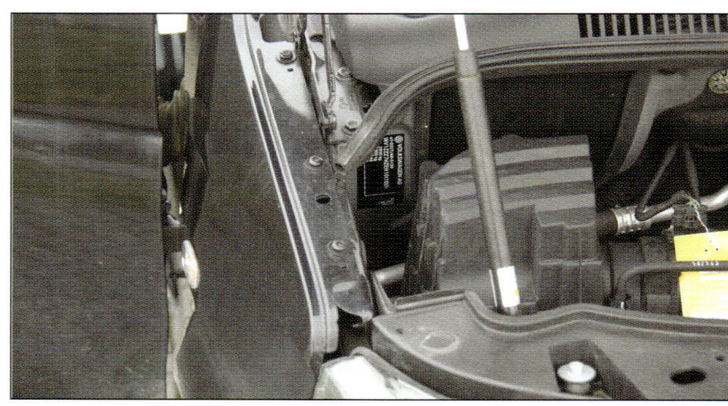

Das Typenschild: Angeklebt auf der Federbeinaufnahme enthält die Plakette Fahrgestellnummer und Achslasten.

Der Fahrzeugdatenträger: Ist auf dem Sitzkasten links am Untergestell des Sitzes angeklebt.

- zul. Achslast vorn
- zul. Achslast hinten
- Fahrzeugtyp

Der Fahrzeugdatenträger

Der Fahrzeugdatenträger findet sich im Kofferraum neben der Mulde des Reserverads. Dort sind alle wichtigen Daten zur Fahrzeugerkennung wie Modell, Motor, Getriebe, Lackfarbennummer und Innenausstattung aufgeführt. Ein solcher Fahrzeugdatenträger befindet sich auch immer auf der ersten Seite Ihres Service-Heftes.

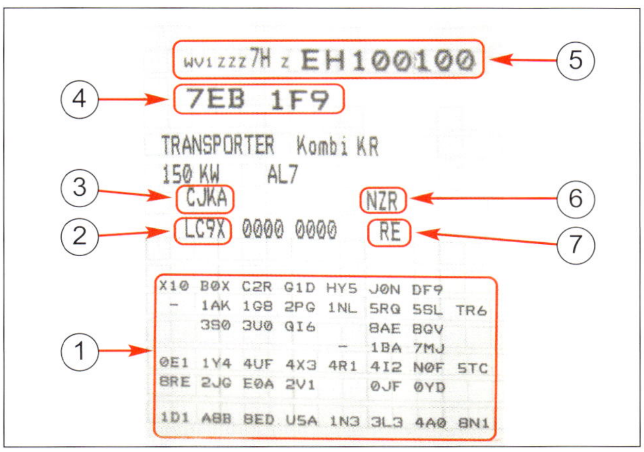

Aufgeschlüsselt: 1 Mehrausstattungscodenummern, 2 Lacknummer, 3 Motorcodenummer, 4 Fahrzeugtyp, 5 Fahrgestellnummer, 6 Getriebecodenummer, 7 Innenausstattungscode.

Die Motorkennummer

Die Motornummer ist an der Verbindungsstelle Motor-Getriebe und am Zahnriemenschutzdeckel zu finden. Auch das Getriebe trägt eine Identifikationsnummer. Alle diese Nummern sind beim Bestellen von Ersatzteilen oder Austauschteilen unbedingt anzugeben. Denn viele Teile eignen sich einfach nur für den T5, obwohl sie durchaus Ähnlichkeiten mit Teilen anderer Fahrzeuge in der VW-Baureihe haben.

Der Fahrzeugschein

Eine sehr ergiebige Informationsquelle ist der Fahrzeugschein. Neben der Fahrgestellnummer finden Sie weitere, für die Ersatzteilbeschaffung oder den Reparaturauftrag wichtige Angaben und Schlüsselnummern (Angaben in Klammern gelten für neue Zulassungsbescheinigungen):

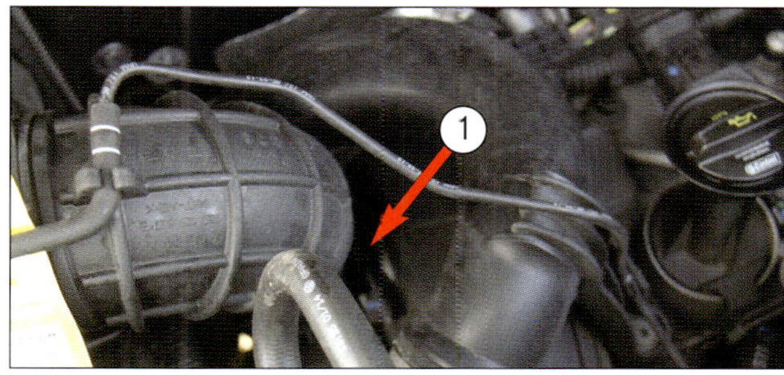

Motorkennnummer (1): oft an der Trennfuge zwischen Getriebe und Motor und auf dem Zahnriemenschutz zu finden.

- zu 2: Herstellercode (2.1)
- zu 3: Typ und Ausführung (2.2)
- zu 32: Datum der Erstzulassung (B)
- zu 4: Fahrgestellnummer (E)

Natürlich ist es nicht der richtige Begriff, aber »Zulassungsbescheinigung Teil 1« wird sich sicher nie im Volksmund durchsetzen. Auch die zwar europäisch einheitliche aber für uns doch neue optische Ordnung löst bei der Suche nach den Informationen meist hilfloses Suchen aus. Deshalb haben wir die wichtigsten Informationen zum »schnell mal finden« kenntlich gemacht. HSN und TSN sind die Kürzel für den Herstellercode (früher »Ziffer2«) und den Typcode (früher die ersten drei Ziffern der »Ziffer3«) des Fahrzeugscheins. Diese beiden Nummern zusammen mit der Erstzulassung helfen bei der Teilebeschaffung im Zubehörmarkt. Auch wenn diese Informationen bereits auf der Rückseite des Fahrzeugscheins vermerkt sind, hat man meist die Kennnummer vergessen, bis man im Fahrzeugschein auch nur in die Nähe der Information gekommen ist. Aus diesem Grund schlüsseln wir diese Informationen hier an dieser Stelle auf.

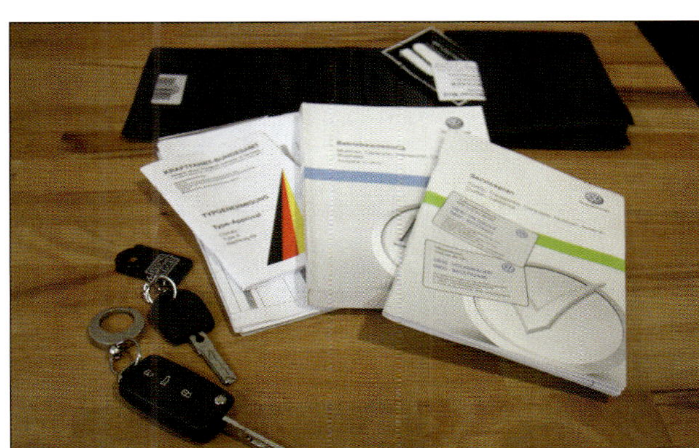

Serviceheft, Beschreibung und der Schlüssel: Alles wichtig, um mit dem VW T5 umgehen zu können.

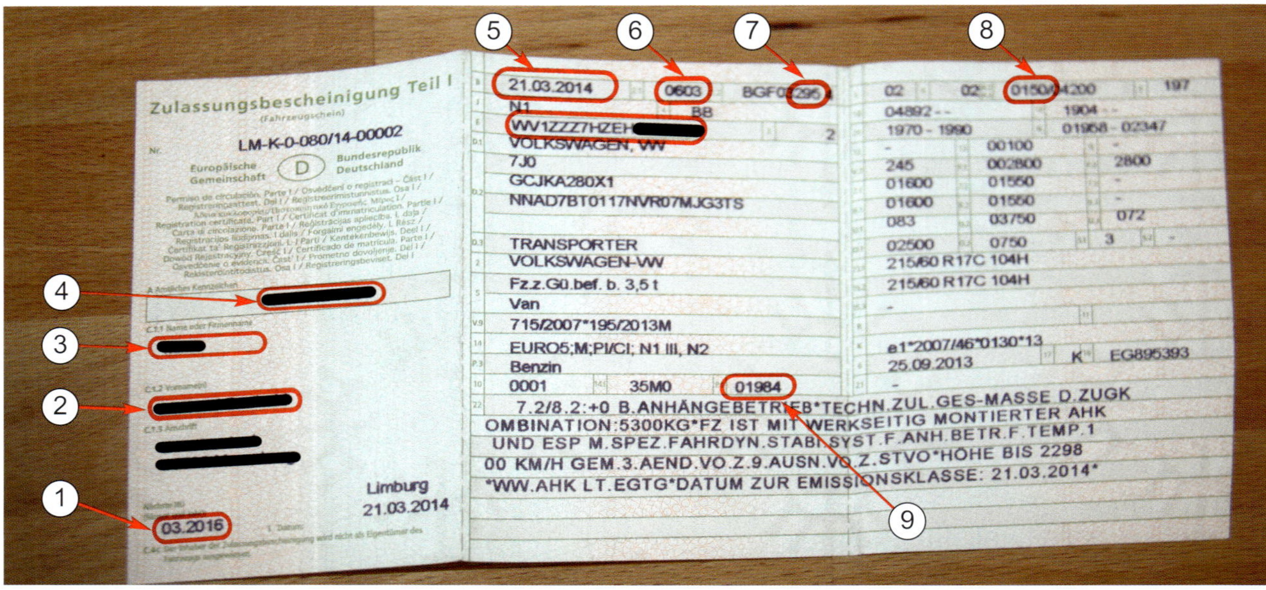

Der Fahrzeugschein (Zulassungsbescheinigung Teil 1): 1 HU/AU Termin, 2 Vorname der Halters, 3 Familienname des Halters, 4 Kennzeichen, 5 Tag der Erstzulassung, 6 HSN, 7 TSN, 8 Leistung (in kW), 9 Hubraum.

B Erstzulassung
D.1 Hersteller
D.2 Typ
D.3 Handelsbezeichnung
E Fahrgestellnummer
F.1 Zulässiges Gesamtgewicht
F.2 Zulässiges Gesamtgewicht in Deutschland
G Leergewicht
H Gültigkeitsdauer
I Ausstellungsdatum dieses Scheines
J Fahrzeugklasse (Pkw, Lkw)
K EG Typennummer
L Anzahl der Achsen
O.1 Anhängelast gebremst
O.2 Anhängelast ungebremst
P.1 Hubraum des Motors (in cm^3)
P.2 / P.4 Motorleistung (in kW)
P.3 Kraftstoffart
Q Leistungsgewicht (nur bei Motorrädern)
R Farbe des Fahrzeuges
S.1 Sitzplätze mit Fahrersitzplatz
S.2 Stehplätze
T Höchstgeschwindigkeit (in km/h)
U.1 Standgeräusch (in dB/A)
U.2 Drehzahl zum Standgeräusch
U.3 Fahrgeräusch (in dB/A)
V.7 CO2 Ausstoß (in g/km) kombinierter Wert
V.9 Schadstoffklasse
2 Kurzbezeichnung Hersteller
2.1 HSN Herstellerschlüsselnummer
2.2 Prüfziffer und TSN-Typschlüsselnummer
3 Prüfziffer für die Fahrgestellnummer
4 Art des Aufbaus (EG-Bezeichnung)
5 Bezeichnung der Fahrzeugklasse und des Aufbaus
6 Erstellungsdatum der EG-Typennummer
7.1 Zulässige Achslast Achse 1
7.2 Zulässige Achslast Achse 2
7.3 Zulässige Achslast Achse 3
8.1 Zulässige Achslast in Deutschland Achse 1
8.2 Zulässige Achslast in Deutschland Achse 2
8.3 Zulässige Achslast in Deutschland Achse 3
9 Anzahl der Achsen
10 Codenummer zur Kraftstoffart
11 Codenummer zur Fahrzeugfarbe
12 Rauminhalt des Tanks bei Tankfahrzeugen (in m^3)
13 Stützlast (in kg)
14 Bezeichnung der nationalen Emissionsklasse
14.1 Codenummer zu der Schadstoffklasse
15.1 Bereifung auf der Achse 1
15.2 Bereifung auf der Achse 2
15.3 Bereifung auf der Achse 3
16 Nummer der Zulassungsbescheinigung Teil 2 (Fahrzeugbrief)
17 Merkmal zur Betriebserlaubnis
18 Länge in mm
19 Breite in mm
20 Höhe in mm
21 Sonstige Vermerke
22 Bemerkungen und Ausnahmen

Investition in die Zukunft

Ohne das richtige Werkzeug geht nichts. Wenn Sie vorhaben, sich intensiv um Ihr Auto zu kümmern, müssen Sie sich zunächst Gedanken um das nötige Handwerkszeug machen. Was Sie dazu unbedingt brauchen und wie Sie alles in der heimischen Garage unterbringen können, wollen wir Ihnen in diesem Kapitel zeigen.

Egal, ob Sie nun häufig oder eher selten, aus purer Lust am Basteln oder um Geld zu sparen am Auto schrauben: Sie müssen dafür zuerst die richtigen Voraussetzungen schaffen. Leider ist das mit Kosten verbunden. Doch wenn Sie bedenken, was eine Arbeitsstunde in der Werkstatt kostet und dass hochwertiges Werkzeug fast ein Leben lang hält, rechnet sich die Investition früher oder später.

Was muss ich als Erstes anschaffen?

Beginnen Sie mit einem Ordnungssystem, bestehend aus einer stabilen Werkbank mit Unterschränken und einem abschließbaren Schrankaufsatz. Ohne ein Ordnungssystem und eine stabile Werkbank sollten Sie nicht beginnen, denn Ordnung und Sauberkeit sind beim Schrauben oberstes Gebot. Das Schöne daran: Das Ganze passt problemlos in eine normale Einzelgarage und bietet Ihnen auf Jahre die nötige Sicherheit. Bei einer Markenfirma wie Gedore kostet eine solche Kombination rund 4200 Euro ohne Inhalt. Der lässt sich mit der Zeit ergänzen. Lassen Sie sich doch von nun an zum Geburtstag oder zu Weihnachten hochwertiges Werkzeug schenken: Die Schränke werden sich schneller füllen, als Sie denken.

Woran erkenne ich gutes Werkzeug?

Gutes Werkzeug kann in der Regel nicht billig sein. Ein Ring-/Maulschlüssel kostet je nach Größe zwischen fünf und 15 Euro, sodass ein Satz mit den zehn gebräuchlichsten Größen schon auf rund 80 Euro kommt. Noch größer sind die Qualitäts- und Preisunterschiede bei den Steckschlüsselsätzen – oft auch Umschaltknarren mit Nüssen genannt.
Ein solider Kasten mit 19 Teilen und Verlängerungen kostet an die 200 Euro, hält dafür aber auch höchste Belastungen aus. Auch das Gewicht ist ein gutes Indiz: Je schwerer das Werkzeug ist, umso stabiler ist der Stahl. Nehmen Sie zum Vergleich ein paar Schlüssel in die Hand und achten Sie auf Maßhaltigkeit und die Oberfläche.

Was tun, wenn ich keine Garage habe?

Der ideale Ort zum Schrauben ist natürlich eine in sich abgeschlossene Garage – je größer umso besser. Aber auch wenn Sie lediglich über einen Stellplatz verfügen oder gar im Freien arbeiten müssen, gibt es eine Lösung: Ein Werkstattwagen (links im Bild) lässt sich nach getaner Arbeit leicht wegräumen. Zum Beispiel in den Keller. Nur allzu schwer beladen sollte er dann nicht sein. Achten Sie beim Kauf auf die Lagerung der Schubladen. Ein Werkstattwagen in Profi-Qualität kann ohne Inhalt um die 1000 Euro kosten.

Was kostet mich das alles?

Zunächst einmal viel Geld und bitte sparen Sie dabei nicht zu sehr. Ansonsten kostet es nämlich auch noch Ihre Gesundheit. Natürlich müssen Sie nicht auf Anhieb 8000 Euro ausgeben, so viel kostet nämlich die Ausrüstung in unserer voll ausgestatteten Garage im Bild links. Allerdings handelt es sich hier auch um einen kompletten Werkzeugsatz eines Markenherstellers in Profi-Qualität. Damit werden normalerweise Werkstätten ausgerüstet. Wir haben die Ausstattung zudem um einige pfiffige und günstige Hilfsmittel, zum Beispiel aus dem Programm von Conrad Elektronik ergänzt, auf die wir später noch genauer eingehen.

Lohnt sich das denn?

Wir meinen: Ja! Wie viel Geld Sie letztendlich ausgeben wollen, bleibt Ihnen überlassen. Beachten Sie dabei aber immer den Grundsatz: Weniger (dafür aber von hoher Qualität) ist mehr als viel (und viel kaputt). Rechnen Sie einfach über die nächsten 15 Jahre…

Die Grundausstattung

Gutes Werkzeug kann billig sein, ist es in der Regel aber nicht. Ein Satz Ring-/Maulschlüssel kostet schon rund 80 Euro. Noch größer sind die Qualitäts- und Preisunterschiede bei den Steckschlüsselsätzen – oft auch Knarrenkästen genannt. Das wichtigste Teil ist hierbei die Knarre selbst. Die Sperrklinken sollten austauschbar sein, gute Hersteller bieten dafür Ersatzteile und einen Service an. Besonders wichtig ist das bei einem Drehmomentschlüssel, der regelmäßig kalibriert werden sollte. Drehmomentschlüssel nach der Arbeit immer entspannen!
Sehr wichtig ist auch die Qualität von Schraubendrehern und Zangen. Damit werden hohe Kräfte übertragen, die das Werkzeug aushalten muss.

Schrauben ist gefährlich

GEFAHRENHINWEIS

Ob nun reines Hobby oder beruflich: Das Schrauben birgt gewisse Risiken. Vom kleinen Kratzer bis hin zum tödlichen Unfall ist schon alles vorgekommen. Beachten Sie daher stets folgende Grundregeln:

- Benutzen Sie nur hochwertiges Werkzeug!
- Schrauben Sie möglichst immer von sich weg!
- Sichern Sie angehobene Lasten lieber doppelt!
- Sorgen Sie für ausreichende Belüftung!
- Tragen Sie wann immer möglich Schutzkleidung!
- Das gilt ganz besonders für die Augen!
- Wenden Sie niemals Gewalt an, meist gibt es eine andere, elegantere Lösung für das Problem!
- Sorgen Sie dafür, dass immer jemand in der Nähe ist, der Ihnen in Notfällen helfen kann!

Dass Essen, Trinken und offenes Licht sowie Zigaretten am Arbeitsplatz nichts verloren haben, setzen wir als selbstverständlich voraus. Lagern Sie aber auch keine Flüssigkeiten in Trinkflaschen. Selbst an destilliertem Wasser kann ein Mensch sterben! Und zu guter Letzt: Legen Sie sich zur Sicherheit einen Verbandskasten und einen Feuerlöscher bereit.

Der Werkzeugwagen: Was sich in diesem Rollcontainer alles verbirgt, sehen Sie auf den Bildern rechts. Diese Luxusversion ist abschließbar und hat laufruhige Gummiräder.

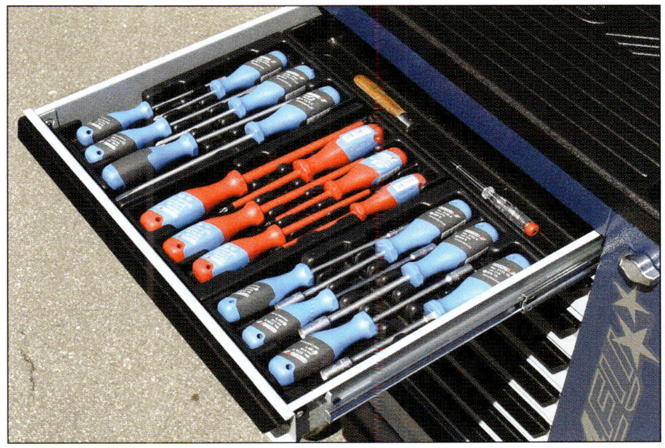

Schraubendreher: Entscheidend sind der Griff und die Qualität der Spitze. Je drei Größen von Schlitz- und Kreuzschlitzschraubendrehern sollten für den Anfang genügen.

Ring-Maulschlüssel: Ein kompletter Satz dieser Kombinationsschlüssel von acht bis 22 Millimeter reicht in den meisten Fällen. Zusätzlich gibt es Spezialschlüssel.

Steckschlüssel: Auch Nüsse und Knarre genannt. Ein guter Kompromiss ist ein Satz mit dem Verbindungsmaß 3/8 Zoll. Niemals an der Umschaltknarre sparen!

Zangen: Wichtig sind eine verstellbare Wasserpumpenzange, eine Flach- oder Spitzzange sowie eine Kombizange mit integriertem Seitenschneider.

T-Griffe: Werden meist im Karosseriebereich eingesetzt. Das übertragbare Drehmoment ist nicht sehr hoch, dafür sind auch tief sitzende Schrauben gut zu ereichen.

Torx-Abteilung: Immer mehr Schraubverbindungen haben Torx- oder Vielzahnköpfe. In diesem Fach ist alles versammelt, was beim Arbeiten an Torx-Schrauben dienlich ist.

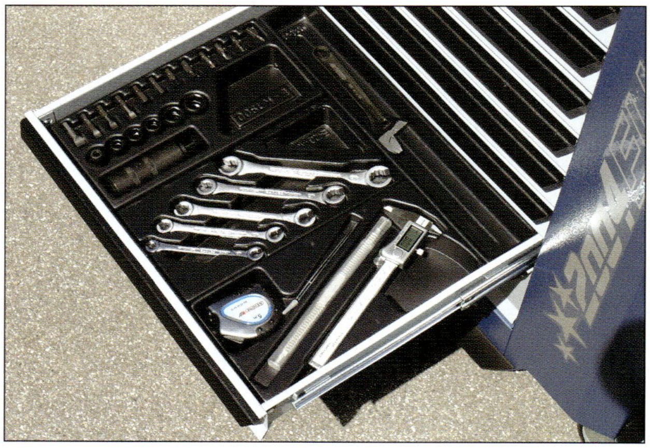

Spezialaufgaben: Selten benötigte Werkzeuge wie Bremsleitungsschlüssel, Messschieber oder auch die verschiedenen Spezialbits sollten ein extra Fach bekommen.

Gekröpfte Schlüssel: Manche Schrauben lassen sich überhaupt nur mit einem gekröpftem Schlüssel erreichen. Es gibt verschiedene Ausführungen, auch für Spezialfälle.

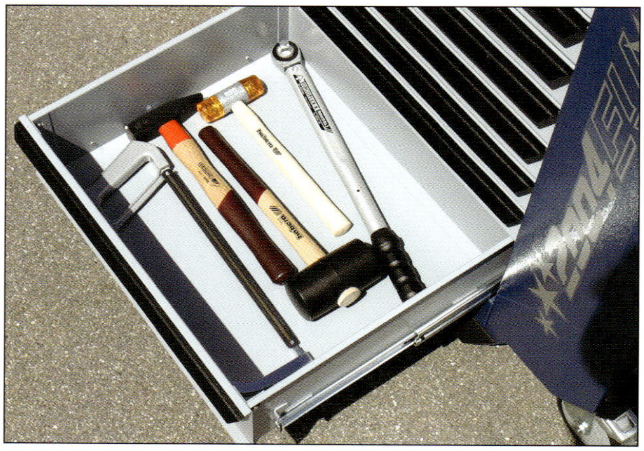

Hammer, Säge, Drehmoment: Die schweren Werzeuge sollten immer im untersten Schubfach ihren Platz finden. Meistens ist dieses Fach auch größer als die anderen.

Nützliches Zubehör

Wenn Sie genügend Platz haben, können Sie das gesamte Werkzeug auch in einer Werkbank-/Werkzeugschrank-Kombination unterbringen. Lassen Sie aber noch etwas Platz übrig, denn neben gutem Werkzeug beherbergt die Schraubergarage auch immer einige nützliche Helfer.

Sicherer Stand: Stabile Auffahrrampen sind für die meisten Arbeiten unter dem Auto völlig ausreichend. Zwar können Sie die Räder nicht abnehmen, dafür steht das Auto sicher.

Beste Bedingungen: Auf einem solchen Reifenbaum sind nicht benötigte Räder perfekt untergebracht. Zwischen den Rädern bleibt etwas Luft, das Gewicht trägt die Felge.

Des Schraubers Traum: Mit einem cleveren Werkstatt-System können Sie sich auch auf begrenztem Raum ein wahres Schrauberparadies schaffen. Tatsächlich steht diese Einzelgarage, was die Ausrüstung angeht, einer Profi-Werkstatt kaum nach. Alles was jetzt noch fehlt ist eine Hebebühne, doch diese braucht leider vier Meter Raumhöhe.

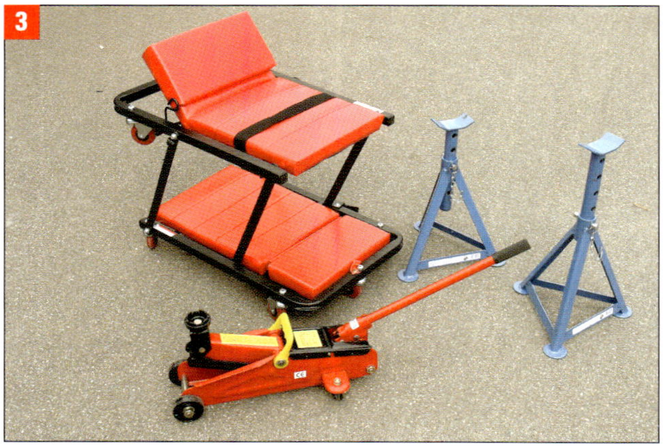

Helfer für unten: Unterstellböcke und ein hydraulischer Wagenheber sind ein Muss. Ein Rollbrett, das sich zum Hocker falten lässt, ist dagegen schon fast Luxus.

Werkstattapotheke: Auch ein kleines Sortiment von chemischen Produkten gehört zur Werkstatt. Unverzichtbar sind Teilereiniger und Sprühfett, aber auch die Kupferpaste werden wir noch brauchen.

Ampellösung: Damit wir die kostbare Werkbank nicht mit dem wertvollen Blech rammen, haben wir einen Abstandswarner montiert. Gefunden bei Conrad-Elektronik.

Es werde Licht: Wenn Sie nicht sehen, woran Sie schrauben, ist das Scheitern vorprogrammiert. Es gibt wirklich genug Möglichkeiten, für ordentliches Licht zu sorgen.

Ölige Helfer: Für den Ölwechsel empfehlen wir eine solche Wanne und ein Trichterset. Wer absaugen will, braucht eine Pumpe, die für Öl geeignet ist.

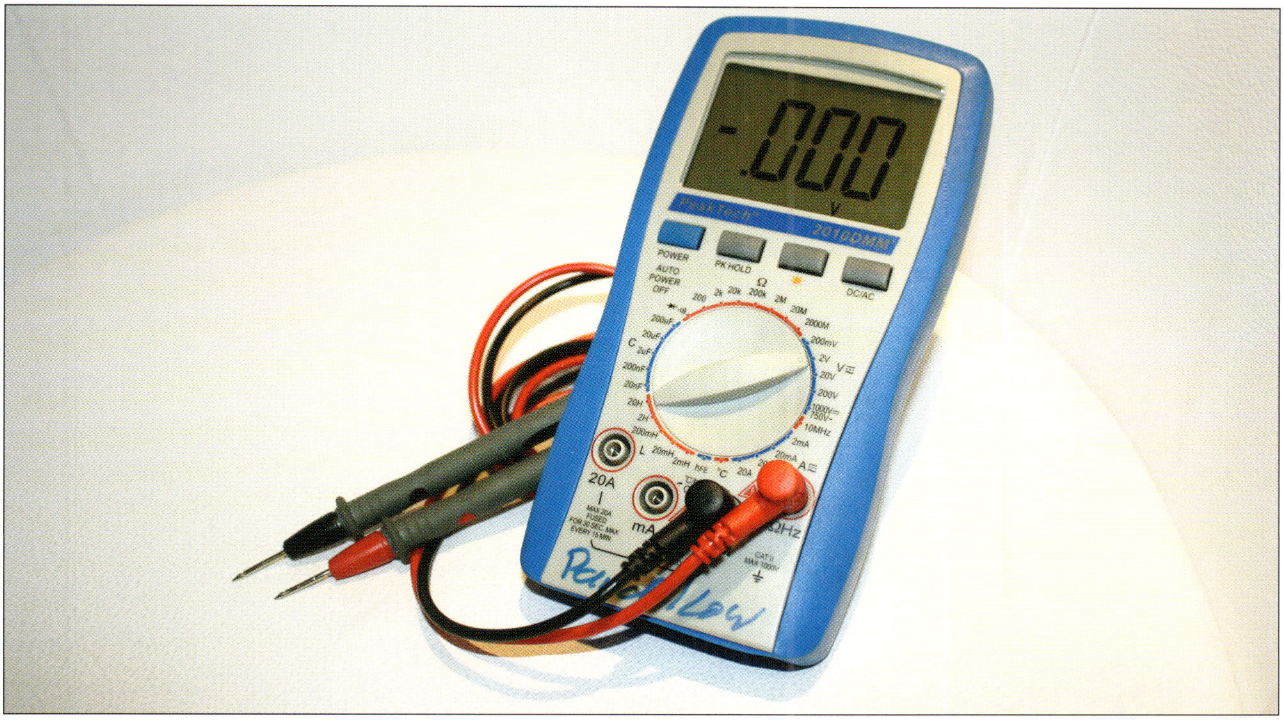

Multifunktionsmessgerät: Ohne Multimeter geht es heute leider nicht mehr. Ein einfaches Multimeter mit möglichst großem Display und brauchbaren Messspitzen kostet ab 40 Euro aufwärts. Es sollte möglichst keine automatische Bereichswahl (Auto-Range) haben. Für die Vergesslichen unter den Schraubern sorgt eine »Auto-Power-Off«-Schaltung für eine batterieschonende, automatische Abschaltung des Gerätes bei Nichtgebrauch.

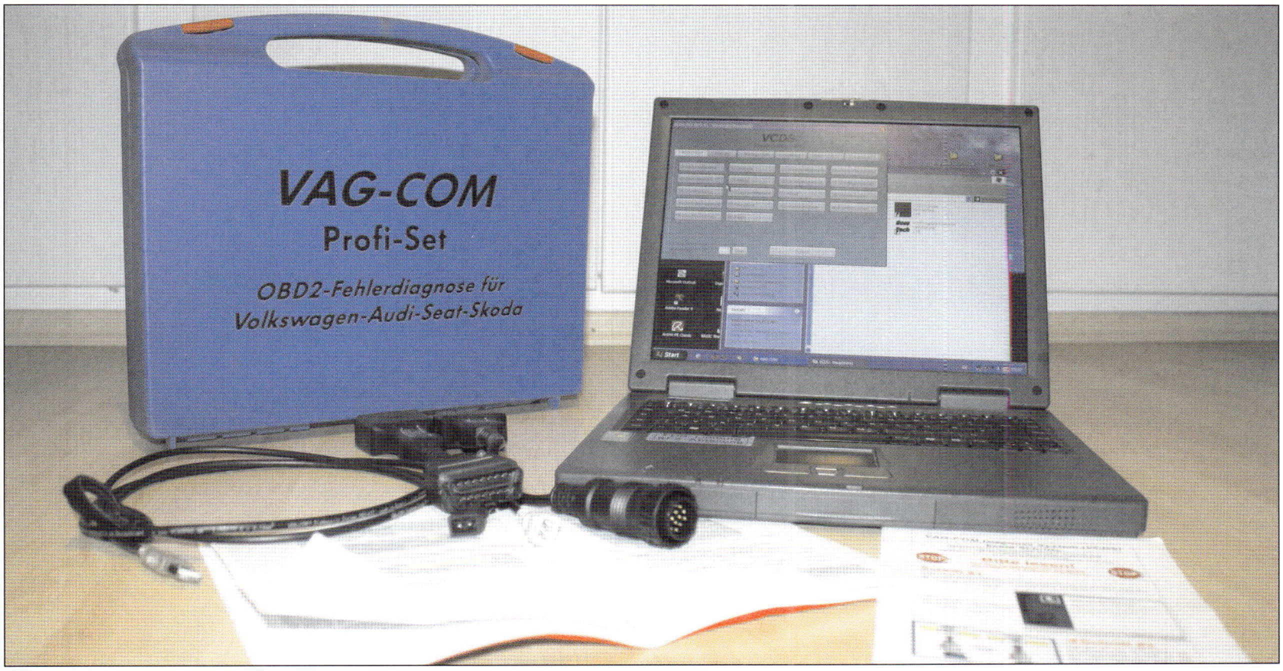

Diagnose-Tool: Um den Fehlerspeicher auszulesen oder auch Prüffunktionen der Eigendiagnose ausführen zu können, reicht meist schon ein Diagnosetool, welche durchaus schon um 100 Euro in diversen Onlineversteigerungen angeboten werden. Wichtig hierbei ist, dass die entsprechende Software mitgeliefert wird

Fit für den Winter

Der Winter stellt eine besondere Herausforderung an Technik und Karosserie Ihres Campers dar. Stetige Feuchtigkeit, wechselnde Temperaturen und natürlich auch Streusalz oder Splitt hinterlassen deutliche Spuren an Karosserie und Anbauteilen und auch im Innenraum. Bei entsprechender Vorbereitung bringen Sie Ihr Fahrzeug ohne oder zumindest mit überschaubaren Schäden durch die kalte Jahreszeit.

Im Fahrzeug

Sitzbezüge

Sollen Schonbezüge für die kalte Jahreszeit oder auch für andere Gelegenheiten verbaut werden, müssen Sie darauf achten, dass diese Sitzbezüge auch für Ihr Auto geeignet sind. Sicherheitsrelevant sind die Bezüge immer dann, wenn ein Seitenairbag, ein so genannter »Sidebag«, im Fahrzeug verbaut wurde. Um die Funktion des Airbags im Fall des Falles nicht zu beeinträchtigen, muss der Schonbezug für die Austrittstelle ein Funktionsfeld im Stoff eingearbeitet haben.

Zwar nicht sicherheitsrelevant, aber in jedem Fall ärgerlich ist es, wenn die Polsterschoner nicht auf die asymmetrisch geteilten Rückbänke passen, die Einrastfunktion des Sitzes behindern oder die Bedienung der Rasten erschweren. Achten Sie darauf, dass die Bedienelemente weiterhin gut erreichbar bleiben und dass der Bezug nicht im Schloss oder der Raste eingeklemmt oder beschädigt wird.

Fußmatten

Gerade dann, wenn man bei Schnee ins Auto einsteigt, lässt es sich nicht verhindern, dass Schnee an den Schuhen mit ins Auto gebracht wird. Eine der Unarten kann bei dieser Wetterlage recht häufig beobachtet werden: Viele Autofahrer setzen sich auf ihren Sitz und klopfen den Schnee aus den Schuhen, indem sie gegen den Einstiegsschweller des Fahrzeuges treten. Zwar lässt sich so tatsächlich der Schnee weitgehend entfernen, aber Lackschäden und daraus resultierende Korrosionsschäden sind dann vorprogrammiert. Hat man sich diese Vorgehensweise angewöhnt, sollte man sich besser bei einem Folienbeschrifter eine dickere Schutzfolie für die Einstiegsleiste besorgen oder besser gleich verkleben lassen.

Auch werden gerade im Winter von einigen Autofahrern mehrere Fußmatten in unterschiedlichen Lagen geschichtet verwendet. Zwar schadet das dem Fahrzeug nicht, beeinträchtigt jedoch die sichere Bedienung der Pedalerie im Fußraum.

Grundsätzlich sind Gummimatten in der nassen Jahreshälfte der Verschmutzung wegen besser als die Nadelfilz- oder Stoffvarianten. Ein deutlicher Nachteil liegt darin, dass sich unter der Matte befindliche Feuchtigkeit sammelt und sich hier durchaus Feuchtbiotope bilden können, die im Fahrzeugteppich Stockflecken verursachen.

Der regelmäßige Einsatz der Klimaanlage ist übrigens zur Trocknung des Innenraumes sehr gut geeignet. Die Klimaanlage muss nämlich nicht unbedingt nur »kalt« verwendet werden.

Am Fahrzeug oben

Lackkonservierung

Die kalte Jahreszeit ist zugleich meist auch die nasse Jahreszeit. Zwar ist die Belastung der Lacke durch die UV-Strahlung der Sonne geringer. Regen, Laub und Umwelteinflüsse sorgen aber für Verschmutzungen, die zum einen den Lack angreifen und zum anderen mit der dauerhaften Anhaftung von Feuchtigkeit eine optimale Grundlage für Korrosionsbildung darstellen.

Die beste Möglichkeit der Vorbeugung liegt darin, die Oberfläche vor der Herbst-/Winter-Saison noch einmal gründlich einzuwachsen. Die glatte Oberfläche leitet Schmutz und Feuchtigkeit deutlich besser ab. Sie dürfen ruhig die besonders beanspruchten Stellen wie die Seitenschweller mit einem Schutzwachs prophylaktisch behandeln.

Türschlösser und Dichtgummis

Feuchtigkeit sorgt auch bei Türschlössern und den Dichtgummis für Probleme. Oft setzt sich die Feuchtigkeit an den Bauteilen ab und gefriert dann bei niedrigen Temperaturen. Für das Türschloss bedeutet das, dass der Schließzylinder in der Regel nicht mehr gedreht werden kann. Abhilfe kann dann nur etwas Türschlossenteiser bringen. Dieser sollte dann natürlich sinnvollerweise nicht im Auto gelagert werden.

Angefrorene Dichtgummis werden beim Öffnen der Tür oft beschädigt. Beide Fälle können durch wartungstechnische Vorbereitung vermieden werden. Die Türschlösser sollten regelmäßig mit einem Kriechöl wie »WD 40« eingesprüht werden. Die Dichtleisten werden mit Gummipflegemittel, das es auch als Pflegestift gibt, eingerieben.

Türschloss einsprühen.

Gummipflegestift zur Gummipflege.

Reinigung nach dem Winter

Wenn die Tage länger und auch die Winterreifen wieder demontiert werden, müssen die Salzreste vom Unterboden und aus Radkästen beseitigt werden. Hierzu steht zuerst eine Unterbodenwäsche an. Da im Winterbetrieb nebst viel Schmutzwasser auch einiges an Dreck hinter die Kunststoffradläufe gespült wird, macht es durchaus Sinn diese zu demontieren und die Radkästen in die Reinigung mit einem Hochdruckreiniger mit einzubeziehen. Auch den Felgen und dem Rest des Fahrzeuges kann eine derartige Entsalzung nicht schaden. Verlassen Sie sich für die Wäsche von unten nicht auf die automatischen Waschanlagen. Am besten sprechen Sie die Betreiber kleinerer Tankstellen an. Diese können Ihnen oft auch für einen akzeptablen Preis die Reinigung auf einer Hebebühne in der Waschstraße anbieten.
Nach der Unterbodenreinigung steht eine gründliche Durchsicht der Flächen, Kanten und Dichtnähte an. Stellen Sie hier Beschädigungen fest, sollten Sie diese gut austrocknen lassen und dann entsprechend ausbessern.
Lose Beschichtungen müssen natürlich ausgeschliffen werden. Vorhandener Rostansatz muss aufgearbeitet werden.

Unter dem Fahrzeug

Entwässerungsstopfen
Entwässerungsstopfen im Bodenblech können aus unterschiedlichen Gründen verbaut worden sein. Zum einen sollten bestimmte Bereiche, die einem erhöhten Feuchterisiko ausgesetzt sind, auch »trockengelegt« werden können. Zum anderen – und das trifft in den meisten Fällen zu – werden die Stopfen in der Fahrzeugproduktion benötigt. Moderne Karosserien werden durch Tauchbäder versiegelt und auch grundiert. Bereiche wie der Fußraum oder auch die Reserveradwanne liegen aber tiefer als die anliegenden Karosserieteile. Die Tauchbadflüssigkeit muss also ablaufen. Der einfachste Weg ist dann, an definierten Stellen Löcher im Bodenblech zu lassen, die dann im Laufe der Produktion mit Gummistopfen verschlossen werden. Im Laufe der Zeit können diese Stopfen aber auch zum Problem werden. Oftmals werden sie vor dem Aufbringen der Steinschlagmasse montiert und dementsprechend mit eingearbeitet. Da sich aber die Ausdehnung und die Haftung der Steinschlagschutzmasse und des Unterbodenschutzes auf dem Bodenblech und auf dem Gummistopfen grundsätzlich unterscheiden, löst sich die Schutzschicht am Stopfen ab. Diese Hohlstellen eignen sich natürlich sehr gut als Wasserspeicher und als verstecktes Lager für Schmutzpartikel. Diese Kombination setzt sich dann auch zwischen der Dichtlippe des Stopfens und dem Bodenblech ab. Durch die Bewegung während der Fahrt wird die Schutzschicht in diesem Bereich regelrecht weggeschliffen und bietet dann mit der eingelagerten Flüssigkeit eine gut versteckte Roststelle.
Entdecken Sie eine solche lose Stelle, entfernen Sie den Gummistopfen, reinigen Sie die betroffene Fläche und nehmen Sie sich dem Rost gewissenhaft an. Wechseln Sie die Stopfen in diesem Fall gegen neue aus.

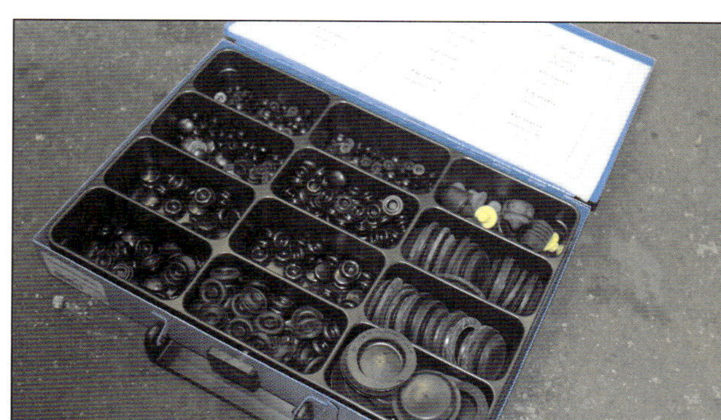

Stopfensatz aus dem Autozubehör.

Unterbodenschutz
Wie schon erwähnt, muss der Unterboden regelmäßig inspiziert und nötigenfalls auch nachgebessert werden. Achten Sie hier ganz speziell auf die Stellen, die durch das Aufsetzen des Fahrzeuges auf Schnee und Eisresten in der Mitte der Fahrbahn oder im Gehwegbereich erreicht werden können. Natürlich sollten Sie auch die Bereiche des Unterbodens genauer inspizieren, die nicht direkt vom Spritzwasser erreicht werden können. Gerade im Bereich freiliegender Reservereifen, um die Hinterachsaufhängung oder am Tank finden sich Dreckecken, wo sich im Laufe der Jahre eine nicht unerhebliche Menge an Straßendreck ablagert. Hier kann dann entsprechend auch Feuchtigkeit eingelagert sein. Nötigenfalls sollten diese Stellen mit dem Hochdruckreiniger gründlich ausgespült werden.

Hohlraumversiegelung
Die Versiegelung der Hohlräume ist heutzutage bei allen Fahrzeugen werksmäßig vorhanden. Auch wenn es kaum vorstellbar ist, unterliegt diese werkseitige Versiegelung im Laufe der Jahre etwas Verschleiß. Lassen Sie die Versiegelung regelmäßig kontrollieren oder ergänzen Sie die vorhandene Versiegelung, indem Sie etwa alle zwei Jahre den Hohlraumschutz erneut in die Hohlräume einbringen. Auch hier empfiehlt es sich, die Hohlraumbereiche vorher gründlich auszuspülen, um vorhandene Verschmutzungen ganz sicher zu entfernen.

Kurzcheck vor dem Winter

Der Betrieb des Fahrzeuges im Winterhalbjahr ist schon durch die schlechteren Witterungsbedingungen und die deutlich dunkleren Lichtverhältnissen erschwert. Klare Sicht trägt wesentlich zu Betriebssicherheit und Fahrkomfort bei.

- Windschutzscheibe sauber?
- Scheinwerfer sauber und betriebsbereit?

Lüftung, Düsen und Heizung
Um die Feuchtigkeit von den Scheiben wegblasen zu können, benötigen wir einen vernünftigen Luftstrom des Gebläses und natürlich auch die Temperatur der Heizung. Fällt eines von beiden weg, ist schnell das Sichtfeld des Fahrers eingeschränkt oder die erforderliche dicke Winterkleidung behindert den sicheren Umgang mit dem Fahrzeug.

- Kontrollieren Sie deshalb immer zum Ende des Sommers, ob die Gebläsefunktionen noch alle vorliegen.
- Ist der Pollenfilter auch sauber?

Pedalgummierung
Nasse Straße bedeutet dann meist auch nasse Schuhsohlen. Wichtig ist es aber, nicht von den Pedalen abzurutschen. Betrachten Sie Ihre Pedalgummierung ruhig etwas genauer. Bei erkennbaren Schäden erneuern Sie diese am besten sofort. In der Regel beträgt der finanzielle Aufwand für diese Teile nur ein paar Euro und bringt viel für die Sicherheit.

- Liegt schon Verschleiß vor?
- Hängen die Gummis lose herum?

Sonderausrüstung für den Winter

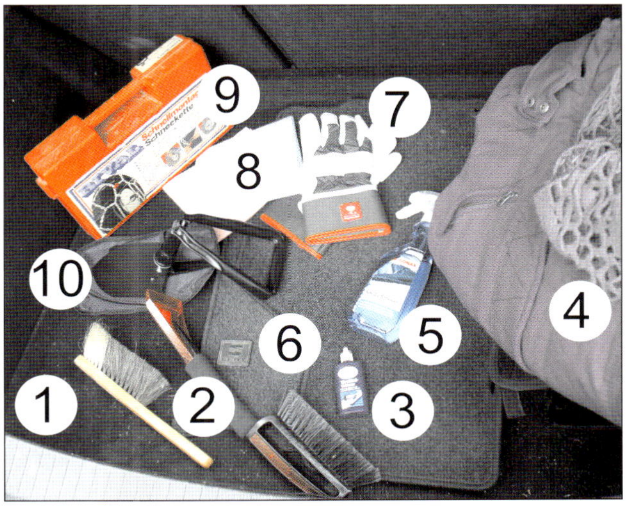

Übersicht über die Ausrüstung, die griffbereit sein sollte: 1 Handfeger, 2 Schneebesen, 3 Türschlossenteiser, 4 Schal und dicke Jacke, 5 Scheibenenteiser, 6 Fußmatten, 7 Handschuhe, 8 Lappen, 9 Schneeketten, 10 Klappspaten.

Tipps und Tricks

PRAXISTIPP

Scheiben enteisen

Wer keine Garage zur Verfügung hat, über keine vor Fahrtantritt einschaltbare Standheizung verfügt und auch die mühselige Verwendung halber oder ganzer Faltgaragen scheut, kann ein Lied singen vom winterlichen Eiskratzen. Auch dagegen gibt es Mittel im Sortiment der Fahrzeugpfleger. Sie bestehen aus Alkoholen, Glykolen und anderen Hilfsmitteln. Zugefrorene Windschutzscheiben werden damit zuverlässig von Eis befreit und von einem durchsichtig, klaren Schutzfilm überzogen, der das erneute Anfrieren von Wasser verhindert oder zumindest erschwert. Langwieriges Kratzen entfällt.

Anwendung: Aus 20 bis 30 cm Entfernung aufsprühen, kurze Zeit wirken lassen, fertig. Das bedeutet schnell klare Sicht und somit Sicherheit. Das Mittel erzeugt nachweislich keine Spannungsrisskorrosion an Scheinwerferstreuscheiben.

Einsatz der Klimaanlage im Winter

Auch wenn es zuerst widersinnig klingt, ist der Einsatz der Klimaanlage im Winter durchaus sinnvoll. Warme Luft hat ein deutlich größeres Volumen als kalte Luft. Die darin gebundene Feuchtigkeit kondensiert auf kalten Oberflächen leicht. Durchsetzen wir nun die Warmluft im Fahrzeug durch die Klimaanlage, wird die Luftfeuchte durch den Verdampfer, oder besser am Verdampfer, kondensiert und nach außen abgeleitet.
Das Ergebnis der zunehmenden Fahrzeugtrocknung: weniger beschlagene Scheiben und oft auch die Vermeidung von Stockflecken am Teppich, speziell unter den Fußmatten.

Erste Hilfe bei Lackschäden

Lackschäden durch Steinschlag entstehen in der Regel in der Winterzeit oder im Frühjahr. Schuld ist oftmals das Streugut, das benötigt wird, um die Straßen im Winter befahrbar zu halten. Optimal wäre eine sofortige Behandlung des kompletten Lackaufbaus, um jegliche Korrosion bereits im Ansatz zu vermeiden. Realistisch betrachtet ist das aber nicht möglich. Auch das vorläufige Abdecken mit farbigem Wachs wird aufgrund der der Feuchtigkeit und der Kälte nicht gelingen. Ein Mittel zu Notreparatur kommt aus der Motorradwartung. Kettenspray verdrängt Wasser, ist wasserfest und nach dem Austritt aus der Dose hoch kriechfähig. Nach kurzer Ablüftzeit wird es zähflüssig. Werden die Stellen dann im Frühjahr regelkonform überarbeitet, lässt sich das Kettenspray mit Kettenreiniger, Silikonentferner und/oder Universalverdünnung leicht entfernen.

Schutzfolie am Schweller

Es gibt Bereiche der Fahrzeugkarosserie, die besonderer Belastung ausgesetzt sind. Im Regelfall handelt es sich hier um den Stoßfänger hinten, der durch das Einladen im Bereich der Heckklappe gefährdet ist, die typischen Anrempelstellen des Anhängers sowie die B- und C-Säulen durch Anstöße mit der Gurtlasche. Auch die Einstiegsschweller sind durch das Abklopfen der Schuhe und den vielen unbewussten Berührungen stark belastet. Grundsätzlich können diese Bereiche mit einer Schutzfolie überzogen werden. In der Regel ist die Folie annähernd durchsichtig und ausreichend dick, um Lack, Kunststoff und Blech erfolgreich vor den kleinen und ärgerlichen Schäden schützen zu können. Am günstigsten lässt sich diese Schutzfolie beim Fahrzeugbeschrifter um die Ecke beschaffen. Er hat das Material zumeist auf der Rolle und kann so neben dem einen oder anderen Tipp auch die passenden Maße liefern.

Schmutzfänger

Auch wenn man diese Anbauteile heute eher selten sieht, können sie durchaus sinnvoll sein. Steinschlag findet sich nämlich nicht nur an der Fahrzeugfront, sondern durch die von den Rädern aufgewirbelten Steinchen auch seitlich in Bereich der Radläufe und sogar am Fahrzeugheck. Schmutzfänger können den selbst verursachten Steinschlag und den an nachfolgenden Fahrzeugen zumindest einschränken.

Fit für den Sommer

Die helle Jahreszeit mit langen Tagen und der üblichen langen Urlaubszeit bedeutet auch für den Camper zumindest für die Länge der zusammenhängenden Fahrstrecke eine besondere Herausforderung. Neben dem Frühjahrsputz sollten Sie auch die Pflege der Karosserie intensiver angehen. Wir zeigen Ihnen hier, welche Arbeiten Sie in Vorbereitung für die warme Jahreszeit einplanen und angehen sollten.

Auch im Sommer geht's der Karosserie vielschichtig »an den Kragen«. Zwar werden Steinschlag, Rost und Salz nun weniger angetroffen, aber neben der UV-Strahlung der Sonne finden sich auch diverse »natürliche« Feinde, die Lack und Schutzschicht zusetzen können. Ausscheidungen von Vögeln können so aggressiv sein, dass sie innerhalb von 24 bis 48 Stunden die oberste Deckschicht des Autolacks zerstört haben. Polieren nützt da wenig. Es können Lackrisse entstehen, die nur noch mit Abschleifen der Schadensstelle und anschließendem Nachlackieren kuriert werden können.

Lackverschmutzungen wie Vogelkot oder Blüten- und Baumsekrete lassen sich nur selten mit Insektenentferner beseitigen. Vogelkot ist scharf ätzend, er muss mit heißem Wasser umgehend beseitigt werden, besonders bei Seevögeln, sonst »brennt« er regelrechte Narben in den Lack. Wenn Sie zu lange warten, hat er sich dauerhaft eingeätzt. Lacke, die durch regelmäßige Wachspolitur geschützt wurden, zeigen sich hier deutlich widerstandsfähiger.

Bei Blüten- und Baumtröpfchen sollten Sie es mit Spiritus oder Teerentferner versuchen. Schauen Sie sich Ihr Fahrzeug also öfter mal auf derartige Verschmutzungen hin an. Je länger Sie mit der Reinigung warten, umso schwieriger wird sie. Gerade wenn Sie in der Stadt wohnen, ist es kaum möglich sich den Parkplatz so auszusuchen, dass er nicht unter Bäumen liegt. Diese Plätze sollten Sie gerade dann, wenn Sie längerfristig parken, tunlichst meiden. Nicht nur, dass Blütenstaub und Blätter herabfallen können und Ihren Lack beeinträchtigen, es kann selbst bei guter Baumpflege bei stürmischem Wetter ein abbrechender Ast für vermeidbare Schäden sorgen. Lässt sich aber eine solche ungünstige Parksituation nicht vermeiden, so ist eine so genannte Autohaube sicherlich nicht die schlechteste Lösung.

Materialien

In dieser großen Gruppe von Pflegemitteln gibt es fließende Grenzen zwischen den einzelnen Produkten. Manche werden als Reiniger-Politur bezeichnet, sie sind mit den Schleifpolituren und Lack-Polituren verwandt. Lackreiniger können tief in den Lackporen sitzende Verschmutzungen besser als Schleifpolituren herauslösen, dagegen besitzen sie nicht die gleichen Fähigkeiten beim Glattbügeln feinster Schrammen.

Während Polituren meistens von der Motorhaube über Dach, Seitenteile und Heckklappe bis zum Abschlussblech übers ganze Autoblech angewendet werden, sieht die Sache bei den Lackreinigern oft anders aus. Sie kommen zum Einsatz, wenn Parkplatzrempler den Lack Ihres Wagens verunziert haben. Auch bei versehentlich mitlackierten Karosserieteilen sind Lackreiniger durchaus angebracht.

Wachspolituren

Da mit jeder Politur ein wenig mehr Lackpartikel abgetragen werden, kreidet der Lack allmählich aus und wird matt. Schon deshalb muss man den polierten Autolack mit einem Pflegewachs nachbehandeln. Die Bewertung der einzelnen Wachse ist schwierig, da tiefer, satter Glanz immer eine sehr sorgfältige Vorarbeit voraussetzt. Wurden bei der Lackreinigung Spuren von Lacknebel oder Farbkratzer übersehen oder Streifen mit einpoliert, so verstärken sich diese Lackfehler im klarlackartig glänzenden Wachs wie durch eine Lupe betrachtet. Ganz besonders müssen polierte, stärker verwitterte Lacke noch mit Konservierer auf dauerhaften Hochglanz gebracht werden. Der Lack muss vor dem Konservieren allerdings völlig wolken- und streifenfrei auspoliert sein. Streifen und Wolken, in der Polierschicht eingeklebte Schmutz- und Farbpigmentteilchen, die man beim Polieren verschmiert hat, kann ein Konservierer nicht beseitigen.

Eine Besonderheit sind eingefärbte Wachse, die es in unterschiedlichen Färbungen passend zu Ihrem Fahrzeuglack gibt. Die Farbabstimmung muss nicht genau passen, aber es werden recht einfach und wirkungsvoll auch mal unschöne kleinere und tiefere Kratzer abgedeckt.

Unterschiedliche Wachspolituren

Lackkonservierer

Welche Reiniger oder Schleifpolituren Sie auch immer eingesetzt haben: Am besten ist es stets, nach der Lackreinigung den Wagen noch einmal gründlich mit klarem Wasser abzuschwammen, damit restliche Lösemittel und Emulgatoren (das sind Chemikalien zur besseren Verträglichkeit der unterschiedlichen Flüssigkeitsbestandteile) möglichst aus den Lackporen geschwemmt werden. Erst auf den völlig sauberen Lack wird Konservierer mit dem Lappen dünn aufgetragen, danach mit einem zweiten Lappen einmassiert und schließlich mit einem dritten Lappen oder mit Polierwatte auf Hochglanz gebracht. Lack-Konservierer gibt es flüssig in kleinen Kanistern und als Paste in Tuben oder kleinen Dosen. Hartwachspasten sind inzwischen ziemlich out, denn ihre Verarbeitung ist anstrengender. Meist haben solche Pasten etwas reinigende und polierende Zusätze und sind deshalb bei neuen Lacken nur mit Vorsicht anzuwenden. Zum Konservieren eines älteren Lackes, der vorher mit Schleifpolitur gründlich geputzt wurde, sind sie jedoch zu empfehlen. In hochwertigen Lack-Konservierern und konservierenden Auto-Polituren sind nicht nur übliche Paraffin-Wachse, sondern auch das besonders gut aushärtende und daher hochwertige Wachs der Carnauba-Palme zu finden. Carnauba (oder Karnauba) ist das härteste bekannte Wachs natürlicher Herkunft. Es ist in Wasser praktisch nicht löslich, mischt oder löst sich jedoch in organischen Lösungsmitteln wie Petrolether, Ethylacetat, Benzol und Toluol, Chloroform, Terpentinöl sowie Schwefelkohlenstoff. Die Dichte liegt knapp unter 1, der Schmelzpunkt zwischen 80 und 88 °C. Nahezu alle Lack-Konservierer und Autopolituren sind ferner mit Spuren von Silikon angereichert.

Gab es schon immer: Konservierer in Flüssigform.

Universalpolituren

Im Gegensatz zur doch deutlich schärfer wirkenden Schleifpolitur hat Auto- und Lackpolitur reinigende, polierende und in gewissen Grenzen auch konservierende Wirkung. Die Politur ist nicht glasig-trübe wie die Konservierer, sondern milchig-sahnig mit zumeist grünlicher, bläulicher oder rötlicher Einfärbung. Das blassmilchige Erscheinungsbild wird durch die Beimischung der polierenden Schleifmittel bewirkt. Sie tragen die »tote« und verschmutzte Deckschicht des Lackes ein wenig ab und legen den darunter sitzenden gesunden Lack frei. Deshalb färbt die Wagenfarbe leicht in der Polierwatte ab. Wenn die Watte sehr kräftig Farbe annimmt, ist das Mittel schon zu scharf.

Auch in dieser Sparte bieten zunehmend alle Hersteller eine neue Politurart an: die so genannten Nanopolituren. Diese beinhalten Zusatzstoffe, die schmutzabweisend wirken.

Unterschiedliche Polituren: Vom Lackreiniger bis zum Universalmittel.

Lackreiniger

Lackreiniger, Schleifpolituren und Polierpasten haben in der Regel neben der schleifenden und reinigenden Wirkung keine Konservierungseigenschaften. In einem zweiten Gang ist also unbedingt noch Politur und/oder Reiniger und vor allem Konservierer zu verarbeiten.

Lackreiniger sind für neue und junge Lacke Gift. Im Nu kann die obere Lackschicht angelöst und der Lack schwer geschädigt werden. Das gilt vor allem für nachlackierte Stellen, die mit lufttrocknendem Lack behandelt wurden. Je nach Hersteller finden durchaus andere Schleifzusätze in unterschiedlicher Körnung Anwendung. So fällt die Wirkung je nach Hersteller milder für eine langsamere und aufwändigere Bearbeitung und aggressiver für eine schnellere Bearbeitung aus. Alter Lacknebel lässt sich beispielsweise meist ohne großen Kraftaufwand entfernen, ohne den Lackunterbau sichtbar zu beschädigen. Auch für die Oberflächenbearbeitung von verkratzten Kunststoffglasoberflächen wie an Scheinwerfern, Blinkern oder auch den weichen Cabrioverdeckfenstern sind diese Mittelchen eine große Hilfe. Feinkratzer werden regelrecht ausgeschliffen.

Lackreiniger: Körnung zum Schleifen inklusive.

Schleifpolituren

Wie wir bereits betont haben, kann auch eine Politur bereits eine ziemlich scharfe Waffe zur Lackpflege sein. Sie sollte erst dann angewendet werden, wenn der Lack schon gealtert ist und matt zu werden beginnt. Einen solchen Lack kann man durchaus noch als »gut erhalten« bezeichnen, aber er hat eine etwas bissigere Pflege dann schon nötig. Schleifpolituren sind die schwersten Geschütze, die nur bei stark verwitterten Lacken zum Abschleifen der obersten toten Schicht und dann lange Zeit nicht mehr angewendet werden sollten. Schleifpolierpaste ist fast schon so grob wie Handwaschpaste und wird von den meisten Pflegemittel-Herstellern gar nicht für Selbstpfleger angeboten. Ob sie zum Auspolieren von Schrammen nach einer Streifberührung mit einem fremden Fahrzeug oder zum Wegpolieren des fremden Lackes benutzt wird, das Ergebnis stimmt. Am starken Farbabrieb, der in der Polierwatte hängen bleibt, können Sie die scharfe Wirkung erkennen, die manchen Selbstpfleger und auch manche Wagenpfleger an Tankstellen dazu verlockt, schon bei geringem Anlass zu der Schleifpolitur zu greifen. Das ist keine gute Idee, denn der Autolack hält dies nur ein paar Mal aus, und bald schaut die Grundierung heraus, vor allem in der Nähe der Kanten und Karosseriekrümmungen. Außerdem nimmt Schleifpolierpaste schnell die härteste oberste Schicht des Lackes weg. Darunter ist der Lack weicher und weniger widerstandsfähig, sodass er in immer kürzeren Zeitabständen Politur braucht. Jede Berührung mit schmutzigen Fingern hinterlässt dann schon deutliche Schmierspuren. Bei matten und vor allem bei verwitterten Metalliclacken reicht die Pflege mit einer Metallic-Politur noch nicht aus. Eine bewährte Radikalmethode besteht darin, den verwitterten Metalleffektlack mit extra starkem Lackreiniger ohne Rücksicht auf streifige Rückstände aufzuarbeiten. Danach wird der entstandene Schmierfilm mit einem in alkohol- oder nitrogetränkten sauberen Lappen abgewaschen, der Lack gut getrocknet und anschließend mit einem Lackkonservierer auf Hochglanz poliert. So kann man allerdings nur dann vorgehen, wenn man ganz sicher noch die serienmäßige Erstlackierung des Herstellers auf der Karosserie hat. Bei Werkstattnachlackierungen oder gar Sprühdosenlackierungen besteht die große Gefahr, dass zu viel Farbe im Lösungsmittel-getränkten Lappen hängen bleibt.

Aerarbeitung von Hand: Mit einem Baumwolltuch kann er gut verarbeitet werden.

Arbeitsmittel und Werkzeuge

Die Auswahl der Gerätschaften ist für ein gutes Arbeitsergebnis genauso wichtig. Natürlich müssen Sie hier auch Ihre eigenen Erfahrungen mit einarbeiten, da nicht von jedem die gleichen Materialien gleich angenehm in Ergebnis und Verarbeitung bewertet werden. Hat man dann mal »seins« gefunden, wird man allerdings auch kaum mehr davon ablassen.

Lappen und Tücher

Weiche Lappen nach Art der käuflich zu erwerbenden Poliertücher braucht man eine ganze Menge, je weicher und flauschiger, umso besser. Handlich zurechtgeschnittene Stücke aus zerschlissenen Haustextilien, also alte Frottiertücher, weich gewaschener Cordsamt oder nicht mehr tragbare Wäsche, sind durchaus brauchbar und ersparen die Anschaffung besonderer Poliertücher. Benutzen Sie aber keine Nylon- oder Perlonreste, sie sind nicht saugfähig. Natürlich müssen die Lappen zur Lackpflege einwandfrei sauber sein, denn Verschmutzungen durch Schweiß, Öl, Kraftstoff oder gar Lacklösemittel wie das besonders aggressive Aceton können den Lack schädigen. Staub und Dreck in den Lappen zerkratzt den Lack, anstatt ihn zu glätten. Es lohnt sich durchaus, besonders geeignete Lappen nach Gebrauch wieder auszukochen, denn mit frischen Lappen lässt sich der Lack leichter auf Hochglanz bringen. Bei der Lackpflege selbst sollten Sie in der Regel mit jeweils drei Tüchern arbeiten:

Als Erstes den bereits von der Arbeit mit Pflegemittel durchtränkten Lappen zum Einbalsamieren des Lackes verwenden. Dazu eignet sich auch Leinentuch oder zerschlissener Cordsamt.

Den zweiten Lappen, der schon Spuren des Pflegemittels zeigen darf, benutzen Sie zum Auspolieren.

Für den endgültigen Hochglanz nehmen Sie einen möglichst frischen, besonders weichen Lappen, der die letzten Trübungen und Streifen hinwegfegt.

Von Zeit zu Zeit werden die Lappen um eine Stufe degradiert, sodass immer ein frischer Lappen für die letzte Nacharbeit zur Hand sein soll. Wenn Sie Ihre Poliertücher bei der Arbeit in der Hand zusammenknüllen, sind sie bald verschmutzt und nicht mehr rationell zu brauchen. Falten Sie sie sorgfältig, um sie bis zum letzten Quadratzentimeter sparsam auszunutzen.

Polierwatte

Die Polierwatte ist zur Lackpflege nicht unbedingt nötig, wenn Sie weiche und saugfähige Lappen haben. Aber das letzte Auspolieren zum Hochglanz fällt mit ihr zweifellos leichter. Es muss jedoch keine besondere Autopolierwatte sein, denn die ist meistens teurer als die mindestens genauso gute Verbandwatte aus Kaufhäusern oder Drogerien. Seien Sie beim Abreißen einer frischen Lage Watte nicht zu sparsam. Das Stück sollte so groß sein, dass es allseitig über Ihre Hand hinausragt, sonst erfassen Sie bei jeder Wischbewegung nur eine kleine Lackfläche und müssen umso länger arbeiten. Auch lässt sich ein größeres Wattestück öfter auseinanderziehen und neu falten, sodass diese Großzügigkeit letzten Endes doch sparsam ist und vor allem Arbeitszeit spart.

Poliermaschinen

Maschinenkraft lohnt sich, denn Lackpflege ist eine mühsame Arbeit. Wenn der Wagen wieder im Hochglanz dasteht, spürt der im Polieren ungeübte Heimwerker seine müden Arme. Da verspricht die Anschaffung einer Poliermaschine mühelose Polierarbeit in wesentlich kürzerer Zeit. Leider aber zahlt sich der Kauf einer Universalmaschine für Schleifen, Schneidtrennen und Polieren nicht aus, denn solche Maschinen arbeiten mit zu hoher Drehzahl fürs Polieren. Es kann dem Lack ausgesprochen übel bekommen, wenn zwischen Polierscheibe und Lack Reibungswärme entsteht, welche die Poliermittel zersetzt. Zusammen mit dem abpolierten toten Lack bilden sich fast steinharte Krümel oder eine zähe Klebemasse, die Kratzer in den Lack zieht.

Die geeignete Maschine zum Polieren ist ein Exzenterschleifer, bei dem Drehmoment und Drehzahl eingestellt werden können. Wer sich mit dem Gedanken

Microfaser im Set: Reinigungstücher für jeden Einsatzzweck.

Hardcore: Poliermaschine mit Lammfellaufsatz im Einsatz.

trägt, nicht nur das eigene Auto zu polieren, dem seien neben guten Bosch-Maschinen auch die Firmen Festo und Fein empfohlen. Mit Polier- oder Lammfellaufsatz lassen sich hervorragend spiegelnde Oberflächen erzielen. Allerdings bezieht sich das »Maschinell« am maschinellen Polieren nie auf den Auftrag des Poliermittels, sondern nur den Abtrag des angetrockneten Poliermittels. Also niemals die Politur oder das Wachs auf die rotierende Scheibe auftragen und wild herumschleudern! Hierbei hat Handarbeit Vorrang.

Wachsen und polieren

Fast wie ein Lebewesen altert der Autolack und muss deshalb von Zeit zu Zeit sachgerecht gepflegt werden. Die im Lack enthaltenen Weichmacher verflüchtigen sich allmählich, in die winzigen Lackporen kann Feuchtigkeit eindringen. Die Farbschichten werden von innen heraus zermürbt. Damit liegen die einzelnen Farbkörperchen (Pigmente) nicht mehr eingebettet, sondern stehen spröde ab. Der Lack wirkt zunehmend stumpfer, und schließlich kann man bei einem jahrelang ungepflegten Lack eine Art Farbstaub mit der blanken Hand abreiben.

Empfohlener Pflegerhythmus

Der Lack kreidet mit der Zeit aus, wie der Autolackierer sagt. Das lässt sich vor allem bei braun-roten Farbtönen gut beobachten. Auto-Shampoo jedoch ist kein Dauerpflegemittel und vor allem kein Wasserersatz bei der Wagenwäsche. Autopolituren, Schleifpolituren und Lackreiniger werden nur in jeweils langen Zeitabständen benutzt, bis der Lack wieder im Glanz steht. Ein- bis zweimal im Jahr reicht dieser Arbeitseinsatz aus. Werden sie ständig verwendet, wird der Lack buchstäblich zu Tode gepflegt. Wasch-Konservierer ist gut, trübt aber mit der Zeit den Lack. Lack-Konservierer ist das einzige Pflegemittel, das schadlos immer wieder, sozusagen als Dauerpflegemittel, genommen werden darf – auch immer wieder mal nach der Wäsche »zwischendurch«.

Die richtige Flächengröße

Lackpflege, wir kommen etwas später noch einmal vertiefend darauf zurück, kostet Schweiß – beim einen Mittel mehr, beim anderen weniger. Trotz aller Zusicherungen, es ginge »spielend einfach«, läuft es ganz ohne Mühe dann doch nicht. Für die Lackpflege gilt ferner als Grundregel: Schatten und kühles Karosserieblech. Die Sonne darf nicht zusehen. Berücksichtigen Sie auch stets die Flächengröße bei der Anwendung des Pflegemittels. Mit Lack-Konservierern wird auf den sauber gewaschenen Lack nur eine Glanz- und Schutzschicht aufgebügelt. Deshalb kann man sie auch in einem Zug auf eine große Fläche auftragen. Das Wachs lässt man nach dem Einmassieren trocknen und bringt es dann mit Polierlappen oder Watte in zwei Arbeitsgängen auf Hochglanz. Das gilt auch, wenn der ursprünglich stark verschmutzte oder verwitterte Lack vorher mit Lackreiniger oder Polierpaste behandelt werden musste und nun im abschließenden Arbeitsgang konserviert wird. Mit Lackpolituren, Lackreinigern und Polierpasten, die nur bei stumpfen und stark verschmutzten Lacken verwendet werden sollen, wird die verwitterte und ausgekreidete oberste Lackschicht abgetragen. Bearbeitet man eine zu große Fläche in einem Zug mit Lackreiniger oder Politur, dann trocknen in den Rückständen die gerade eben abgelösten toten Farbpartikelchen oder Schmutzteile mit an und verharzen zu einem zähen schmierigen Film, der nur schwer wegzuschrubben ist. Dann hilft nur eine Mischung aus verdünnendem Lack-Konservierer und Politur. Beide zusammen gibt man auf einen Polierlappen, um den verharzten Schmierfilm aufzulösen. Vermeiden ist jedoch viel besser als jede Nachbearbeitung. Beachten Sie deshalb unbedingt: Mit Polituren oder Lackreinigern jeweils nur eine kleine Lackfläche bearbeiten!

Der Umgang mit unterschiedlichen Lacktypen

Neuer Lack

Eine erst wenige Wochen oder Monate alte Lackierung bezeichnet man als neuen Lack. Für den früher oft verwendeten Nitrolack galt die eiserne Regel, dass er anfangs nur mit klarem Wasser gewaschen werden durfte. Er sollte erst richtig aushärten. Was Sie als Heimwerker aus der Lacksprühdose verarbeiten, ist auch ein langsam durchhärtender, weil lufttrocknender Lack. Auch die Lackierbetriebe können nur Lack mit niedriger Ofentrocknungstemperatur von etwa 60 bis 80 °C verwenden, sonst nehmen Gummi und Kunststoffe Schaden. Dagegen können die Herstellerwerke den Lack auf der Rohkarosserie wesentlich wirkungsvoller mit bis zu 170 °C einbrennen. Diese eingebrannten Kunstharz- und Acrylharzlacke sind so robust, dass sie schon in den ersten Monaten schadlos ein mildes Auto-Shampoo vertragen. Das ist freilich aber nur notwendig, wenn der Lack durch Öldunst, Fett oder Luftverschmutzung verschmiert ist. Eine anschließende Lack-Konservierung ist dann empfehlenswert. Wenn Sie dem Lack Ihres Neuwagens etwas Gutes tun wollen, dann gönnen Sie ihm eine sorgfältige Konservierung mit Hartwachs. Auto-Politur und Lackreiniger sind für neuen Lack jedenfalls tabu. Größte Zurückhaltung mit Pflegemitteln bei neuem Lack zu üben, gilt besonders für Reparaturlackierungen, egal welcher Lacksorte. Beginnen Sie die Lackpflege mit Politur bei Neulacken erst dann, wenn Sie schon kleine Schlieren oder Kratzer bemerken.

PRAXISTIPP

Gut abwarten

Bei Nach- und Reparaturlackierungen mit ofentrocknendem Lack durch eine Lackierwerkstatt etwa vier Monate, bei lufttrocknendem Lack mindestens sechs Monate warten, bis man Lackpflegemittel anwendet. Waschen Sie die Nachlackierung vorsichtig mit klarem Wasser ab, damit sich kein Schmutz festsetzt.

Neuwertiger Lack

Als neuwertig kann man den Lack etwa bis zu einem Lebensalter von vier Jahren bezeichnen, solange noch keine auskreidenden Farbteilchen sichtbar sind. Er zeigt bei der Wäsche mit klarem Wasser noch jenen Hochglanz, den er vom Hersteller mitbekommen hat. Allenfalls zeigt auf dem gewaschenen Lack zerfließendes Regenwasser, dass ihm die schützende Wachsschicht abhandengekommen ist. Neuwertiger Lack sollte also von Zeit zu Zeit mit Lack-Konservierer behandelt werden; auch Wasch-Konservierer zusammen mit der Wagenwäsche schadet nichts, ist aber nicht notwendig. Häufiger oder gar wöchentlicher Gebrauch von Wasch-Konservierer ist nicht ratsam. Auto-Shampoo soll nur verwendet werden, wenn es vom Verschmutzungsgrad unbedingt erforderlich ist. Auto-Politur und Lackreiniger sind auch auf neuwertigem Lack tabu, denn ihre schleifende oder Lack anlösende Wirkung hebt die oberste und besonders widerstandsfähige Lackschicht ab und beeinträchtigt die Lebensdauer.

Matter Lack

Beschränkt sich die Autopflege auf einen halbjährlichen Besuch in einer automatischen Waschanlage, wird der Lack etwa von seinem vierten Lebensjahr an matt. Durch geeignete Pflege kann matter Lack wieder Hochglanz erhalten, aber er wird immer wieder matt, denn die Wirkung des Lackpflegemittels lässt je nach verwendetem Produkt wieder nach. Eine Lackauffrischung währt zwischen zwei Wochen und drei Monaten, wenn nach der Politur ein Lack-Konservierer verarbeitet wird, sogar bis zu einem halben Jahr. Solch ein an sich guter Lack sollte dementsprechend etwa alle sechs Monate mit Politur und Konservierer behandelt werden. Da Politur bei jedem Arbeitsgang ein wenig Lack abnimmt, ist ein Lack-Konservierer als Finish dringend zu empfehlen, sonst verschwindet der schweißtreibend herauspolierte Hochglanz ganz schnell wieder. Entsteht bei der Bearbeitung mit Lack-Konservierer nur ein streifiger, wolkiger Hochglanz, war doch schon zu viel Farbpigment ausgekreidet. Vielleicht war der schon etwas raue Lack in seinen Poren stärker verschmutzt, als dies durch ersten Augenschein erkennbar war. Der Lack-Konservierer hat diese abgestorbenen Farb- und Schmutzteilchen nur abgehoben, aber nicht beseitigen können. Die Schmutzteilchen wurden lediglich anderweitig verteilt. Es ist also wieder an der Zeit, eine Lackpolitur zu verabreichen. Bei Bedarf verträgt schmutzig matter Lack auch einen Lackreiniger. Die schärfer wirkende Schleifpolitur ist hier nicht angebracht.

Angegriffener Lack

Stumpfer und verwitterter Lack ist stark ausgekreidet, auf seiner Oberfläche sitzen viele lockere Farbpartikelchen, vor allem, wenn der Lack einige Jahre ohne Pflege still vor sich hingealtert ist. Bei solchem Lack ist das Bindemittel für das Farbpigment abgebaut. An sich ist der Lack kaputt, und das Nachlackieren wäre eine gute Idee. Wer dennoch den Kampf mit den Elementen aufnehmen will, der sollte sich mit einem Sortiment Lappen, Schleifpolierpaste, Lackreiniger, einer Lackpolitur und Lack-Konservierer ausstatten. Im Prinzip wird das ganze Lackpflege-Sortiment benötigt.

In der Regel steckt unter der ausgekreideten Schicht noch ein Rest vom guten Lack, den es durch die richtigen Pflegemittel hervorzuholen gilt. Das ist eine schweißtreibende und meist mehrtägige Arbeit, doch man erhält oft noch staunenswerte Ergebnisse, wenn eine trübe und völlig glanzlose Fläche plötzlich wieder in sattem Hochglanz erstrahlt.

Das ist nur in mehreren Arbeitsgängen möglich, die mit einem Lackreiniger beginnen und mit einer stark schleifenden Polierpaste sowie der etwas milderen Lackpolitur ihre Fortsetzung finden.

- Zuerst muss der Lackreiniger oder die Schleifpolitur die Schicht der toten Farbkörperchen und die hartnäckige Verschmutzung beseitigen, bis ein wolken- und streifenfreier Glanz erzielt ist.
- Als zweiter Gang empfiehlt sich eventuell nochmals ein Lackreiniger, denn die Streifen können hartnäckig sein.
- Der dritte Gang ist das Verarbeiten einer Lackpolitur.
- Das Sahnehäubchen dieser Leistung ist natürlich die Konservierung mit Hartwachs.

Der wiedererstandene Hochglanz eines ausgekreideten Lackes ist aber nicht von langer Dauer. Der Lack wird erneut auskreiden. Dagegen hilft nur immer wieder der Lack-Konservierer in kurzen Zeitabständen, etwa alle zwei Monate. Selbst ein wirklich kundiger Pflegemittelverkäufer kann mit dem Kundenwunsch »Ich möchte für meinen Wagen ein wirklich gutes Lackpflegemittel« überhaupt nichts anfangen. Er müsste sich, nimmt er den Begriff Kundendienst ernst, eigentlich vorher den Lack des betreffenden Wagens anschauen. Das wird in der Praxis allenfalls an der Tankstelle möglich sein, wo der Wagen sowieso vor der Zapfsäule steht. Darum müssen Sie in der Regel selbst Bescheid wissen. Die Wahl des gerade richtigen Lackpflegemittels richtet sich nach dem Zustand des zu pflegenden Lackes, zu dessen Beurteilung wir die vorstehenden Beschreibungen gaben, und nach der Vertrauenswürdigkeit der Pflegemittelmarke.

Durchsicht zum Jahreszeitwechsel

Überprüfen der Ausrüstung

Ob Ihr Bus nun aus dem Winterschlaf erweckt werden soll oder eben einfach wieder startklar zum Campen gemacht wird, liegt schon daran, ob er das ganze Jahr im Einsatz ist oder nur als Saisonfahrzeug zum Einsatz kommt. Was übrigens für einen T5-Camper recht selten vorkommt. Wie dem auch sei, sollten Sie die Ausrüstung und natürlich auch das Fahrzeug regelmäßig genauer unter die Lupe nehmen um Wert, Funktionssicherheit und Vollständigkeit möglichst gut zu erhalten. Betrachten wir den T5-Camper mal unter diesen Aspekten genauer:

Elektrische Anlage

Prüfen Sie die Funktion der Lichtanlage und natürlich auch aller Leuchtmittel.

- Fahrzeugbeleuchtung mit Standlicht, Tagfahrleuchten, Nebellampen und Nebelschlussleuchte, Tachometer und Schalterbeleuchtungen. Soweit verbaut die Beleuchtung im Handschuhfach.
- Funktion des Lüftungsgebläses in allen Stufen, soweit vorhanden auch für den Fahrgastraum. Auch die Schaltfunktionen der Klappenumstellung im Gebläsekasten sollen überprüft werden. Werfen Sie zu diesem Thema auch mal einen Blick auf den Innenraum- oder Pollenfilter. Bei Bedarf können Sie ihn gerade ersetzen.
- Funktion der 12-V-Steckdosen im Fahrgastraum und im Wohnbereich.
- Ladezustand der Batterien. Vergessen Sie nicht eine eventuell verbaute Zusatzbatterie. Diese befindet sich dann meist unter dem Fahrersitz. Der Anschluss eines kleinen Voltmeters kann hier eine regelmäßige Kontrolle erleichtern.

Zusatzausrüstung

Beim Camper sind einige Komponenten nachgerüstet worden, deren Funktion auch überprüft werden sollte.

- Der Füllzustand der Gasflasche kann am einfachsten mit einer Körperwaage ermittelt werden. Der Zustand der Anschlussleitungen und des Druck-

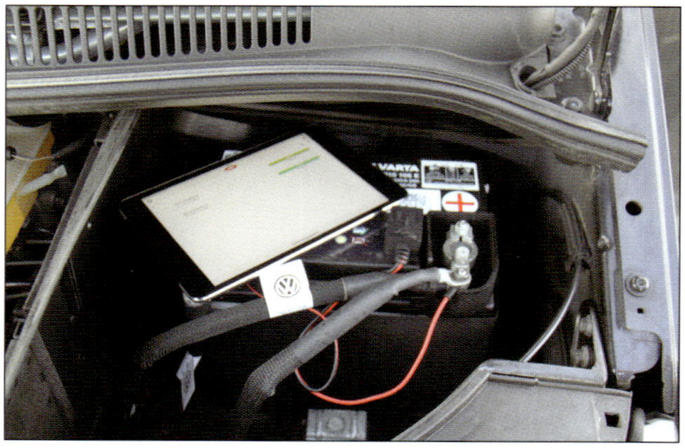

Ladekontrolle leicht gemacht: mit einfachen Mitteln für kleines Geld den Überblick in Sachen Ladung behalten.

minderers kann nun auch gerade in Augenschein genommen werden.

- Funktion der verbauten Ladegeräte für die Fahrzeug- und eventuell auch für die Zusatzbatterie.
- Funktion der Außensteckdosen für Strom und eventuell sogar für Gas. Betrachten Sie auch den Zustand der Abdeckungen und Belüftungen.

Möbel und Einbauteile

Auch im Innenraum sollten einige Kontrollen erfolgen. Kleinteile, die eventuell defekt sind, müssen in der Regel bestellt werden.

- Funktion und Leichtgängigkeit der Türscharniere und Schlösser aller Möbel.
- Funktion der Sitzmechanik und der Gurtschlösser. Prüfen Sie auch den Rollmechanismus der Dreipunktgurte.
- Überprüfen Sie den Zustand und die Vollständigkeit der Stützstangen und Heringe für das Vorzelt.

Polster, Stoffe und Oberflächen

Alle Polster und Stoffe, die eventuell gereinigt werden müssen, brauchen etwas Trocknungszeit.

- Prüfen Sie den Zustand der Kunststofffenster und der Reißverschlüsse. Sprühen Sie die Reißverschlüsse leicht mit einem Silikonspray ein, so werden sie etwas leichtgängiger.
- Reinigen Sie die Oberflächen gründlich und lassen Sie sie abtrocknen. Vermeiden Sie es Schaumstoffe zu nass zu reinigen. Die Trocknungszeit ist sehr langwierig.

Anschlusskabel und Adapter

Stecker, Kabel und Adapter sind Gegenstände, die auch im Haushalt Anwendung finden. Für den Urlaubstrip sollten sie wieder vollständig im Fahrzeug untergebracht sein.

- Prüfen Sie die Funktion der Verlängerungskabel und Anschlussstücke gewissenhaft. Bei Beschädigungen sollten Sie sie ersetzen.

Überprüfen der Fahrzeugtechnik

Die Überprüfung der Fahrzeugtechnik wird eigentlich im Rahmen der Fahrzeuginspektionen durchgeführt. Eine Kontrolle verschafft einen Überblick.

Flüssigkeiten

- Kühlflüssigkeit
- Motoröl
- Scheibenwasser
- Stand Batteriesäure (soweit zugänglich)

Räder und Reifen

- Reifenprofiltiefe
- Reifenzustand (gleichmäßig abgelaufen?)
- Reifenluftdruck
- Zustand und Luftdruck des Reserverades

Inspektionen und Wartungen

Prüfen Sie die Fälligkeit der Wartungen im Serviceheft und im Speziellen folgende wichtigen Punkte:

- Zustand und Alter der Bremsflüssigkeit (alle 2-3 Jahre ersetzen)
- Zustand und Alter der Kühlflüssigkeit
- Zustand und Alter des Zahnriemens

Mittel zum Zweck

Fünf Generationen VW-Bus sind mit diesem Bus nun auf den Straßen und Wegen dieser Welt unterwegs. Und das mit Sicherheit und in unendlich vielen Varianten. Längst schon zum Kultfahrzeug erhoben, wird auch diese Generation VW-Bus neben den vielen nützlichen Aufgaben auch den Freizeitbereich mit gewohnt hoher Flexibilität abdecken können. Neben dem serienmäßigen California gibt es namhafte Umbauer und Systemhersteller für Aus- und Umrüstungen.

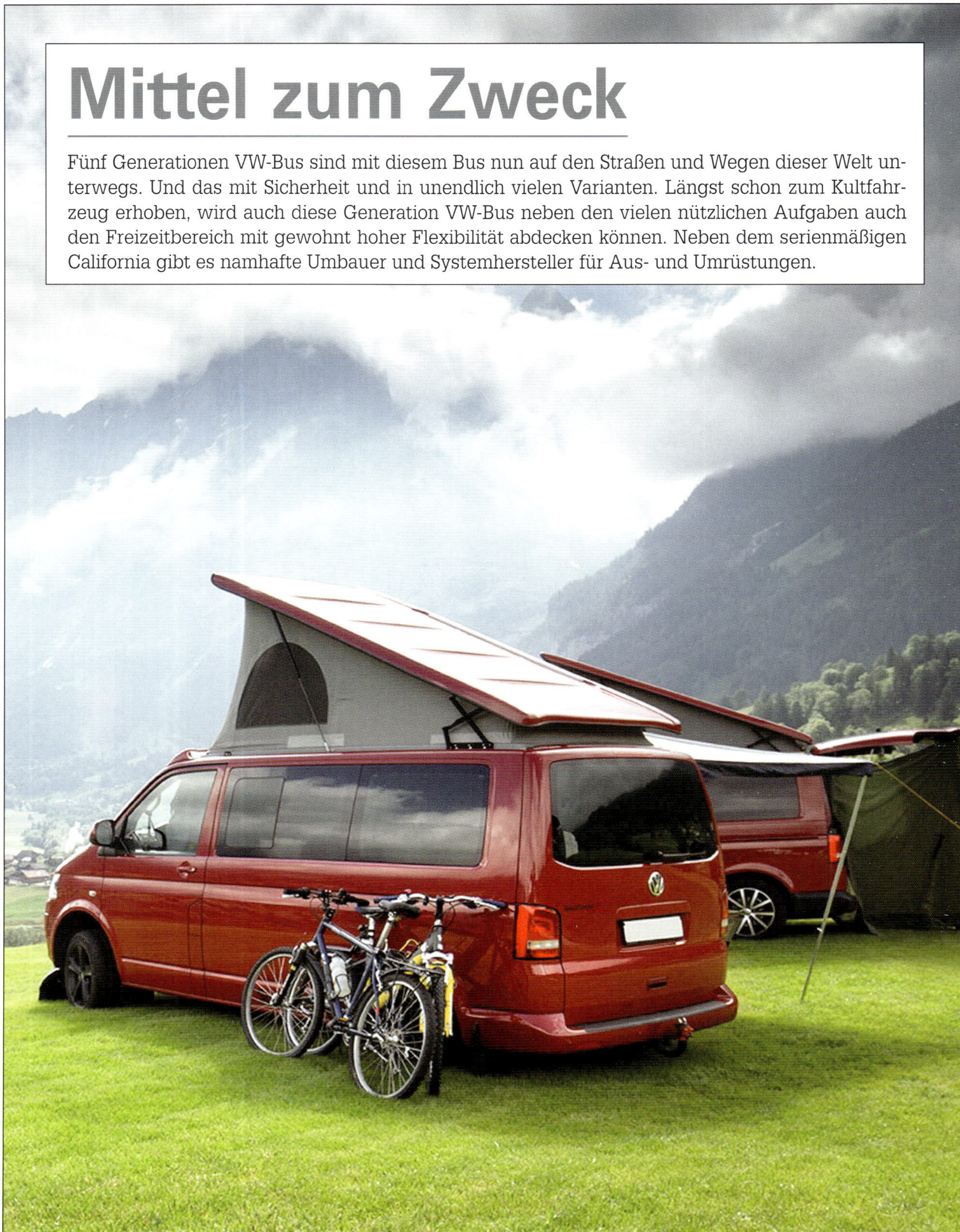

Qual der Wahl

Warum wir im Vorspann in diesem Kapitel unbedingt die unterschiedlichen Campingfahrzeuge vorstellen möchten, obwohl Ihre Entscheidung ja längst auf den Volkswagen-Bulli T5 gefallen ist, hat mehrere Gründe. Ein Teil der Leser nutzt dieses Buch als Informationsquelle, um sich mit dem Thema Bus und Busumbau vielleicht sogar für die geistige Vorbereitung für ein eigenes Projekt zu beschäftigen. Es ist also nicht immer schon längst klar, was es denn werden soll. Zum anderen finden auch die Besitzer dieser Fahrzeugklasse Argumente für ihr Fahrzeug und mit diesem Abschnitt ein wenig Einblick und Übersicht in die anderen Campingmobilklassen.

Minicamper: relativ günstig, kompakt, Alltagsauto, meist 5 Sitzplätze, bis zu zwei Schlafplätzen im Fahrzeug.

Die Minicamper

Die kleinsten der Reisemobile basieren in der Regel auf Kleintransportern in der Pkw-Klasse wie dem VW Caddy, Peugeot Berlingo, dem Renault Kangoo und ähnlichen Fahrzeugen dieser Karosseriebauart, um nur einige zu nennen. Es sind vollwertige Alltagsfahrzeuge meist mit fünf Sitzplätzen und viel Gepäckraum. Bei den meisten Umbauten wird über der hinteren Sitzbank ein Bett eingebaut, das aus dem kleinen Kastenwagen oder Kombi einen »Campingbus« macht.
Ausgerüstet mit Heckzelt an der Heckklappe, einem Vorzelt, Kühlbox und Gaskartuschenkocher bietet der kleine Minicamper auch für einen längeren Aufenthalt alle Versorgungseinrichtungen. Gekocht wird außerhalb des Fahrzeuges im Heck des Fahrzeugs oder im Busvorzelt. Bei schlechtem Wetter ist das geringe Platzangebot des Minicampers von Nachteil.

Campingbus: Kleinbus, Alltagsauto, passt gerade noch ins Parkhaus, meist 5-8 Sitzplätze, bis zu vier Schlafplätzen im Fahrzeug.

Der Campingbus

Der Camper im Format eines Volkswagen Transporter 5, Mercedes Vito/Viano, Ford Transit, Renault Traffic, Opel Vivaro und vieler anderer ist die beliebteste Größe auf dem Markt. Das Fahrzeugformat ist gerade noch ausreichend klein, um in die meisten Parkhäuser zu passen und wendig genug für den Stadtverkehr im Alltag. Der bekannteste Vertreter dieser Fahrzeugklasse ist der Volkswagen California. Die Campingbusse werden fast immer mit einem Aufstelldach oder einem festen Hochdach ausgestattet, damit Sie während Ihres Aufenthaltes im Fahrzeug bequem stehen können.

Großer Campingbus: Passt nicht ins Parkhaus, meist 5–8 Sitzplätze, Bad und Toilette meist im Fahrzeug, bis zu vier Schlafplätzen im Fahrzeug.

Der große Campingbus

Typische Vertreter dieser Campingfahrzeugklasse sind Mercedes Sprinter, Volkswagen Crafter, Renault Master. Sie bieten deutlich mehr Innenraum und meist Stehhöhe. In der Stadt kann es schwierig werden, einen Parkplatz zu finden, da die Parkhäuser nicht genügend Einfahrtshöhe bieten und die Außenmaße die Abmessungen der Pkw deutlich überschreiten. Sehr häufig werden Nasszelle und Küchenzeile integriert. Mit einem kleinen Hochdach oder mittelhohen Dach wird oft schon ausreichend Höhe erreicht, um aufrecht stehen zu können. Sie sollten allerdings darauf achten, dass das fertige Fahrzeug unter 3,5 t zulässigem Gesamtgewicht bleibt, damit Sie mit Ihrem Campingbus nicht unter die Geschwindigkeitsbeschränkung und das Überholverbot für Lkw fallen.

Das Wohnmobil

Im Unterschied zum Campingbus wird für das Wohnmobil ein eigener Karosserieaufbau hergestellt. Es bietet deutlich mehr Raum und einen besseren Zuschnitt der Wohnbereiche, auf Kosten einer schlechteren Alltagstauglichkeit. Die Isolierung und die verbauten Heizungssysteme erlauben problemlos auch einen längeren Aufenthalt in kalten Ländern. Die Abmessungen entsprechen meist denen von Lkw. Parkhaus und Pkw-Parkplatz scheiden aus. Zum Abstellen wird viel Platz benötigt. Ein Problem ist das zulässige Gesamtgewicht der Fahrzeuge. Das Fahrzeug kann nicht immer unter 3,5 t zulässigem Gesamtgewicht bleiben. Sie unterliegen in der Regel der Geschwindigkeitsbeschränkung und dem Überholverbot für Lkw. Ein großzügiges Raumangebot erlaubt in allen Bereichen ausreichende Bauhöhe, um stehen zu können. Feste Möbelzeilen und Raumteiler gehören zum Standard. Ein Badezimmer mit Kassettentoilette findet sich immer. Zum Entleeren wird ein (Roll-)Tank aus einem Seitenfach von außen entnommen.

Der Wohnanhänger

Ähnlich wie beim Wohnmobil wird auch beim Wohnwagen der Aufbau speziell hergestellt. Er ist auf die Anforderungen beim Campen zugeschnitten und bieten neben der Nasszelle mit Bad und Toilette, guten Isolierungen und vielfältigen Staumöglichkeiten in den Möbelzeilen rechts und links Betten in Abmessungen, die Sie von zu Hause gewöhnt sind. Auch hier sind Gasheizung, Kochgelegenheit und Gaskühlschrank Standard.

Besser zuerst mal testen

Um die Vor- und Nachteile der einzelnen Fahrzeuge besser erfassen und erfahren zu können, ist es sinnvoll, die ersten Urlaube mit Mietfahrzeugen der unterschiedlichen Klassen selbst zu erleben.

Wohnmobil: Passt nicht ins Parkhaus, meist 4–5 Sitzplätze, Bad und Toilette im Fahrzeug, bis zu sechs Schlafplätzen im Fahrzeug, Gasanlage mit Heizung, Kühlschrank und Kochgelegenheit.

Wohnwagen: Passt nicht ins Parkhaus, große Abmessungen, Bad und Toilette im Fahrzeug, bis zu sechs Schlafplätzen im Fahrzeug, Gasanlage mit Heizung, Kühlschrank und Kochgelegenheit.

Zweitwagen mit Wohngelegenheit

Nur wenige leisten sich den Luxus, für die in der Regel wenigen verfügbaren Freizeittage im Jahr, ein eigenes Fahrzeug allein als Campingfahrzeug zu nutzen. Oftmals werden auch an diese Generation VW-Bus die Eigenschaften einer eierlegenden Wollmilchsau gestellt. Er muss für alle Anforderungen gerüstet sein oder schnell dafür umzurüsten sein.

Reisemobil oder Campinganhänger

Auf den ersten Blick erscheint es völlig übertrieben einen ausgereiften Serienkleinbus für die Nutzung als Campingfahrzeug umzurüsten. Eine Anhängerkupplung ist schnell montiert und ein komplett ausgestatteter Campinganhänger schnell angehängt. Viele Gedanken um Zuladung, Ausstattung und auch die Auswahl der Baukomponenten oder Systeme werden von einem Hersteller übernommen. Es gibt aber genauso viele Argumente gegen die Anhängerlösung, wie es Argumente gegen einen mehr oder weniger aufwändigen Ausbau eines Transporters oder Kleinbusses zum Camping- oder Reisemobile gibt.
Gerade die Nutzung eines Kleinbusses für Reise und Übernachtung ermöglicht eine sehr hohe Flexibilität. Die Wendigkeit ist ein gutes Argument. Es ist einfach möglich problemlos überall hinzukommen, ohne einem Pkw wirklich in etwas nachzustehen. Sicherlich lässt sich der Wohnanhänger dazu auch abstellen. Aber er ist nicht »dabei« und ist dann lediglich der Ausgangspunkt für Ausflüge.

Nutzung im Alltag

Volkswagen bietet den T5 in sehr vielfältigen Ausstattungsvarianten an. Ob nun komplett verglast oder als Transporter geschlossen, welche Motorvariante, welches Antriebskonzept oder welche Bestuhlung ist in fast allen Kombinationen wählbar. Die Alltagsnutzung spielt also eine wichtige Rolle, wenn es darum geht, sich über das Nutzungskonzept eines variablen Campingsystems Gedanken zu machen. Nicht alle Umrüstungsvarianten sind wirklich sinnvoll mit allen Ausstattungsvarianten der Transporter kompatibel. So ist es nicht so leicht möglich ein so genanntes »Boxsystem« unter der Sitzbank eines »Multivans« unterzu-

Mittendrin statt nur dabei: Die Planung und die Praxis können durchaus zusammenfinden. Auch dann, wenn der Weg dahin noch zur Planung gehört.

Leseecke oder Büro: Mit wenigen Handgriffen entsteht Freiraum oder eben ein Büroarbeitsplatz.

Einraumwohnung mit Terrasse: Mit wenigen Handgriffen entsteht aus dem Fahrzeug eine kleine Wohnung mit Kochgelegenheit.

bringen. Informationen sammeln und die unterschiedlichen Konzepte im Detail zu betrachten, ist entsprechend wichtig vor der Anschaffung des eigentlichen Grundfahrzeuges.
Oftmals bedeutet eine geringerwertige Seriengrundausstattungsvariante für den Umbau oder die Umrüstung eine breitere Basis und zudem noch ein Einsparpotenzial bei der Anschaffung des Fahrzeugs. So ist auch für denjenigen, der über die Anschaffung eines Komplettsystems nachdenkt ohne Eigenleistungen einbringen zu wollen, möglich sinnvoll bares Geld einzusparen, ohne unter dem Strich Abstriche machen zu müssen.

Ausziehbar: eben noch ein Kofferraum... wenige Handgriffe später eine vollwertige Küche mit Ablage, Spüle und Herd.

Büro, Pkw und Reisemobil

Sicherlich klingt es zuerst einmal abwegig, dass jemand ein beruflich genutztes Fahrzeug auch im Bereich Freizeit einbringen möchte. Die gängige Praxis zeigt aber durchaus etwas anderes. Schließlich werden auch Firmenfahrzeuge, die für Vertriebsleiter und Vertreter oder Monteure im Außendienst dauerhaft von den Firmen zur Verfügung gestellt werden, völlig legal und versteuert privat genutzt. Auch werden gerade im Bereich »Bau« und »Sport« sowie in anderen Bereichen Fahrzeuge benötigt, die durchaus ein fahrbares Büro erforderlich machen. Was spricht dagegen, dass der Transporter bei Bedarf zum vollwertigen Camper mutiert und beliebig umgerüstet werden kann?

Büro und Ruheraum: Zwei Räume sind nur wenige Handgriffe voneinander entfernt.

Umbau oder Umrüstung

Sie haben sicherlich schon erkannt, dass sogar ein Kompromiss aus Alltagsfahrzeug mit Nutzwert wie ein Transporter oder achtsitziger Personentransporter ein vollwertiger Camper mit Küche, echtem Bett und sogar Duschgelegenheit werden kann. Wie weit die Flexibilität gehen muss, bestimmen Sie. Der feste Umbau ergibt natürlich noch bessere Möglichkeiten zur Raumnutzung und Ausrüstung. Einige Umbauten erweitern den Serienbus ohne nennenswerten negativen Einfluss auf die Alltagsnutzung. Aufstelldach und Markise verursachen im schlimmsten Fall Windgeräusche bei hohen Geschwindigkeiten, können aber aufgrund der Auslegung und Verarbeitung das ganze Jahr montiert bleiben, ohne Schaden zu nehmen.
Eines sollte Ihnen aber klar sein: Auch dann, wenn das Fahrzeug mit den Umrüstbauteilen ausgerüstet ist und dann auch noch die Sitzplätze vollständig zur Verfügung stehen, werden keine acht Personen mit normalen Platzbedürfnissen im Bus übernachten können. Für die Schlafsaalerweiterung muss dann schon auf Zeltsysteme ausgewichen werden. Egal, ob diese am Fahrzeug angebaut oder einfach neben dem Fahrzeug stehen. Eine intelligente Umrüstung bieten die »Box-Systeme« unterschiedlicher Hersteller. Unterschiedliche Systemvarianten werden im Innenraum integriert und an vorhandenen Befestigungspunkten befestigt. Mit wenigen Handgriffen ist die Camperausrüstung ein- beziehungsweise ausgebaut. Andere Systeme verwenden die vorhandene Bestuhlung des Busses und ergänzen das Fahrzeug. Mit Haltern und dem Boxsystem wird das Fahrzeug ergänzt und serienmäßig verbliebene Stauräume genutzt, bis es mit Liegefläche, Staufächern und Systemboxen bis hin zum Campingkocher zum vollwertigen Camper wird. Ein System dazu werden wir noch genauer unter die Lupe nehmen.

Freizeitmobil und Transporter

Die Ansprüche an einen Transporter im Alltag sind oftmals deutlich härter als die an einen Pkw. Im Alltag müssen Gegenstände verladen und verzurrt werden können. Entsprechend karg und robust fällt der Laderaum aus. Einige Festeinbauten können die Freizeitmobilnutzung einschränken.

Boxsystem von Skippy: Nach dem Ankommen entsteht mit wenigen Handgriffen ein geeigneter Ruheplatz.

Laderaumtrennung

Die Lasten in einem Transporter werden im Alltagsbetrieb durchaus etwas größer. Oftmals werden Lade-

Ebene Liegefläche: Mit der aufgelegten Matratze wird die enstandene Fläche zum komfortablen Doppelbett.

Alles drin: Tischplatte herausnehmen, Beine montieren, Ablagebrett ausklappen, fertig ist die Sitzecke.

Flexibel und groß: Im Alltag wird ausgeräumt und ein Laderaum mit Küchenzeile entsteht aus dem hinteren Teil des Vans.

Schlafplatz fertig: Mit wenigen Handgriffen entsteht ein bequemer, geräumiger Schlafplatz mit sehr tiefem Stauraum.

und Fahrgastraum mit einer Trennwand voneinander getrennt. Der Bodenbelag kann aus widerstandsfähigen Holzplatten bestehen. Auch ist oftmals weder die Befestigungsschiene noch eine Rückbank vorhanden. Sie finden hier auch schon preisgünstige Lösungen vom einfachen Schlafplatz bis zum kompletten Ausbau. Natürlich gibt es in dieser Kombination möglicherweise die meisten Kompromisse. Die Laderaumtrennwand macht das Einbauen von Drehgestellen für die Vordersitze beispielsweise unmöglich oder zumindest nicht sinnvoll.
Wer allerdings lediglich eine Übernachtungsmöglichkeit sucht, kann mit wenigen Handgriffen auch einen Transporter mit Trennwand zum Camper umfunktionieren. Die rechtlichen und zulassungsbedingten Anforderungen werden wir im Kapitel »Anforderung zur Zulassung« genauer betrachten.

Eingetragene Sitzplätze

Gerade bei den Transportern werden die eingetragenen Sitzplätze im Fahrgastraum angenommen. Oftmals werden Transporter aus steuerlichen Gründen als Lkw zugelassen. Der Laderaum dient dann zum Transport von Ladung. Der Personentransport sollte auch dann, wenn es ja »nicht auffällt«, nicht im Laderaum erfolgen. Die Nachrüstung von Sitzgelegenheiten ist grundsätzlich aber möglich. Für Fahrzeuge, die vor dem 01.01.1992 erstmals zugelassen wurden, müssen für Sitzplätze in Fahrtrichtung, vor denen sich keine ausreichend gepolsterten Abstützmöglichkeiten befinden, bauartgenehmigte Sicherheitsgurte an Verankerungspunkten mit ausreichender Festigkeit verbaut werden.
Für die Sitzplätze quer zur Fahrtrichtung genügen »geeignete Abstützungen«. Für Fahrzeuge, die ab dem 01.01.1992 (wie der T5) zugelassen wurden, müssen für alle in Fahrtrichtung befindlichen Sitze geprüfte Verankerungspunkte und bauartgenehmigte Sicherheitsgurte vorhanden sein. Eine Sitzbank darf sich im Falle eines Unfalls nicht zerlegen. Für die Sitze entgegen und quer zur Fahrtrichtung hat sich nichts geändert.

Verwendbare Systeme

Die unterschiedlichsten Systeme lassen einen schnellen Umbau bis zum Spezialumbau aller Varianten offen. Welches System nun am besten für die eigenen Ansprüche passt, lässt sich am besten auf einer Messe wie dem »Caravan-Salon« in Düsseldorf selbst herausfinden. Auf einem solchen Event sind alle namhaften Hersteller, Umbauer und Zubehörlieferanten mit ihren Produkten greifbar. Nicht nur, dass man die »eigene« Idee durch Anwendungsbeispiele manifestieren kann, findet sich sicherlich die eine oder andere Anregung, die eine Ergänzung oder Veränderung bedeutet.
Wie bei den meisten großen Messen wird auch in Düsseldorf die gesamte Produktpalette für den Caravanmarktbereich vorgestellt. Hier finden Sie die großen Hersteller genauso wie einen Zulieferer für Gummiabdichtleisten oder aber einen Spezialbetrieb, der sich auf das passgenaue Zuschneidern von Wohnmobilvorhängen spezialisiert hat.
Im direkten Gespräch mit den Herstellern lässt sich das System, das sich am geeignetsten für Ihren Verwendungszweck und Ihre Anwendungen herausstellt, oft noch zu anlässlich der Messe vergünstigten Preisen bestellen.

Bewegliches Ferienhaus

Gerade die Camper, die mit Bussen wie dem VW-T5 unterwegs sind, nutzen in den meisten Fällen die hohe Flexibilität. Man kann sich für mehrere Tage einrichten, muss es aber nicht. Eben mal anhalten, einen Kaffee kochen und ein kurzes Schläfchen sind genauso möglich.

Info kompakt: Ein Messebesuch kann bei der Entscheidungsfindung und beim Ideen sammeln helfen.

Aufgaben und Anforderung

Die meisten Hersteller mit mehreren Systemvarianten gehen auf die hohe Flexibilität ein. Der Aufgabenschwerpunkt steht im Fokus. Schon Volkswagen ermöglicht im California mit den unterschiedlichen Modellen Schwerpunkte zu bilden. Auch dann, wenn Sie den Aus- und Umbau selbst in die Hand nehmen, sollten Sie sich vor dem Umbau über den Aufgabenschwerpunkt Ihres Fahrzeuges im Klaren sein. So kann Ihr Fahrzeug bereits in der Planungsphase auf Ihren Anspruch angepasst werden oder aber Sie können sich ein genau oder fast genau passendes Fahrzeug auf dem Gebrauchtmarkt suchen.

Offroadwohnung

Sie sehen nicht nur martialisch aus, sie erlauben auch Wege zu finden, die vorher noch nicht da waren. Gerade in Ländern, in denen noch ausreichend Platz für Individualität bleibt, ist der T5 ein unschlagbares Argument, wenn es darum geht, ein beeindruckendes Panorama der Platzvergabenummer auf dem Campingplatz vorzuziehen.

Offroadtauglichkeit
Gerade wer plant ein Fahrzeug in diesem Kaliber zu realisieren, sollte sich mit den professionellen Herstellern zu dem Thema auseinandersetzen. Die Ansprüche an Befestigungen und an das gewählte Material steigen deutlich mit den Belastungen, die durchaus auch auf die Anbauteile des Allrad-T5 wirken. Auch hier sind im Zubehörmarkt kaum Grenzen zu erkennen, bis auf die Zuladung des Bulli vielleicht.

Gemütlich und ortsansässig: Das traute Heim muss nicht unbedingt immer an dem einen gleichen Ort sein.

Abwegig ist nicht abwegig: Ein Allradcamper erlaubt auch mal den Parkplatz selbst zu finden.

Fahrzeugart und Besteuerung

Natürlich sollten Sie sich grundsätzlich immer genau überlegen, welche Fahrzeugklasse wie viel Steuer kosten kann. Eine Ablastung kann zwar Steuern einsparen, aber bei einer Kontrolle ein Ticket wegen der Überladung zur Folge haben, obwohl aus technischer Sicht kein Mangel vorliegt. Gerade dann, wenn zusätzlich noch ein Anhänger mitgeführt werden soll, hat die zuerst einmal steuersparende Ablastung kostspielige Folgen oder bedeutet zumindest eine deutliche Einschränkung.

Eintragung der Fahrzeugbauart

Durch den Umbau eines Pkw oder Lkw zum Wohnmobil ändert sich die Fahrzeugart und die Betriebserlaubnis erlischt. Nach Begutachtung durch einen amtlich anerkannten Sachverständigen (z. B. bei der TÜH/ TÜV) erteilt die Kfz-Zulassungsstelle eine neue Betriebserlaubnis. Die neue Einstufung kann aber weitere Folgen haben. Hierüber sollten Sie sich immer aktuell informieren. Die Anforderungen sind im Gesetzestext sehr klar dargestellt (Rahmenrichtlinie für Kraftfahrzeuge und ihre Anhänger 2007/46/EG Anh. II Nr. 5):
Fahrzeuge mit besonderer Zweckbestimmung »Wohnmobil« sind danach Fahrzeuge mit mindestens folgender Ausrüstung, die fest im Wohnbereich angebracht sein müssen:

- Tisch und Sitzgelegenheit (der Tisch darf leicht entfernbar sein).
- Schlafgelegenheit, die unter Umständen tagsüber als Sitze dienen können.

Versicherung für Wohnmobile

Einige Versicherer bieten für Wohnmobile vergünstigte Tarife an. Hier lässt sich durch den Eintrag der Fahrzeugart durchaus etwas einsparen. Fragen Sie bei Ihrer Versicherungsgesellschaft nach und lassen Sie sich ein Angebot erstellen.

Umweltplakette in der Windschutzscheibe

Ist die erteilte Umweltplakette für das Wohnmobil überhaupt gültig? Lassen Sie sich nicht von einer in der Scheibe klebenden Plakette täuschen. Durch die Änderung der Fahrzeugklasse kann die Gültigkeit hinfällig sein.
Fragen Sie bei einer anerkannten AU-Werkstatt des Kfz-Handwerks oder einer technischen Prüfstelle nach. Zwar ist die Wahrscheinlichkeit mit einer unrechtmäßig erteilten Plakette aufzufallen recht gering, die Strafen für die Nutzung eine Umweltzone sind aber empfindlich.

Tabelle zur Schadstoffklasse
Quelle: ADAC

Schadstoffklasse	**Emissions-Schlüsselnummer**	
	Wohnmobile bis 2,8 t zul. GG	*Wohnmobile über 2,8 t zul. GG*
S1	11-14, 16, 18-24, 28, 29, 34, 40, 77	10-12, 30-32,40-43, 50-53
S2	25-27, 35, 41, 49, 50-52, 71	20- 22, 33, 44, 54, 60, 61
S3	30, 31, 36, 37, 42, 44-48, 67-70, 72	34, 45, 55, 70, 71,
S4	32, 33, 38, 39, 43, 53-66, 73	35, 80, 81
S5	74 35A0-35M0	83, 84
S6	36N0-36Z0, 36A0-66C0	
EEV*	75	90, 91
Sonstige	00-10,15, 17, 88, 98	00, 01, 02, 88, 98

*besonders umweltfreundliches Fahrzeug

Besteuerung

Mit dem Eintrag in die Fahrzeugpapiere ist eine steuerliche Anerkennung des Fahrzeuges noch lange nicht erreicht. Die Anerkennung durch das Finanzamt erfolgt durch die Anerkennung des jeweiligen Sachbearbeiters. Einige gängige Grundlagen hatten sich hier deutschlandweit durchgesetzt:

- Tisch und Sitzgelegenheit (der Tisch darf leicht entfernbar sein).
- Schlafgelegenheit, die unter Umständen tagsüber als Sitze dienen können.
- Kochmöglichkeit und Spüle bei einer Mindest-Stehhöhe von 1,7 m.
- Einrichtung zur Unterbringung von Gepäck und sonstigen Gegenständen.

Seit dem 12.12.2012 kommt es aber nur noch auf den Eintrag »Wohnmobil« an, um den Steuerbetrag zu erfassen.

Berechnung der Besteuerung

Wohnmobile werden seit dem 1.1.2010 in zwei Gewichtsklassen nach ihrem Schadstoffausstoß besteuert. Etwas schwieriger wird es, wenn ein Fahrzeug ab- oder aufgelastet wurde. Betrifft es die 2800-kg-Grenze, muss der Abgasschlüssel geändert werden.

Abgasschlüssel S4 oder höher (Max. 800 Euro)	
Sockelbetrag bis 2000 kg zGG	16,00 Euro/200 kg
über 2000 kg zGG	10,00 Euro/200 kg
Abgasschlüssel S3 oder S2 (Max. 1000 Euro)	
Sockelbetrag bis 2000 kg zGG	24,00 Euro/200 kg
über 2000 kg zGG	10,00 Euro/200 kg
S1 oder ohne Abgasschlüssel	
Sockelbetrag (immer berechnen!)	
bis zu 2000 kg zGG	40,00 Euro/200 kg
von 2000 kg bis 5000 kg zGG	10,00 Euro/200 kg
von 5000 kg bis 12.000 kg zGG	15,00 Euro/200 kg
über 12.000 kg zGG	25,00 Euro/200 kg

Ein »S4«-Fahrzeug findet sich dann mit dem Abgasschlüssel »62« nicht in der Spalte »über 2,8 t zulässigem Gesamtgewicht«. Der Abgasschlüssel muss dann beim Eintrag der Änderung des Gesamtgewichtes mit verändert werden. Achten Sie bei der Abnahme auf die Änderung des Abgasschlüssels. Anderenfalls werden Sie diesen Schlüssel nachtragen lassen müssen, was zumindest einen höheren Aufwand bedeutet. Auch Verbesserungen des Abgaswertes mit Katalysatoren oder Filtern sollten Sie im Rahmen dieser Eintragung mit eintragen lassen.

Um die Berechnung nachvollziehbar darzustellen, werden wir sie an zwei Beispielen vorstellen:

Wohnmobil mit 2500 kg zGG (Kennziffer 62)

- In der Zulassungsbescheinigung Teil 1 findet sich unter der Kennziffer »14.1« (im mittleren Teil, im unteren Drittel über der »22«) eine vierstellige Zahl. Die letzten beiden Ziffern stellen den Abgasschlüssel dar.
- Das Fahrzeug entspricht mit der Kennziffer »62« der Schadstoffklasse »S4«.
- Bei 2500 kg werden bis zu 2000 kg 16,00 €/200 kg berechnet:

Das sind 10 x 16,00 Euro = 160,00 Euro.

- Die verbleibenden 500 kg werden mit 10,00 Euro je angefangene 200 kg berechnet.

Das sind dann 3 x 10,00 Euro = 30,00 Euro

- Die beiden Beträge werden nun zusammengerechnet: **30,00 Euro + 160,00 Euro = 190,00 Euro.**

Wohnmobil mit 2500 kg zGG (Kennziffer 42)

- In der Zulassungsbescheinigung Teil 1 findet sich unter der Kennziffer »14.1« (im mittleren Teil, im unteren Drittel über der »22«) eine vierstellige Zahl. Die letzten beiden Ziffern stellen den Abgasschlüssel dar.
- Das Fahrzeug entspricht mit der Kennziffer »42« der Schadstoffklasse »S3«
- Bei 2500 kg werden bis zu 2000 kg 24,00 €/200 kg berechnet:

Das sind 10 x 24,00 Euro = 240,00 Euro.

- Die verbleibenden 500 kg werden mit 10,00 Euro je angefangene 200 kg berechnet.

Das sind dann 3 x 10,00 Euro = 30,00 Euro.

- Die beiden Beträge werden nun zusammengerechnet: **30,00 Euro + 240,00 Euro = 270,00 Euro.**

Wohnmobil mit 2500 kg zGG (Kennziffer 28)

- In der Zulassungsbescheinigung Teil 1 findet sich unter der Kennziffer »14.1« (im mittleren Teil, im unteren Drittel über der »22«) eine vierstellige Zahl. Die letzten beiden Ziffern stellen den Abgasschlüssel dar.
- Das Fahrzeug entspricht mit der Kennziffer »28« der Schadstoffklasse »S1«.
- Bei 2500 kg werden bis zu 2000 kg 40,00 Euro/200 kg berechnet:

Das sind 10 x 40,00 Euro = 400,00 Euro.

- Die verbleibenden 500 kg werden mit 10,00 Euro je angefangene 200 kg berechnet.

Das sind dann 3 x 10,00 € = 30,00 Euro.

- Die beiden Beträge werden nun zusammengerechnet: **30,00 Euro + 400,00 Euro = 430,00 Euro.**

Hersteller und Umbauer

In den meisten Fällen werden Sie bei den Herstellern und Fahrzeugumbauern eine vorgefertigte Lösung finden, die Ihren Ansprüchen gerecht wird. Einige Hersteller können mit oftmals nur geringem Aufpreis die vorgegebenen Lösungen aus den Prospekten in der Fertigung bereits speziell auf Ihre Bedürfnisse anpassen. Fragen Sie nach und lassen Sie sich beraten. Einige Hersteller stellen wir auf den nächsten Seiten genauer vor.

Fertig kaufen

Lange nicht alle Fahrer eines Campers sind in der Lage sich ihr Fahrzeug selbst umzubauen. Das hat oftmals nichts mit dem handwerklichen Geschick, sondern eher etwas mit der wenig zur Verfügung stehenden Zeit zum Umbau oder auch einer fehlenden Einstellmöglichkeit für die Umbauzeit oder/und dem fehlenden Werkzeug zu tun. Hinzu kommt, dass in der Regel gerade Gebrauchtfahrzeuge durchaus schon günstiger zu erstehen sind, als ein Umbau kosten würde. Weiterhin werden die meisten Fahrzeuge heute finanziert. Die Finanzierungskosten sind für einen fertigen Camper nicht deutlich höher als für das Basisfahrzeug selber. Wir möchten in diesem kurzen Kapitel nur einige wenige Hersteller und ihre Firmen vorstellen, die auf dem Mark in Verbindung mit dem VW T5-Bus stark vertreten sind. Aus Platzgründen können wir nicht alle Hersteller rund um den T5 vorstellen. Die Kontaktadressen finden Sie dann im letzten Kapitel.

Bimobil

Der Name Bimobil kommt von der zweifachen Verwendbarkeit der Pick-up-Fahrzeuge als Reisemobil und als Transporter, da der Wechselkabinenbau schon immer zu den Schwerpunkten im Produktionsprogramm zählte. Kabinen mit einem selbstortenden Wechselsystem werden bei Bimobil für die verschiedensten Fahrzeuge vom Nissan Pick-up 4 x 4 über Ford und VW bis hin zum großen Iveco oder MB angeboten. Heute sind rund die Hälfte der Reisemobil-Produktionen Pick-up-Ausführungen, die andere Hälfte fest auf dem Chassis montierte Reisemobile. Zusätzlich werden auch Service- und Laborfahrzeuge sowie Transportcontainer gefertigt. Seit 1995 bieten wir auch Caravans im Bimobil-Stil an. Die Wohnkabinen werden aus selbst gefertigtem, kältebrückenfreiem Sandwichmaterial mit einem hochwertigen Schaumkern hergestellt und sind absolut sauber verarbeitet. Der Innenausbau ist eine solide Schreinerarbeit, und die technischen Einrichtungen sind funktionsgerecht und übersichtlich installiert. 1977 gründete der Maschinenbau-Ingenieur Raimund von Liebe einen Reisemobil-Betrieb, der sich in den folgenden Jahren rasch vergrößerte. Heute hat die Bimobil – von Liebe GmbH 40 Mitarbeiter in Büro und Fertigung, produziert rund 100 Reisemobile pro Jahr. Wir sind also kein

Bimobil: Wohnwagen huckepack verbindet die Vorteile des Wohnwagenbaus mit den Vorteilen eines robusten Alltagsfahrzeugs.

Freie Wahl: Pick-up mit Häuschen oder auch einzeln nutzbar.

Quadratisch: Der Platz steht normalerweise in einem Wohnwagen zur Verfügung.

Großbetrieb, eher ein stattlicher Handwerksbetrieb mit einem guten Betriebsklima und einer Vielzahl von hoch qualifizierten und hoch engagierten Mitarbeitern, die Reisemobile mit Sachkenntnis und Freude am Produkt fertigen. Ein Anliegen war Bimobil außerdem schon immer der Einsatz umwelt- und menschenfreundlicher Materialien, soweit dies im Fahrzeugbau möglich ist.

Neureuther Mobile

Ab der Gründung der Neureuther-Automobile im Jahr 2003 wurden im Autohaus erstklassige Gebrauchtwagen sowie umfassende Serviceleistungen geboten. Gründer Joachim Neureuther schuf damit aber auch erste räumliche und personelle Voraussetzungen zur Realisierung seiner Idee, dem MultiCamper. Sein Ziel war es, auf Basis eines neuen oder top gebrauchten VW T5-Transporter Kombi, einen Campingbus zu entwickeln, der durch die Vielzahl durchdachter Ausstattungen, uneingeschränkter Erweiterbarkeit und hoher Produktqualität neue Maßstäbe setzt und jede Art der Nutzung abdeckt. Anhand gesammelter Erfahrungswerte bei den Fahrten zu Wettkämpfen als aktiver Triathlet, den Reisen mit seiner Familie und unzähligen Gesprächen mit anderen Campingenthusiasten entwickelte der Gründer bis 2010 sein Gesamtkonzept. Nach Auswahl möglichst regionaler Zulieferer entstand in enger Zusammenarbeit mit dem eigenen Fachpersonal die Produktlinie MultiCamper.
2014 wurde in die eigenen Räumlichkeiten eine Kfz-Meisterwerkstatt integriert. Man darf zu Recht auf das Kommende gespannt sein, denn bei Neureuther-Automobile werden Innovationskraft und Begeisterung neue Blüten treiben.

SpaceCamper

Was passiert, wenn zwei Camper viele Jahre in einem Reisemobil verbringen? Sie sammeln jede Menge Erfahrungswerte, was sich in der Praxis bewährt und was nicht. Bei Markus Riese und Ben Wawra kam aber auch ein großer Wunsch auf: Da ist noch mehr drin, noch mehr möglich, als der Camping-Markt bietet. 2005 gründeten die beiden Tüftler deshalb die Marke SpaceCamper. Ihr Ziel: der vielseitigste Ausbau für den VW-Bus. Der SpaceCamper soll als Camping-Mobil glänzen, ohne im Alltag unpraktisch zu sein. Auf jede Situation muss er sich schnell anpassen lassen. Die wichtigste Innovation für dieses variable

Neureuther: Ein Allradcamper erlaubt auch mal den Parkplatz selbst zu finden.

VW Rockton: Überall, natürlich auch an den Küsten auf Sylt anzutreffen.

SpaceCamper: Laderaum mal freigeräumt. Die Nutzung ist für wenige Minuten noch ungeklärt.

SpaceCamper: Es muss nicht immer Asphalt sein. Auch Offroad erschließen sich einmalige Übernachtungsplätze.

Terra Camper: Den Zustand des Weges kann man auf dem Weg zum Ziel nicht immer wählen.

Terra Camper: Ein Freizeitfahrzeug muss auch Raum für Freizeit und Sport zur Verfügung stellen können.

Raumkonzept ist die spezielle Rückbankkonstruktion. Sie wiegt nur einen Bruchteil der Original-VW-Rückbank und erfüllt trotzdem alle Sicherheitsanforderungen. In zwei Sekunden ist sie zum Bett umgebaut, in knapp einer Minute kann eine Person sie ohne Werkzeug komplett ausbauen. Der VW-Bus wird so zum Auto, Wohnmobil und Transporter. Dank der leichten Rückbank können die SpaceCamper bei den Ausbauten auf Multiplexplatten zurückgreifen. Hochwertiges Holz statt Plastik – das macht den Innenraum bedeutend gemütlicher und langlebiger. Und trotzdem ist der SpaceCamper einer der leichtesten Ausbauten auf dem Markt. Doch nicht immer steht bei den Innovationen allein die Alltagstauglichkeit im Mittelpunkt. Für den jüngsten Geschwindigkeits-Rekord statteten die SpaceCamper in Kooperation mit TH Automobile den VW T5 auch mal mit mehr Power aus. Ein Porsche-Motor mit 550 PS macht das Camping-Mobil zum schnellsten Bett auf Erden. So punktet der SpaceCamper auch bei 270 km/h.

Terra Camper

TERRA CAMPER ist ein junges Team, das selber von der Sucht zum Reisen infiziert ist. Aus den selbst gemachten Erfahrungen entstehen die Produkte, Fahrzeuge und Ideen. Bei der Realisation von Ausbauten und Fahrzeugen verbinden sich bei Terra Camper die persönliche Beratung, die handwerkliche Qualität, CNC-gestützte Präzision mit dem Wissen und der Erfahrung. Made in Germany ist bei Terra Camper kein platter Werbeslogan. In der Manufaktur in Hagen (Westfalen) werden die hochwertigen Möbelsysteme und die Reisefahrzeuge gefertigt. Als Hersteller von hochwertigen Einrichtungen hat Terra Camper entschieden, nur auf Premium-Fahrzeuge aufzubauen. Deshalb fertigen sie ihre Fahrzeuge auf Volkswagen-Bus und Mercedes-Benz Vito. Sie erwerben bei Terra Camper offizielle deutsche Neufahrzeuge, also keine Re-Importe oder gebrauchte Fahrzeuge. Mit diesen sind Sie bei jedem Vertrags-Partner gern gesehene Kunden und haben die volle Garantie des Basisfahrzeugs. Dies bestätigt die Unbedenklichkeitsbescheinigung, die von den Fahrzeugherstellern für unsere Fahrzeuge ausgestellt wurde.

VanEssa

Der Name »VanEssa« kommt aus einer Zusammensetzung der Bezeichnung »Van« und »Essen«. Seit der

Gründung 1980 durch den innovativen Schreinermeister Hubert Vollert entwickelte sich das Unternehmen ständig weiter. Die anfänglich kleine Schreinerei konzentrierte sich zunehmend auf Spezialaufträge und Serienarbeiten. 2004 wurde die Betriebsfläche von 200 qm auf 2000 qm ausgeweitet. Inzwischen ist der Familienbetrieb mit modernsten Maschinen (CNC) ausgestattet und beschäftigt über 15 Mitarbeiter. Die VanEssa-Idee entstand eigentlich aus privatem Eigenbedarf. Ein Auto sollte für alle Zwecke einsetzbar sein (Arbeit, Transport, Freizeit, Urlaub). Das Team will seinen Kunden durch ihr flexibles Konzept die Möglichkeit geben, mit ihrem T5 Alltag, Freizeit und Urlaub zu kombinieren. In Zukunft ist es nicht mehr nötig ein teures Wohnmobil zu kaufen, welches nur wenige Tage oder Wochen im Jahr nutzbar ist. Die modularen Systeme sind ideal für alle, die das spontane und individuelle Reisen lieben, sich aber kein Wohnmobil anschaffen können oder möchten. Die Bauteile und Möbel werden im eigenen Werk in Großhöhenrain gefertigt. Dabei verwenden wir hochwertige Materialien wie mit Silber-CPL beschichtetes 12-mm-Pappelfurniersperrholz, 2-mm-ABS-Kanten mit wasserbeständigen und hitzefesten PU-Kleber aufgekantet, eloxierte Aluminiumstangen und -materialien sowie hochwertige Möbelbeschläge.

VanEssa: Wohnmobil mit Umbauqualitäten. Die Nutzung steht nie endgültig fest.

VanEssa: Liegebox mit Stellplatz oder Transporter. Möglichkeiten ergeben sich viele.

Westfalia Wohnmobile

1951 beginnt die Geschichte der Westfalia-Umbauten mit einem speziellen Kundenwunsch. »Camping Box« wurde die Sonderausstattung getauft. Ein VW-Transporter mit Wohneinrichtung. Sie sollte ordentlich im Fahrzeug verbaut und gleichermaßen als Schlaf-, Wohn- und Arbeitsraum geeignet sein. Das Ergebnis war so gelungen, dass die Campingbox bald in Serie produziert wurde und der umgebaute VW-Bus zum Traumwagen der 50er-Jahre geriet, denn es handelte sich um ein Multitalent, verwendbar als Hotel auf Rädern. 1976 werden die ersten Entwürfe für ein bahnbrechendes Reisemobil skizziert. Es soll nach dem größten Entdecker des 18. Jahrhunderts, James Cook, benannt werden und entsteht auf Basis eines Mercedes-Benz. Das Erfolgsmodell der 80er-Jahre ist eindeutig der Joker von Volkswagen, in mehreren Varianten auf der Basis des VW T3 gefertigt und vermutlich einer der erfolgreichsten Kastenwagen-Ausbauten aller Zeiten. Im Jahre 1981 wird erstmals der VW-Joker mit aerodynamischem Kunststoff-Hochdach und Panoramafenster vorn produziert. Mit über einer hal-

Westfalia: Als alltagstaugliches Fahrzeug mit Aufstelldach und gehobener Ausstattung.

ben Millionen Campingfahrzeugen darf Westfalia als führender Kastenwagenausbauer bezeichnet werden.

Werz Wohnmobile

Die Firma Werz Wohnmobile ist ein Team, das durchweg aus praktizierenden Campern besteht, was sich in der Funktionalität der Fahrzeuge bemerkbar macht. Wir leben Camping und Reisen mit unseren Fahrzeugen. Die meisten Mitarbeiter haben eine 20-30 jährige Ausbauerfahrung. Der Schwerpunkt der Ausbauten liegt beim Kastenwagen in allen möglichen Ausbaustufen bis zum Modell Exclusive mit Alkoven-Dach und Sanitärraum, der so mit diesem Dach nur bei uns gefertigt wird. Die typischen Kunden sind reisefreudige Paare auch über 50 und immer mehr junge Familien. Insbesondere auch Menschen, die abseits der befestigten Straßen ihr Urlaubsziel suchen und dafür offroadfähige und trotzdem bequeme Reisefahrzeuge suchen. Das Team um Uwe Werz berät seine Kunden gerne über die vielfältigen Möglichkeiten eines individuellen Zuhauses auf Rädern – von der Anschaffung des Basismodells bis hin zu allen Details beim Ausbau. Sie haben für jedes Reisevergnügen die richtige Ausstattung parat. In der eigenen Werkstatt, Möbelschreinerei und Näherei werden dann exakt nach den gemeinsam mit den Kunden entwickelten Entwürfen die speziellen Wunschmodelle angefertigt.

Westfalia: Natürlich werden auch Fahrzeuge mit einem Hochdach hergestellt.Wohnmobil mit Umbauqualitäten. Die Nutzung steht nie endgültig fest.

Werz Wohnmobile: Vielfalt im Programm mit unterschiedlichen Modellen und Konzepten aus eigener Werkstatt.

Werz Wohnmobile: Fahrzeugbau, Möbelschreinerei und Näherei – alles aus einer bewährten Hand.

Schnelle Boxsysteme

Im Alltag lassen sich die Boxen für Hobby und Freizeit nutzen oder sorgen für Ordnung im Kofferraum. Für den professionellen Einsatz kann der Zwischenboden den jeweiligen Größen DIN-genormter Handwerks-Systainer, Thermo- oder Euroboxen angepasst werden, aufklappbare Werkbank inklusive. Mit wenigen Handgriffen, wenigen frei wählbaren Modulen und ohne Umbaumaßnahmen wird der Bus zum Camper.

Der Camper ist genauso individuell wie sein Fahrzeug. Neben dem Gedanken das Fahrzeug für diesen speziellen Zweck umzubauen, geht natürlich auch ein ganz anderer Weg: Ein Serienfahrzeug so umzurüsten, dass eben nichts Wesentliches verändert werden muss. Flexibel wie der ganze Bus, individuell wie der Camper selbst.

Der Erfinder

Faszinierend sind grundsätzlich auch die Personen und ihr Weg zum Hersteller oder Vertrieb von Campingzubehör und sogar kompletten Fahrzeugen. Kaum eine Branche hat derartig viele Profis mit eigener Erfahrung am Start. Betrachtet man beispielsweise die Firma Skippy, steht dahinter Erhard Rau, Jahrgang 1961, passionierter Reisender und Tüftler. Auf Wegen abseits ausgetretener Touristenpfade legt er Wert auf eine reduzierte Ausstattung, ohne dabei auf Komfort verzichten zu müssen. Er entwickelt zunächst Module für Hochdachkombis, sieht aber im T5 deutlich mehr Potenzial, da es für den Bus eine große Auswahl an Zubehör und Ausstattungen gibt, die das Modul optimal ergänzen. Wichtig sind ihm außerdem Werte wie Funktionalität, hochwertige und belastbare Verarbeitung, Reduzierung auf das Wesentliche, Nachhaltigkeit der verwendeten Materialien.

System und Baugruppen

Alltagstauglichkeit zeichnet dieses System aus. Es geht nicht nur darum, das Einbaumodul an den Tagen im Jahr zu nutzen, die man unterwegs ist. Es will kein Wohnmobil im Miniformat sein. Es nutzt den Stauraum ebenso sinnvoll für Einkäufe, Hobbys und Ausflüge. Dabei lässt es sich einfach einsetzen und genauso wieder herausnehmen. Es ist das einzige Einbaumodul seiner Art, das eine vollwertige Innenraumnutzung (inkl. Kochgelegenheit und Wasserversorgung) für bis zu vier Personen erlaubt.

- Gepäckoptimierung durch Stauraum in genormten Euroboxen aus Holz oder Kunststoff.
- Schlaf-Funktion auf ebener Fläche, auf der eine Kaltschaum- oder Luftmatratze Platz findet.
- Sitzmöglichkeit mit Tisch für bis zu 6 Personen im Innenraum.
- Kochfunktion für innen und außen.
- Wasserversorgung, inklusive Warmwasser und Pumpe für innen und außen.
- Die faire Produktion in Deutschland.

Der Erfinder im System: Auch Erhard Rau, der Erfinder und Camper aus Leidenschaft, ist nach wie vor mit seinem System täglich privat und beruflich unterwegs.

Modul im Heck

Das Grundmodul, bestehend aus einem mit Phenolharz beschichteten Birke-Multiplex-Korpus, wird in den Heckbereich eingesetzt und an der Rückbank verzurrt. Das Modul gilt als Zuladung und muss nicht in die Fahrzeugpapiere eingetragen werden. Das Modul zeichnet sich durch sein flexibles Boxensystem aus. Genormte Boxen nutzen den vorhandenen Platz bis in die kleinste Ecke. Gleichzeitig lassen sie sich schnell und einfach austauschen, umräumen und für andere Dinge nutzen. Die Erweiterung des Koch- und Wassermoduls fügt sich in dieses System ein, nichts wackelt, alles hat Platz. Das neu entwickelte Groß-

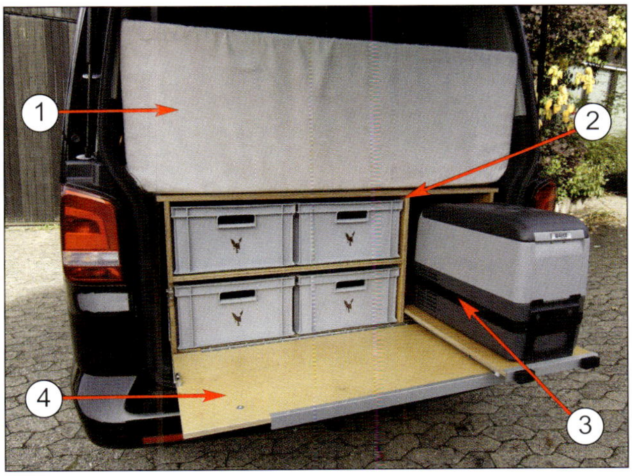

Skippy im Einsatz: 1 Kaltschaummatratze für hohen Liegekomfort, 2 Skippyheckmodul, 3 Individualfach, 4 Tischplatte.

raumfach erlaubt auch das Durchladen größerer Gepäckstücke. Optional kann es mit einem Schwerlastauszug für z. B. Kühlbox oder durch den Einsatz von Einlegeböden individuell bestückt werden.

Kochmodul und Wasserversorgung

Das Kochmodul besteht aus vier Euroboxen mit den Maßen 40 x 30 cm und passt beim Kombi und Caravelle unter die mittlere und die hintere Sitzbank. In den Euroboxen ist alles untergebracht, was man zum Kochen und Abwaschen benötigt. Alle Anschlüsse nebst Tauchpumpe werden außen mit einem Schnellverschluss angeschlossen. So kann beispielsweise die Spülbox auf den Tisch gestellt werden und die Tanks verbleiben weiterhin unter der Sitzbank. Weiterhin könnten auch die vier Euroboxen zu einem Block zusammengefasst werden, der neben die mittlere Zweiersitzbank oder auf den kleinen Zusatztisch passt. Egal welches Wetter oder welche Location: Dieses Kochmodul ist flexibel, macht unabhängig und erweitert das Skippy-System sinnvoll. Das Kochmodul besteht aus Euroboxen mit Einbauten oder bestimmten Aufgaben. Die Boxen können nach Gebrauch einfach entnommen und im Keller oder in der Garage eingelagert werden. Betrachten wir die Bestandteile:

- Vier Euroboxen 40 x 30 cm (für Spüle mit Pumpe, Abwassertank, Frischwassertank, Küchenutensilien).
- Eine Eurobox mit Edelstahlspüle, E-Impulsgeber, Akku, Zuläufe und Abläufe mit Tauchpumpe.
- Eine Eurobox als Frischwassertank mit 16 Litern Inhalt und Schnellkupplung als Anschluss.
- Eine Eurobox als Abwassertank mit 16 Litern Inhalt, Gardena-Anschluss und ¾-Zoll-Ablassöffnung.
- Eine Eurobox für alle Küchenutensilien.
- Optional kann eine Eurobox mit 12-V-Heißwasserboiler mit 3 Litern Inhalt und einem Mischventil geliefert werden. Oder aber ein 12-V-Heizstab für Frischwassertank. Er erhitzt das Wasser auf bis zu 38 °C.
- Optional kann ein Gas-Kartuschenkocher mit Zündsicherung passend für eine Eurobox geliefert werden.

Tisch und Bett

Die Tischplatte wird an der vorderen Rücksitzbank fixiert, Tischbeine für Modulklappe und Zusatztisch

Spüle in der Kiste: Auch die Spüle ist ein einzelnes Modul, das leicht verstaut und flexibel eingesetzt werden kann.

Boxen unterm Sitz: Die Küchenausrüstung findet locker Platz unter der originalen Zweiersitzbank.

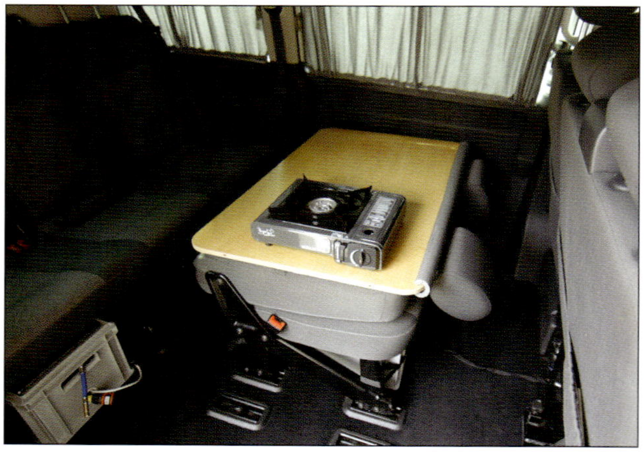

Mal draußen kochen: Der kleine Kocher ermöglicht einen mobilen Einsatz rund um und im Fahrzeug.

werden an den Halterungen der Sitzbankklappe des Moduls im Kofferraum transportiert. An der Rückseite der mittleren Zweiersitzbank wird die Tischplatte gegen Rutschen und Verschieben sicher fixiert.

Nutzung der mittleren Zweiersitzbank als Tisch

Die umgeklappte Rückenlehne der Zweierbank kann nun als Tisch dienen, an dem bei aufgeklappter Dreierbank und bei der Installation von drehbaren Vordersitzen bis zu sechs Personen Platz finden.

Umnutzung zur Liegefläche

Die Zweiersitzbank wird zum Tisch umgeklappt. Der Tisch wird durch das zusätzliche Brett mit Standfuß (das im Grundmodul enthalten ist) erweitert. Die Dreiersitzbank wird nun auch umgelegt und die obere Kante, im Bereich der Kopfstützen der Dreierbank, durch einen eingelegten Schaumstoffkeil gepolstert. In Kombination mit dem Modul im Heck und der umgeklappten hinteren Sitzbank entsteht nun eine plane Liegefläche, auf der eine komfortable Kaltschaum- oder Luftmatratze von 140 x 200 cm Platz findet. Natürlich bleibt ausreichend Platz um den Bus über die Seitentüren zu verlassen und am Kopfende auf den Fußraum der mittleren Sitzbank zuzugreifen.

Umbau mit wenigen Handgriffen

Ob nun Büro, Schlafzimmer oder Küche: Das System kommt aus der Box und ist mit wenigen Handgriffen umgestaltet, ohne wesentliche Eingriffe am Fahrzeug durchführen zu müssen. So wird aus dem Kombi ein »Wohnbürowerkstatteinsatzwagen« ohne Umbau.

Innenraum des Siebensitzer-T5 als große Liegefläche zum Auflegen der Matratze: 1 Skippy Heckmodul, 2 originale umgeklappte Dreierrückbank, 3 Schaumstoffkeil zum Zwischenlegen, 4 auf der originalen Zweiersitzbank befestigte Tischplatte, 5 Tischmodul, 6 originale Kopfstützen hinten, 7 Tischbein des Tischmodules, 8 Euroboxen im Griffbereich.

Planung der Einrichtung

Bei der Planung treffen Ihre Anforderungen auf Komponenten für den Eigenausbau oder auf die vorhandene Ausrüstung eines Gebrauchtfahrzeugs. Die Auswahl und auch die Überlegung fallen eigentlich immer an, wenn es darum geht, einen Camper für sich zusammenzustellen. Wie Sie schon auf den ersten Seiten dieses Buches festgestellt haben, gibt es viele und völlig unterschiedliche Überlegungen, die manche Konzepte erforderlich machen, andere vielleicht völlig ausscheiden lassen. Die Überlegungen dazu möchten wir in diesem Kapitel im Detail praxisnah vorstellen.

Parameter festlegen

Da Sie ja bereits das Buch zum VW-T5 in den Händen halten, kann davon ausgegangen werden, dass Sie sich zumindest für diesen Fahrzeugtyp entschieden haben. In diesem Kapitel möchten wir Ihnen die Überlegungen nahe bringen, die Ihnen helfen sollen, eine individuelle Planung nach Ihren Vorstellungen umzusetzen. Das wäre dann die Basis für die Gestaltung des Fahrzeuges oder der Blickwinkel für die Anschaffung eines Gebrauchtfahrzeuges. Eine wichtige Grundlage für die folgenden Überlegungen soll ein möglichst geringer Aufwand sein, der zum Umrüsten oder Rückrüsten des Busses zwischen Alltagsbetrieb und Campingbetrieb nötig ist.

Hauptnutzung im Alltag

Die meisten Leser werden das Fahrzeug nur gelegentlich in den wenigen Urlaubstagen nutzen können. Entsprechend muss überlegt werden, ob das Fahrzeug nur für diese Tage verwendet oder ob es auch im Alltag bewegt werden soll. Vor allem muss dann auch festgestellt werden, welche Aufgabe das Fahrzeug im Alltag übernimmt. Die Einschränkungen durch die Ein- und Umbauten müssen so gering ausfallen, dass Sie keine Nutzungseinschränkung im alltäglichen Gebrauch haben. Schließlich handelt es sich ja hier um die meiste Zeit im Jahr. Weiterhin macht es auch keinen Sinn, die schicken Fahrzeugmöbel durch eventuell tägliches Be- und Entladen zu beschädigen. Ein weiterer Aspekt ist das Gewicht der Ein- und Anbauten. Natürlich werden Sie Materialien verwenden, die möglichst leicht sind. Schließlich soll ja die Zuladung so weit wie möglich erhalten bleiben.
Hinsichtlich der Abmessungen wird lediglich ein verbautes Hochdach die Abmessungen so weit verändern, dass Sie im Alltag auf jede Parkgaragenhöhe achten müssen. Die Hubdachsysteme machen hier in der Regel nichts viel aus.

Sitzplätze Bus und Camper

Sehr wichtig ist die Sitzplatzfrage. Schon aus versicherungsrechtlichen Gründen dürfen Sie nur dort Personen mitnehmen, wo das auch sicher möglich ist.
Schnell wird hier aus dem 7-Sitzer ein 5-Sitzer oder gar ein 4-Sitzer. Wenn diese Anzahl ausreicht, müssten Sie wahrscheinlich im Alltag eher ein kleineres Auto fahren, akzeptieren aber die größeren Abmessungen und auch die etwas höheren Betriebskosten.
Der Umbau einer Sitzbankkombination mit Umklapp- und Liegefunktion ist für eine regelmäßige Umrüstung zu aufwändig. Schnell werden auch anliegende Bauteile beschädigt. Werden im Alltag mehr Sitzplätze gebraucht, so könnte ein hochflexibles Boxsystem für Ihre Nutzung ein optimaler Lösungsweg sein. Einige Systeme verwenden handelsübliche Euroboxen. Das ermöglicht die Verwendung einiger Komponenten mit Alltagsfunktionen.

Hoch- oder Hubdach

Gerade dann, wenn es in den Bereich der Campingmobile geht, spielt Platz eine sehr wichtige Rolle. Funktion, Gewicht und Nutzen sind Faktoren, die für fast alle Teile, die im Fahrzeug unterkommen sollen, relevant sind. Fest verbaute Hochdächer sind genauso lieferbar wie Faltdachvarianten in unterschiedlichsten Bauformen. Zum Teil soll so lediglich die Stehhöhe erreicht werden. Eine weitere Funktion ist aber auch die Umsetzung weiterer Schlafmöglichkeiten oder zumindest für die festen Hochdächer die Schaffung von Stauraum. Die Nutzung des Stauraumes muss aber mit Bedacht erfolgen. Die Höhe über dem Boden sorgt schnell dafür, dass der Bus ein deutlich stärkeres Wankverhalten aufweist. »Alles Schwere gehört nach unten« gilt nicht nur für Tankanlagen und Gasflaschen, sondern natürlich auch für das Gepäck.

Staufächer im Dachbereich: Möglichst keine gewichtigen Gegenstände unterbringen.

Schlafplätze

Natürlich ist es schön sieben Personen transportieren zu können. Allerdings werden kaum sieben Personen im Camper übernachten können. Realistisch sind mit einem entsprechenden Hoch- oder Hubdach vier Schlafplätze. Kleinere Kinder lassen sich meist auch sehr gerne zu dritt im Obergeschoss unterbringen. Natürlich geben Vorzelt oder auch ganz normale Zelte neben dem Fahrzeug die Möglichkeit Mitreisende auszuquartieren.

Nasszelle und Toilette

Wer nun glaubt, dass in einem T5 sich kein Platz für ein stilles Örtchen oder eine Duschgelegenheit findet, irrt. Die Kreativität der Umbauer kennt keine Grenzen, und so kann auch hier eine Lösung gefunden werden. Die Wasserversorgung der Dusche mit Brausekopf wird über ein fest verbautes Leitungssystem realisiert. Hier erkennt man schnell die Vorteile der fest verbauten Komponenten. Die Tankanlagen für Frischwasser und Abwasser verschwinden am besten unter dem Fahrzeugboden. Auch die Tankanlage trägt einen guten Teil zur Zuladung bei. Aus diesem Grund sollte auch die mitgeführte Wassermenge sorgsam bestimmt werden.

Toilette im Heck: Im Heck versteckt sich eine Chemietoilette (1). Die Duschgelegenheit (2) wurde nach außen verbannt.

Gesamtgewicht und Nutzlast

Anhand der Unterkapitel auf den letzten Seiten haben Sie sicher schon bemerkt, dass eigentlich alle Ausrüstungsgegenstände – ob nun die Ausrüstung des Fahrzeugs, die Ausstattung oder einfach nur Sachen die mitmüssen – zum einen im Fahrzeug sinnvoll verstaut werden müssen, zum anderen auch ein Teil der Beladung des Fahrzeuges sind. Auch eine sinnvolle Verplanung der Nutzlast gehört zur Auslegung und Planung des Fahrzeuges. Natürlich müssen Sie auch die Personen und ihr Gepäck berücksichtigen, um die Auslegung Ihres Campers letztendlich klären zu können. Durchschnittlich können Sie pro Person mit etwa 25 kg Gepäck rechnen. Auch ein angehängter Anhänger zählt zumindest mit der Stützlast mit in die Ladungsbilanz hinein. Auch der Fahrradträger oder eventuell mitgeführte Dachboxen oder der Dachgepäckträger mit möglicher Zuladung müssen in die Rechnung einbezogen werden.

Anbaudusche: Mit wenigen Handgriffen ist die Dusche mit Sichtschutz aufgebaut.

Wunschliste zur Ausstattung

Um Ihren Camper genauer beschreiben zu können, ist es sinnvoll, die Anforderungen zusammenzufassen. Verwenden Sie diese Seite als Kopiervorlage. Sie werden sie sicherlich über mehrere Tage bearbeiten und auch den einen oder anderen Punkt ergänzen oder streichen wollen. Die Übersicht können Sie auch bei der Anschaffung, bei Beratungsterminen verwenden. Nehmen Sie sich die Zeit, das Gewicht von einigen Ausrüstungsgegenständen selber zu wiegen.

Nutzung im Alltag					
Anzahl Kinder		Nutzungstage des Laderaums ohne Sitzbänke pro Monat		Nutzungstage als Last-Transporter pro Monat	
Anzahl Erwachsene		Nutzungstage des Kofferraums mit Sitzbänken pro Monat		Nutzungstage als Pkw pro Monat	
Anzahl der maximal benötigten Sitzplätze		Nutzungstage der Abhängekupplung pro Monat		Nutzungstage eines Dachträgers pro Monat	
Die Freizeitnutzung					
Anzahl Kinder		Nutzungstage des Laderaums ohne Sitzbänke pro Monat		Nutzungstage als Last-Transporter pro Monat	
Anzahl Erwachsene		Nutzungstage des Kofferraums mit Sitzbänken pro Monat		Nutzungstage als Pkw pro Monat	
Anzahl der maximal benötigten Sitzplätze		Nutzungstage der Abhängekupplung pro Monat		Nutzungstage eines Dachträgers pro Monat	
Die Nutzung als Camper					
Anzahl Kinder		Nutzungstage des Laderaums ohne Sitzbänke pro Monat		Nutzungstage als Last-Transporter pro Monat	
Anzahl Erwachsene		Nutzungstage des Kofferraums mit Sitzbänken pro Monat		Nutzungstage als Pkw pro Monat	
Anzahl der maximal benötigten Sitzplätze		Nutzungstage der Abhängekupplung pro Monat		Nutzungstage eines Dachträgers pro Monat	

Beladung Personenbezogen		
Personenanzahl x (durchschnittlich) 85 kg	________x 85 kg	kg
Gepäck (Personenanzahl x 25kg durchschnittlich)	________x 25 kg	kg
Beladung Ausrüstung und Material		
Campingstühle		kg
Vorzelt (und andere Zelte)		kg
Kocher und weitere Ausrüstung		kg
Nahrungsmittel		kg
Getränke (2 Kisten)		kg
Sonstiges:		kg

Die Fahrzeugausstattung	
Wassertank mit Füllung	kg
Abwassertank (leer)	kg
Campinggasflasche	kg
Markise	kg
Mobile Möbel	kg
Sonstiges:	kg
Die Fahrzeugdaten	
Zulässiges Gesamtgewicht (siehe Zulassungsbescheinigung Teil 1 »F2«)	kg
Leergewicht (möglichst selbst auf einer Fahrzeugwaage wiegen lassen) (Schrottplätze, Speditionen)	kg
Tank Korrektur: (0,845 kg/Liter) Tank leer = 67 kg Tank; 1/2 = 34 kg	kg
Stützlast (nur wenn der Anhänger mit muss) 75 kg (100 kg) auf der Plakette der Kupplung angegeben	kg
Beladung Personenbezogen (Übertrag von einer Seite zuvor)	kg
Beladung Material und Ausrüstung (Übertrag von einer Seite zuvor)	kg
Fahrzeugausstattung (Übertrag von einer Seite zuvor)	kg
Sonstiges:	kg
Summe	kg
Beladungsbilanz: Eine positive Zahl erlaubt eine weitere Zuladung um den angegebenen Betrag, eine negative Zahl erfordert eine Gewichtsreduzierung.	kg

Zulässiges Gesamtgewicht anpassen

Es wäre nicht ungewöhnlich, wenn Sie nach dem Ausfüllen der Tabellen unserer Kopiervorlagen auf diesen Seiten feststellen, dass Ihr Fahrzeug überladen ist. In den meisten Fällen würde Ihnen das als Camper-Fahrer im besten Fall bei einer Routinekontrolle der Polizei auffallen. Nicht nur, dass Sie einen Strafzettel kassieren, müssen Sie den Mangel in den meisten Fällen vor Ort beheben. Ein Wassertank lässt sich sicherlich noch ablassen. Wenn aber der Ehepartner nebst Zelt und Bierkiste zurückgelassen werden muss, könnte ein Problem anstehen. Es ist aber möglich, das zulässige Gesamtgewicht nach oben zu verbessern und so die Überladung des Fahrzeugs zu vermeiden.

Aufbaurichtlinien des Herstellers VW

In den Online-Reparaturanleitungen zu den VW-Transportern wird darauf verwiesen, dass es keine standardisierten Richtlinien zur Auflastung der T5-Modelle gibt. Entsprechend müssen Umbauten, die das Auflasten mit Umbauten an Fahrwerk und Achsteilen ermöglichen, in der Regel mit einer Einzelabnahme von einem technischen Überwachungsverein in die Fahrzeugpapiere eingetragen werden. Erfragen Sie beim Zulieferer immer, ob die Anbauteile mit einem Teilegutachten oder einer allgemeinen Betriebserlaubnis ausgeliefert werden. Informieren Sie sich, wie groß der Umbauaufwand ausfallen wird. So können Sie abschätzen, ob Sie den Umbau in Eigenregie angehen können oder besser in der Werkstatt in Auftrag geben.

Eintragung beim TÜV

Die technischen Überwachungsvereine verweisen zu Recht auf die technischen Unterlagen der Fahrzeughersteller. Aus einer Tabelle zu den Aufbaurichtlinien kann der Ingenieur die mögliche Auflastung und die erforderlichen Auflagen dazu nachlesen. Bei Eintragungen von Zulieferteilen werden die Anbaubestimmungen und die sich daraus ergebenden Änderungen im Gutachten ausgewiesen. Bei umfangreicheren Umbauten am Fahrzeug und auch dem Ausbau, möchte der Prüfer in der Regel das neue Leergewicht von einer amtlich geprüften Waage erfasst haben. Sprechen Sie sich mit dem eintragenden Prüfer ab. Oftmals können Sie das Auswiegen bereits bei einem Schrottplatz, einem Landhändler oder anderen Firmen für wenig Geld durchführen lassen. Die abgestempelte Wiegekarte kann dann zur Erfassung des Leergewichtes herangezogen werden. Bei dieser Messung durch das Ausbauen einiger schwerer Teile das Fahrzeug auf der Waage leichter zu machen, bringt allerdings wenig. Zwar ergibt sich dann eine höhere Nutzlast, allerdings wird bei der Kontrolle der Polizei die Gesamtmasse durch Wiegen erfasst. Was Sie dann zugeladen haben, interessiert nicht. Das zulässige Gesamtgewicht darf nicht überschritten werden.

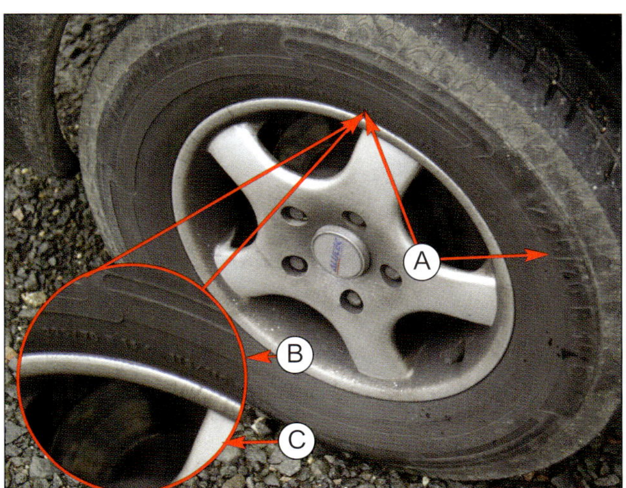

Kennzeichnung am Rad: A Reifenbezeichnung (Größenbezeichnungen und »C« (Transporterreifen), B Radlastkennzahl (LI = Load-Index), C Geschwindigkeitskennzahl (SI = Speed-Index)

Radlastkennzahlen in der Übersicht

Die Radlastkennzeichen geben Ihnen Auskunft, für welche Belastung der einzelne Reifen zugelassen ist. Kontrollieren Sie diese grundsätzlich vor jeder Anschaffung. Nehmen Sie lieber eine etwas höhere Traglast um Reserven zu schaffen.

Rad und Reifen

Die letzte Verbindung zwischen Fahrzeug und Straße ist der Reifen. Natürlich muss er, zusammen mit der Felge, die Lasten des Fahrzeugs tragen können. Anhand des »Loadindex« lässt sich die zulässige Radlast leicht ermitteln. Die zulässigen Belastungen der Felgen müssen entweder aus den ABE ausgelesen oder beim Hersteller erfragt werden.

Radlastkennzeichnung am Reifen

Natürlich finden Sie die unterschiedlichsten Reifenhersteller mit noch deutlich unterschiedlicheren Preisen. Wenn es um die Ausrüstung Ihres Campers geht, sollte aber die Sicherheit eine große Rolle spielen. Legen Sie die Reifen grundsätzlich so aus, dass eine Überladung, die selbstverständlich in keinem Fall beabsichtigt und hoffentlich niemals vorkommen wird, zumindest durch die Reifen problemlos weggesteckt werden kann. Bei einer Auflastung des Fahrzeuges, wenn also durch bauliche Veränderungen eine höhere Achslast eingetragen werden kann, ist das eine technische Angabe, die der neuen Achslast entsprechen muss. Achten Sie beim Reifenkauf deshalb auf die Kennzahl für die Radlast. Für welche Belastung ein Reifen ausgelegt ist, lässt sich anhand einer Kennzahl aus der Reifenbezeichnung und der untenstehenden Tabelle leicht ablesen. Die Kennzahl ist in der Reifenbezeichnung eingebettet. Der Musterreifen im Bild trägt die Bezeichnung 225/70 R 15 C 112/110 R.

Die Reifenbreite beträgt 225 mm. Die Flankenhöhe des Reifens (die Bauhöhe einer Seite) beträgt 70% von der Reifenbreite. In unserem Fall sind das 157,5 mm. Das »R« der Bezeichnung weist auf die Bauweise des Reifens mit »radialer« Gewebelage hin. Die Zahl »15« gibt den Reifendurchmesser auf der Felge in Zoll an. Das »C« steht für »Commercial« und kennzeichnet einen Reifen mit höherer Tragfähigkeit und verstärktem Unterbau. Die Traglastkennzahl, die nun folgt, ist doppelt ausgeführt. Auch wenn Sie beim T5 keine Doppelachse finden (zumindest nicht beim Serienfahrzeug

Loadindex	Radlast	Loadindex	Radlast	Loadindex	Radlast	Loadindex	Radlast
70	335 kg	86	530 kg	102	850 kg	118	1325 kg
71	345 kg	87	545 kg	103	875 kg	119	1360 kg
72	355 kg	88	560 kg	104	900 kg	120	1400 kg
73	365 kg	89	580 kg	105	925 kg	121	1450 kg
74	375 kg	90	600 kg	106	950 kg	122	1500 kg
75	387 kg	91	615 kg	107	975 kg	123	1550 kg
76	400 kg	92	630 kg	108	1000 kg	124	1600 kg
77	412 kg	93	650 kg	109	1030 kg	125	1650 kg
78	425 kg	94	670 kg	110	1060 kg	126	1700 kg
79	437 kg	95	690 kg	111	1090 kg	127	1750 kg
80	450 kg	96	710 kg	112	1120 kg	128	1800 kg
81	462 kg	97	730 kg	113	1150 kg	129	1850 kg
82	475 kg	98	750 kg	114	1180 kg	130	1900 kg
83	488 kg	99	775 kg	115	1210 kg	131	1950 kg
84	500 kg	100	800 kg	116	1250 kg	132	2000 kg
85	515 kg	101	825 kg	117	1280 kg	133	2060 kg

als Bus), möchten wir Ihnen die Bezeichnung kurz erklären. Die erste Kennzahl weist die Radlast eines Reifens beim Solobetrieb aus. Die zweite Kennzahl beschreibt die zulässige Belastung für einen Reifen, wenn er als Zwillingsreifen eingesetzt wird. Aus der Tabelle lassen sich so für den Solobetrieb auf einer Achse 2 x 1120 kg = 2240 kg Achslast errechnen. Für den Betrieb auf einer Zwillingsachse wären das dann 4 x 1060 kg = 4240 kg Achslast.

Umbau und Eintrag bei einer Spezialfirma

Im Internet lassen sich Firmen heraussuchen, die eine Auflastung des T5 bis zu 3500 kg und einer Zuglast bis zu 3500 kg ausweisen. Hierfür werden die Fahrwerksfedern gegen stärkere Varianten ersetzt, beziehungsweise die Fahrwerksfeder auf der Hinterachse um eine innen liegende Feder mit anderen Federtel-

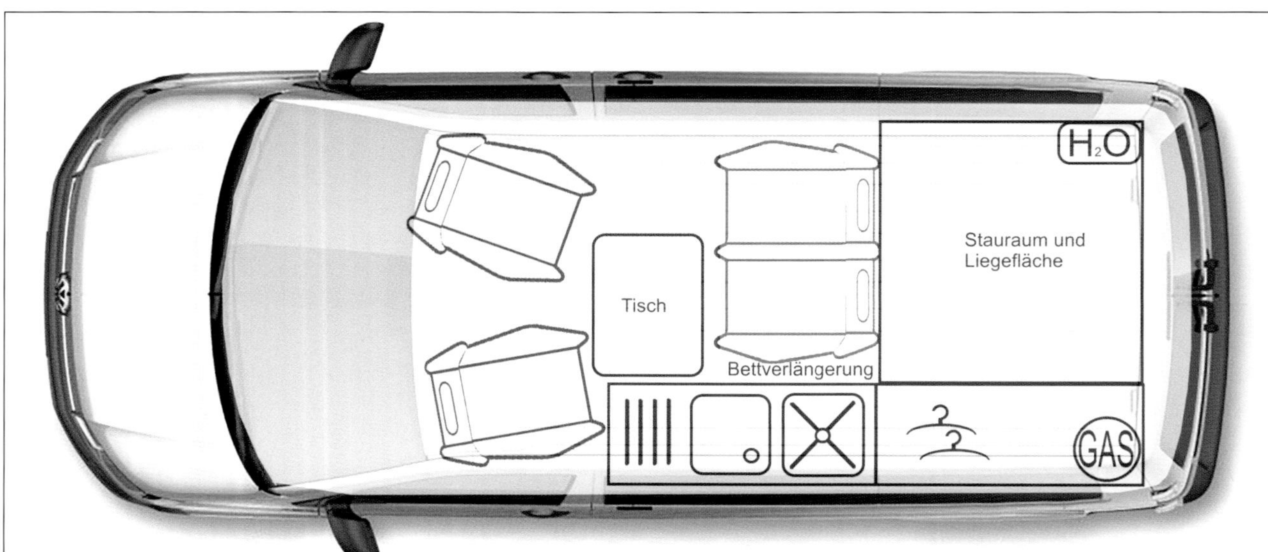

Anforderungen und Umsetzung: Wer schon mal die Ausrüstung des eigenen Campers geplant hat, wird schnell Hochachtung vor den professionellen Aus- und Umbauern lernen. Eine sinnvolle Planung im Detail ist aufwändiger als der eigentliche Ausbau.

lern und Anbaumaterial nachgerüstet. Allerdings konnten wir kein Gutachten einsehen, um den Umbau für Sie näher betrachten zu können. Es kann also davon ausgegangen werden, dass diese Eintragung auf so genannten Einzelgutachten beruht. Die Abnahmen erfolgen dann meist beim Umbauer selbst mit einem Prüfingenieur, der sich offensichtlich recht genau mit dem Fahrzeug befasst hat. Durch Volkswagen lässt sich die Auflastung nicht fundieren.
Es lässt sich aber sicher nicht alles ohne Weiteres nachvollziehen, ohne die Unterlagen und den Hintergrund der Umbauer genau im Detail zu kennen. Wenn Sie einen solchen Umbau angehen, sollten Sie den Auftrag für den Umbau des Fahrzeugs sehr genau definieren. Achten Sie darauf, dass die von Ihnen unbedingt erforderlichen Punkte tatsächlich eingehalten werden.

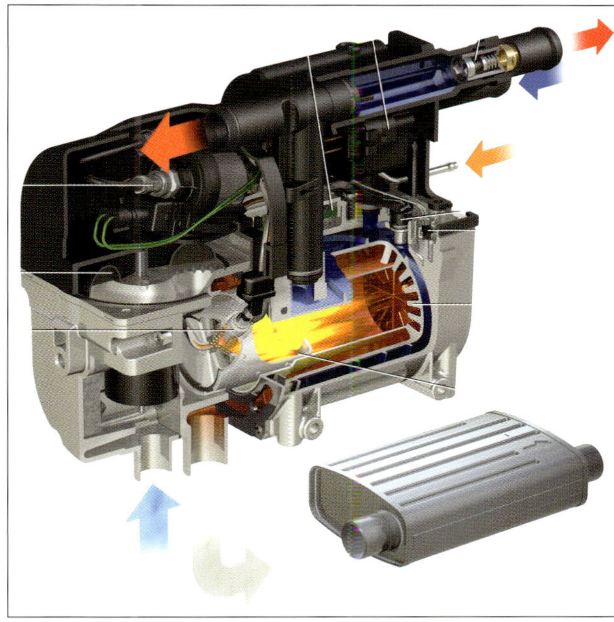

Es muss nicht immer Gas sein: Eberspächer hat sowohl Luft- als auch Wasserheizgeräte im Programm, die mit dem Fahrzeugkraftstoff betrieben werden können.

Raumaufteilung

Grundsätzlich ist zuerst einmal alles möglich und alles realisierbar. Einige Ausrüstungsgegenstände eines Campers müssen aber bestimmten Anforderungen genügen, ob nun von den Einbauvorschriften gefordert, aus Sicherheitsgründen oder einfach aufgrund eines fachlich sinnvollen Einbaus. Vorüberlegungen zur Positionierung einiger wichtiger und nur mit Aufwand zu versetzender Bauteile kann Arbeit und oft auch Geld einsparen.

Feste Positionen

Eigentlich alle Bauteile für die eine Versorgungsleitung verbaut werden muss, sollten an eine Position verbaut werden, an der sie zum einen nicht unnötig Platz verschwenden oder sogar behindern. In den meisten Fällen müssen sie aber wie eine Heizung oder ein Kühlschrank zumindest mit möglichst wenig Aufwand zugänglich sein. Die passende Position für alle Komponenten zu finden, bedarf sicherlich mehrerer Anläufe. Gerade dann, wenn Sie den Umbau in Eigenregie angehen wollen, sollten Sie die Kopiervorlage im Anschluss auch für diese Planungen heranziehen.

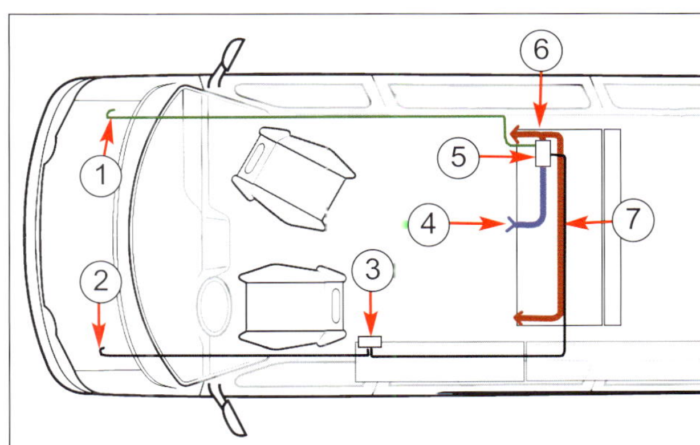

Anschlüsse an der Luftstandheizung: 1 Kraftstoffleitung, 2 Spannungsversorgung, 3 Steuergerät, 4 Kaltluftaustritt, 5 Heizgerät, 6 Versorgung unter dem Fahrzeugboden, 7 Warmluftaustritt.

Heizungsanlage(n)

Ganz egal, ob es sich nun um einen zusätzlichen Heizungskühler im Fahrzeugkühlsystem, eine mit Kraftstoff arbeitende Zusatz- oder Standheizung oder eine Heizung handelt, die mit Gas aus der Flasche betrieben wird: Alle Systeme müssen an der Stelle betrieben werden, wo die Anschlüsse und eventuell erforderliche Abluftöffnungen vorhanden oder hergestellt wurden. Auch die Warmluftführung muss gut überlegt werden. Die Warmluftschläuche und Kanäle benötigen auch Platz, der dann im Innenraum nicht mehr zur Verfügung steht. Neben den umfangreichen Herstellerinformationen kommen die Anbauanweisungen der Hersteller der Nachrüstgeräte dazu. Zusammen mit der eigenen Einbaudokumentation wird auch der Austausch eines defekten Gerätes selbst nach Jahren der Montage recht problemlos und sicher möglich.

Gasflaschenkasten
Aus Sicherheitsgründen müssen Lager- und Betriebsort einer Gasflasche gut be- und entlüftet sein. Das gilt übrigens auch für die Kleinflaschen, die im Kochherd oder einem Brenner verbaut sind. Gas verhält sich ähnlich wie Wasser und sammelt sich an der tiefsten Stelle. Entsprechend muss im Bereich des Flaschenlagers eine Bodenöffnung geschaffen werden. Im Gegensatz zum Wohnmobil oder zum Wohnwagen ist ein Anbau außerhalb der Fahrzeugkarosserie kaum möglich. Der Flaschenkasten muss dann zum Innenraum abgekapselt werden. Die Leitungen zur Flasche und aus dem Flaschenkasten heraus sollten einsehbar sein. So lässt sich der Zustand leicht überprüfen. Wenn man die Planungen im Rahmen des Umbaus macht, sollte man überlegen, wie die Leitungen so gelegt werden können, dass man sich die später mal anfallenden Wartungsarbeiten nicht selbst erschwert.

Batterien und Ladegeräte
Schon die Bauart der Batterie muss bei der Planung berücksichtigt werden. Sind die Batterien gasdicht oder muss der Batteriekasten belüftet werden, um eventuell entstehende Gase abzuleiten? Muss ein Entlüftungsschlauch von der Batterie nach außen geführt werden? Wo wird die Batterie befestigt? All diese Fragen tauchen schon rund um die Batterie auf. Neben den Anschlusskabeln und auch den Ladegeräten muss auch die Position der Batterien festgelegt werden. Sie müssen gut zugänglich sein, sollen aber nicht oder zumindest so wenig wie möglich die eigentliche Nutzung einschränken.

Steckdosen und Spannungsversorgung
Sobald der Camper an Ausstattung gewinnt und auch als Ferienhaus für mehrere Tage auf einem Campingplatz zum Einsatz kommt, wird neben den eigentlichen Systemen der 12-V-Anlage des Fahrzeuges auch eine 240-V-Anlage aus dem öffentlichen Netz Bestandteil der Spannungsversorgung. Die genauen Anforderungen und auch die Absicherung der Anlage im Fahrzeug stellen wir Ihnen im Kapitel »Energieversorgung« genauer vor. Für den Camper kommen auch DC/AC-Wandler infrage, die in der Lage sind, im kleineren Leistungsbereich 240 V Wechselspannung aus der Fahrzeugbatterie zu erzeugen. Auch hier werden wir Ihnen beispielhaft einen Montageplan und auch Anschluss- und Schaltpläne zur Verfügung stellen.

Anforderungen des Fahrzeuges

Nichts wäre ärgerlicher, als wenn Ihr Umbau die Wartungsarbeiten an dem Fahrzeug zuerst einmal mit umfangreichen Demontagearbeiten einläuten würde. Bezieht man einige typische Reparaturen mit in die Planung ein und schafft beispielsweise einen Zugang vom Schrank zum Radkasten, werden Fahrzeugbereiche vielleicht etwas enger, aber nicht unzugänglich.

Lieber gleich Qualität
Wohnmobile werden deutlich länger genutzt, als ein Fahrzeug des gleichen Bautyps im Alltag. Sicherlich ist das auch mit dem teilweise nicht unerheblichen Aufwand zu begründen, um ein Serienfahrzeug entsprechend den eigenen Anforderungen umzubauen. Entsprechend sollten auch die Montagearbeiten ausgelegt werden. Korrosionsschutz, Funktionssicherheit und Langlebigkeit spielen beim Wohnmobilumbau eine sehr wichtige Rolle. Verbauen Sie lieber einen Markenartikel, den Sie auch in einigen Jahren noch nachkaufen können, anstatt Bauteile, die zwar schick blinken aber in kurzer Zeit bei Ausfall wieder Umbaumaßnahmen erforderlich machen.

Der Blick hinter die Kulissen
Wenn Sie Verkleidungen durch Schränke oder andere Bauteile endgültig zubauen, sollten Sie immer zuerst einen Blick hinter die Verkleidung werfen. Schon eine kleine Bohrung kann einen Kabelstrang oder Versorgungsschlauch treffen und unbeabsichtigt und leicht vermeidbar Mehrkosten verursachen.

Konzeptionen

Unterscheiden wir zunächst mal einige Ausbaukonzeptionen als Grundmuster. Diese Grundmuster finden sich eigentlich bei allen Fahrzeugherstellern. Die Bauformen sind durch den zur Verfügung stehenden Platz im Fahrzeug und die typischen Anforderungen der Fahrzeugnutzer entstanden.

Varioschienen im Innenraum
Gerade dann, wenn man die Chance hat, sein Fahrzeug selbst auszurüsten, sind auch Informationen

über eine variable Innenraumgestaltung wichtig. Informieren Sie sich, ob die Sitzbank Ihrer Wahl auch für ein Schienensystem zu befestigen ist. So kann die Sitzbank bei Bedarf noch verschoben werden. Je weiter Sie in die Richtung eines voll ausgestatteten Wohnmobils gehen, umso komfortabler wird Ihr Bus in Sachen Camping und Reisen, aber umso weniger wird er ein Transporter sein. Kein Möbel ist so robust wie die Speditionsausrüstung oder eine Verschalung mit mehrschichtigen Leimholzplatten. Entsprechend muss über die Befestigung der Ausrüstung und des Mobiliars nachgedacht werden, wenn der Camper zukünftig mehrere Funktionen abdecken soll. Sei es als Camper für die ganze Familie oder als Übernachtungsstätte nach einem anstrengenden Motocross-Wettbewerb oder einem Fahrrad-Trail. Veränderbare Positionen der Möblierung sind dann sehr vorteilhaft. Natürlich müssen dann auch mögliche Positionen für Kühlschrank und Heizung überdacht werden.

Einfache Nachrüstung zur Sitzecke
Mit nachgerüsteten Drehsitzgestellen für die Vordersitze und einem Tisch ist die Basisausstattung bereits reisefertig.

Nutzung der Kochecke im Fahrzeug
Um eine Kochgelegenheit und die Spüle sinnvoll und gefahrlos im Fahrzeug nutzen zu können, müssen Sie Stehhöhe erreichen können. Der Bereich um den Kocher sollte abgeschirmt werden und es muss für entsprechende Be- und Entlüftung gesorgt werden. Die Montage eines Hubdaches oder Hochdaches ist bereits in dieser Ausbaustufe anzuraten. Werden die Küchenarbeiten nach außen verlagert, kann auf den Umbau der Dachhöhe noch verzichtet werden. Die meisten Modulbauteile können Sie auch außerhalb des Fahrzeuges sehr gut nutzen.

Umbau mit der Serienausstattung

Die günstigste Art und Weise Ihren Bus zum Camper umzugestalten, ist sicherlich die serienmäßige Ausstattung zu belassen und sinnvoll so zu verändern, dass beispielsweise Schlafplätze entstehen. In der Regel wird die vorhandene Sitzbank umgelegt und mit einem Lattenrost überbaut. Darüber wird eine Matratze gelegt. Die Qualität der Liegefläche kann durch unterschiedliche Materialkombinationen aus Lattenrost und unterschiedlichen Matratzenqualitäten beeinflusst werden. Reimo bietet passend zu diesem System Schrankmodule an, die dann mit Schaumstoff belegt zur Liegeflächenerweiterung werden.

Basisausrüstung Schlafsitzbank

Will man in den Bereich der typischen Camperausrüstung einsteigen, beginnt alles mit einer geeigneten Schlafsitzbank. Die Anforderungen sind recht einfach:

- Drei Sitzplätze müssen im Fahrbetrieb mit Dreipunktgurtsystem und Kopfstützen realisierbar sein.
- Umgelegt muss eine ebene Fläche entstehen, die möglichst ohne zusätzliche Baukomponenten ein Doppelbett mit etwa 2 m Länge entstehen lässt.
- Die Neigung der Lehne muss aus Komfortgründen bei langen Strecken verstellbar sein.
- Sie muss den Anforderungen genügen und für Wohnmobile zugelassen sein.

Da Sitzbank und Gurtsystem hinsichtlich Beschaffenheit und Eignung für den Eintrag geprüft sein müssen, entfällt die Eigenbaubank aus Scharnieren, Brettern und Schaumstoff. Die Anschaffung erscheint mit etwa 3800 Euro zuerst recht teuer. Betrachtet man die Funktionalität und den Preis, den die originale Bank beim Fahrzeughersteller kostet, erscheint sie recht günstig.

Schlafsitzbank und hohe Schrankreihe

So beginnt der eigentliche Einstieg in die Umrüstung zum Camper. Eine kleine Möbelzeile bietet im Grund-

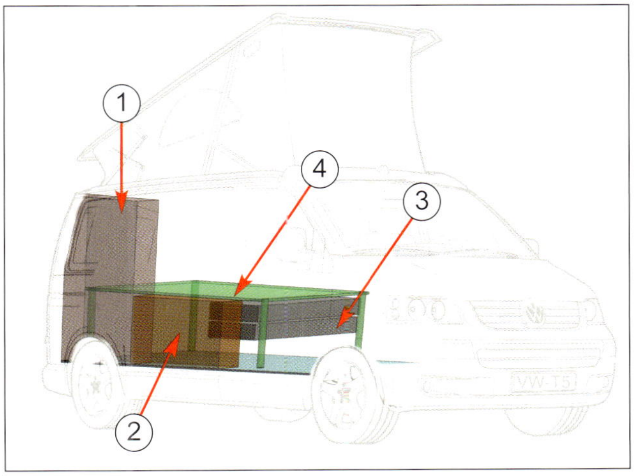

Überbau als günstigste Variante: 1 Hochschrank, 2 Stauraum oder Küchenblock, 3 Originalbank, 4 Überbau über dem Sitz.

satz zuerst einmal Stauraum und kann entweder sofort oder auch später mit Spüle und Kocherset zur Küchenzeile erweitert werden. Sehr wichtig ist es, sich bereits beim Kauf von Fertigteilen oder bei der eigenen Konstruktion an den Abmessungen für die Nachrüstteile zu orientieren. Für die Fertigteile sollten entsprechende Modulerweiterungen lieferbar sein. Achten Sie darauf, dass die Nachrüstung problemlos möglich ist.

Hohe Schrankreihe mit Kühlschrank

Die nächste Ebene zur Wohnraumgestaltung erfolgt mit dem Einbau von Hochschränken, die einen deutlichen Zuwachs an Stauraum bedeuten. Wenn Sie einen Bus in Kombivariante besitzen, wird hier schon ein Fenster zugebaut. Der Überbau ist etwas breiter als der Radkasten, hinterlässt aber bei ausgebauter Sitzbank noch immer ausreichenden Laderaum. Wobei hier schon über die Art der Beladung nachgedacht werden muss.
Die eingebauten Schränke sollten nach der Beladung nicht verkratzt oder sogar beschädigt als Camperausrüstung zur Verfügung stehen. Wie schon für die Variante mit den flachen Schränken, wandelt sich die Nutzung nun schon merklich zum Schwerpunkt Camper oder Mobil-Büro. Der in der Küchenzeile verbaute Kühlschrank macht eine vergrößerte Einbautiefe erforderlich. Für einen Gasbetrieb des Kühlschrankes werden nun schon der Festeinbau einer Gasflasche und ein Be- und Entlüftungssystem für die Rückseite des Kühlschranks erforderlich.
Den Einbau der Bauteile zur Entlüftung oder der Versorgungsleitungen werden wir in den nächsten Kapiteln genauer beschreiben. Die Leistung der Campingkühlschränke ist durchaus vergleichbar mit dem heimischen Kühlschrank in der Wohnung. Zumindest im Gasbetrieb erreicht das Kühlsystem durchaus die vergleichbare Kühlleistung. Die Kühlschränke für den Wohnmobilbetrieb haben im Gegensatz zum heimischen Kühlschrank einen deutlichen Unterschied. Sie sind zumindest auf 12-V-Bordnetz und 230-V-Hausnetz zu betreiben. Hinzu kommt oft noch der Gasbetrieb, der in den meisten Fällen die größte Kühlleistung bei der geringsten Batteriebelastung liefert.
In Rahmen des Festeinbaus ist dann auch der Einbau eines Kochfeldes und dann entsprechend auch die Nachrüstung eines Hub- oder Hochdaches als sinnvoll zu erachten.

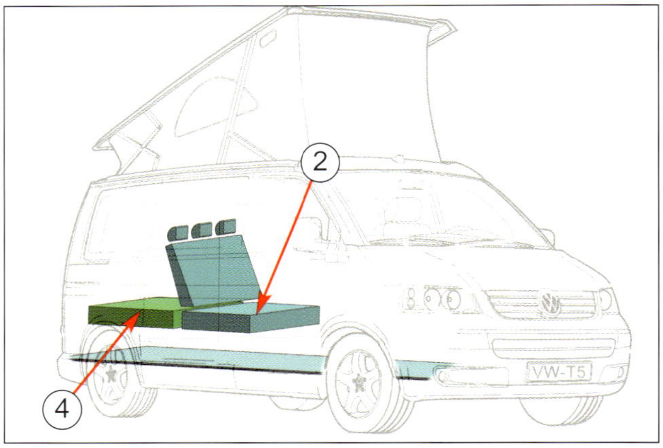

Der erste Schritt das Sitzbett im Heck: 2 bequem zu dritt sitzen oder zu zweit liegen, 4 Ergänzungsmatratze.

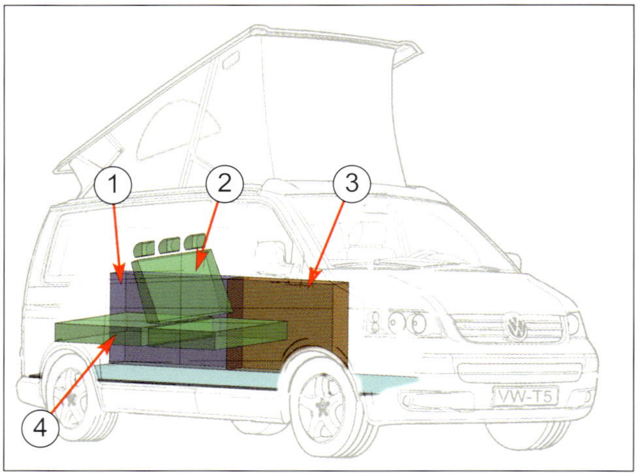

Schlafsitzbank und flache Schrankreihe: 1 Stauraum vorhanden, 2 zu zweit oder zu dritt sitzen und zu zweit schlafen, 3 Kücheneinbau ist möglich, 4 Ergänzungsmatratze.

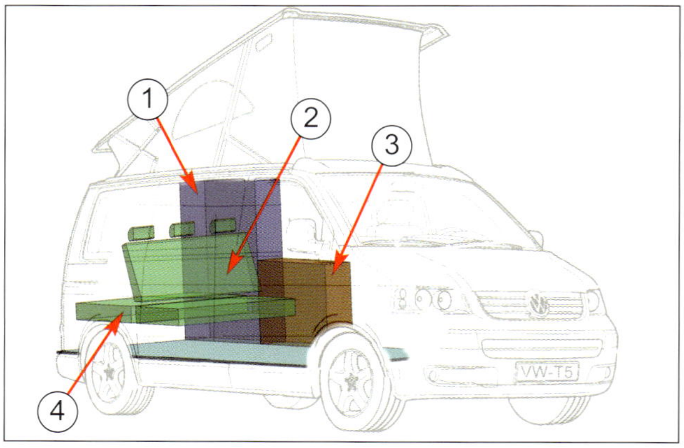

Schlafsitzbank und hohe Schrankreihe: 1 viel Stauraum vorhanden, 2 zu zweit oder zu dritt sitzen und zu zweit schlafen, 3 Kücheneinbau ist möglich, 4 Ergänzungsmatratze.

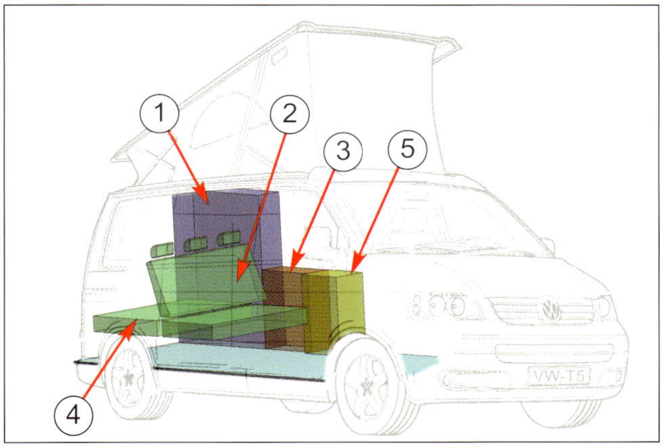

Wohnzeile mit Kühlschrank: 1 viel Stauraum vorhanden, 2 zu zweit oder zu dritt sitzen und zu zweit schlafen, 3 Kücheneinbau ist möglich, 4 Ergänzungsmatratze, 5 Kühlschrank.

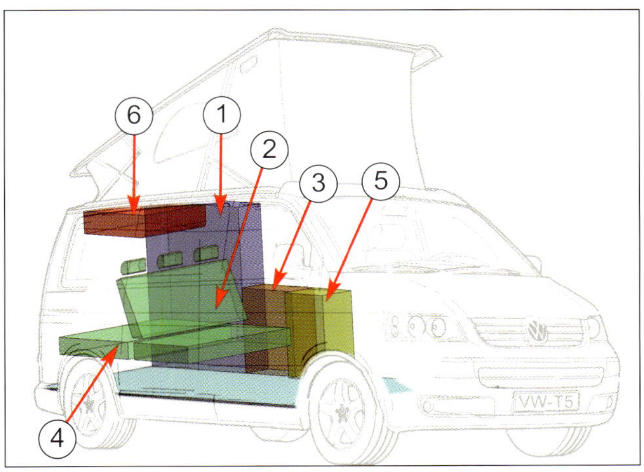

Wohnsystem mit Kühlschrank: 1 viel Stauraum mit Überbau (6) vorhanden, 2 zu zweit oder zu dritt sitzen und zu zweit schlafen, 3 Kücheneinbau ist möglich, 4 Ergänzungsmatratze, 5 Kühlschrank.

Schranksysteme mit Küchenzeile

Als letzter und eigentlich finaler Schritt bleibt nur noch der komplette Ausbau des Fahrzeuges. Schranksysteme seitlich und im Dachbereich ergeben eine optimale Raumausnutzung und eine sinnvolle Unterbringung der erforderlichen Ausrüstung vom Teller über zusätzliche Fahrzeugausrüstung bis zu den Kleidungsstücken. Die Anpassung erfolgt genau auf den Fahrzeugtyp und die Bauform Ihres Fahrzeuges. Bauhöhe und Baulänge spielen hier eine wichtige Rolle. Der Ausbau ist für dieses Ausbaustadium eigentlich nicht mehr vorgesehen. Für den Transport von Gegenständen ist der Camper eigentlich schon zu schade. Wie auch bei den schon vorher beschriebenen Möbelsystemen wäre es schade, die hochwertigen Möbeldekore und Oberflächen der Gefahr einer Beschädigung auszusetzen. Die Ausstattung und Ausrüstung der Möbelsysteme erfolgt wiederum nach den eigenen Anforderungen. Hier sind viele Angebote im Zubehör erhältlich und lassen Platz für eigene Gestaltung.

Entwicklung in Ausbaustufen

Natürlich können Sie die unterschiedlichen Ausbaustufen auch in Teilschritten angehen. Es ist dann eine langfristige Konzeptplanung erforderlich. Einige Bauteile wie der Kühlschrank können allerdings aufgrund der Abmessungen schon die Verwendung eines speziellen Möbels erforderlich machen. Hier sind intensive Gespräche mit dem Händler Ihres Vertrauens oder eine genaue Planung in eigener Regie erforderlich. Die Abmessungen der Einbaugeräte lassen sich im Vorfeld leicht schon in den Onlinekatalogen einiger gut sortierter Zulieferer herausbekommen.

Überlegungen festhalten

Auch wenn wir Ihnen ein überdurchschnittlich gutes Gedächtnis unterstellen, werden Sie schon nach wenigen Monaten sicherlich nicht mehr jedes Detail und jede Problemlösung beim Ausbau im Kopf haben. Legen Sie sich einen Ordner für das Fahrzeug an, in dem Sie alle Unterlagen und natürlich auch das Bildmaterial rund um den Umbau ablegen.

Dokumentation ist wichtig

Digitales Bildmaterial sollten Sie immer ausreichend groß in Farbe ausdrucken und am besten sogar zumindest per Hand beschriften. So können Sie im Fall der Fälle mal eben nachschlagen und Ihre Überlegung aus der Umbauphase leicht nachvollziehen.

Kategorien bilden

Üblicherweise werden Sie das Bildmaterial nicht in der Reihenfolge nachschlagen, in der es entstanden ist. Wenn Sie unterschiedliche Montagearbeiten durchführen, sollten Sie diese Arbeiten auch als Kate-

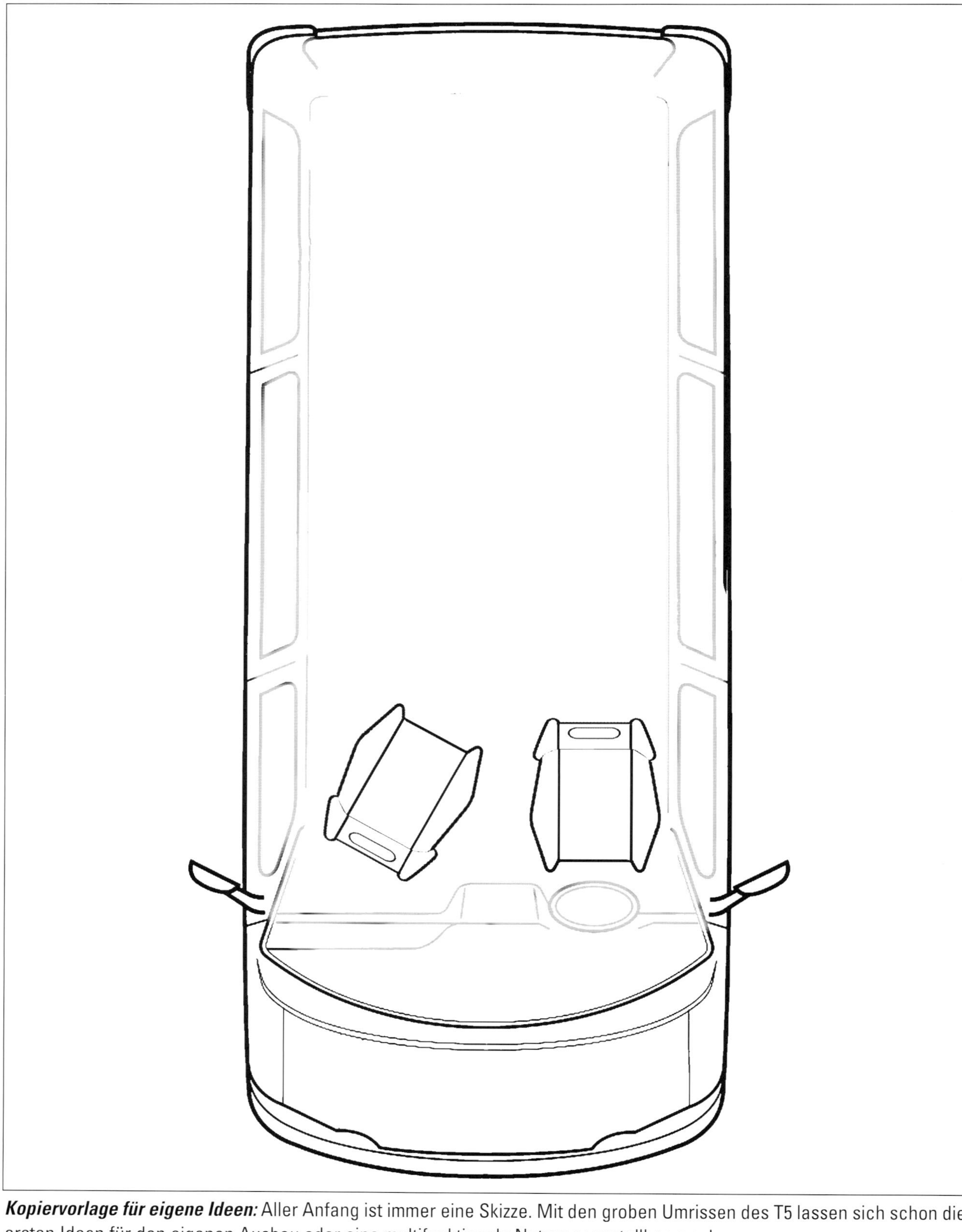

Kopiervorlage für eigene Ideen: Aller Anfang ist immer eine Skizze. Mit den groben Umrissen des T5 lassen sich schon die ersten Ideen für den eigenen Ausbau oder eine multifunktionale Nutzung vorstellbar machen.

gorie anlegen. So lassen sich später auch die Position und Befestigung von Kabeln, Leerrohren und Schläuchen nachvollziehen.
Wenn Sie das zugekaufte Material mit abheften, können Sie schon am Schreibtisch die Ersatzteilbeschaffung mit sehr großer Trefferquote abarbeiten.
Bei einer Fehlersuche kann es sehr hilfreich sein, anhand einer Bilddokumentation nachsehen zu können was, wie und wo verlegt oder verbaut worden ist.

Skizzen lesbar ablegen

Während der Bauphase werden immer wieder Skizzen von Hand gefertigt, die dann ein Bauteil oder einen Zuschnitt ergeben. Selbstverständlich sind diese frisch zu Papier gebrachten Gedankengänge sofort und leicht nachzuvollziehen. Gehen aber einige Jahre ins Land, kann die eigentlich völlig logische Skizze absolut nicht mehr nachzuvollziehen sein. Versehen mit einem Vermerk, einer kurzen Beschreibung und vielleicht sogar einer Überschrift, erspart man sich das Rätselraten und vielleicht sogar das erneute Konstruieren eines längst erfassten und passend gefertigten Bauteils. Wenn Sie ein Bauteil angefertigt haben und die Skizze dazu wird nicht mehr benötigt, kontrollieren Sie die Lesbarkeit und legen Sie Skizzen und Überlegungen in einer entsprechenden Kategorie in Ihrem Fahrzeugordner an.

Schnittmuster aufheben

Angefangen von den Seitenkonturen der Einbaumöbel bis hin zu Bezugsstoffen und Schaumstoffzuschnitten werden sehr oft Schablonen gefertigt, die die passgenaue Fertigung der einzelnen Baukomponenten im Fahrzeug deutlich erleichtern. Wie Sie eine solche Schablone leicht selbst fertigen können, werden wir im Kapitel »Innenausbau« anhand einiger Beispiele genauer vorstellen. Auch diese Schnittmuster mit einem Bild und vielleicht einer Skizze sollten im entsprechenden Ordnerkapitel Ihren Platz finden. So kann die Nachfertigung bei Schäden oder Umgestaltung ohne die aufwändigen Anpassungsarbeiten geschehen.

Schalt- und Klemmpläne erstellen

Beim Umbau zum Camper werden sicherlich einige Modifikationen auch in Sachen elektrische Anlage realisiert. Natürlich werden wir Ihnen einige Vorschläge unterbreiten und Ihnen auch entsprechende Klemmpläne in Kapitel »Energieversorgung« zur Verfügung stellen. In diesem Bereich kann es sehr wichtig werden, die Anschlüsse zu planen und zu dokumentieren. Gerade beim Anschluss von Zusatzbatterien oder größeren Verbrauchern sind die Absicherung und auch die Abnahmeleistung genau zu klären. Schäden am Fahrzeugbordnetz werden in der Regel recht teuer. Weiterhin werden gerade bei längeren Standzeiten Erhaltungsladungen für die Fahrzeugbatterie und die Versorgungsbatterie notwendig. Dokumentieren Sie in diesem Bereich die Anschlüsse, die Sicherungsbelegungen bis zu den Vorsicherungen am Fahrzeug und selbstverständlich auch die zusätzlich verbauter Geräte und Lampen. Ein Verlegeplan der Verkabelung mit entsprechenden Anmerkungen zu Kabelfarben oder Zahlencodierungen kann eine spätere Fehlersuche entscheidend erleichtern. Verwenden Sie dazu die Kopiervorlage auf der vorherigen Seite.

Anforderungen zur Zulassung

Ein Wohnmobil ist noch lange kein Wohnmobil, wenn man darin wohnen kann. Da ist der steuerliche Vorteil, der sich durch diese Sonderzulassungsart ergeben kann. Auch in Sachen Versicherung lässt sich hier schnell der eine oder andere Euro einsparen. In diesem Kapitel werden wir die Belange der Eintragungen und die Anforderungen der Zulassung des Wohnmobils genauer unter die Lupe nehmen.

Gesetzeslage

Der Gesetzgeber ermöglicht ein Zugeständnis an Fahrzeuge in der besonderen Nutzung, in unserem Fall als Wohnmobil. Im Gesetzestext (Rahmenrichtlinie für Kraftfahrzeuge und ihre Anhänger 2007/46/EG Anh. II Nr. 5) wird sehr klar dargestellt, dass ein Fahrzeug mit besonderer Zweckbestimmung »Wohnmobil« ein Fahrzeug mit folgender Mindest-Ausrüstung ist, die fest im Wohnbereich angebracht sein muss:

- Ein Tisch und eine Sitzgelegenheit (der Tisch darf leicht entfernbar sein).
- Eine oder mehrere Schlafgelegenheiten, die unter Umständen tagsüber als Sitze dienen können.
- Eine Kochmöglichkeit.
- Eine Einrichtung zur Unterbringung von Gepäck und sonstigen Gegenständen.

Falsche Nutzungseinträge

Natürlich erscheint es reizvoll sein Fahrzeug in der günstigsten Steuerklasse zuzulassen und damit im Jahr bestenfalls einige Hundert Euro einzusparen. Abgesehen davon, dass hier schnell der Straftatbestand »Steuerhinterziehung« erfüllt werden könnte, werden Sie in der Zulassungsart Lkw im Bereich der Ladefläche keine Sitzplätze eintragen lassen können.

Auflagen als Nachteil

Auch die Eintragung Wohnmobil macht das Vorhandensein der oben geschilderten Ausrüstung grundsätzlich immer erforderlich. Die Konsequenzen neben der wahrscheinlich zu verhängenden Strafe sind eine Nachbesteuerung, die die Kalkulationsbasis für Ihr Fahrzeug mit großer Sicherheit aus der Bahn wirft. Hinzu kommt oft noch eine aus diesem Eintrag resultierende falsche Versicherungsgrundlage. Die wiederum durchaus im Schadensfall auch Probleme mit Haftung und Deckung aufwerfen kann.

Steuergerechtigkeit

Im Grundsatz darf man sicherlich darüber diskutieren, ob und was auch immer ungerecht und teuer ist. Aber sicherlich gibt es wichtigere Probleme, die wir in unserem Land nicht haben. Aus welchen Gründen auch immer müssen wir eine stetig wechselnde Steuer an unseren Staat entrichten. Unser Land und unsere Besteuerung sind sicherlich nicht günstig und selten absolut gerecht, aber bezahlbar. Steuerbetrug wird nicht zu Unrecht geahndet.

Festlegen der Fahrzeugart

Zulassungsarten

Durch den Umbau eines Pkw oder Lkw zum Wohnmobil ändert sich die Fahrzeugart, und die Betriebserlaubnis erlischt. Nach Begutachtung durch einen amtlich anerkannten Sachverständigen (z. B. bei der TÜH/TÜV) erteilt die Kfz-Zulassungsstelle eine neue Betriebserlaubnis.

Die Auswahl und die Konsequenzen

Eines der meist diskutieren Themen ist die Eintragung: die Vor- und Nachteile der Eintragung und die Konsequenzen einer Falschnutzung. Ganz sicher schaffen wir es nicht, mit diesem Kapitel die Diskussion abschließend zu behandeln. Wir möchten aber einige Informationen und Hinweise zum Thema Zulassung geben. Es bringt nämlich wenig, eine Zulassung zu erwirken, die möglicherweise sachlich richtig gewählt ist, aber entweder nachher sich als mit mehr Nachteilen als Vorteilen behaftet herausstellt oder aber vom Finanzamt nicht anerkannt wird. So kann ein erwarteter steuerlicher Vorteil schnell die geplante Bilanz kippen.

Fest verbaut: Im Wohnmobil muss es fest verbaut, in anderen Fahrzeugklassen darf es herausnehmbar sein.

Versicherungen

Im Grundsatz werden Fahrzeuge entsprechend dem Eintrag in den Papieren versichert und entsprechend dazu der Versicherungstarif berechnet. Dabei wird die Prämie für das Fahrzeug individuell berechnet. Ob nun der Pkw oder das Wohnmobil günstiger ist, kann man nicht pauschal beantworten. Hier sollten Sie grundsätzlich Ihre Versicherung oder den Versicherungsvertreter Ihres Vertrauens befragen.

Versicherer für Wohnmobile

Die meisten Versicherungsgesellschaften bieten besondere Tarife für Wohnmobile an. Sie als Versicherungsnehmer sind für die Gesellschaft interessant, da meist mindestens ein weiteres Fahrzeug vorhanden ist und Sie als Fahrer eines Wohnmobiles sicherlich weniger Schaden verursachen, als das gleiche Fahrzeug im Alltagseinsatz. Bei einer Wohnmobilversicherung handelt es sich um eine spezielle Kfz-Versicherung. Hier kommt es darauf an, dass nicht nur das Fahrzeug, sondern auch das technische Equipment und die Inneneinrichtung optimal versichert sind.
Wer für das neu erstandene oder bereits zugelassene Wohnmobil eine günstige Wohnmobilversicherung sucht, der sollte einen Vergleich durchführen. Das kann online in Vergleichsportalen, über unabhängige Organisationen wie die Stiftung Warentest oder auch über Automobilclubs erfolgen. Ob nun Haftpflicht, Teilkasko, Vollkasko, Umwelthaftpflicht, Unfallinsassenversicherung oder ein Kfz-Schutzbrief abgeschlossen werden soll: Eine Wohnmobilversicherung muss in erster Linie einen passenden Versicherungsschutz bieten und nicht nur günstig sein.

Sitzplätze im Wohnmobil

Gerade dann, wenn der Eintrag des Sonderfahrzeugs Wohnmobil mit einer anderen Anzahl an Sitzplätzen erfolgt ist, kann es sein, dass sich schon aufgrund dieser Tatsache die Versicherungsprämie reduziert hat. Sind beispielsweise fünf Sitzplätze eingetragen, dürfen auch nur fünf Personen transportiert werden. Für die Versicherung ist die im Fahrzeugschein angeführte Anzahl der Personen, die befördert werden dürfen, relevant. Wenn fünf Personen befördert werden dürfen, ist absolut davon abzuraten, mehr als fünf Personen zu befördern, sowohl aus unfallpräventiver Sicht als auch aus rechtlicher Sicht. Hier können neben den rechtlichen Konsequenzen auch erhebliche Probleme mit der Haftung des Versicherers entstehen. Insbesondere dann, wenn es zu einem Unfall mit Personenschaden kommt.

Sitzplätze: Die Anzahl der Sitzplätze ist in den Fahrzeugpapieren klar beschrieben, allerdings auch durch die zugelassenen gurtfähigen Sitzplätze beschränkt.

Variable Sitzplätze: Die Position der Sitzplätze ist nicht immer klar umrissen. Schienensysteme können im Einsatz bleiben.

Berechnung der Tarife für Wohnmobile

Die Tarifhöhe steht in direkter Abhängigkeit vom Wert und der Ausstattung des Wohnmobils, aber auch vom Nutzungsverhalten.
Die Berechnung von Wohnmobiltarifen ist von Versicherer zu Versicherer unterschiedlich. Für die meisten Versicherer sind folgende Angaben und Unterscheidungen wichtig. Die Angaben müssen aus Ihren Fahrzeugpapieren herausgesucht werden. Diese Angaben können Sie für Ihr Fahrzeug in der nachstehenden Tabelle zusammentragen. So ist die Angabe bei einem Onlinevergleich schnell und problemlos möglich:

Hersteller	
Aufbauart	
Motorleistung	
Dachart	
Neuwert	
Zeitwert	
Fahrleistung	
Fahrerkreis	

Online Vergleich mit dem Versicherungsrechner
Bereitgestellt wird meist ein unverbindlicher Vergleichsrechner von einem freien und unabhängigen Versicherungsmakler. Die ideale Voraussetzung, um sich für eine günstige Wohnmobilversicherung entscheiden oder sich online informieren zu können. Sie erhalten ein verbindliches Angebot von mehreren Versicherungsgesellschaften in einer Übersicht.

Saisonkennzeichen

Das Saisonkennzeichen bietet ein Einsparpotenzial für die Wohnmobilnutzer, die genau wissen, in welchem Halbjahr das Fahrzeug eingemottet und in welchem es in Betrieb ist. Allerdings ist dann der Nutzungszeitraum festgelegt. Liegt dieser zwischen Mai und Oktober, kann es nur nach erneuter Ummeldung im goldenen Oktober oder bei einem lauen April zum Einsatz kommen.

Einsparung

Oftmals fällt eine mögliche Ersparnis zwischen den einzelnen Fahrzeugklassen gar nicht so deutlich aus, wie man oberflächlich betrachtet erwarten würde. Eine ausgiebige Recherche bei unterschiedlichen Versicherern kann bei der Vertragsverhandlung mit dem Versicherungsvertreter Ihres Vertrauens sehr gute Argumente für eine angepasste Prämie liefern. Nachfragen kostet nichts. Die Recherche kann sich wortwörtlich schnell und erkennbar auszahlen.

Geschäftliche Nutzung

Für viele Gewerbetreibende kann auch eine geschäftliche Nutzung eines Wohnmobils möglich sein. Grundsätzlich kann ein mobiles Büro für Architekten und auch für Handelsvertreter durchaus ein Fahrzeug sein, das überwiegend im geschäftlichen Sinn eingesetzt wird. Hierzu sollten Sie sich mit Ihrem Steuerberater und möglicherweise auch mit Ihrem Sachbearbeiter beim Finanzamt in Verbindung setzen.

Anforderung an die Ausrüstung

Zulassungsarten

Durch den Umbau eines Pkw oder Lkw zum Wohnmobil ändert sich die Fahrzeugart und die Betriebserlaubnis erlischt. Nach Begutachtung durch einen amtlich anerkannten Sachverständigen (z. B. bei der TÜH/TÜV) erteilt die Kfz-Zulassungsstelle eine neue Betriebserlaubnis.
Eines der meist diskutierten Themen ist die Zulassungsart. Immer, wenn es darum geht, etwas einzusparen. Sicherlich sinnvoll, aber unserer Meinung nach sollte die Sparsamkeit nicht das Auswahlkriterium sein, um die Nutzung zu definieren. Nicht nur, dass versicherungstechnische Komplikationen anstehen könnten, steht im Zweifel noch ein Steuerbetrug im Raum. Mögliche Streitigkeiten zu diesem Thema sind zurzeit zwar sehr beliebt, aber leicht vermeidbar.

Pkw-Zulassung
Der »Personenkraftwagen« ist ein Fahrzeug, das für den Transport von Personen gedacht ist. Das bedeu-

Variable Sitzplätze: Die Umgestaltung erlaubt auch die Unterbringung von bis zu zwei Motorrädern.

Typische Pkw-Bestuhlung: bis zu 8 Sitzplätzen und keine fest eingebauten Möbelzeilen. So sieht in der Regel ein T5 mit der Pkw-Zulassung aus.

Lkw-Zulassung beim T5: Die Ladefläche wird wird vom Fahrgastraum abgetrennt und bleibt Ladefläche. Schienensysteme können im Einsatz bleiben.

tet, dass der größte Anteil der Nutzzeit dafür verwendet wird. Der Transport darf nur auf Sitzplätzen erfolgen, auf denen auch geeignete Sicherungsvorrichtungen montiert sind. Auch müssen wie schon erwähnt die Sitze selbst und ihre Verankerung am Fahrzeug geprüft sein.

Lkw-Zulassung

Ein »Lastkraftwagen« ist ein Fahrzeug, das für den Transport von Gütern und Lasten gedacht ist. Im Laderaum sollten sich generell keine Personen während der Fahrt aufhalten.

Wohnmobil-Zulassung

Ein Wohnmobil ist ein so genanntes »Sonderfahrzeug« mit dem Zweck Personen einen Wohnraum innerhalb eines Fahrzeugs zu schaffen. Die Anforderungen sind durch den Gesetzgeber sehr genau definiert.

- Im Fahrzeug müssen ein Tisch und eine Sitzgelegenheit dazu im Wohnbereich montiert sein. Der Tisch kann aber abgenommen oder auch weggeklappt werden, um mehr Platz im Fahrbetrieb zu schaffen. Was früher noch recht einfach möglich war, ist heute nicht mehr eintragungsfähig. Wenn die Sitzbank mit Klappmechanismus als Sitzplatz eingetragen werden soll, muss diese mit den Gurtbefestigungen und der Befestigung am Fahrzeug geprüft sein. Gerade dann, wenn man gebrauchte Möbel erstanden hat und diese nach Abänderung für den T5 verwenden will, sollten Sie hier den Kontakt zu dem Prüfer suchen, der

Wohnmobil mit zugelassenen Sitzplätzen hinten: Die Position der beiden Sitzplätze ist klar umrissen.

Wohnmobil mit zugelassenen Sitzplätzen hinten: Die Position der drei Sitzplätze ist durch die Kopfstützen erkennbar.

die Nutzungsänderung in Ihren Fahrzeugpapieren eintragen soll.

- Weiterhin muss eine Schlafgelegenheit vorhanden sein, die tagsüber als Sitz dienen kann. Aus diesem Grund sind die meisten Campingsitze für den T5 mit einem entsprechenden Klappmechanismus ausgestattet. Auch die Kochmöglichkeit muss in einem Wohnmobil gegeben sein. Es steht aber nicht fest, wo diese zu installieren ist. Die Bedienung kann also auch von außen erfolgen. Im Regelfall muss die Kochgelegenheit allerdings fest installiert sein. Inwieweit die kleinen mobilen Kocher abgenommen werden, liegt im Ermessen des TÜV-Prüfers und sollte entsprechend abgesprochen werden.

- Sogar die Staumöglichkeiten werden in der Vorschrift beschrieben. Die »Einrichtung zur Unterbringung von Gepäck und sonstigen Gegenständen« beschreibt zwar keinen Schrank, aber die Anforderungen für den Eintrag machen einen festen Einbau erforderlich. In welchem Umfang die Staufächer und Ablagemöglichkeiten ausgeführt werden müssen, liegt wieder im Ermessen des Sachverständigen und sollte vor dem Umbau genau abgesprochen werden.

T5 Wohnmobil: California mit in der Seitentür versteckem Tisch ist eine typische Camperlösung.

100% Camper: typische Möbelzeile im T5 mit Küche, Kühlschrank und Stauraum.

Camper flexibel: Die Position der Ausstattungskomponenten lassen eine eigene Positionierung zu.

Betriebssicherheit

Natürlich ist es wichtig, mögliche Gefahren abzuwenden. So weit möglich und erkennbar, macht das auch jeder von sich aus. Warum dann eine Gasanlage zwar mit stehender und befestigter Gasflasche aber ohne jegliche Entlüftung betrieben wird, bleibt fraglich.

Der Betreiber bemerkte zu diesen Mängeln und dem lose hinter den Schränken verlegten Gasversorgungsschlauch: »Da passiert nie etwas!« Für den TÜV wurde die Anlage nebst Kocher immer ausgebaut. Der Mangel ist bewusst. Die Gefährdung wird bewusst in Kauf genommen. Aber warum eigentlich? Die Mangelbeseitigung stellt einen relativ geringen Aufwand dar. Das Gefährdungspotenzial ist sehr hoch. Möglicherweise ist lediglich die sachliche Einschätzung des Betreibers falsch und in dem Fall gefährlich.

Sicherheit ist nicht nur planbar

Alle Systeme, die Sie in Ihrem Fahrzeug nutzen, sollten Sie so sicher wie möglich nutzbar machen. Verlassen Sie sich niemals auf die Schutzeinrichtung für den elektrischen Strom eines Campingplatzes. Vertrauen Sie nicht nur auf Ihren Schutzengel. Auch eine bestandene Hauptuntersuchung ist kein Zeichen für den sicheren Betriebszustand der Energieversorgungsanlage. Im besten Fall hat der Prüfer noch die Gasanlage oder zumindest das Fahrzeugbegleitheft dazu geprüft. Hinterfragen Sie die Betriebssicherheit der Komponenten Ihres Fahrzeuges. Informieren Sie sich über die Einbauvorschriften. Verbessern Sie bei Nach- oder Umrüstung die Betriebssicherheit Ihrer Anlage. Dabei ist es nicht entscheidend, in welcher Intensität Ihre Anlage genutzt wird.

Anforderungen an die Gasanlage

Flüssiggas ist aufgrund seiner leichten Entzündbarkeit gefährlich. Schon sehr geringe Mischungsverhältnisse zwischen 2 und 10% sind zündfähig. Zwar entwickelt es einen markanten Geruch. Der kann aber durchaus zu spät wahrgenommen werden. Die Anforderungen an eine Gasanlage in einem Kraftfahrzeug sind klar geregelt. Für die Installation der Flüssiggasanlage gilt europaweit die EN 1949. Die DIN EN 1949 für Deutschland, in Österreich die ÖNORM EN 1949 und die SN EN 1949 für die Schweiz.

Gasprüfungen

Die Gasprüfung ist weder überflüssig noch langwierig oder nicht nachvollziehbar. Bei den meisten Prüfungen können Sie dabei sein und sich sicherlich noch das eine oder andere zum Betrieb Ihrer Anlage erzählen lassen. Den Aufbau der Gasanlage werden wir Ihnen im Kapitel »Energieversorgung« mit praktischen Anwendungstipps vorstellen.

Wer darf die Gasanlage prüfen?
Die Flüssiggasanlagen in Wohnwagen und Reisemobilen müssen alle zwei Jahre von einem zugelassenen Sachkundigen überprüft werden. Die Sachkundigen werden vom Verband geschult und müssen eine Prüfung ablegen und die zur Prüfung erforderlichen Prüfmittel besitzen. Zudem wird auch die Eignung der Werkstatt des Sachkundigen überprüft. Das ist für Deutschland in dem neuen DVGW (Deutsche Vereinigung des Gas- und Wasserfaches e. V.) Arbeitsblatt G 607 geregelt. Für Österreich ÖVGW (Österreichische Vereinigung des Gas- und Wasserfaches e. V.) Arbeitsblatt G 107. Die Inhalte des deutschen und österreichischen Arbeitsblattes sind gleich. In der Schweiz gilt das Regelwerk des CCS (Caravan-Control-Service). Die Prüfer sind also durchaus nicht nur beim TÜV oder TÜH zu finden, sondern auch immer bei einem Fahrzeugbauer und auch bei dem einen oder anderen freien Sachverständigenbüro.

Wann müssen Nachprüfungen (oder neue) durchgeführt werden?
Wenn Umbauarbeiten oder Änderungen an der Gasanlage durchgeführt wurden, sollten diese im Prüfbuch vermerkt werden und auf jeden Fall eine Dichtigkeitsprüfung durchgeführt werden.

Welche Fahrzeuge müssen die Prüfung im Rahmen der Hauptuntersuchung durchführen lassen?
Nur für Reisemobile, in dem sich der Fahrer im selben Raum wie die Gasanlage befindet, ist der einwandfreie Zustand der Gasanlage straßenverkehrsrechtlich relevant. Für andere Reisemobile und Caravans besteht keine Gasprüfungspflicht für die Hauptuntersu-

Prüfplakette am Heck: Die Plakette (Pfeil) gibt einen Hinweis, wann die nächste Prüfung fällig ist. Der Nachweis einer erfolgten Prüfung erfolgt aber ausschließlich über das Prüfbuch.

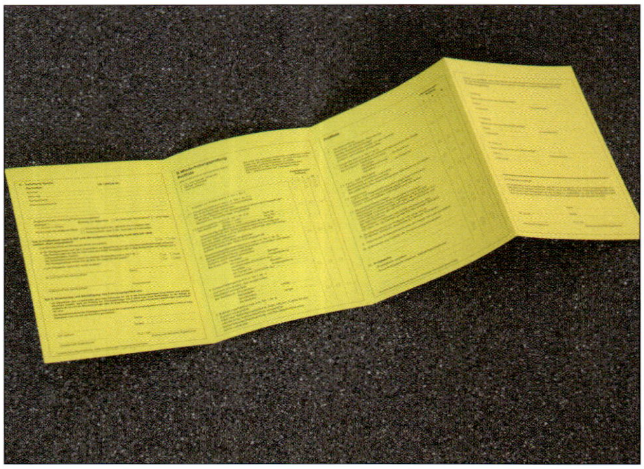

Das Prüfbuch: Anlagendaten, Prüfungsnachweise und Änderungen sind hier in der Reihenfolge nachgewiesen.

chung. Somit besteht nur für solche Reisemobile die Pflicht zur Gasprüfung als Voraussetzung für die Hauptuntersuchung. Hier muss dann das Prüfbuch mitgeführt werden und eine bereits durchgeführte Gasprüfung abgestempelt worden sein.

Welche Prüfabstände sind erforderlich?

Flüssiggasanlagen in Wohnwagen und Reisemobilen müssen alle zwei Jahre von einem zugelassenen Sachkundigen (DVGW) überprüft werden. Die Prüfpflicht besteht immer für die Weiternutzung der Gasanlage. Ungeprüfte Gasanlagen dürfen nicht in Betrieb genommen werden.

Welche Prüfzeugnisse müssen vorliegen?

Grundsätzlich reicht die aufgeklebte Prüfplakette nicht aus, um die Gasprüfung nachzuweisen. Ausschlaggebend ist das Prüfbuch, in dem der Umfang, das Datum, das Prüfprotokoll und der Sachkundige mit Prüfnummer vermerkt sein muss. Weiterhin müssen Druckregelgeräte und Schlauchleitungen spätestens zehn Jahre nach der Herstellung gegen neue ausgetauscht werden.

Transport von Gasflaschen im Pkw: Zumindest ausreichend gesichert sollten die Flaschen sein.

Nachweis auf Campingplätzen

Aus Brandschutzgründen sollte der Platzwart beim Einchecken auf dem Platz Ihr Prüfbuch einsehen und auch die Gültigkeit der Gasprüfung vermerken. So kann auch der Brandschutzversicherung der Nachweis leicht und nachvollziehbar dargestellt werden. Vielfach gibt es auf Campingplätzen auch einen Gasservice, der eine fällige Prüfung oft auch am Wochenende auf dem Campingplatz vor Ort durchführen kann. Fragen Sie den Platzwart des Campingplatzes.

Anforderung für den Transport zusätzlicher Gasflaschen

In Deutschland ist der Transport zusätzlicher Gasflaschen in Kraftfahrzeugen durch die Straßenverkehrsordnung (StVO) im §22 »Ladung« geregelt, in Österreich entsprechend in der Straßenverkehrsordnung

Regelung nach StVO

WISSENSWERTES

Die Regelungen sind hier deutlich besser nachzuvollziehen und praxisnäher gestaltet worden:

- Die Gasflaschen sind für den persönlichen oder häuslichen Gebrauch oder für Freizeit und Sport bestimmt.
- Die Gasflaschen sind einzelhandelsgerecht abgepackt. Die Flaschenventile müssen dicht mit der vom Gaslieferanten mitgelieferten Verschlussmutter geschlossen und während des Transports durch Flaschenkappen oder Kragen geschützt sein.
- Die Gasflaschen müssen so gelagert werden, dass unter normalen Beförderungsbedingungen ein Freiwerden des Inhaltes verhindert wird. Dazu müssen die Flaschen gegen Verrutschen und Herumkugeln gesichert werden.

Es dürfen auch noch andere Gefahrgüter mit den Gasflaschen, wie beispielsweise ein Kraftstoffkanister, mittransportiert werden. Auch die Belüftung für den Transport durch Privatpersonen im Fahrgastbereich ist nicht mehr vorgeschrieben.

(StVO) im §61 »Verwahrung der Ladung« und auch im Kraftfahrgesetz (KFG) im §101. In der Schweiz regelt das Straßenverkehrsgesetz unter dem Titel Verkehrsregeln »Regeln für den Fahrverkehr« im 2. Abschnitt (Artikel 30) »Mitfahrende, Ladung, Anhänger« die gesetzlichen Vorgaben. Für alle gilt gleichermaßen, dass zu den im Flaschenkasten verstauten Gasflaschen weitere Gasflaschen mitgeführt werden dürfen. Für den privaten Transport von Flüssiggasflaschen, besonders für deren Transportsicherung, war bis 2009 das ADR/GGVSE zuständig.

Ein Transport einer Propangasflasche in einem Pkw ohne Kofferraum war damals nicht rechtens. Der Transport wurde allerdings toleriert. Ab 2009 ist für den privaten Transport von Flüssiggasflaschen die Straßenverkehrsordnung zuständig.

Eigenleistung an der Gasanlage

Es gibt keine Vorschriften, die die Eigenarbeiten an der Gasanlage am Fahrzeug verbieten. Lediglich die einschlägigen Vorschriften und die zu verwendenden Bauteile sind vorgegeben. Für die Installation der Flüssiggasanlagen in bewohnbaren Freizeitfahrzeugen »zu Wohnzwecken und in anderen Straßenfahrzeugen« ist seit 06. Juli 2002 die europäische Norm DIN EN 1949 zuständig. Die DIN EN 1949 regelt die Installation von Flüssiggasanlagen. Am besten befragen Sie Ihren Sachkundigen, der Ihnen später das Prüfbuch ausfüllen soll, und besprechen mit ihm die Auslegung, das Verlegen und die Position der Bauteile in Detail. So gibt es später keinen Ärger und unnötige Umbauarbeiten und Nachbesserungen entfallen. Alle neu produzierten Fahrzeuge müssen ab dem 01.01.2006 den Vorschriften angepasst und auch vom Hersteller nach diesen zugelassen und abgenommen worden sein.

Anforderungen an die Netzversorgung

Na klar, es ist einfach: Auf einem Campingplatz den Strom anmelden und nach der Freischaltung nutzen. Die Hausnetzspannung ist ja sehr sicher und ungefährlich oder? Nicht ganz so einfach ist das im Fahrzeug. Nicht nur, dass hier besondere Bedingungen vorherrschen, hier fallen durchaus unterschiedliche Betriebsspannungen und auch Versorgungseinheiten mit gleicher Betriebsspannung an, die sicher miteinander funktionieren sollen.

Gefahren des elektrischen Stroms

Grundsätzlich sind die öffentlichen Netzstromversorgungen sicher. Aber nur dann, wenn sie nach den Installationsrichtlinien montiert wurden. Nur so können Fehlerströme abgeleitet und die Sicherheitsschaltung ausgelöst werden, um vielleicht sogar Ihr Leben zu schützen. Bereits ein Fehlerstrom der mit etwa 50 mA also 0,05 Ampere Ihren Körper durchfließt, kann Herzkammerflimmern auslösen und tödlich sein. Ob nun der Fehlerstromschutzschalter (FI-Schalter) für Ihren Stellplatz funktioniert und richtig ausgelegt ist, werden Sie nicht prüfen können. Ein Grund mehr, diese Sicherheit bereits mit in die Fahrzeugelektrik zu integrieren. Zumal die Kosten für diese Baukomponente kaum ins Gewicht fallen. Wie der FI-Schutzschalter aussieht, welche Daten er aufweisen sollte und wie er richtig angeschlossen wird, zeigen wir Ihnen im Kapitel »Energieversorgung« im Detail.

Aufbau der Spannungsversorgung im öffentlichen Netz

Üblich sind in Mitteleuropa so genannte TN-Netze. Die Bezeichnung »TN« bedeutet, dass der Sternpunkt

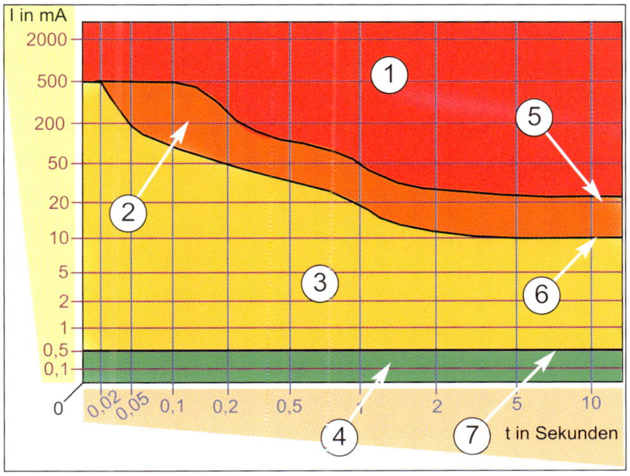

Gefahren bei Wechselstrom bei Körperdurchfluss eines Erwachsenen von Hand zu den Füßen: 1 Herzkammerflimmern, Herzstillstand, 2 Muskelverkrampfungen, 3 keine physiologisch gefährliche Wirkung, 4 keine Reaktion, 5 Flimmerschwelle, 6 Loslassschwelle, 7 Wahrnehmbarkeitsschwelle.

der Generatorwicklungen zum einen als feste Erdung (also tatsächlich zur Erde) angeschlossen ist und zum anderen dieser Sternpunkt als »Nullleiter« zwischen Verteilung und Ihrem Anschluss verlegt ist. Der Anschluss Ihres Stellplatzes enthält die 3 Phasen sowie den Nullleiter und einen direkten Anschluss zur Erde.

Anschluss Strom und Spannungen

Zwischen den so genannten Phasen (L1, L2 und L3) liegt eine Spannung von je 380 V (400 V) an. Die drei Phasen werden um 120° versetzt abgegeben.

Zwischen jeder Phase und dem Nullleiter (N) (PEN) liegt eine Wechselspannung von 230 V (240 V) an. Diese Spannung wird im Wohnmobil im Standbetrieb für viele Geräte verwendet. Der Vorteil liegt darin, dass dieselben Geräte wie zu Hause verwendet werden können, vom Föhn bis zum Stabmixer.

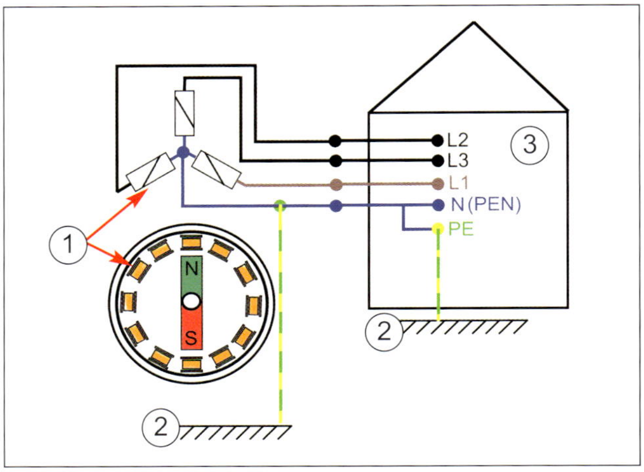

Der Hausanschluss als TN (PEN): 1 Spannungsversorgung, 2 Erdung, 3 Hausanschluss.

Netzspannung mit 230 V im Fahrzeug

Einige Geräte im Camper können auch auf 230 V betrieben werden. Entsprechend sind im Fahrzeug auch Leitungen für diese Betriebsspannung verlegt. Die Schutzleiterfunktion mit dem FI-Schutzschalter sichert den Fehlerstromkreis gegen die Erdung ab. Ein Fahrzeug mit seinen Gummirädern ist gegen die Erdung isoliert. Um die Funktion des Schutzschalters nutzen

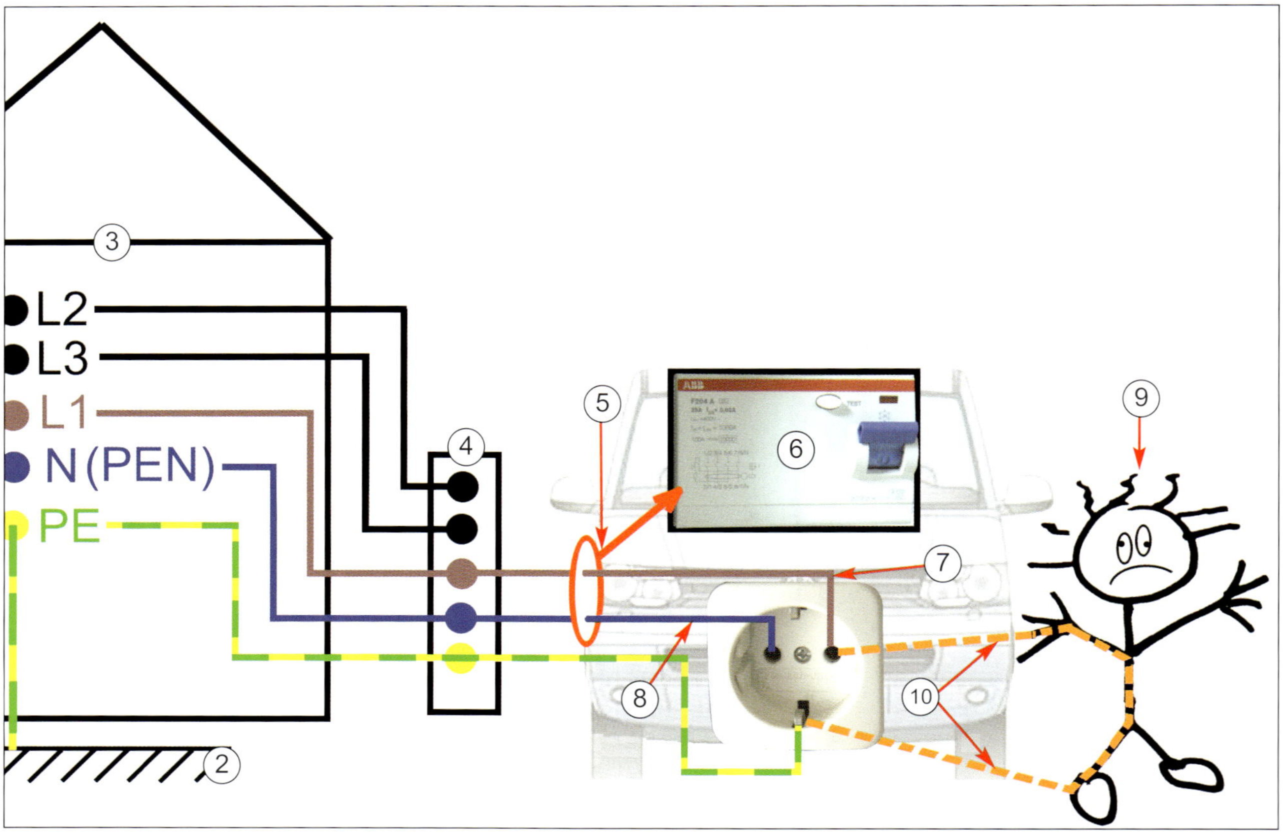

Fehlerstromschutzschalter: 2 Erdung, 3 Hausanschluss, 4 Steckanschluss am Stellplatz, 5 Stromüberwacher, 6 FI-Schutzschalter, 7 Stromzufuhrleitung, 8 Rückleitung, 9 Betroffener mit Fehlerstrom, 10 Fehlerstrom.

zu können, muss die Fahrzeugmasse geerdet werden. Der Schutzleiter (PE) wird an die Fahrzeugmasse angeschlossen. Um den Schutzleiter auch in Verbindung eines Spannungswandlers nutzen zu können oder aber auch bei einer schlechten Erdung des Versorgungsanschlusses auf dem Stellplatz, sollten Sie einen Erdpfahl (etwa 1 m lang) einschlagen. Die Fahrzeugmasse wird dann zusätzlich mit dem Erdpfahl verbunden.

Funktion des Schutzschalters

Der FI-Schutzschalter (6) ist keine Sicherung. Vereinfacht erklärt, überwacht er den Stromfluss zum Verbraucher (7) und den Rückfluss (8) vom Verbraucher. Ist der Stromkreis in Ordnung, sind beide Ströme immer gleich groß (5). Für den FI-Schutzschalter ist alles in Ordnung, er löst nicht aus. Wird nun ein Strom beispielsweise durch Berührung eines Strom führenden Teiles (zum Beispiel ein defektes Gerät, das Sie gerade in der Hand haben) über die Erdung abgeleitet (10), fließt ein Teil des Stromes nicht mehr über den FI-Schutzschalter zurück. Der Stromwächter (5) stellt einen Unterschied zwischen Zufuhr (7) und Rückleitung (8) fest und löst aus. Die Stromzufuhr wird abgeschaltet. Das passiert bereits bei einem Fehlerstrom von 30 mA also 0,03 A. Sie werden den Stromfluss also bemerken und erschreckt loslassen. Selbst wenn der Strom länger anliegt, kann er zwar schon Muskelverkrampfungen auslösen, aber Sie werden auch bei längerer Berührung kaum mehr als einen Schreck erfahren. Der FI-Schutzschalter sollte immer bei allen Anlagen verbaut werden, die mit der Spannung 230 V versorgt werden können. Auch beim Betrieb eines Wechselrichters oder Spannungswandlers. Verlassen Sie sich nicht auf eine Absicherung durch den Versorgungsanschluss am Stellplatz.

Steckeranschluss am Fahrzeug

Die Anschlussstecker für das Fahrzeug gibt es in sehr vielen unterschiedlichen Ausführungen von unterschiedlichen Herstellern. Achten Sie darauf, dass Sie den Anschluss so verbauen können, dass er gut erreichbar ist, aber auch einen guten Wetterschutz erhält.

Sicherungskasten und Verkabelung

Für den Einbau im Wohnmobil eignen sich zwar auch Sicherungskästen aus dem Bereich Elektroinstallation, meistens sind diese aber einfach zu groß. Achten Sie darauf, dass Sie auf eine Norm-Halteschiene die Sicherungen und auch den FI-Schutzschalter aufschieben können.

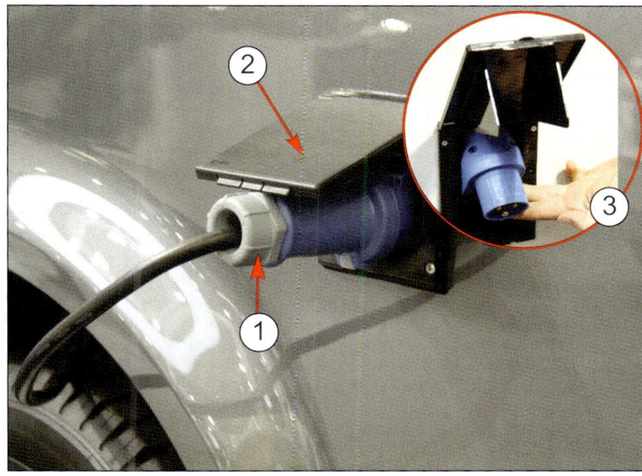

Der Fahrzeuganschlussstecker: 1 Anschlussstecker zum Fahrzeug mit Wetterschutz, 2 Variante Einbaudose, 3 Variante Dose zum Ausklappen.

Der Betrieb von Spannungswandlern

Als einen Spannungswandler bezeichnet man ein Gerät, das aus der Bordnetzspannung von 12 V Gleichspannung eine 230-V-Wechselspannung generiert.

Anschluss am Fahrzeug

Die Spannung wird aus einer 12-V-Batterie erzeugt. Die Ladung dieser Batterie sollte aus dem Fahrzeugbordnetz während der Fahrt und aus dem öffentlichen

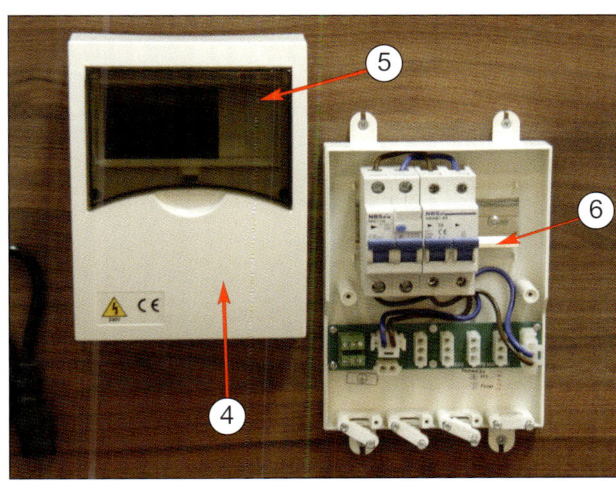

Für einen Camper reicht ein kleiner Sicherungskasten aus: 4 formschöne Abdeckung mit aufklappbarem Sichtfeld (5), 6 Trägerplatte mit Normschiene für Sicherungen und FI-Schutzschalter.

Netz gespeist werden. Wie die Batterie ausgelegt werden sollte, werden wir in den folgenden Kapiteln genauer betrachten. Hinsichtlich der Sicherheitsausrüstung gilt das Gleiche, wie bereits für die Anschlüsse am öffentlichen Netz beschrieben.

Einbindung in die Fahrzeugelektrik
Die unterschiedlichen Varianten, wie Sie einen Spannungswandler in das Bordnetzsystem einbinden können, werden wir Ihnen in den nächsten Kapiteln näher erläutern. Auch dann, wenn die Geräte selbst kurzschlussfest sind, sollten Sie zur Absicherung der Fahrzeugelektrik und möglichen weiteren Schäden grundsätzlich auch für den Anschluss an der 12-V-Batterie eine Absicherung einplanen. Auch das werden wir Ihnen im Kapitel »Schalt- und Klemmpläne« als Mustervorschlag darstellen. Um Schäden zu vermeiden, muss der Spannungswandler bei Anschluss des Fahrzeugs am öffentlichen Netz außer Betrieb gesetzt werden. Auch dafür gibt es Schaltsysteme, die wir Ihnen in den nächsten Kapiteln näher vorstellen wollen.

Anforderungen an die 12-V-Anlage

Natürlich denkt man zuerst mal nicht daran, dass etwas im Anschluss an die 12-V-Anlage des Fahrzeugs zu beachten wäre. Zwar sind wie bei allen Autos auch beim T5 eine Batterie und auch ein Generator verbaut, die Funktionen der Bordnetzelektrik und sogar die Ansteuerung des Generators haben aber nicht mehr viel mit den konventionellen Systemen zu tun, wie sie noch im Vorgängermodell T4 verbaut worden sind. VW spricht nun von einem Bordnetzsystem. Auch findet man im Schaltplan schon ein Bordnetzsteuergerät »J519«, das die Spannungsversorgung des Fahrzeugs managt. Unüberlegte Nachrüstungen können Fehler mit Fehlerspeichereinträgen verursachen, die dann nur mit Aufwand nachvollzogen werden können.

Fahrzeuge mit Bordnetzsteuergerät

Die Spannungsverteilung und die Schaltleistung einiger größerer Lasten werden vom Bordnetzsteuergerät übernommen. Einige Schalter, wie beispielsweise der Blinkerschalter, arbeiten lastfrei. Das bedeutet: Die angewählte Funktion des Schalters wird vom Bordnetzsteuergerät erfasst und dieses schaltet dann die gewünschten Blinkleuchten ein. So ergeben sich programmierte Sonderfunktionen auf Softwarebasis, die auf konventionelle Art nur mit viel Aufwand realisiert

Spannungswandler (1) zum Nachrüsten: Beim California gut versteckt im Schrank über der 3. Batterie (2).

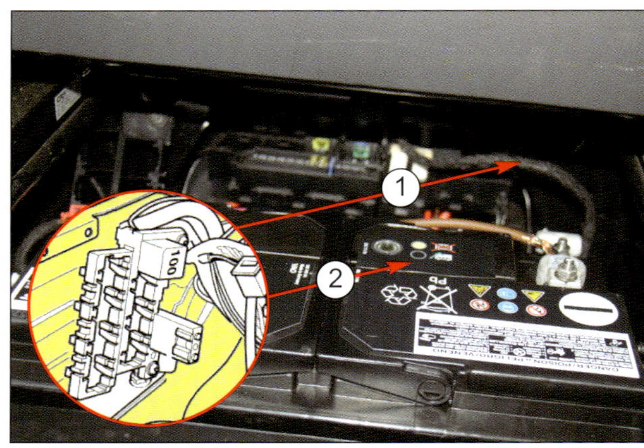

Einfache Überwachung: 1 Trennrelais Batterie Motorraum und Fahrersitz, 2 Sicherung Batterietrennrelais.

werden konnten. Das Beispiel hier wäre das »Tippblinken«. Ein kurzes Antippen des Blinkerhebels reicht aus um die Blinkleuchten dreimal aufleuchten zu lassen. Eine sehr komfortable Lösung, die das Vergessen des Blinkers nach einem Überholvorgang eigentlich ausschließt. Ob nun die Nutzung der Zweitbatterie oder die Auslastung des Generators bis zur Abschaltung einiger Geräte, wenn die Ladespannung nicht ausreicht, ist alles möglich und wird auch vom Bordnetzsteuergerät umgesetzt. Um nicht ein größeres Durcheinander zu verursachen, indem man selbsttätig Anschlüsse am Fahrzeug durchführt, die später vom Bordnetzsteuergerät nicht erkannt oder falsch interpretiert werden, sollten Sie den Anschluss nur mit einiger Erfahrung selbst angehen oder jemanden mit dieser Erfahrung für den Anschluss hinzuziehen. Oder nutzen Sie die schon vorhandenen Steckdosen.

Unterschiedliche Sicherungen: Im großen Sortiment ist alles mit dabei.

Batterie unter dem Fahrersitz: 1 Batterie, 2 Batterieabdeckung aus Gummi, 3 Fahrersitz.

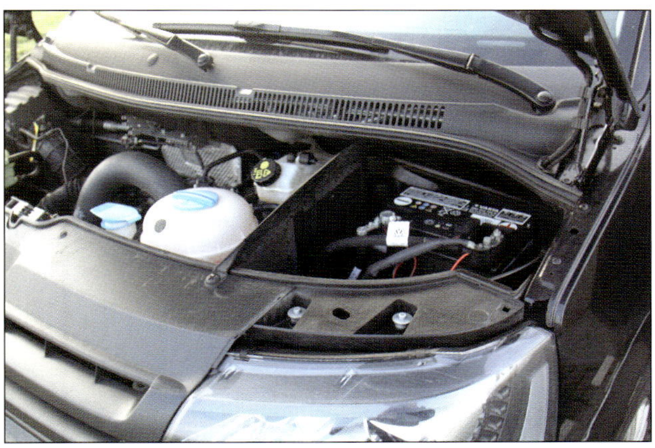

Batterie im Motorraum: Vorne links serienmäßig ohne Abdeckung über der E-Box verbaut.

Planung der Stromabnahme und der Ladebilanz der Batterie

Die meisten T5-Modelle wurden bereits mit einer Zweitbatterie unter dem Fahrersitz ausgeliefert. Diese eignen sich durchaus für die Spannungsversorgung beim Camping. Natürlich sollte auch hier die Batteriespannung überwacht werden.

Überwachung der Batteriespannung

Die einfachste Art die Batteriespannung wortwörtlich »im Auge« zu behalten, ist der Einsatz von Voltmetern. Ohne viel Aufwand lassen sie sich auch dauerhaft an die Batterie anschließen und im gut sichtbaren Bereich platzieren. Anhand der Spannung lässt sich der Ladezustand gut abschätzen. Die Batteriespannung muss »in Ruhe« bewertet werden. Das bedeutet: Nach einer Stromentnahme oder dem Aufladen eine halbe Stunde warten und dann die abgelesene Spannung nach der Tabelle auswerten.

Batteriespannung	Ladezustand
12,65 V	ca. 100% geladen
12,45 V	ca. 75% geladen
12,24 V	ca. 50% geladen
12,06 V	ca. 25% geladen
11,89 V	ca. 0% geladen

Planung der Stromaufnahme

Die Größe der Stromaufnahme ist zur Auslegung der Sicherungen und der Vorsicherungen und der Verkabelung wichtig. Natürlich lässt sich auch hier eine mögliche Nutzungsdauer der Batterie errechnen. Wenn eine Stromaufnahme eines Gerätes nicht sicher feststeht, ist es immer der sicherere Weg, die tatsächliche Stromaufnahme mit einem Amperemeter (am besten als Amperezange) zu messen.

Auslegung der Kabelstärke

Anhand der folgenden Tabelle können Sie die Kabelstärke der erwarteten Stromaufnahme anpassen. Denken Sie daran, die Ströme zusammenzurechnen, wenn die Leitung von einer Vorsicherung aus zu mehreren Kreisen verlegt wird.

Nennstrom	Kabelquerschnitt
< 2,5 A	0,5 – 0,75 mm²
< 8 A	1,5 mm²
< 16 A	2,5 mm²
< 40 A	6 mm²
> 40 A	16 – 35 mm²*

* Abhängig von Leitungslänge und Stromaufnahme

Sicherungen im Fahrzeug

Die Position der Sicherungen in Ihrem Fahrzeug erfahren Sie im Fahrerhandbuch oder auch in der entsprechenden Reparaturanleitung zum Volkswagen T5. Da wir für die Erweiterung der elektrischen Anlage weitere Sicherungen verbauen müssen, werden wir Ihnen mögliche Anschlüsse und auch die Sicherungsstärke und die Einbauposition vorstellen.

Der Sinn von Vorsicherungen

Immer dann, wenn Sie einen zusätzlichen Sicherungsträger verbauen, sollten Sie die Stromzufuhr dahin nochmals mit einer Vorsicherung absichern. Beim T5 sind diese Sicherungen in der Regel auf einem Träger an der Batterie verbaut. Der Übersicht halber sollten Sie nachgerüstete Sicherungen auch dort verbauen.

Anschluss am Fahrzeug

Informieren Sie sich genau, welche Funktion ein gewählter Anschluss Ihres Fahrzeuges hat. Die elektrische Anlage kann schon durch andere Steuergerätvarianten oder Ausstattungsvarianten variieren.

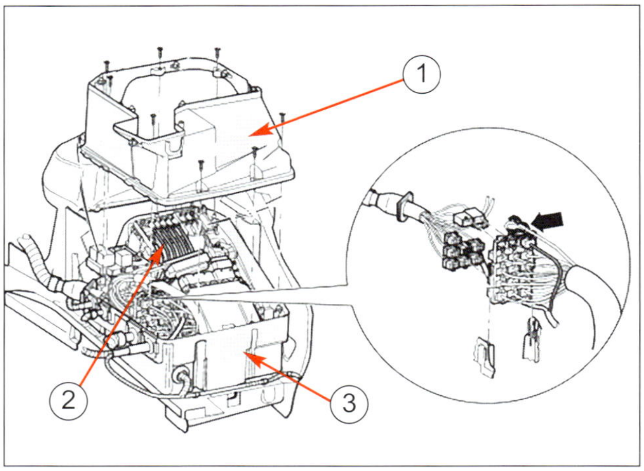

Vorsicherungen im Motorraum in der E-Box unter der Batterie: 1 E-Box Oberteil, 2 Vorsicherungen, 3 E-Box Unterteil.

Sicherungen im Motorraum: 1 Sicherungen, 2 Deckel mit Kunststoffschrauben, 3 E-Box im Motorraum.

Sicherungen im Fahrgastraum: Mittig im Fahrzeug unter dem Aschenbecher beziehungsweise Getränkehalter versteckt.

Befestigung von Solar und Satellit

Man erkennt die Urlaubszeit schon meist an den Radioverkehrswarnungen. Nicht nur an den Staumeldungen, sondern oft auch an den Sammlungen von Einrichtungsgegenständen, die auf der Autobahn zum Liegen kommen. Angefangen bei den recht häufig vertretenen Fahrrädern findet sich alles, von Möbeln über Teppiche und Matratzen.
Inwieweit alle Anbauteile immer und dauerhaft am Fahrzeug befestigt sein müssen, dürfen Sie für sich selbst klären. Grundsätzlich gibt es für die beiden erwähnten Systeme auch Halter, die es erlauben, das Solarpanel oder die Satellitenschüssel neben dem Camper mit eigenem Ständer aufzustellen. Sicherlich ist die Befestigung am Fahrzeug eine komfortable Lösung. Bauteile und Halter müssen dann aber auch außerhalb der Urlaubszeit mit durch die Stadt und vielleicht auch ins Parkhaus. Das Risiko unnötig Schaden zu erzeugen, muss mit in die Überlegung einfließen.
Eine sinnvolle Produktübersicht lässt sich bei Camping-Großmarkt am besten einsehen und auswählen.

Allgemeines Verkehrsrisiko

Als allgemeines Verkehrsrisiko werden Vorfälle bezeichnet, die überwiegend durch den Verkehr auf der Straße erfolgen. Typisch ist hier ein Stein, der auf der Straße liegt und durch das vorausfahrende Fahrzeug hochgeschleudert wird und Ihre Windschutzscheibe beschädigt. Die Versicherung des Vorausfahrenden ist nicht zahlungspflichtig. Den Schaden übernimmt, soweit abgeschlossen, Ihre eigene Fahrzeugteilkaskoversicherung.

Haftung durch die Fahrzeugversicherung

Wenn anderen Verkehrsteilnehmern ein Schaden entstanden ist, der Ihrem Fahrzeug zuzurechnen ist, übernimmt grundsätzlich Ihre Versicherung den Schaden des Geschädigten. Wenn beispielsweise Anbauteile sich während der Fahrt lösen und ein anderes Fahrzeug beschädigen, würden diese Schäden übernommen. Sollte sich aber herausstellen, dass diese Bauteile aufgrund unsachgemäßer Befestigung abgerissen sind und diese Beschädigung verursacht haben, kann die Versicherung Sie wiederum in Regress nehmen. Die Anbaubeschreibung ist hier sehr wichtig.

Anbaurichtlinien des Herstellers

In der Regel werden Sie Anbaurichtlinien der Hersteller in der Verpackung vorfinden, die Sie einhalten sollten. Prüfen Sie immer, ob die gelieferten Anbauteile für den Anbau am Fahrzeug geeignet sind. Zusätzlich muss bei Fahrzeugen noch eine mögliche Gefährdung im Straßenverkehr beachtet werden. Sobald sich durch den Anbau Abmessungen verändern, können die Anbauten sogar eintragungspflichtig werden. Fragen Sie im Zweifel beim TÜV oder TÜH nach.

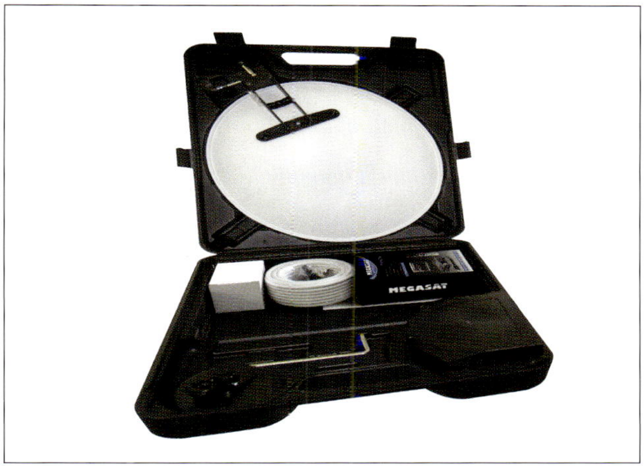

Satellitenanlage im Koffer: Alles vom Kabel bis zum Ständern im Koffer untergebracht.

Solaranlage zur Stromversorgung: Zum Aufkleben bleiben beim T5 nur wenige geeignete Flächen. Danebenstellen geht mit einem entsprechenden Modulträger immer.

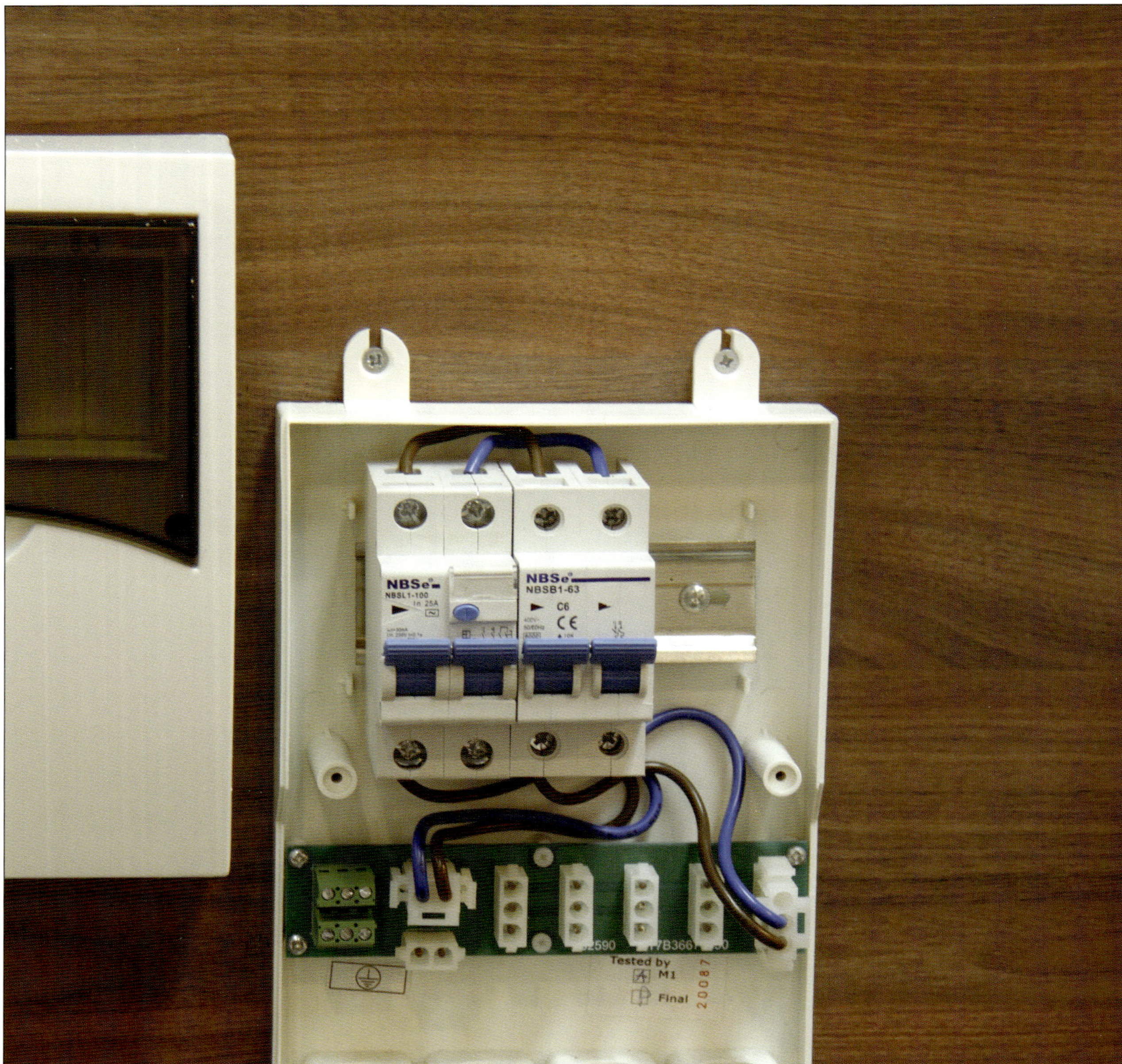

Energieversorgung

Die Versorgung des Campers mit Energie ist eine wichtige Aufgabe, die recht gut vorbereitet werden muss. Neben den unterschiedlichen Energiequellen ergeben sich auch unterschiedliche Leistungen, die dasselbe Gerät mit einer anderen Energiequelle abgeben kann. Den richtigen und sinnvollen Mix für das eigene Fahrzeug zusammenzustellen ist keine leichte Aufgabe. In diesem Kapitel werden wir Ihnen unterschiedliche Energiequelle und deren Einbindung in das System »Fahrzeug« vorstellen.

Der Umbau zum Camper wirft auch noch weitere wichtige Fragen auf und ermöglicht auch im Bereich der Energieversorgung sehr große Ausbaumöglichkeiten. Entsprechend müssen auch hier wiederum Sicherheitsrichtlinien beachtet und grundlegende Überlegungen in die Planung des Umbaus mit einfließen. Wir werden Ihnen einige Überlegungen mit praxisnahen Tipps zur Umsetzung vorstellen. Natürlich werden wir die derzeit wichtigsten Energiequellen, die Sie üblicherweise im Wohnmobil nutzen aufgreifen.

Die 12-V-Bordnetz-Anlage

Zuerst einmal erwartet man für die Arbeiten an der 12-V-Anlage wenige Probleme. Schließlich ist die Spannung ja gering und schon im Fahrzeug vorhanden. Das Bordnetzsystem kann aber gerade bei den T5 der letzten Generation schnell Probleme entwickeln, die durch den unsachgemäßen Anschluss erfolgen können.

Das Bordnetzsteuergerät

Es sieht aus wie ein ganz normaler Sicherungskasten, hat es aber in sich. Neben der Aufnahme einiger Sicherungen und Relais versteckt sich im Inneren die Kommandozentrale, die für die Spannungsversorgung und Schaltung vieler Anbauteile zuständig ist. War es beim Vorgänger noch möglich am Lichtschalter eine Steuerleitung für die Innenbeleuchtung abzugreifen, hat das beim T5 unweigerlich eine Fehlermeldung zur Folge. Je nach Ausstattungsvariante kann die elektrische Anlage in der Belegung und auch in der Ausführung abweichen. Hier sollten Sie auf die Originalschaltpläne für Ihr Fahrzeug zurückgreifen.

Einbaulage der Sicherungskasten

Die Relaisträger des Transporters/Multivan, die zum Teil auch Sicherungen enthalten, befinden sich einer in der E-Box im Motorraum (Bild A), zwei gleiche in Cockpitmitte unter der Schalttafel (Bild B) und im Kasten (Sitzkiste) unter dem Fahrersitz (Bild C). Die Schmelzsicherungen sorgen für den Schutz der elektrischen Systeme. Sie sind auf verschiedene Stromkreise verteilt. Die Einspritzanlage und die meisten elektrischen Aggregate haben eine eigene Absicherung. Si-

E-Box im Motorraum: verbaut am Dämpferdom links mit Relaisträger und Sicherungen.

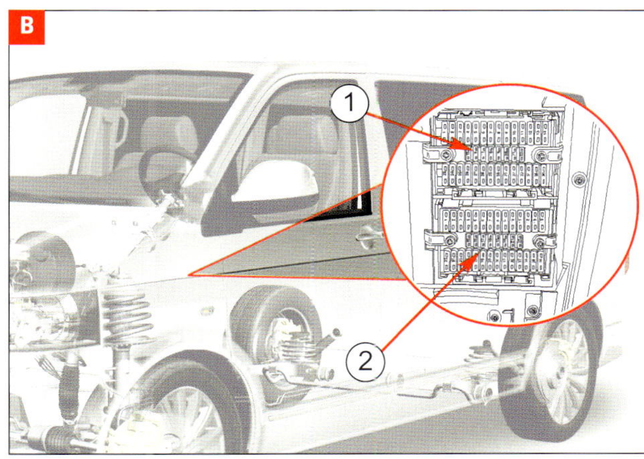

Sicherungsträger am Cockpit: 1 Sicherungsträger B (SB), 2 Sicherungsträger C (SC).

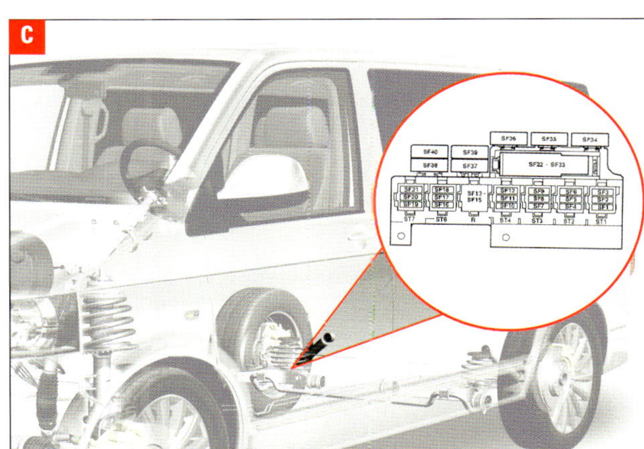

Sicherungen unter dem Fahrersitz: 1 Spannungsversorgung, 2 Erdung, 3 Hausanschluss.

cherungshalter befinden sich in der E-Box vorn links im Motorraum unter der Batterie mit den Hauptsicherungen SA und SD (Bild D) sowie im Innenraum in der oberen Sicherungsbox Schalttafel Mitte mit den Sicherungen SB und SC (Bild B). Die elektrischen Anschlüsse der Sicherungen sind aus den jeweiligen Stromlaufplänen zu Ihrem Fahrzeug ersichtlich.

Unterschiedliche Sicherungen

In der Betriebsanleitung Ihres Fahrzeugs werden Sie über die genaue Sicherungsbelegung informiert. Wir geben Ihnen im Kapitel »Schalt- und Klemmpläne« auf der Basis von VW-Material Belegungslisten an, die auf die meisten Fälle zutreffen. Die Beschriftung auf der Sicherung und die Farbe definieren eindeutig die Stärke der Sicherung:

Farbe der Sicherung	Stromstärke
Lila	3 Ampere
Orange/Hellbraun	5 Ampere
Dunkelbraun	7,5 Ampere
Rot	10 Ampere
Blau	15 Ampere
Gelb	20 Ampere
Weiß	25 Ampere
Grün	30 Ampere.

Neben den Farben können die Sicherungen sich auch in der Bauform unterscheiden. Die Vorsicherungen sind deutlich größer und natürlich auch für größere Stromstärken ausgelegt. Wenn Sie sichergehen wollen, dass Sie die erforderliche Sicherung auch zur Verfügung haben, sollten Sie sich ein entsprechendes Sortiment zulegen und zumindest eine Auswahl daraus mitnehmen.

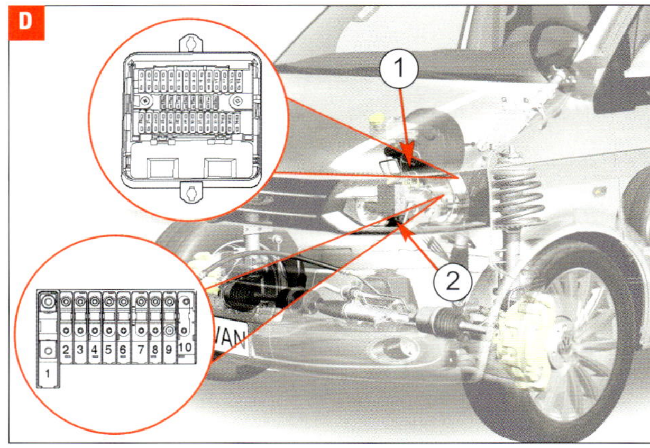

Hauptsicherungen in und an der E-Box im Motorraum: 1 Sicherungen D (SD), 2 Sicherungen A (SA).

Vorgesehene Anschlüsse (überwacht)

Die Planung der Spannungsversorgung muss auch die Funktionen des Bordnetzsteuergerätes mit einbeziehen. Die Bordsteckdosen im Kofferraum und teilweise auch im Fahrgastraum, die serienmäßig montiert worden sind, werden über das Bordnetzsteuergerät geschaltet. Das Lastmanagement des Fahrzeugs kann bei Überlastung des Systems oder bei drohender Unterspannung die Steckdosen abschalten. Das ist zwar gut für die Batteriespannung, aber sicherlich nicht für den Inhalt des Kühlschrankes. Entsprechend muss natürlich auch die Verkabelung für bestimmte Geräte besser gesondert erfolgen. Damit auch hier zum einen die Batterieladung gesichert werden kann und gleichzeitig die Starterbatterie einen Motorstart gewährleisten kann, sollte man auf eine Zweitbatterie zurückgreifen. Bei einigen Fahrzeugen ist diese Batterie bereits serienmäßig unter dem Fahrersitz verbaut.

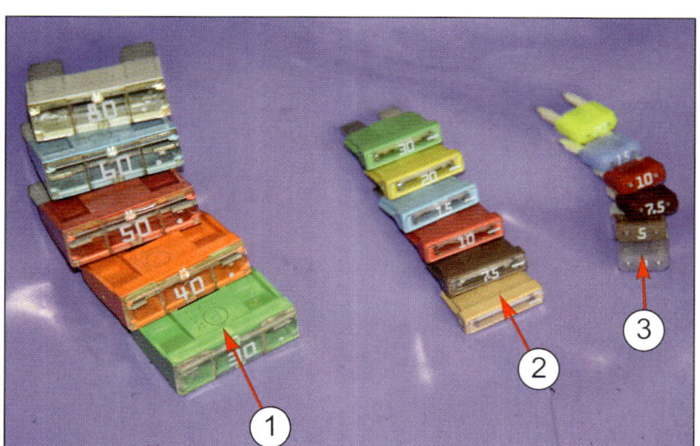

Stecksicherungen in unterschiedlicher Größe: 1 Maxi-Stecksicherung, 2 Normale Stecksicherung, 3 Ministecksicherung.

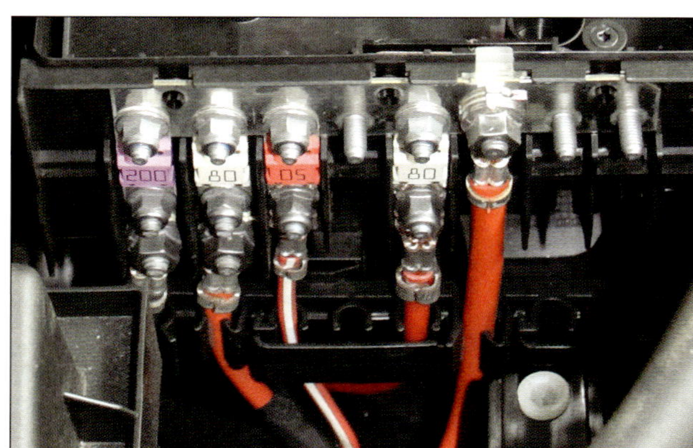

Streifensicherungen: In der E-Box unter der Batterie versteckt finden Sie die Streifensicherungen als Vorsicherungen.

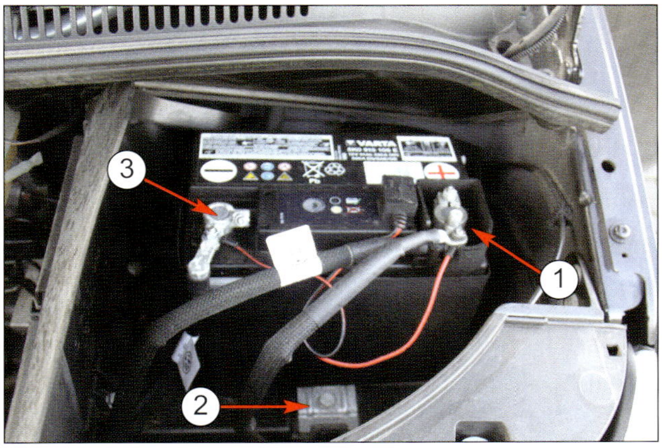

Batterie im Motorraum: 1 Masseanschluss (-), 2 Batteriebefestigung, 3 Plusanschluss (B+).

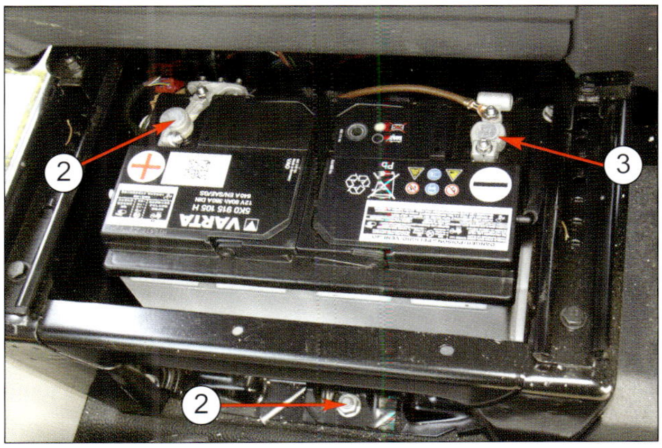

Zweitbatterie unter dem Fahrersitz: 1 Masseanschluss (-), 2 Batteriebefestigung, 3 Plusanschluss (B+).

Natürlich ist auch das Einbauen einer zweiten Zweitbatterie, wie VW sie bezeichnet, möglich. Diese Batterie ist für die alleinige Versorgung der Campingausrüstung denkbar. Abgetrennt von der normalen Fahrzeugbatterie wird sie über ein Relais durch das Bordnetzsteuergerät dem Bordnetz zu- oder abgeschaltet.

Regeln für den Anschluss am Fahrzeug

Aufgrund der Erfahrungen im Umbau von Fahrzeugen gibt es seitens Volkswagen Regeln, die für den Einbau von Batterien beachtet werden müssen.

- Bei Einbau von Zusatzbatterien muss darauf geachtet werden, dass dies nur in Verbindung mit einem Batterietrennrelais erfolgen darf. Die Zusatzbatterie darf nur für ihre bestimmten zusätzlichen Verbraucher verwendet werden. Zusätzliche Verbraucher können beispielsweise Kühlaggregate oder auch Standheizungen sein.
- Wenn eine Zusatzbatterie im Fahrgastraum untergebracht wird, muss für eine ausreichende Entlüftung gesorgt werden.
- Beim Einbau einer Zusatzbatterie ist darauf zu achten, dass Batterien vom gleichen Batterietyp wie die Starterbatterie verwendet werden (AGM oder herkömmliche Bleiakkumulatoren). Das Ladeverhalten der beiden Batterietypen ist anders.
- Prüfen Sie, ob der Einbau eines größeren Generators erforderlich sein könnte. Der Generator sollte ohne an seine Grenzen zu kommen in der Lage sein, die verbauten Batterien während der Fahrt aufzuladen.

Verlegen der Kabel

Das Verlegen der Kabel stellt auch einige Mindestanforderungen, die eigentlich selbstverständlich sein müssten.

- Die Leitung ist je nach abgenommener Stromstärke zu dimensionieren und durch Sicherungen zu schützen.
- Das Überqueren scharfer Kanten ist zu vermeiden.
- Die Verlegung in zu engen Zwischenräumen und in der Nähe von beweglichen Teilen vermeiden.
- An Bremsschläuchen und Bremsleitungen dürfen keine zusätzlichen Leitungen befestigt werden.
- Zusätzliche Leitungen müssen unter allen Betriebsbedingungen ausreichenden Abstand von Bremsschläuchen und Bremsleitungen einhalten und dürfen diese auf keinen Fall berühren oder an ihnen scheuern.
- Es dürfen nur bleifreie PVC-ummantelte Kabel mit einer Isolierungs-Grenztemperatur >105 °C verwendet werden.
- Verbindungen sind fachgerecht und wasserdicht auszuführen.

Auslegen von Kabelquerschnitten

Bei nachträglichem Einbau zusätzlicher elektrischer Verbraucher ist zu beachten, dass an belegten Sicherungen keine weiteren Verbraucher angeschlossen werden dürfen. An die vorhandenen Leitungen dürfen keine zusätzlichen Leitungen angeschlossen werden. Die Verbraucher müssen über zusätzliche Sicherungen ausreichend abgesichert werden.

Verlegen von Kabeln im Fahrzeug

Die Erweiterung der elektrischen Anlage im Fahrzeug erfordert einige besondere Überlegungen, um den Anforderungen und Begebenheiten im Fahrzeug gerecht zu werden. Soll im Laufe der Betriebszeit ein Kabel erneuert oder auch nur noch ein weiterer Anschluss verlegt werden, bedeutet das meist das Zerlegen der halben Inneneinrichtung.
Sinnvoll ist es deshalb, sich schon vorher Gedanken zur Zugänglichkeit der elektrischen Anlage zu machen. Ein Blick in die eingesetzte Technik der erfahrenen Wohnmobilausbauer kann hier ganz sicher nicht schaden.

Wahl der Kabelbauart

Vibrationen entstehen im Haus eher nicht in dem Umfang, wie sie im Fahrzeug entstehen. Es ist nicht möglich die Kabel so starr zu verlegen, dass die Bewegung gänzlich ausgeschlossen werden kann. Die Verarbeitung von starren Kabeln, wie sie in der Hausinstallation zum Einsatz kommen, ist deshalb nicht sinnvoll. Auch sollte die Anlage in regelmäßigen Abständen auf Funktion und Schäden kontrolliert werden.

Dauerstromstärke	Nennstrom der Schmelzsicherung	Leitungsquerschnitt
0 – 4 A	5 A	0,35 mm²
4,1 – 8 A	10 A	0,5 mm²
8,1 – 12 A	15 A	1 mm²
12,1 – 16 A	20 A	1,5 mm²
16,1 – 24 A	30 A	2,5 mm²
24,1 – 32 A	40 A	4 mm²
32,1 – 40 A	50 A	6 mm²
40,1 – 80 A	100 A	10 mm²
80,1 – 100 A	125 A	16 mm²
100,1 – 140 A	175 A	25 mm²
140,1 – 180 A	225 A	35 mm²
180,1 – 240 A	300 A	50 mm²

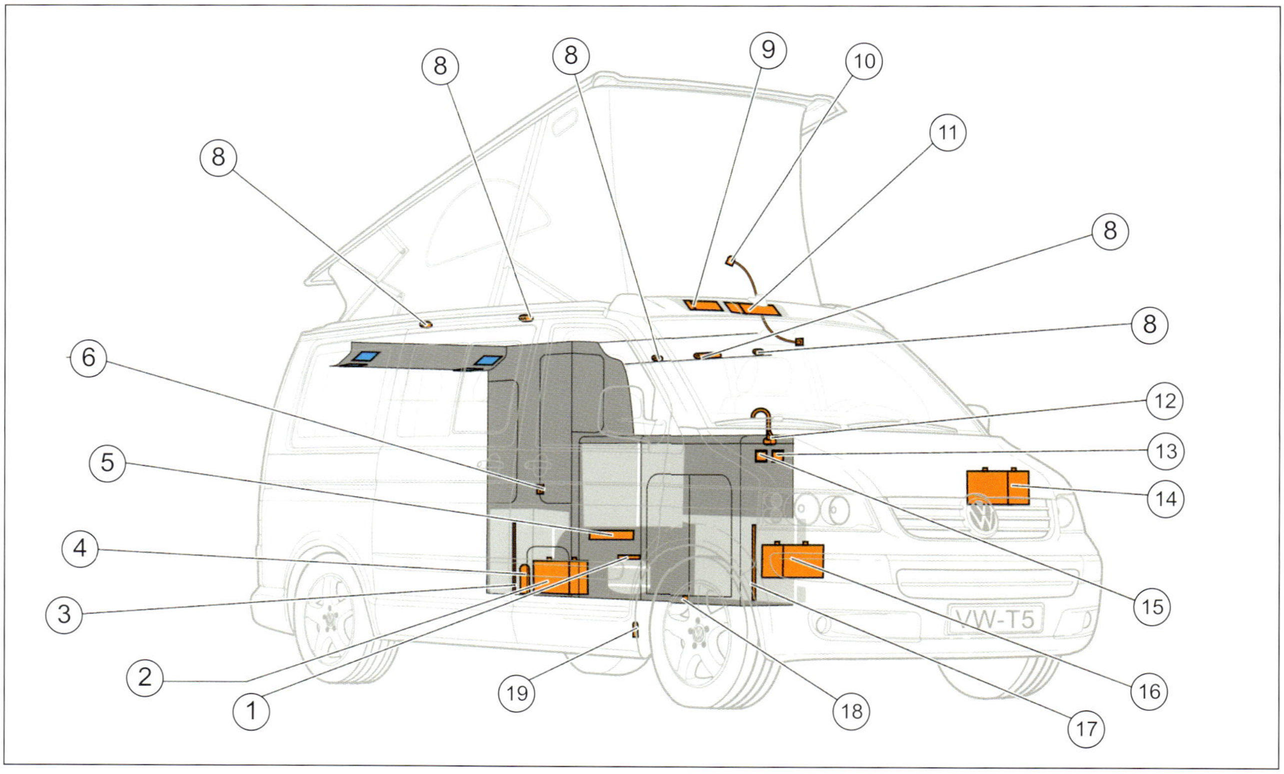

Bordnetz für den Camperausbau: 1 Anschluss Kühlbox/Kühlschrank, 2 Zusatzbatterie II, 3 Wasserstandsgeber im Wassertank, 4 Pumpe im Wassertank, 5 Ladegerät, 6 (230 V) Außensteckdose, 8 Innenleuchte, 9 Pumpe Aufstelldach, 10 Kartenleselampe vorne, 11 Steuergerät Dachhydraulik, 12 Schalter Wasserpumpe, 13 (230V) Innensteckdose, 14 Starterbatterie, 15 (12 V) Innensteckdose, 16 Starterbatterie, 17 Geber Wasserstand Abwasser, 18 Messwiderstand Batterieladung, 19 Außentemperaturfühler.

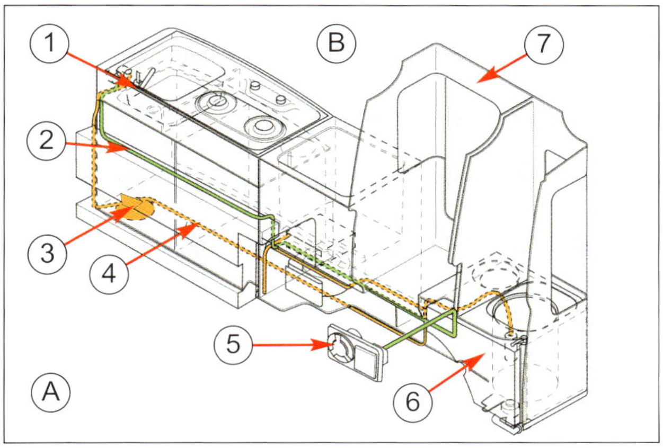

Elektrik in der Möbelzeile: A Karosserieaußenwand, B Fahrzeuginnenraum, 1 Steckdose (12 V und 230 V), 2 Kabel (230 V), 3 Steckverbinder, 4 Kabel (12 V), 5 Anschluss (230 V), 6 Wassertank mit integriertem Gasflaschenfach.

Wichtige Grundregeln

- Für die Verkabelung sollten Sie mindestens einen Kabelquerschnitt von 1,5 mm^2 wählen. Besser und empfehlenswert sind 2,5 mm^2.
- Es dürfen keine elektrischen Leitungen durch den Gasflaschen-Kasten verlegt werden.
- Starre Kabel sind auch schon für die 12-V-Anlage nicht sinnvoll und nicht zulässig!

Ein- und Anbaugeräte

Typische Bauteile der elektrischen Anlage, die mit 12 V betrieben werden, sind im Wesentlichen die Beleuchtung, der Kühlschrank sowie Radio- beziehungsweise Fernsehsysteme. Der Verbrauch der Beleuchtungsanlage kann entscheidend beeinflusst werden. Die LED-Technik aus dem Wohnhausbereich ist für eine Spannung von 12 V ausgelegt, so können viele Beleuchtungsmittel einfach übernommen werden. Die Lampen und Leuchtmittel bis zum Lichtschlauch sind dann recht günstig zu beschaffen und belasten die Bordnetzbatterie deutlich geringer.

Spannungswandler

Der Betrieb von 230-V-Geräten über einen Spannungswandler sollte aufgrund der erforderlichen Abnahmeleistung und der beschränkten Batteriekapazität weitestgehend vermieden werden. Weiterhin sollten Sie nur die am Spannungswandler ausgeführten Steckverbindungen nutzen. Aus Sicherheitsgründen sollten Sie den Spannungswandler nicht zusammen mit dem 230-V-Netzstrom aus dem öffentlichen Netz betreiben. Trennen Sie die elektronisch generierte Spannung des Spannungswandlers grundsätzlich immer von der Spannung aus dem öffentlichen Netz ab.

Ladegeräte und die Batterie

Ladegerät ist nicht gleich Ladegerät. Der Unterschied liegt meist nicht nur im Preis. Auch der Aufbau der Batterien macht einen Unterschied der Ladespannung der Ladegeräte. Betrachten wir das Thema Batterie und das passende Ladegerät mal unter unterschiedlichen Aspekten.

Säure- oder AGM-Batterie?

Der erste Unterschied fällt tatsächlich ins Auge, nicht nur im Preis. Es sind keine Zellenverschlussdeckel verbaut und die Batterie ist gasdicht. Der wesentliche Unterschied zwischen AGM und Nassbatterie liegt darin, dass das Elektrolyt in ein Glasfaservlies eingebunden ist. AGM bedeutet »**A**bsorbent **G**las **M**at«. Die Ladeschlussspannung für offene Batterien und den geschlossenen AGM kann sehr unterschiedliche sein. In der Regel wird für die AGM-Batterien sogar eine etwas höhere Spannung angefordert. Die Ladespannung wird oft von Ladegeräten, aber auch vom Bordnetzsystem des Fahrzeugs überschritten. Eine zu hohe Spannung bringt die Batterien zum Ausgasen (Gasungsspannung) und eine zu geringe Ladespannung verursacht dann eine nicht vollständig geladene Batterie. Achten Sie deshalb bei der Anschaffung der Batterie genau darauf, ob sie auch für die Ladespannung Ihres T5 und ihre Einbauposition geeignet ist.

Mobile Steckdose: Aus 12 V Bordnetzspannung werden 230 V Wechselspannung. Diese ist zwar dem öffentlichen Netz nachgebildet, entspricht ihm aber nicht.

Einfache Ladesysteme

Natürlich gibt es schon sehr günstige Ladegeräte, die aber leider in der Regel lediglich spannungsbezogen arbeiten. In der Anfangsphase wird wegen der hohen Stromaufnahme der Spannungswert gerade so erreicht. Die Weiterladung erfolgt mit zu hoher Spannung, das fördert die Gasbildung und kann gerade die geschlossenen Batteriesysteme wie die AGM schädigen. Auch die Vollladung erfolgt mit zu hoher Spannung, um überhaupt einen Ladestrom erzeugen zu können. Auch das kann durch die Gasbildung zu Batterieschäden führen. Als Dauerladegeräte sind diese einfachen Systeme gerade im Innenraum völlig ungeeignet.

Prozessor-geführte Ladesysteme

Ein Ladesystem, das im Wohnmobil zum Einsatz kommen soll. Es hat noch eine wichtige Funktion, die gerade dann benötigt wird, wenn das Fahrzeug eine längere Zeit steht: Die Erhaltungsladung wird im Volksmund auch Batteriejogging genannt. Diese Funktion kann die Lebensdauer deutlich erhöhen und sogar einen Teil der Sulfatierung wieder regenerieren. Betrachten wir die Phasen eines solchen Ladegerätes im Detail:

■ Entsulfatierung der Batterie (1)
Das Ladegerät erkennt eine sulfatierte Batterie. Strom und Spannung pulsieren und entfernen auf diese Weise Sulfat von den Bleiplatten der Batterie, wodurch die Batteriekapazität weitgehend wiederhergestellt wird.
■ Ladeprüfung (2)
Das Ladegerät prüft, ob die Batterie Ladung aufnehmen kann. Mit diesem Schritt wird das Laden einer defekten Batterie verhindert.
■ Vorladephase (3)
Hier findet das Laden mit Maximalstrom bis zum Erreichen von ca. 80% der Batteriekapazität statt.
■ Vollladen (4)
Das Laden wird mit schwächer werdendem Strom bis zum Erreichen von bis zu 100% der Batteriekapazität fortgeführt.
■ Batterietest (5)
Das Ladegerät prüft, ob die Batterie eine Ladung halten kann. Batterien, die ihre Ladung nicht halten können, müssen ersetzt werden.
■ Durchmischen (6)
Mit dem Programm »Recond« wird der Rekonditionierungsschritt in den Ladevorgang angefügt. Während des Rekonditionierungsschrittes wird die Spannung erhöht, um eine kontrollierte Gasbildung in der Batterie zu erzeugen. Das macht natürlich nur bei Nassbatterien Sinn. Durch die Gasbildung wird die Batteriesäure vermischt, um die Schichtung von unterschiedlichen Säuredichten in einer Zelle aufzuheben.
■ Ladungserhaltung (7)
Die Batteriespannung wird auf ihrem Maximalwert gehalten, indem sie mit konstanter Spannung weiter geladen wird.
■ Ladungsüberwachung (8)
Die Batteriekapazität wird bei 95-100% gehalten. Das Ladegerät überwacht die Batteriespannung und gibt, sobald erforderlich, einen Ladeimpuls (4), um die Batterie vollständig geladen zu halten.

Batteriezelle in Scheiben: 1 Zellbrücke, 2 Plusplatte, 3 Minusplatte mit Trägergitter, 4 Separator, 5 Batteriegehäuse, 6 Batteriepol.

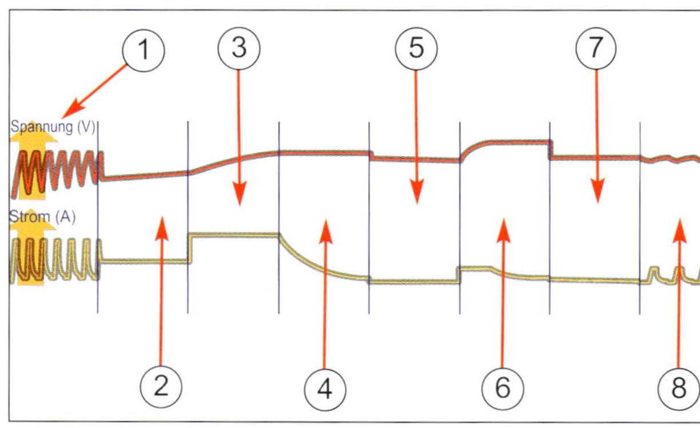

Ladezyklen eines Prozessorladegerätes: 1 Entsulfatierung, 2 Ladeprüfung, 3 Vorladephase, 4 Vollladen, 5 Batterietest, 6 Durchmischung (Sonderprogramm), 7 Ladungserhaltung (Sonderprogramm), 8 Ladungsüberwachung (Sonderprogramm).

Bordnetz planen

Es ist keine leichte Entscheidung, wie groß der Teil der Ausgaben für das Wohnmobil auf die Spannungsversorgung entfallen kann. Grundsätzlich gilt: Je unabhängiger das System entwickelt wird, umso teurer wird es. Wenn Sie Ihren Camper für gelegentliche Wochenendausflüge benutzen oder grundsätzlich auf Campingplätzen übernachten, werden Sie auf große Batteriekapazitäten und aufwändige zusätzliche Spannungsquellen verzichten können. Wenn Sie allerdings autark durch einsame Landschaften fahren, in denen Sie keine externe Energiequelle anzapfen können, werden Sie auch über das Integrieren von Fotovoltaikanlagen und vielleicht auch über eine noch recht teure Brennstoffzelle nachdenken müssen, um den Energiehaushalt des Fahrzeugs in den Griff zu bekommen. Neben den Kosten spielt das Gewicht der Zusatzbatterien in der Tat eine gewichtige Rolle. Eine

WISSENSWERTES

Arbeiten an der Batterie

Klemmen Sie sicherheitshalber alle Batterien für das Fahrzeugbordnetz ab Auch die Fahrzeugbatterie kann beim Zuschalten der Trennrelais einen Kurzschluss verursachen.
Bei Arbeiten an den Batterien muss immer zuerst sichergestellt sein, wie viele Batterien verbaut worden sind.
Wird nur eine der Zusatzbatterien abgeklemmt, besteht die Gefahr von Kurzschlüssen. Es muss nicht unbedingt jede einzelne Batterie mit einem Trennrelais versehen sein.

100-Ah-Batterie kann leicht zwischen 22 kg und 25 kg wiegen. Die Auslegung des Bordnetzes des Campingausbaus sollte gut überlegt sein und die Ausrüstung entsprechend sinnvoll ausgewählt werden. Nutzen, Verbrauch und Anschaffungspreis sollten miteinander abgewogen werden.

Batterie warten und prüfen

Batterie warten und prüfen

Sie führt ein unbeachtetes Dasein in einer möglichst versteckten Ecke und wird schon nach wenigen Einsatzjahren oft schon wieder in den Recyclingkreislauf zurückgeführt. Die Batterie kann aber – vorausgesetzt sie ist von guter Qualität, wird regelmäßig gewartet und nachgeladen – einige Jahre halten. Auch der plötzliche Batterietod kann gut vorausgesehen werden.

Prüfung des Säurestandes

Diese Prüfung ist natürlich nur bei Nassbatterien möglich, an denen Sie die Zellenverschlussdeckel noch öff-

Magisches Auge (integrierter Säureheber): 1 Verschlussschraube mit Säureheber und Sichtkugel, 2 Sichtkugel mit definiertem Gewicht (etwa 1,20 g/cm³).

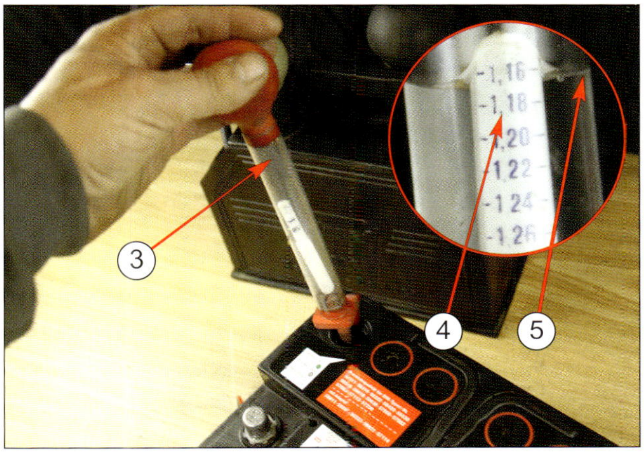

Säureheber als Werkzeug: 3 Säureheber, 4 Skala auf dem Schwimmer, 5 Säurestand.

nen können. Der Säurestand ist sehr wichtig für die Leistungsfähigkeit einer Batterie. Im Laufe der Zeit verdunstet etwas vom Wasseranteil der Batteriesäurefüllung und der Elektrolytstand nimmt in den Zellen ab. Wird eine Zelle nicht mehr vom Elektrolyt komplett abgedeckt, steht auch nur noch der kleinere noch im Elektrolyt stehende Plattenanteil als Kapazität zur Verfügung.

- Öffnen Sie die Zellenverschlussdeckel der Batterie.
- Kontrollieren Sie, ob der Säurestand die Markierungsnase über den Platten erreicht.
- Wenn erforderlich, füllen Sie den Säurestand mit destilliertem Wasser auf.

Prüfung der Säuredichte

Der Ladezustand einer Batterie spiegelt sich in der Säuredichte am deutlichsten wieder.

- Öffnen Sie die Zellenverschlussdeckel der Batterie.
- Drücken Sie den Gummiball des Säurehebers (3) zusammen und saugen Sie das Elektrolyt aus einer Batteriezelle an. Der Schwimmer mit Skala des Säurehebers (4) muss aufschwimmen.
- Lesen Sie die Dichte an der Flüssigkeitslinie (5) am Schwimmer ab. Werten Sie die Säuredichte aus:

Ladezustand (etwa)	Dichte
Voll geladen	1,28 g/cm^3
Normal geladen	1,22 g/cm^3
Schwach geladen	1,18 g/cm^3
Normal entladen	1,12 g/cm^3
Tief entladen	1,06 g/cm^3

Liegt die Säuredichte einer Zelle deutlich niedriger, muss die Batterie ersetzt werden.

Prüfung der Batteriespannung

Die Prüfung der Batteriespannung ist zwar die am häufigsten eingesetzte Methode, liefert aber wie der Test mit den Batterietestern nur dann ein zuverlässiges Ergebnis, wenn die Batterie nach der Vollladung mindestens drei Stunden weder ge- noch entladen wurde. Hier finden Sie die meisten Messfehler auch bei der Einschätzung durch die Werkstätten und Händler. Die Ruhezeit ist von entscheidender Wichtigkeit.

Spannungsmessung an der Batterie: Das Messergebnis zeigt, dass die Batterie nur schwach geladen ist oder aber, nach der Ladung und der Ruhezeit, einen Defekt aufweist.

Batteriehandtester: Ein zuverlässiges Ergebnis ist nur bei sachgerechter Handhabung zu erwarten. Der Ausdruck weist einen korrekten oder fehlerhaften Prüfablauf aber nicht aus.

- Laden Sie die Batterie auf und lassen Sie sie etwa 3 Stunden ruhen.
- Schließen Sie ein Multimeter an die Pole an und lesen Sie die Spannung ab.

Spannung	Ladezustand (etwa)
> 12,8 V	Voll geladen
ca. 12,4 V	Normal geladen
ca. 12,2 V	Schwach geladen
ca. 11,9 V	Normal entladen
< 10,7 V	Tief entladen

Die Messung ist nur so lange verwertbar, wie die Batterie nicht hochohmig durch Sulfatierung geworden

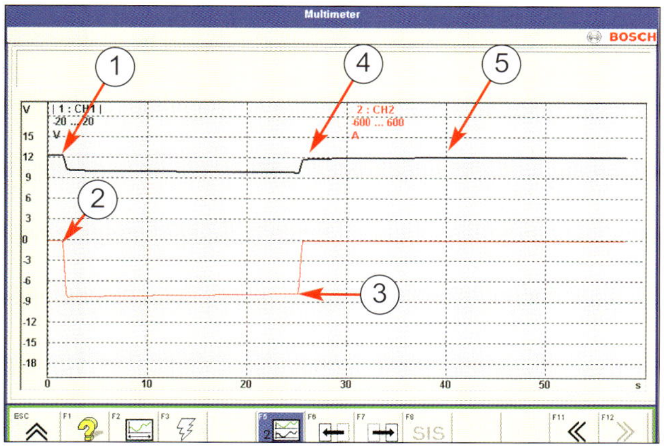

Strom und Spannung: 1 Batterieruhespannung, 2 Belastungsstrom setzt ein, 3 Ende Belastungstest, 4 Spannung nach Belastung, 5 Spannung nach Erholung, 4 bis 5 Zeit der Erholung.

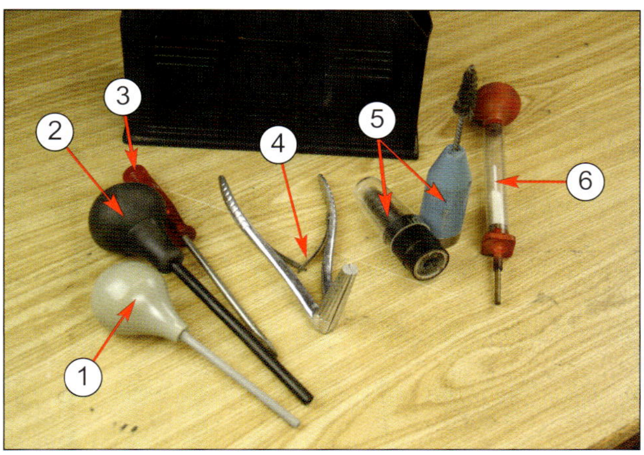

Batteriewartungsset: 1 Flüssigkeitsheber klein, 2 Flüssigkeitsheber groß, 3 Schraubendreher, 4 Polzange, 5 Polbürsten, 6 Säureheber.

ist. Meistens erkennt man diesen Batterieschaden daran, dass die Batterie ungewöhnlich schnell aufgeladen und nach geringer Belastung schnell wieder entladen ist.

Batterietester einsetzen

Auch für die Prüfung mit dem Batterietester muss die Batterie geladen werden und ruhen. Anschließend wird nach der Dateneingabe und dem Anschluss an die Batterie ein kleiner Belastungsstrom (2) für eine kurze Zeit aufgeschaltet. Die Auswertung des Spannungsabfalls (4) erfolgt durch den Batterietester. Je stärker der Spannungsabfall ausfällt und je schlechter sich die Batterie nach der Belastung (4 bis 5) erholt, umso geringer fällt die Kapazität aus. Sobald diese Werte den im Tester abgelegten Messwerten deutlich widersprechen, wird der Test als »nicht bestanden« und die Batterie als »defekt« ausgewiesen.

Prüfen und Reinigen der Polanschlüsse und Kabel

Korrosion und Verschmutzungen an den Batteriepolen verursachen Übergangswiderstände, welche die Stromabnahme verhindern, aber auch die Batterieladung verschlechtern. Beides sind Faktoren, welche die Leistung einschränken und aufgrund der schlechteren Ladebilanz die Batterie auch nachhaltig schädigen können. Zur Batteriewartung gehören also die gewissenhafte Gehäusereinigung und die Reinigung von Polen und Polklemmen auch dazu. Korrosionsspuren müssen entfernt werden.

Polbürste im Einsatz: 7 Bürste für die Polanschlussklemmen, 8 Bürste für die Batteriepole.

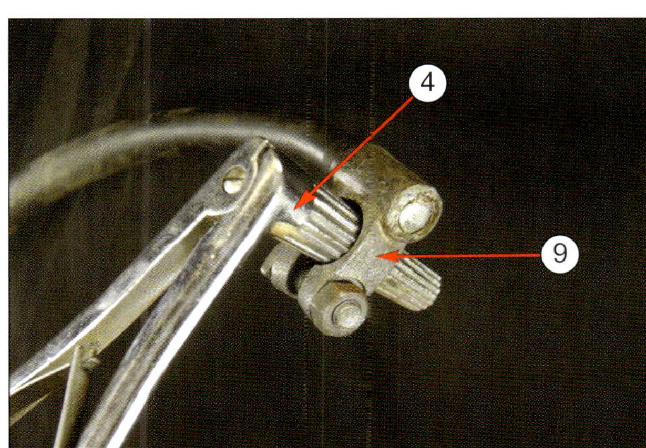

Polzange im Einsatz beim Aufweiten: 4 Polzange, 9 Polanschlussklemme.

- Klemmen Sie den Minuspol der Batterie ab.

- Klemmen Sie den Pluspol der Batterie ab.

Reinigung des Batteriegehäuses

- Reinigen Sie mit einem Lappen das Batteriegehäuse um die Zellverschlussdeckel und die Batteriepole gründlich. Verwenden Sie eventuell eine Seifenlauge und keinen brennbaren Reiniger.

Reinigung der Batteriepole

- Drücken Sie die Polbürste auf den Batteriepol auf.

- Drehen Sie die Bürste einige Male in die Bürstenstrichrichtung und kontrollieren Sie, ob der Pol wieder metallisch blank ist.

Reinigung der Polklemmen

- Stecken Sie die Polbürste in die Batteriepolklemme ein.

- Drehen Sie die Bürste einige Male in die Bürstenstrichrichtung und kontrollieren Sie, ob die Polanschlussklemme wieder metallisch blank ist.

Einsatz von Polfett am Batteriepol

Das Batteriepolfett sollte ausschließlich auf den Bereich des Batteriepols aufgetragen werden, wo der Übergang zwischen Batteriepol und Gehäuse ist. Auf den Kontaktflächen verursacht das Polfett im ungünstigsten Fall einen Übergangswiderstand.

- Klemmen Sie die Batterie wieder an.

Die elektrische Anlage (230 V)

Gerade für die 230-V-Erweiterung, die aus dem öffentlichen Netz eingespeist wird, fallen schnell Besonderheiten auf. Die höhere Spannung macht eine Schutzvorrichtung erforderlich. Zudem ist die Spannung aus dem öffentlichen Netz geerdet, Ihr Fahrzeug leider nicht. Die Gummireifen verhindern einen sicheren Kontakt zum vorgesehenen Potenzial. Über die Funktion des Schutzleiters und des FI-Schalters haben wir im Kapitel »Betriebssicherheit« schon ausreichend berichtet. Nun werden wir den Anschluss am Fahrzeug und die Anforderungen für denselben genauer unter die Lupe nehmen.

Die Anbindung

Der Anschluss vom Fahrzeug zur 230-Volt-Einspeisung darf nur ein versenkt eingebauter, spritzwassergeschützter CEE-Einspeisestecker (4) verwendet werden. Die alten Schuko-Einspeisestecker sind nicht mehr zulässig. Durch das Verdrehen eines Schuko-Steckers um 180° in der Zuleitung können Phase und Nullleiter in der Anlage vertauscht werden. Verlassen Sie sich deshalb nie blind auf die Farbcodierung der Kabel. Die CEE-Anschlussdosen und Stecker sind vertauschungssicher konstruiert. Im Wageninnern muss die elektrische Anlage mit Sicherungen gegen Kurzschluss und Überlastung abgesichert sein. Der Personenschutzschalter ist für das Wohnmobil bis 2010 nicht zwingend vorgeschrieben. Er sollte aber im eigenen Interesse, wenn nicht schon vorhanden, nachgerüstet werden.

Kabel, Sicherungen und Anschlüsse

Die folgenden Grundregeln sollten Sie bei der Installation und Planung der elektrischen Anlage mit einbeziehen.

Ausführung der Anschlüsse

- 230-Volt-Leitungen und 12-Volt-Leitungen niemals nebeneinander verlegen! Auch nicht zusammen in einem Kabelkanal. So soll von vornherein eine mögliche elektrische Verbindung zwischen beiden Stromnetzen ausgeschlossen sein.

> **PRAXISTIPP**
>
> **FI-Schalter prüfen**
>
> Der Fehlerschutzschalter (FI-Schalter) schützt Personen vor einem elektrischen Schlag bei Gerätefehlern oder defekten Kabeln.
> Drücken Sie zur Funktionsprüfung den FI-(Personen)Schutzschalter einmal pro Quartal, um die Funktion zu überprüfen.

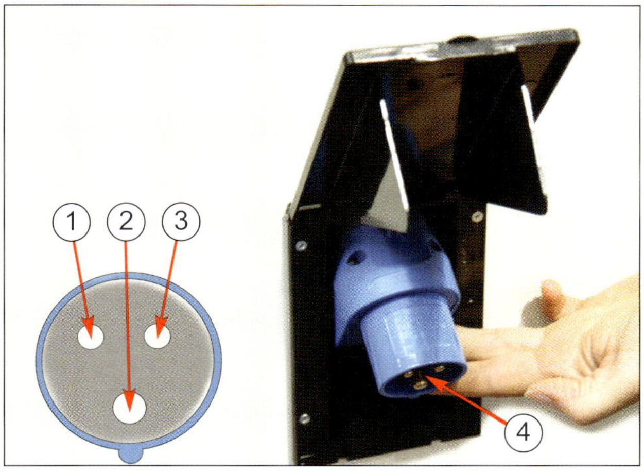

CCE-Anschlussdose dreipolig (6H IP44): 1 Nullleiter, 2 PE, 3 Leiter L1, 4 Steckergehäuse klappbar.

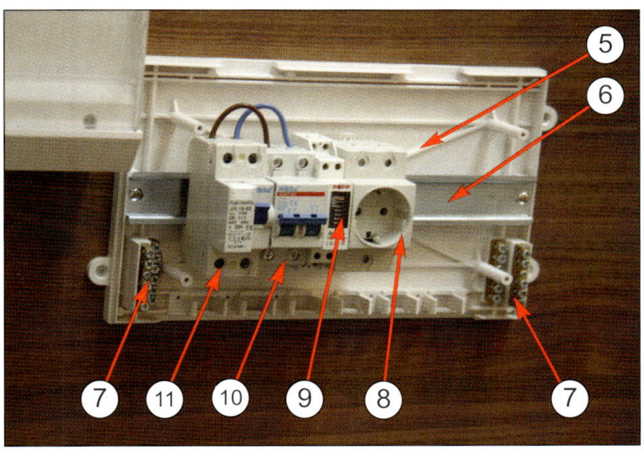

Sicherungskasten: 5 Gehäuse, 6 Montagehutschiene, 7 Klemmsteine PE und N Leiter, 8 Schuko-Steckdose, 9 Mini-Stromzähler, 10 Doppelsicherungsautomat, 11 FI-Schutzschalter.

- Alle 230-Volt-Steckdosen sowie alle nicht schutzisolierten 230-Volt-Geräte müssen mit einem Schutzleiter(grün/gelbes Kabel) versehen werden. Schutzisolierte Geräte (Erkennungszeichen [Qj) benötigen dagegen keinen Schutzleiter.
- Für die Verkabelung mindestens einen Kabelquerschnitt von 1,5 mm² wählen. Besser und empfehlenswert sind 2,5 mm².
- Starre Kabel sind nicht zulässig! Es muss generell feindrähtige Aderleitung (Litze) verbaut werden. Auch an die Isolierung werden Ansprüche gestellt.
- Das richtige Kabel für unseren Bedarf trägt die Bezeichnung H05RN-F3x1,5, G1,5 bzw. 2,5. Das sind drei Aderleitungen, in einer stabilen Gummiisolierung zusammengefasst.
- Die Kabelfarbe grün/gelb ist ausschließlich für den Schutzleiter vorgesehen.
- Die Phase (L), also das Strom führende Kabel, trägt die Kabelfarben braun oder schwarz.
- Der Nullleiter – laienhaft gesprochen: die Rückleitung – ist immer blau eingefärbt.

Kabel verlegen

- Kabel mit Kabelschellen oder am besten in Kabelkanälen so verlegen, dass sie sich während der Fahrt nicht an scharfen Kanten durchscheuern können.
- Beim Verlegen in Staukästen muss eine Beschädigung durch Ladegut ausgeschlossen sein. Durchführungen durch Blechwände mit geeigneten Gummitüllen versehen.
- Keine elektrischen Leitungen durch den Gasflaschen-Kasten verlegen.
- Alle berührbaren, leitfähigen Teile (also Metallteile wie Gasherd, Spüle, Rohrsystem, Karosserie) müssen mit einer mindestens 4 mm starken, flexiblen Aderleitung untereinander verbunden und am Schutzleiter angeschlossen werden. Spannung, die etwa durch einen defekten Föhn auf eines dieser Teile gelangt, wird so über den Schutzleiter abgeleitet. Die Teile selbst können aber nie unter Spannung stehen.
- Anschlüsse niemals anlöten. Die Kabelenden werden dadurch starr und sind durch Vibrationen bruchgefährdet.
- Zum Anklemmen der Kabel stattdessen so genannte Aderendhülsen verwenden, die auf das von seiner Isolierung befreite Kabel geschoben und festgequetscht werden.

⚠ Achtung Lebensgefahr

GEFAHRHINWEISE

Die Arbeiten an der 230-V-Anlage sollten nur von fachkundigem Personal durchgeführt werden. Es besteht Lebensgefahr. Lassen Sie die Anlage bei eigener Installation zur eigenen Sicherheit vom örtlichen Elektrofachbetrieb überprüfen.

Kompetent Kompetenz vermitteln: Erfahrene Trainer vermitteln Theorie und Praxis sehr praxisnah und aktuell.

Absicherung

- Gefordert ist auch ein Hauptschalter für alle Leitungen. Diese Funktion übernimmt bei nur einem Stromkreis der zweipolige Sicherungsautomat. Er muss aber leicht zugänglich und beschriftet sein. Die zweipolige Unterbrechung ist auch für den FI-Schutzschalter sinnvoll. So haben Anschlussfehler seitens des Campingplatzes keine Auswirkungen.
- Zur Sicherheit sollte ein Erdspieß in den Boden eingeschlagen werden. Dieser muss dann mit der Fahrzeugmasse verbunden werden.

Anforderungen an die Geräte

- Nur Geräte verwenden, die ein GS (= Geprüfte Sicherheit) bzw. ein VDE-Zeichen tragen.

Die (Flüssig-) Gasanlage

Gasanlage im Kraftfahrzeug

Zu einer Gasanlage in einem Kraftfahrzeug gehören alle Bauteile, die zur Lagerung der Brenngase, zur Leitungsführung und zum Verbrauch von Flüssiggasen benötigt werden. Die Gasanlage ist nicht nur ein sehr wichtiger Teil der Energieversorgung eines Wohnmobils, sondern gleichzeitig auch ein sehr sensibler. Die Anlagen sind eigentlich völlig unproblematisch, solange sie gut gewartet werden und nach den fachlichen

Die Gastankflasche: Eigendlich eine Gute Idee aber die Anforderungen an die Tankanlagen müssen erfüllt werden.

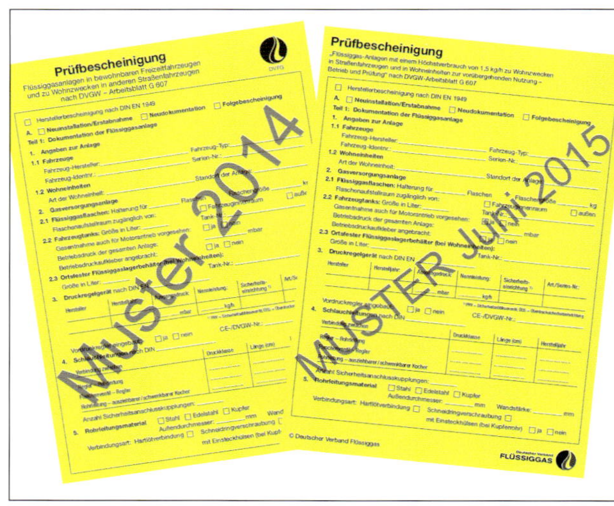

Prüfbuch des Fahrzeugs: Das Design verändert sich leicht, der Inhalt ist nach wie vor die vollständige Beschreibung der Gasanlage.

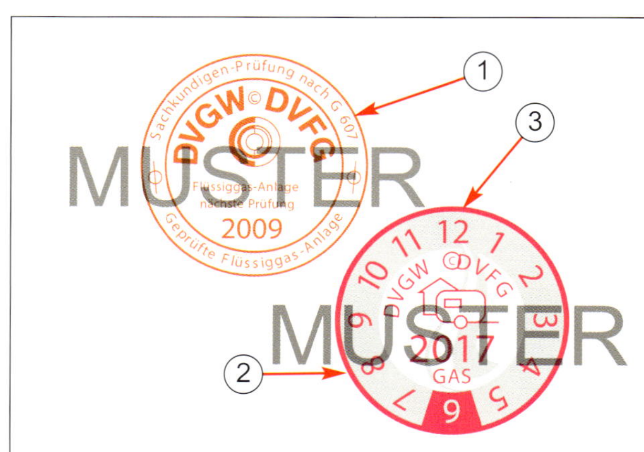

Plakette am Heck: 1 alte Plakette, 2 neue Plakette mit Monatsangabe, 3 der Prüfmonat wird nach oben geklebt.

Richtlinien ausgeführt werden. Beides wird in Deutschland durch Sachkundige für Gasanlagen in Kraftfahrzeugen übernommen. Es geht hierbei mitnichten um einen kleinen Aufkleber am Heck neben dem Kennzeichen. Hier steckt sehr viel Know-how dahinter.

Organisation von Sachkundigen

Der deutsche Verband Flüssiggas e.V. (DVFG) als Dachverband bildet Sachkundige aus und schult diese regelmäßig. Für die Anerkennung gehört eine regelmäßige Nachschulung mit auf den Terminplan. Der Verband arbeitet aktiv an Regelungen und Normen mit und ist wie selbstverständlich auch beratend tätig.

Ausweis des Sachkundigen

Die Sachkundigen, die im DVFG organisiert sind, legen eine Sachkundeprüfung ab und werden vom Verband durch eine Urkunde und einen Ausweis als Sachkundige ausgewiesen. Heute werden auch diese Sachkundigenausweise als Scheckkarte ausgeführt. So können Sie erkennen, wann der Sachkundige bei der letzten Prüfung war und ob er auf dem neuesten Stand ist.

Beratung und Vorbesprechung

Scheuen Sie bei der Planung Ihres Fahrzeuges deshalb nicht über den Verband den Sachkundigen in Ihrer Nähe abzufragen und diesen dann mit in Ihre Planung einzubeziehen. So lässt sich mancher Planungsfehler, sei es bei der Platzierung der Flaschen oder Einbauposition der Heizung oder auch schon der Lage der Leitungen schon im Vorhinein vermeiden. Die Sachkundigen können Ihnen oft schon praxisnahe Tipps geben, die bares Geld einsparen können.

Prüfung und Abnahme

Natürlich müssen nur Anlagen abgenommen werden, die auch im Fahrzeug verbaut worden sind. Aber nur um die Prüfvorschriften zu umgehen, sollten Sie keinesfalls Ihr Wohnmobil so konzipieren, dass Ihre Anlage nicht geprüft werden muss. Ob es nun um die Abnahme einer bestehenden Anlage oder einer neu erstellten Anlage geht, die technische Abnahme und die regelmäßigen Überprüfungen sind gesetzlich geregelt und für die HU des Fahrzeugs zum Bestehen erforderlich. Aber keine Panik, die Sachkundigen sind auch in der praktischen Umsetzung kompetent und werden Ihnen bei Mängeln in der Anlage sicher schnell mit Rat und Tat weiterhelfen können. Fragen Sie einfach mal nach.

Bauteile mit Mindesthaltbarkeit

Klingt zuerst einmal eigenartig, macht aber für die betroffenen Bauteile wirklich Sinn. Den wirklichen Zustand kann man bei einigen sicherheitsrelevanten Bauteilen nicht unbedingt erkennen. Um Schäden und Unfällen entgegenzuwirken, ist der Einsatzzeitraum für einige Bauteile zeitlich beschränkt.

- Druckregler dürfen 10 Jahre betrieben werden und die neuen müssen auf dem Typenschild die Prüfnorm »DIN EN 16129 Anhang D« ausweisen.
- Druckschläuche dürfen nur 10 Jahre verwendet

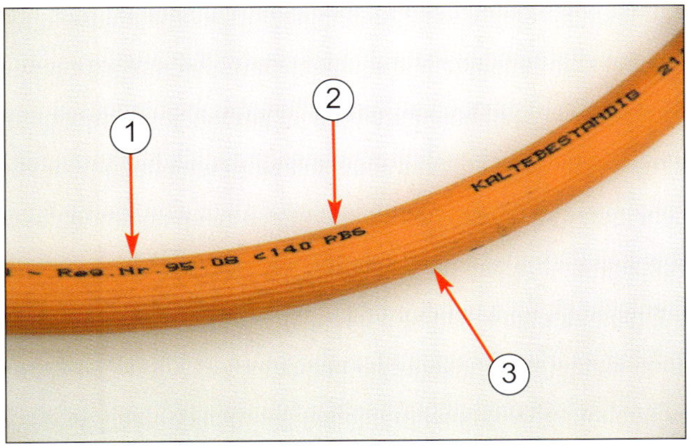

Blick auf den Gasschlauch: 1 Prägedatum, 2 Schlauchdruckklasse (heute PB10), 3 Rissbildung beim Biegen vorhanden?

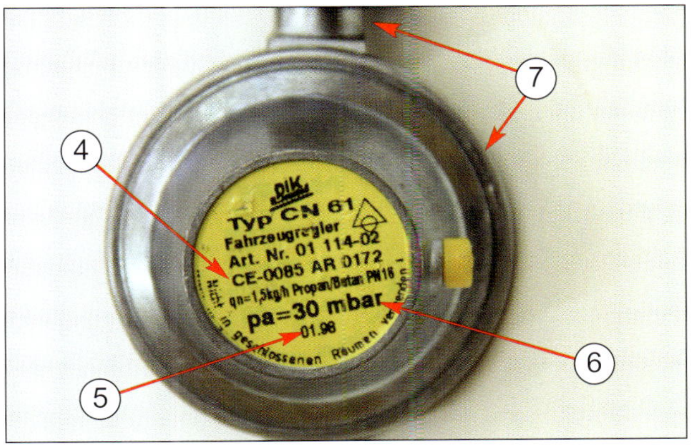

Blick auf den Regler: 4 Prüfzeichen vorhanden? 5 Prägedatum, 6 Druckbereich der Anlage, 7 Schäden am Gehäuse.

werden. Relevant ist hier das Prägedatum auf dem Schlauch.

- Gasflaschen unterliegen einer Prüfpflicht alle 10 Jahre. Nach Ablauf der eingeschlagenen Prüfzeit darf die Flasche nicht ohne erneute Prüfung gefüllt werden. Allerdings dürfen Sie auch die älteren Flaschen natürlich noch so lange benutzen, bis sie leer sind. Für die Kosten der Prüfung kommt der Eigentümer auf.

Regelmäßige Prüfungen

Unterziehen Sie die Bauteile Ihrer Gasanlage einer regelmäßigen Sichtprüfung. Schon kleinste Schäden können fatale Folgen haben.

- Sehen Sie nach den Leitungen und Bauteilen. Ist alles noch so befestigt, dass nichts mehr scheuern kann?
- Prüfen Sie die Anschlüsse und auch die Ventile regelmäßig auf ihre Gasdichtheit mit einem Prüfspray. Gerade dann, wenn das Fahrzeug einen Zeitraum ohne Druck gestanden hat, können sich hier unbemerkt Schäden ausgeweitet haben.
- Sehen Sie sich die Anschlussschläuche näher an. Sie müssen alle 10 Jahre erneuert werden. Auch dann, wenn sie äußerlich noch recht gut aussehen.
- Prüfen Sie auch den Zustand und die Dichtigkeit des Reglers. Auch den Anschluss an der Gasflasche sollten Sie jedes Mal nach dem Anschließen einer Gasflasche auf Dichtigkeit prüfen.
- Wenn Sie Auffälligkeiten feststellen oder sogar ein Bauteil ersetzen müssen, muss die Dichtheit der Anlage überprüft werden. Das sollten Sie immer mit einer geeigneten Druckpumpe durchführen oder durchführen lassen. Auch hier kann Ihnen der Sachkundige in Ihrer Nähe sicherlich weiterhelfen.

Gesetzliche Prüfung

Nach der Fahrzeugrichtlinie 2007/46/EG werden die Anforderungen an ein Fahrzeug geregelt, das in den Verkehr gebracht werden soll. Auch die Inbetriebnahme einer Heizanlage während der Fahrt ist in diesen Vorschriften beschrieben. Relevant ist für die Zulassung der Gasanlagen in Fahrzeugen bis zu 1,5 kg Verbrauch in der Stunde die DIN EN 1949. In dieser Vorschrift sind die Installationsrichtlinien für »Festlegung für die Installation von Flüssiggasanlagen in bewohnbaren Freizeitfahrzeugen und zu Wohnzwecken in an-

Vollautomat mit Drucker: Modernes Druckprüfgerät mit Papierausdruck.

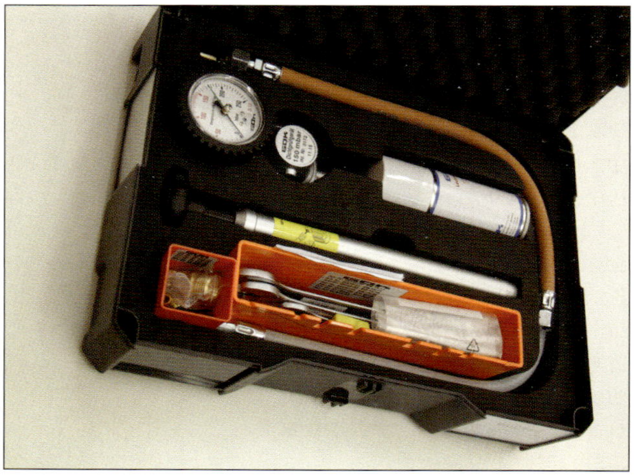

Manuelle Pumpe mit Manometer: Der Prüfablauf wird vom Sachkundigen überwacht und bewertet.

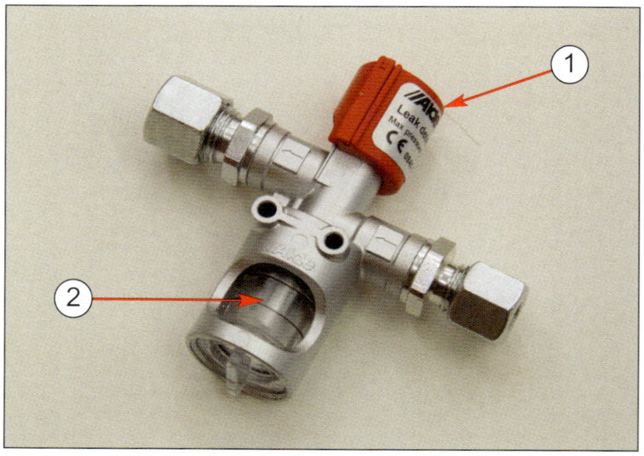

Leckindikator zum Einbauen: Sind alle Geräte abgestellt und tauchen beim Auslösen der Taste (1) Blasenketten im Schauglas (2) auf, muss auf die Suche nach dem Leck gegangen werden.

deren Fahrzeugen« festgelegt. Gewerblich genutzte Fahrzeuge (wo durchaus auch Wohnwagen dazugehören können) fallen hier nicht hinein. Diese werden zwar auch geprüft, aber nach einer anderen Norm. Es macht schon die Nutzung einen deutlichen Unterschied. Für die gewerbliche Nutzung muss die Prüfung nach DGUV-Vorschrift 79 erfolgen. Das kann leicht auch für Ihren T5 zutreffen, wenn er auch schon als Büro genutzt werden soll.

Prüfbuch und Anlagendokumentation

Im so genannten Prüfbuch werden für Ihr Fahrzeug die verbauten Geräte und auch die Prüffristen und Änderungen der Anlage vermerkt. Das Prüfbuch ist nicht auf ein anderes Fahrzeug übertragbar. Auch bei Umbau eines baugleichen Fahrzeugs unter Verwendung einer bereits abgenommenen Anlage muss ein neues Prüfbuch nach den aktuellen Bauvorschriften erstellt werden. Da die Vorschriften sich auch regelmäßig weiterentwickeln, sollten Sie den Sachkundigen, der Ihre Anlage später abnehmen soll, in die Planung mit einbeziehen.

Montage und Änderungen

Flüssiggasanlagen dürfen nur von Fachfirmen installiert, erstmalig in Betrieb genommen oder geändert sowie geprüft werden. Für die Lagerung im Fahrzeug gibt es Vorgaben, die Sie aufgrund der gesetzlichen Forderung und viel wichtiger zur eigenen Sicherheit genau einhalten sollten. Informationen dazu werden wir Ihnen in diesem Kapitel an einigen Beispielen zur Verfügung stellen.

Grundsätzlicher Aufbau

Eine Gasanlage im Fahrzeug besteht aus einzelnen Komponenten, die wir im Folgenden etwas näher betrachten werden. Bis auf den Gasvorratsbehälter, sei es nun ein Tank oder eine Gasflasche, werden alle Bauteile in dem gelben Prüfbuch vermerkt und in die Prüfung mit einbezogen. Wenn Sie Veränderungen durchführen, lassen Sie die geänderten Geräte spätestens bei der nächsten Prüfung nachtragen.

Gasflasche

Das Gas wird komprimiert im flüssigen Zustand in die Flasche eingefüllt. Im gasförmigen Zustand würde es etwa das 260-fache Volumen in Anspruch nehmen und wäre so nicht mehr zu transportieren. Die Flüssiggasflaschen unterliegen der Richtlinie 1999/36/EG für ortsveränderliche Druckgeräte. Sie sind mit einem »π« gekennzeichnet. Sie müssen der DIN EN 1442 entsprechen und mit einem handbetätigten Absperrventil und einem Sicherheitsventil ausgerüstet sein. Bis auf den optischen Zustand und eventuelle Auffälligkeiten werden die Vorratsbehälter nicht durch den Gassachkundigen überprüft.

Der Vorteil der Gasflaschen liegt zum einen in der europaweiten Verfügbarkeit und zum anderen darin, dass Sie als Nutzer nicht für die Prüfung verantwortlich sind. Die Befüllung einer Gasflasche darf nur durch ein Füllwerk erfolgen. Hier wird dann auch der Zustand begutachtet und die Prüfung soweit fällig veranlasst. Die Flaschen sind im Regelfall Tauschflaschen.

Die Druckanzeige am Druckregler lässt nur bedingt eine Aussage über den Füllstand der Flasche zu. Schon

PRAXISTIPP – Transport im Fahrzeug

Auch wenn der Transport von Gasflaschen für den privaten Gebrauch recht entspannt betrachtet wird, beachten Sie besser folgende Grundregeln:

- Verschließen Sie die Flasche mit dem Entnahmeventil und der Gewindeverschlusskappe.
- Setzen Sie die Transportkappe auf und verriegeln Sie diese.
- Sichern Sie die Flasche gegen Umfallen oder Wegrollen.
- Belüften Sie das Fahrzeug gut.
- Lassen Sie das Fahrzeug nicht zu lange in der Sonne stehen.
- Achten Sie auf möglichst kurze Transportwege.

Gasflasche: 1 Schutzkappe, 2 Absperr- und Sicherheitsventil, 3 Verschlussschraube.

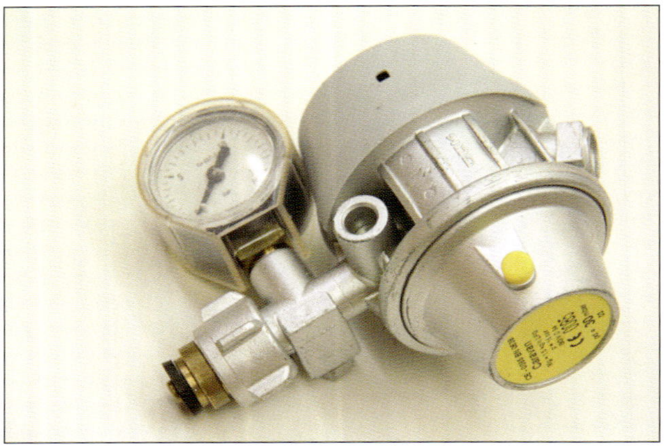

Druckanzeige am Regler: Nicht als Füllstandanzeige zu gebrauchen, aber als überschlägiger Dichtheitstester für möglichen Druckverlust bei geschlossener Flasche und ausgeschalteten Geräten.

geringe Temperaturänderungen können deutliche Druckänderungen zur Folge haben. Aussagekräftig ist immer das Gewicht, die Flasche mit Füllung. Eine Personenwaage ist hier schon sehr hilfreich.

Gastank im Fahrzeug

Der erste Vorteil, der gerade im Camper sofort auffällt, ist der Schrank, der nunmehr zur Verfügung steht. Im Grundsatz unterscheidet er sich nicht von den Tankanlagen, die bei den Gasmotoren zum Einsatz kommen. Entsprechend gibt es schon sehr gute Möglichkeiten auch einen fahrzeugfesten Tank im Fahrzeug unterzubringen. Der Nachteil lag in der erforderlichen Druckbehälterprüfung. Die ist aber für die Gastanks, die nach der ECE R 110 ausgewiesen sind, nicht mehr erforderlich und ist für die Lebensdauer des Fahrzeuges ausgelegt. Sichtgeprüft nach äußeren Schäden werden sie im Rahmen der Hauptuntersuchung. Die Befüllung erfolgt an einer Gastankstelle, damit entfällt auch der Flaschentausch. Der Anbau unterliegt ganz klaren Regeln. Sie sollten ihn besser in einer Karosseriebauwerkstatt oder einem Fachbetrieb durchführen lassen. Oftmals werden schon geeignete Befestigungsmaterialien im Montageset geliefert. Der Tank muss ausreichend befestigt sein und wird in die Fahrzeugpapiere eingetragen

- Die Einbaulage des Tanks ist mit »oben« gekennzeichnet.
- Die Armaturen müssen gegen Spritzwasser und Beschädigungen geschützt werden. Dafür gibt es geeignete Einbaukästen, die am Tank verschraubt

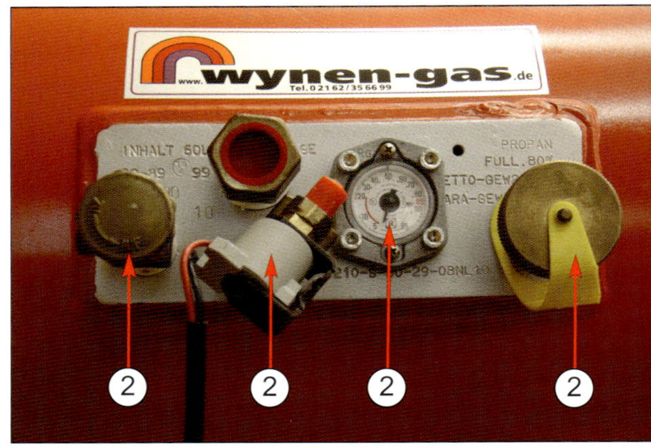

Gastankanlage: 1 Anschluss Flüssiggasanlage (Gasphase), 2 Anschluss Flüssiggas (Flüssigphase für Autogasantrieb), 3 Füllstandanzeige, 4 Füllstutzen.

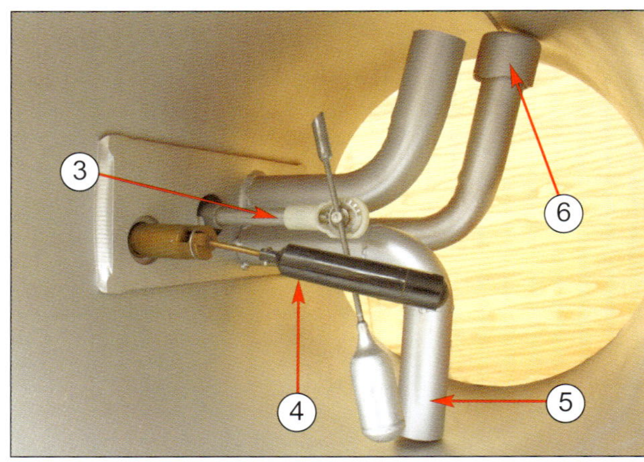

Gastankanlage von innen: 3 Füllstandanzeige, 4 Füllstutzen mit 80% Füllstandbegrenzung, 5 Entnahmerohr Flüssigphase, 6 Entnahmerohr Gasphase.

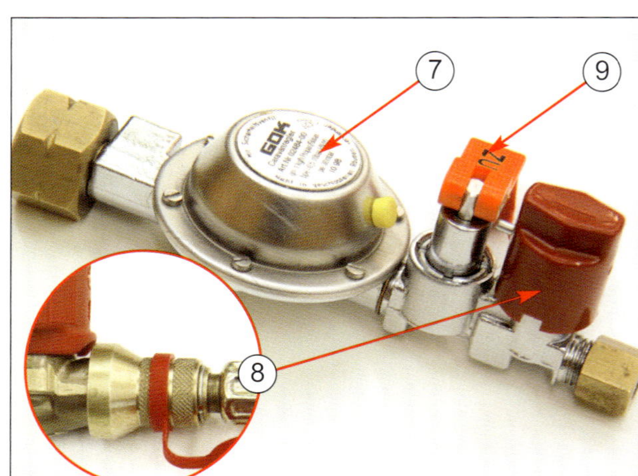

Druckregler mit Prüfanschluss: 7 Regler, 8 Prüfanschluss mit Ventil, 9 Schnellschlussventil.

sind. Bringen Sie ein Spritzschutzblech vor dem Tank an, um Korrosion durch Steinschlag zu vermeiden.

- Der Tank darf die Bodenfreiheit des Fahrzeugs nicht einschränken. Er darf also nicht weiter nach unten ragen als der tiefste Punkt des Wagens an der Hinter- oder Vorderachse. Wählen Sie deshalb eine möglichst schlanke Tankausführung.
- Der Tank soll zudem nicht näher als 25 cm seitlich und 30 cm über einem Abgasrohr – auch dem der Kraftstoff-Zusatzheizung – sitzen, sonst ist jeweils ein Abschirmblech erforderlich.
- Am Regler (7) des Tanksystems muss ein Prüfanschluss (8) kombiniert mit Schnellschlussventil verbaut sein, damit bei der Kontrolle keine Schneidring-Verschraubung geöffnet werden muss.

Druckregler

Der Druckregler ist das erste Bauteil nach dem Flaschenventil, das zur Gasanlage eines Kraftfahrzeugs gehört. Mit einem Linksgewinde ist der Druckregler an der Gasflasche festgeschraubt. Er ist für die Druckreduzierung des Flaschendrucks für die Gasanlage im Fahrzeug zuständig. Der zulässige Betriebsdruck für die Gasanlagen im Fahrzeug beträgt 30 mbar. Mit einer Übergangsfrist bis zum Januar 2006 darf der Betriebsdruck noch 50 mbar betragen. Für spätere Umbauten beträgt er nun zwingend 30 mbar. Altfahrzeuge haben allerdings auch hier Bestandsschutz. Sie müssen nicht auf einen 30-mbar-Druckregler umgerüstet werden. Der Druckregler besitzt außerdem ein Sicherheitsventil: Steigt der Betriebsdruck (durch eine defekte Reglermembrane beispielsweise) über 150 mbar an, öffnet das Ventil und das Gas kann in den Flaschenkasten strömen, von wo es über die Belüftung nach außen gelangt. So werden die Gasverbraucher vor Schäden geschützt. Es dürfen nur nicht verstellbarere 30-mbar-Druckregler nach DIN EN 12864 Anhang D bzw. DIN EN 13786 mit CE-Zulassung verbaut werden. Dieser Druckregler kann entweder direkt an der Flasche oder innerhalb des Gaskastens an der Wand montiert sein. In letzterem Fall darf der Verbindungsschlauch (Hochdruckschlauch PR30) nicht länger als 40 cm sein. Mit der aktuellen Heizgeräterichtlinie wird für das Heizen während der Fahrt eine erhöhte Sicherheitsanforderung an die Gasanlage umgesetzt. Druckregler mit Gasströmungswächter und die daran angeschlossenen Hochdruckschläuche mit integrierter Schlauchbruchsicherung

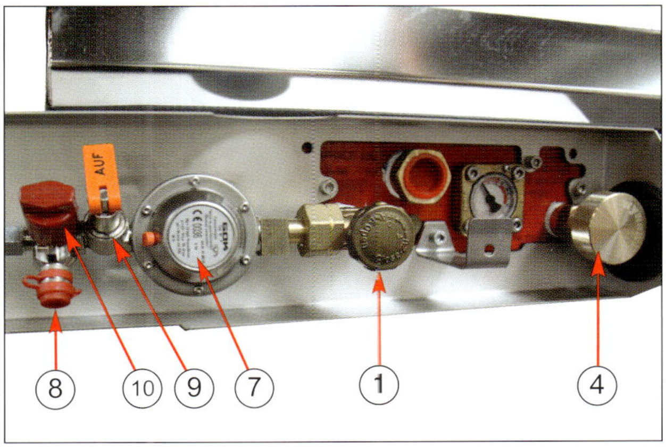

Anbaukasten an der Gastankanlage: 1 Anschluss Flüssiggasanlage mit Abstellventil, 4 Füllstutzen, 7 Regler, 8 Prüfanschluss mit Ventil, 9 Schnellschlussventil.

sind die Grundlage zur Erfüllung dieser Richtlinie. Mit einem solchen Druckregler (z. B. Truma SecuMotion) dürfen Sie in ganz Europa während der Fahrt heizen.

Leitung und Schläuche

Egal, ob der Druckregler direkt an der Flasche oder in der Gasflaschenkastenwand montiert ist: Ein Gasschlauch muss die Verbindung von der Flasche zum Anschluss an der Gasflaschenkastenwand herstellen. Nach dem Schlauch erfolgt die Gasführung in einer festen Leitung. Durch die Wand des Gasflaschen-Kastens sollte eine »Schottverschraubung« oder eine feste Gasleitung führen. Der Gasschlauch im Gasflaschenkasten darf grundsätzlich nicht länger als 40 cm sein. Bei Auszugsvorrichtung dürfen es ausnahmsweise höchstens 75 cm sein. Die Gasschläuche müssen mit »DIN 4815-2« oder »DIN EN 1763« gekennzeichnet sein und müssen alle 10 Jahre ersetzt werden. Selbstverständlich müssen Gasschläuche so verlegt sein, dass sie nirgends eingeklemmt oder aufgescheuert werden oder sich an heißen Gegenständen (Heizung, Herd) erwärmen können.

Verbraucher und Kreisaufteilung

An einer gut zugänglichen Stelle im Innenraum müssen die nach dem Hauptschalter geschalteten Einzel-Absperrventile montiert werden. Jeder einzelne Gasverbraucher bekommt ein eigenes Ventil, auf dem seine Zugehörigkeit vermerkt wird. Hierfür gibt es zu den Ventilen geeignete Klebesymbole zu kaufen. Absperrhähne gibt es einzeln und als 2er-, 3er- oder 4er-Block zu kaufen, entsprechend der Anzahl der Gasgeräte im Fahrzeug. Die einzelnen Absperrhähne sol-

GEFAHRHINWEISE

Gefahrenabwehr Erstickungsgefahr

Offene Brennstellen wie ein Herd und mancher Backofen verbrauchen Sauerstoff aus dem Wageninnern. Vor Anzünden des Kochers muss deshalb für Belüftung gesorgt werden.
Mindestens 150 cm² groß muss die Belüftungsöffnung nach draußen sein. Das entspricht einem freien Querschnitt von 12,5 x 12,5 cm. Selbst wenn keine Schiebefenster, Dachluken oder Ähnliches vorhanden sind, gibt es diese Belüftungsmöglichkeiten im VW-Bus: Dann bleibt eben ein vorderes Türfenster oder die Schiebetür offen.
Wichtig für die Abnahme der Gasanlage und natürlich auch für den sicheren Betrieb ist jedoch ein Schild, das in der Nähe des Herds angebracht wird und Sie an die erforderliche Belüftung erinnert.
»Achtung! Bei Benutzung von Gas-Küchengeräten müssen die verschließbaren Belüftungsöffnungen (Dachluken u. Ä.) offen sein. Offene Brennstellen dürfen nicht zum Heizen verwendet werden«.
Zugelassene Aufkleber mit diesem oder ähnlichem Wortlaut gibt es überall dort, wo Flüssiggas-Geräte verkauft werden.

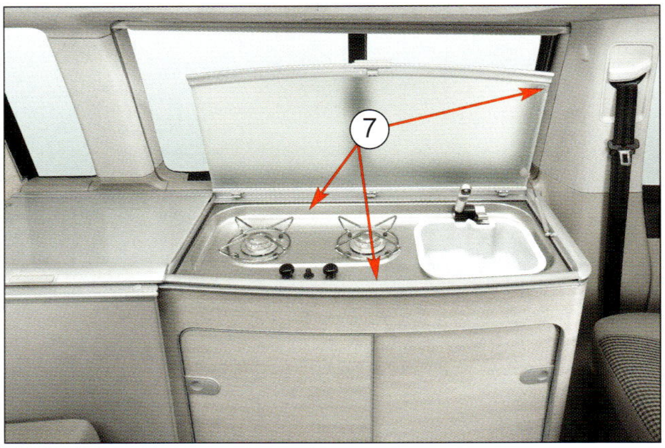

Kochfeld mit Spüle: 1 mögliche Positionierung für das Typenschild oder aber von unten sichtbar.

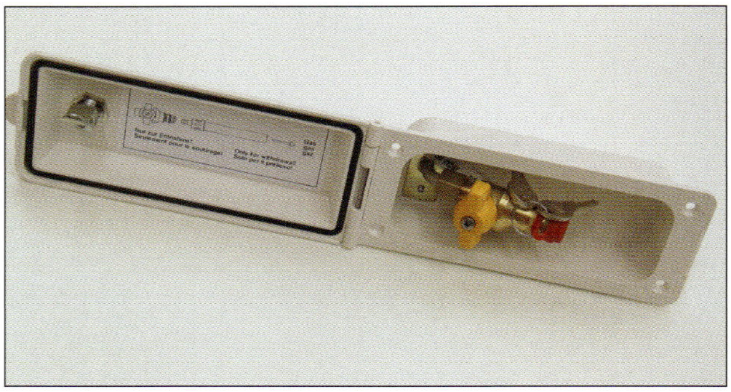

Anschluss für externe Geräte: Für den Anschluss des Grills außerhalb des Fahrzeugs gibt es vertauschungssichere Anschlüsse. Für die Einspeisung von Gas am Campingplatz ist es ein anderer Anschluss, aber in ähnlicher Ausführung.

len ein schnelles Abschalten einzelner Gasgeräte ermöglichen. Ein ungenutzter Ausgang am Ende des Verteilerblocks muss mit einem Blindstopfen verschlossen werden.

Gasverbraucher

Alle Gasverbraucher, die im Fahrzeug verbaut sind, verbrauchen Gas und natürlich auch Luft. Es muss Ihnen klar sein, dass es Verbraucher gibt, die vom Innenraum abgekapselt arbeiten und andere, die Luft aus dem Innenraum beziehen. Beim Herd sieht man die Flammen noch und kann sich gut vorstellen, dass der Sauerstoff, den die Flamme umsetzt, in Konkurrenz zur eigenen Atemluft steht. Die wohlige Wärme und der appetitliche Duft aus einem Backofen lässt allerdings nichts Böses ahnen. Und das ist meist ein Gerät, das die Frischluft dem Innenraum entzieht und das mit mehreren Brennern. Die Belüftungsluken sind hier durchaus wichtig, vielleicht sogar lebenswichtig.
Welche Eckdaten und welche Betriebsauflagen für die einzelnen Geräte zusammenkommen, finden Sie in den jeweiligen Betriebsanleitungen der Hersteller.
Achten Sie darauf, dass die Geräte ein Typenschild haben, gerade wenn sie gebraucht erstanden werden. Weiterhin sind längst nicht alle Geräte, die Sie anschließen können, auch für den Betrieb im Fahrzeug zugelassen.

Externe Anschlüsse

Auch wenn Sie als Camper und vielleicht sogar als Busumbauer einige Erfahrungen im Schrauben und sicherlich auch beim Improvisieren gesammelt haben, sollten Sie diese Eigenschaften in Sachen Energieversorgung nur im Rahmen der gesetzlichen Möglichkeiten und der fachlichen Regeln ausleben. Selbstverständlich ist es möglich, extern – also außerhalb eines Fahrzeugs – ein Gasgerät über die Gasanlage des Fahrzeuges zu betreiben. Die beste Lösung ist hierfür eine Gassteckdose im Außenbereich der Karosserie. Sie ermöglicht den sicheren Anschluss mit vertauschungssicheren Leitungen. Niemals sollten Sie aber durch diesen Anschluss Gas einspeisen. Dafür gibt es

GEFAHRHINWEISE

Gefahrenabwehr Brandgefahr

Sehen Sie sich vor der ersten Inbetriebnahme des Kochers die Umgebung genau an: Es dürfen sich keine brennbaren Holzplatten oder gar Vorhänge in der Nähe befinden. Gerade die Vorhänge müssen so angebracht werden, dass sie auch nicht zufällig in die Nähe des Kochers geraten können. Gefährdete Holzteile müssen Sie mit Stahl- oder Aluminiumblechen verkleiden oder besser einen Schutz aus diesem Material anfertigen. Ein Bauteil, das schadlos stark erwärmt werden kann, wäre beispielsweise eine Herdabdeckung, die in hochgeklapptem betriebsfähigen Zustand Vorhänge oder einen Schrank schützt.

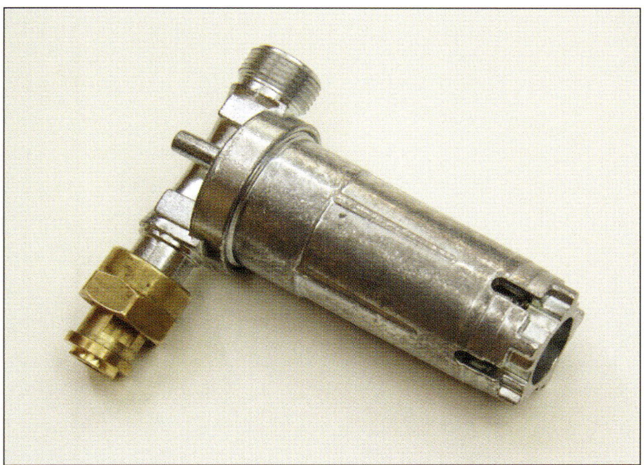

Filtereinheit: um Verschmutzungen und Ablagerungen aus der Gasanlage herauszuhalten.

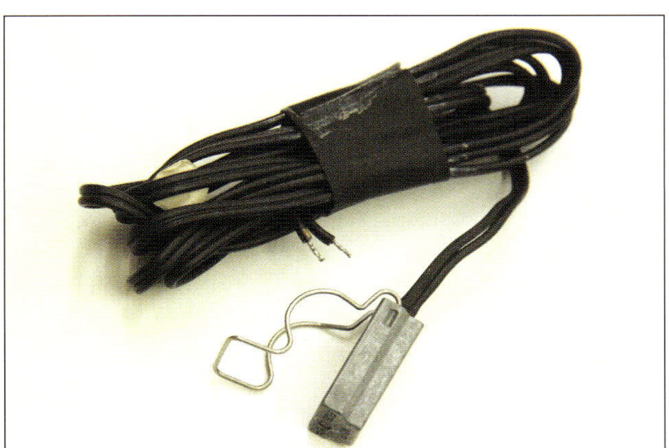

Eis-Ex: So wird die Vereisung des Gasreglers verhindert und auch bei winterlichen Verhältnissen die störungsfreie Gasversorgung gewährleistet.

einen weiteren Anschluss, der auch hier wieder vertauschungssicher und geprüft die Einspeisung von der Speisestelle am Campingplatz ermöglicht. Nur um es nochmals zu erwähnen: Die Flaschenbefüllung ist auch so nicht legal möglich und durch die Anschlüsse nicht vorgesehen. Die Gaszufuhr erfolgt im Aggregatzustand gasförmig. Eine Füllung der Flasche ist schon deswegen unsinnig.

Neue Bauteile

Wie in allen Bereichen entwickelt sich auch die Ausrüstung der Flüssiggasanlagen weiter. Von elektrisch schaltbaren Ventilen bis zu Geräten, die selbstständig nach dem verfügbaren Energiemedium auswählen, wird stetig neue Technik auf den Markt kommen. Hier sollten Sie eine Caravan-Messe aufsuchen und mit den Herstellern sprechen. Vom Smartphone- bis zum Bordnetzsystemsteuergerät wird hier vieles möglich.

Zusatzgeräte

Auch hier bleibt nur die regelmäßige Info beim Händler oder auf Messen, um auf dem Laufendem zu bleiben. Einige aus unserer Sicht sinnvolle Anschaffungen werden wir exemplarisch für viele Neuheiten genauer vorstellen.

Der Leckindikator ist ein solches Bauteil. Bildlich haben wir ihn schon am Anfang vorgestellt. Einmal in die Leitung eingebaut, kann er durch einfaches Knopfdrücken bei abgestellter Gasanlage durch kleine Gasblasen darstellen, ob die abgestellte Anlage Gas verliert und genauer untersucht werden muss, oder ob alles dicht ist und kein Gas auf Abwegen unterwegs ist. Der Gasfilter erscheint zuerst einmal völlig überflüssig. Vorgeschaltet vor den Gasregler ist er aber in der Lage, dem Verkleben des Reglers und so manchen Ventils durch die augenscheinlich zunehmende Additivierung der Brenngase entgegenzuwirken. Der Zustand des Filters kann durch ein Schauglas im Auge behalten werden. Für die Reinigung muss lediglich die Kappe demontiert werden.

Gasgeneratoren

Eigentlich stellen die Gasgeneratoren eine weitere Möglichkeit dar, eine autarke Versorgung des Campers zu ermöglichen. Aus Brenngas Strom zu entwickeln, ist aufgrund der recht einfachen Beschaffung des Brenngases eine sinnvolle Überlegung. Allerdings sind diese Systeme recht teuer in der Anschaffung. Wir möchten Ihnen in diesem Kapitel lediglich die Möglichkeit des

Anbaus im Camper nahebringen. Sicherlich werden nicht viele Umbauer diese Erweiterung tatsächlich realisieren. Im Wesentlichen gibt es die günstigere Variante, die mit einem kleinen Verbrennungsmotor, der das Brenngas aus der Flaschen verarbeitet, einen Generator antreibt, der dann den Strom erzeugt. Die Abwärme kann zum Heizen des Innenraums mitgenutzt werden. Die deutlich teurere Variante zur Stromerzeugung ist die Brennstoffzelle. Vibrationsfrei erfolgt die Stromerzeugung durch die Umwandlung chemischer Energie in elektrische Energie.

Das Flaschenlager

Die Lagerung der Betriebsflaschen im Wohnmobil ist oftmals aufgrund der vielfältigen Platzierungsmöglichkeiten kein Problem. Beim Camper wie dem T5 sieht es in dieser Hinsicht schon anders aus. Ein Außenkasten entfällt oftmals schon. Üblicherweise wird also, wenn kein Gastank zum Einsatz kommen soll, die übliche Unterbringung im Schrank für Spüle und/oder Kocher bevorzugt werden. Hier gelten folgende Grundsätze:

Innen liegender Flaschenkasten

- Es dürfen maximal zwei Gasflaschen (6) mit höchstens 16 kg Fassungsvermögen eingebaut werden.
- Die Türdichtung (3) muss umlaufend ausgeführt und natürlich dicht sein.
- Die Sockelhöhe muss mindestens 5 cm betragen, um den Innenraum abzuschotten.
- 2% in Bodennähe (8) muss die Lüftungsöffnung betragen (besser sogar im Boden selbst). Die Mindestgröße liegt hier bei einer lichten Öffnung von 100 cm^2 oder aufgeteilt in 1% über dem Boden (5) und 1% in Bodennähe (8). Die Mindestöffnung beträgt dann je Öffnung 50 cm^2. Die Öffnungen werden in der Regel durch Gitter oder Lüftungen verkleinert, das muss natürlich berücksichtigt werden.
- Es müssen Halterungen für die entsprechende Anzahl der Flaschen im Flaschenkasten vorhanden sein.
- Der Flaschenwechsel muss ohne Werkzeug durchführbar sein.
- Im Flaschenkasten dürfen nur Geräte verbaut werden, die für den Flaschenkasten speziell zugelassen sind. Das bedeutet in der Regel, dass diese explosionsgeschützt sind.

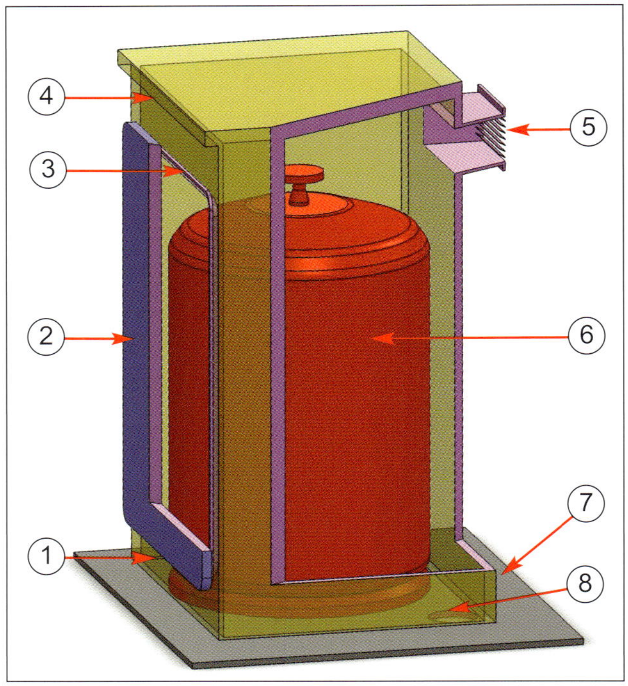

Gasschrank im Schnitt: 1 Sockel Mindesthöhe 5 cm, 2 Schranktür, 3 Dichtung aus Moosgummi, 4 Schrankkorpus, 5 Lüftung, 6 Gasflasche, 7 Fahrzeugboden, 8 Bodenöffnung.

- Der Flaschenkasten muss jederzeit zugänglich sein.
- Das Flaschenventil muss im Notfall abgestellt werden können.
- Schlauchleitungen dürfen in der Regel höchsten 40 cm lang sein und müssen wie der Regler nach 10 Jahren ersetzt werden.
- Der Regler kann auch an der Wand verbaut werden. Der Anschlussschlauch zur Flasche muss dann ein Hochdruckschlauch bis 30 bar sein.

Besonderheiten bei innen liegendem Flaschenkasten mit geringem Fassungsvermögen

- Es dürfen maximal zwei Gasflaschen (6) mit höchstens 7 kg Fassungsvermögen eingebaut werden.
- Es muss eine fallende Lüftungsleitung im Boden verbaut sein, der Mindestdurchmesser beträgt 20 mm. Die Länge des Ablaufs darf bis zum 10- bis 20-fachen des Durchmessers betragen.

Bedarfsrechnung

Natürlich hängt der Gasverbrauch von vielen Faktoren ab. Das sind die Außentemperatur und das per-

Bauteil	Verbrauch	Nutzzeit in Stunden	Gasverbrauch am Tag
Kocher	150 g/h	1–2 h	150–300 g
Kühlschrank	10 g/h	24 h	200 g
Heizung	100 g/h	24 h (Winter)	2400 g
Gesamtverbrauch am Tag			ca. 2900 g

sönliche Koch- und Heizverhalten. Anhand der oben stehenden Tabelle lässt sich der Gasverbrauch über den Daumen abschätzen.
Nun wird der Gasvorrat durch den Gasverbrauch geteilt. Das ergibt in unserem Fall, wenn wir von einer 11-kg-Flasche ausgehen, etwa 3 Tage und 19 Stunden. Wenn Sie nun längere Zeit ohne eine Gasflaschen-Station auskommen wollen, müssen Sie entsprechend nachrüsten.

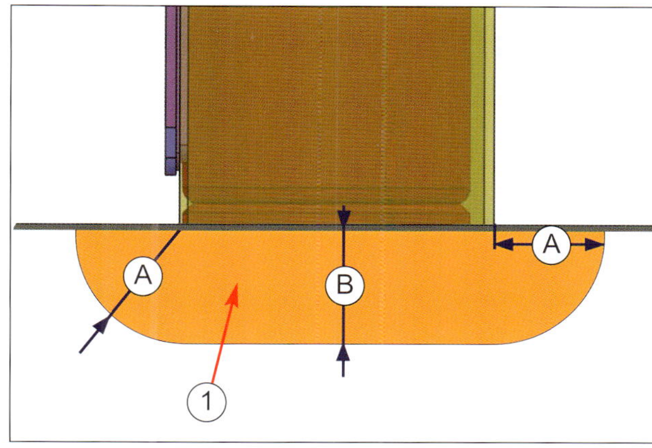

Diese Abstandsmaße zur Auspuffanlage müssen eingehalten werden: 1 Abstandbereich, A Abstand seitlich 25 cm, B Abstand zum Boden 30 cm.

Wichtige Abstände

Montage und Betrieb von Gasanlagen sind an bauliche Auflagen gebunden, die eingehalten werden müssen.

Abstand zu Teilen der Auspuffanlage

Um zu vermeiden, dass Gas mit einer heißen Auspuffanlage in Berührung kommt, muss ein Abstand (1) zur Auspuffanlage von 25 cm seitlich (A) und 30 cm vom Boden (B) nach oben eingehalten werden. Wenn diese Maße beim Wohnmobilumbau nicht eingehalten werden können, muss ein Wärmeleitblech, das einen Mindestabstand von 25 mm zum Flaschenkasten aufweist, die Lüftungsöffnung weiterführen. Natürlich darf sich der Öffnungsquerschnitt nicht verringern.

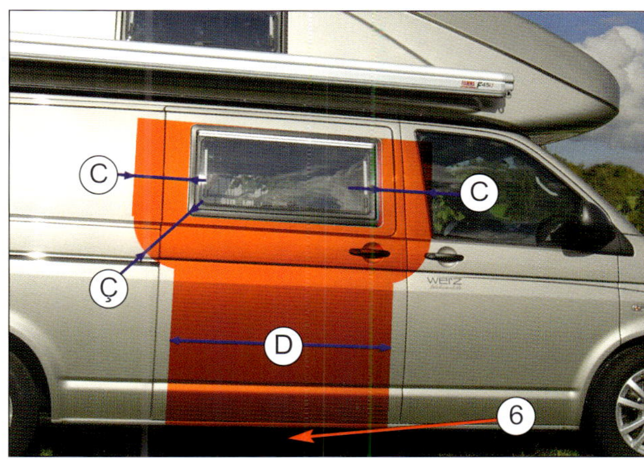

Abgaskanäle und Kamine nur im Abstand zu Fenster und Lüftungen: 2 Bereich geht bis zum Boden, C 30 cm, D Fensterbreite.

Abstand zu Fenster und Lüftungen

Abgasöffnungen von Heizung, Kamin oder Anderem dürfen nicht in einem Bereich (C) von 50 cm von einem Tankstutzen oder einer Entlüftung der Tankanlage positioniert werden. Gasverbrauchsgeräte mit einem Verbrauch, der mehr als 30 g/h beträgt, müssen die Fensterverbotszone, die wir nebenstehend dargestellt haben, einhalten. Heizanlagen gehören in der Regel immer zu den Geräten, die dieser Zone unterliegen. Kühlschränke müssen, wegen des meist geringeren Verbrauchs, nicht unbedingt außerhalb dieser Zone entlüftet werden. Der Abgasdeckel kann sich dann auch innerhalb der Zone befinden.

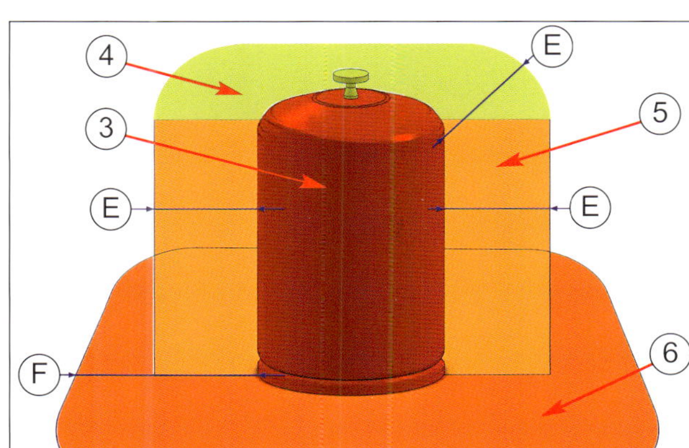

Abstand zu außen stehenden Flaschen: 3 Gasflasche, 4 Bereich um das Flaschenventil, 5 Bereich um die Flasche, 6 Bereich »schachtfreie Zone«.

Abstand zu außen stehenden Flaschen und Flaschenkästen

Für die Versorgung durch Flaschen außerhalb des

Fahrzeuges gibt es auch Sicherheitsabstände, die eingehalten werden müssen. Wird die Versorgung mit mehr als einer Flasche durchgeführt, müssen die Flaschen in einem Flaschenkasten untergebracht werden. Bei einer einzelnen Flasche muss ein Abstand (E) zu Zündquellen sowie Fenster und Lüftungen von 50 cm eingehalten werden. Zu Schächten, Kanaleinläufen und Kellerzugängen 1 m Abstand (F). Diese Abstände gelten bis auf die Abdeckung oben (4) auch für den Flaschenkasten.

Gasflaschenwechsel

Den Flaschenwechsel sollten Sie möglichst nach Plan angehen. Es ist sehr unangenehm nachts noch mal umräumen zu müssen, nur weil die Gasflasche zu Ende ist und die Heizung kalt bleibt.

- Sorgen Sie für gute Belüftung, indem Sie die Schiebetür öffnen.
- Drehen Sie die angeschlossene Gasflasche zu.
- Drehen Sie die Überwurfmutter im Uhrzeigersinn am Flaschenventil auf (Linksgewinde).
- Nehmen Sie den Anschlussschlauch oder den Regler mit Anschlussschlauch vom Flaschengewinde ab.
- Prüfen Sie den Zustand des Dichtgummis.
- Schließen Sie den Anschlussschlauch oder den Regler mit Anschlussschlauch an der neuen Flasche an und drehen Sie die Überwurfmutter fest.

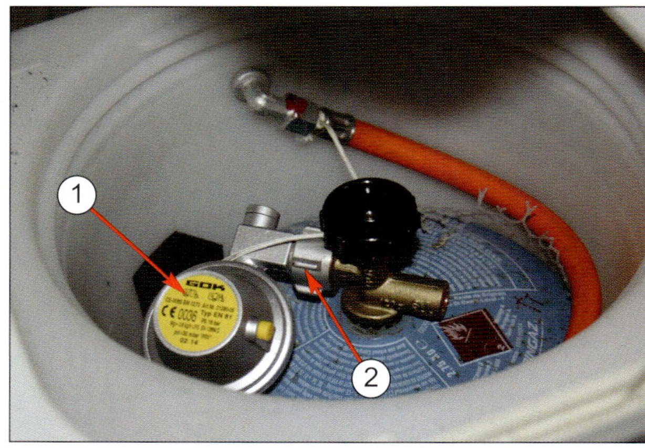

Gasflasche und Regler: 1 Regler, 2 Überwurfmutter, alles im Flaschenkasten, der drumherum gleich der Wassertank ist.

- Drehen Sie die angeschlossene Gasflasche auf.
- Prüfen Sie die Dichtheit des Anschlusses mit Lecksuchspray.

Dichtheitsprüfung

Diese Prüfung wird auch bei der Gasprüfung durchgeführt. Eine Kontrolle zwischendurch schadet nicht.

- Sorgen Sie für gute Belüftung, indem Sie die Tür öffnen.
- Drehen Sie die angeschlossene Gasflasche zu.
- Schließen Sie den Drucktester an den Prüfanschluss an und schalten Sie den Anschluss frei.
- Pumpen Sie einen Druck von 150 mbar auf die Anlage und schließen Sie die Pumpe so weit erforderlich.
- Nach 5 Minuten geht man davon aus, dass der Druckausgleich stattgefunden hat.
- Bei einem Anlagenvolumen von etwa 700 cm³ darf innerhalb der nächsten 5 Minuten der Druck um maximal 10 mbar fallen. Bis zu diesem Wert darf die Anlage als dicht betrachtet werden.

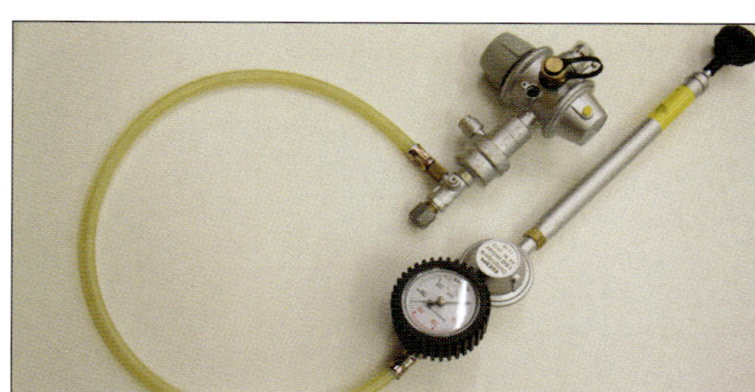

Energiekonzepte

Natürlich gibt es für die Wohnmobile auch sehr gute und ausgewogene Energiekonzepte. Welche Energiequelle wann genutzt werden kann, was sie zu leisten vermag und welche Kosten dadurch entstehen, muss gut überlegt werden. Ganz sicher wäre es schön, möglichst alle Bereiche im gleichen Maße nutzen zu können. Vom Solarpanel bis zur Brennstoffzelle stehen viele unterschiedliche Varianten zur Verfügung, deren Kosten aber schnell auch den Fahrzeugwert übersteigen können. Die Wahl der Energiequelle, die Steuerung der Funktionen und die Anforderungen an das Fahrzeug sind Kriterien, die – wie auch ein vernünftiges Mittelmaß zwischen Anforderungen und Kosten – gegeneinander abgewogen werden müssen. Oftmals kann durch eine vernünftige Planung und den gezielten Einsatz von geeigneten Systemen ausreichend Energie eingespart werden, um auch einen mehrtägigen autarken Aufenthalt mit dem Bus durchhalten zu können. Sogar die LED-Technik in der Beleuchtung kann einiges an Strom einsparen und ist heute auch in der Anschaffung nicht mehr teuer.

Bordbatterie mit dem Fahrzeuggenerator laden

Auf die Verwendung einer weiteren Batterie sind wir ja bereits in diesem Kapitel eingegangen. Das Fahrzeugbordnetz ist von VW schon auf viele Begebenheiten von Haus aus abstimmbar. Sie sollten aber auf eine eigenmächtige Batterieerweiterung verzichten, wenn diese nicht in das Konzept des Bordnetzsteuergerätes von VW einzuarbeiten ist. Auf den Anschluss eines Bordnetzsystems, das die Ladung für den Wohnmobiltrakt regelt, sollten Sie verzichten, wenn nicht geklärt ist, wie das Fahrzeugsteuergerät mit dem Campingsteuergerät umgeht. Die Auswahl der genutzten Batterie kann vom Bordnetzsteuergerät des Fahrzeugs abhängig werden. Eine erhöhte Ladespannung wird nicht ohne Weiteres von jedem Akkumulator weggesteckt. Die Ladespannung wird zwar nach wie vor mit dem Generator erzeugt, aber nicht mehr von ihm selbst geregelt.

Links: Prüfgerät am Prüfanschluss: Mit Prüfanschluss und passendem Adapter fällt die Druckprüfung deutlich leichter.

Systemaufbau Energiekonzept: 1 Solarpanel, 2 Spannungswandler, 3 Steuereinheit, 4 DC/AC-Wandler für 220 V, 5 Batterie, 6 Ladegerät, 7 Fahrzeuggenerator.

Solarpanel

Der Anbau eines Solarpanels gestaltet sich beim T5 eher schwierig. Aber auch manuell aufstellbare Systeme können zur Energiegewinnung sinnvoll beitragen, allerdings liegen die Leistungen oft nur bei wenigen 100 W. Sie sind also eher für die Batterieerhaltungsladung zu verwenden.

Spannungswandler (12 V auf 230 V)

Der Einsatz von Spannungswandlern macht Sinn, wenn Geräte betrieben werden sollen, die auch im Alltag zum Einsatz kommen. Allerdings ist hier die Leistung eingeschränkt. Ein Haarföhn hat schnell mal 2000 W.

Die Leistungsabnahme kann dann auch schnell mal die Bordbatterie in die Knie zwingen. Klar: Der Einsatz kann auch einfach auf solche Standorte beschränkt werden, die eine entsprechende Spannungsversorgung gewährleisten können.

Ladegeräte (Ladeerhaltung)

Die Anbindung eines Ladegerätes, um die Bordnetzspannung auch bei längeren Aufenthalten mit Netzzugang zu erhalten, ist sehr sinnvoll. Schließlich sind Verbraucher wie das Radio oder andere spannungsversorgte Verbraucher auch bei stehendem Motor in Betrieb.

Auch hier muss das Ladegerät natürlich zu den verwendeten Akkumulatoren passen, um keine Schäden zu hinterlassen und die Ladung zu garantieren.

Innenausbau

Sie haben unterschiedliche Aspekte und unterschiedliche Raumkonzepte kennen gelernt, wichtige Begründungen bekommen, welche Anforderungen Sie an Ihre Ausstattung stellen sollten. Was aber, wenn Sie nun mit den vorgefertigten Teilen nicht glücklich sind? Was, wenn Ihr Handwerker-Gen juckt und der Ausbau vom Rohmaterial zum Camper werden soll? Auch diesen Bereich möchten wir mit praktischen Tipps unterstützen und an einigen Beispielen von der Konstruktion über die Skizzen bis zum genauen Anpassen an das Fahrzeug begleiten.

Eigenbau oder Systemkauf

Auch in diesem Bereich ist mal wieder alles möglich. Es können bei den großen Campingmärkten sowohl fertige Konzepte aber auch das Material einzeln bezogen werden. Wer allerdings glaubt viel Geld durch die eigene Arbeitsleistung einsparen zu können, wird erstaunt feststellen, dass die Preise für fertige Fahrzeugkonzepte die noch eingebaut werden müssen oder sogar fertige Fahrzeuge im Vergleich gar nicht mehr so teuer sind, wie es den ersten Anschein hat. Oftmals aber ist gar nicht der Gedanke ans Sparschwein der Auslöser für den Eigenbau. Es ist einfach reizvoll, die Probleme, die Lösungen und ganz wichtig auch den Weg dazwischen selbst erleben zu dürfen. Eigene Ideen und Überlegungen in die Praxis umsetzen zu können ist sehr aufwändig, oft sehr lernintensiv, aber meistens sehr befriedigend. Ein Projekt von Anfang bis zum Ende durchleben zu können ist meist im Berufsleben kaum noch möglich. Der Umbau kann also auch ein genialer Ausgleich zum Alltag sein.

Die Serienfertigung

Will ein Hersteller Ausbaumöbel oder komplette Ausbauten liefern, bleiben ihm nur zwei mögliche und sinnvolle Wege. Der eine ist der Preis, der andere ein ausgeklügeltes Konzept, das am besten eine Alleinstellung auf dem Markt sichert. In jedem Fall muss die hohe Qualität in der Regel auf Maschinen erfolgen, die auch für größere Stückzahlen geeignet sind. Auf die kleinen Sägen und Schleifmaschinen werden Serienhersteller schon aufgrund der längeren Bearbeitungszeit kaum zurückgreifen können.

Planung mit CAD

CAD »**C**omputer **A**ided **D**esign« bedeutet Rechner(Computer)-gestützte Konstruktion. Bei modernen professionellen Programmen bedeutet das meist, dass Bauteile – wie in unserem Fall beispielsweise ein Küchenschrank – bereits virtuell dreidimensional betrachtbar auf dem Bildschirm entsteht. Es geht längst nicht mehr um die Zeichnung selbst, sondern tatsächlich um die Konstruktion oder besser den virtuellen Bau eines Werkstückes oder einer Baugruppe wie unseren Schrank. So können auf dem Bildschirm schon Funktionen geprüft oder auch Veränderungen getes-

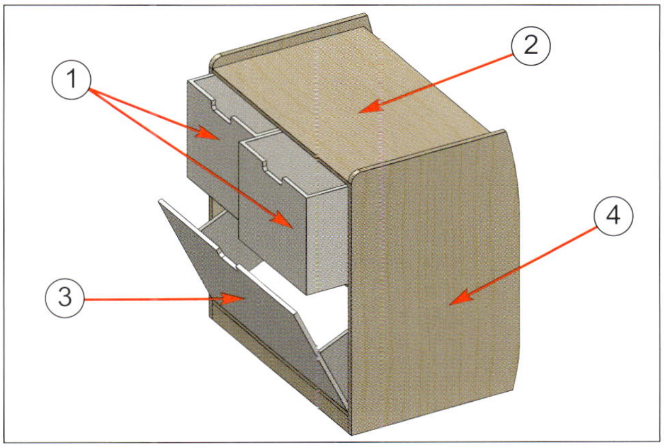

Schrank als 3D CAD: Die typische Grundausstattung für einen schmalen Schrank hinter dem Fahrersitz. 1 Schubladen, 2 Ablage, 3 Klapplade, 4 Schrankkorpus.

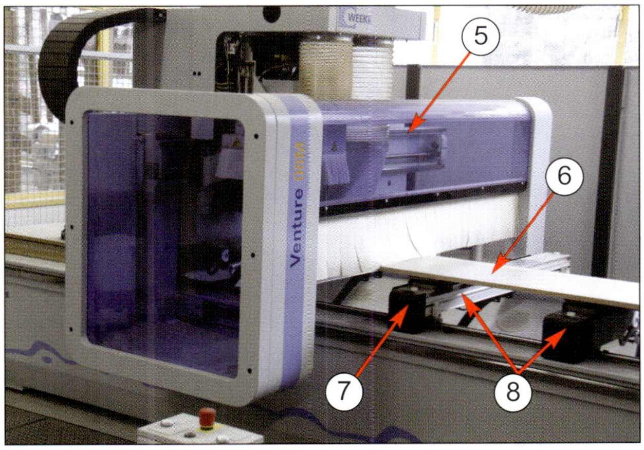

Portalfräse als Universalfertigungswerkzeug: von der Nut über Außenkonturen bis zu Löchern alles ein Arbeitsschritt. 5 Portalrahmen, 6 Seitenwand für unseren Schrank, 7 Unterdruckspanner, 5 Tragrahmen.

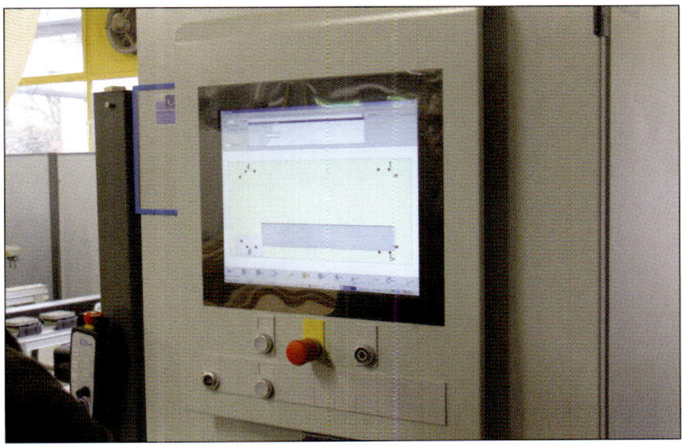

Zeichnungsformat als Basis für Arbeitsschritte und Bewegungen der Fräse: Die Eingabe und Kontrolle erfolgt über den Eingabebildschirm der CNC-Portalfräse.

tet und ausgeführt werden. Als Ergebnis der Konstruktionsarbeiten entstehen Zeichnungen, die dann digital von den verarbeitenden Geräten wie beispielsweise der Portalfräse umgesetzt werden können. Der Möbelschreiner übernimmt dann auch die Funktion des Maschinenführers.

CNC-Fertigungsstraßen als Standard
CNC »**C**omputer **N**umercial **C**ontrol« gesteuerte Maschinen sind Maschinen, die über moderne Steuerungstechnik angesteuert werden. Positionen, Werkzeuge und Bearbeitungsanforderungen werden aus einem Datensatz ausgelesen und durch die Maschine ausgeführt. Ob nun Zuschnitt oder eine Bohrung, eine Nut oder sogar ein Schriftzug: Alles ist in einer Maschine in der Regel sogar ohne ein zeitaufwändiges Umspannen möglich. Um konkurrenzfähig Produkte herstellen zu können, ist es aufgrund der handwerklichen Anforderungen und den zeitintensiven Teilschritten vom Brett zu Möbel für eine Schreinerei kaum noch möglich, auf automatisierte Arbeitsschritte zu verzichten. Hinzu kommt noch eine sehr hohe Qualität der Arbeitsergebnisse, die manuell kaum zu erreichen ist.

Eigene Fähigkeiten und Fertigkeiten

Natürlich wird es nicht möglich sein, Ihnen das Schreinerhandwerk in Sachen Möbelbau im Rahmen diese Kapitels so weit näher zu bringen, dass Sie in die Lage versetzt werden, ohne jegliche Vorkenntnisse einen kompletten Innenausbau durchzuführen. Viele kleine Erfahrungen und viel Fachwissen verstecken sich oft hinter zuerst einmal einfach aussehenden Arbeitsschritten. Lassen Sie sich aber nicht entmutigen. Es gibt unterschiedliche Schwierigkeitsstufen, in die Sie die Arbeitsschritte unterteilen können. So können Sie durchaus auch Arbeitsschritte, die Sie entweder nicht machen möchten, für die Sie das Werkzeug nicht anschaffen wollen oder für die Sie nicht die erforderliche Zeit aufbringen können, wie die Industriebetriebe ausgliedern. Sprechen Sie den Schreiner in Ihrer Nähe an, ob er einige Aufgaben für Sie übernehmen kann. Die Werkzeuge und Maschinen, die der Profi besitzt, werden Sie in der Regel nicht anschaffen wollen. Die Kosten für die Arbeitsschritte lassen sich leicht vor Ort erfragen. Möglicherweise erhalten Sie im Rahmen dieser fachlichen Gespräche wertvolle Tipps aus der Praxis, die unbezahlbar sind. So können Sie durchaus Materialien in Ihre Planung mit einbeziehen, die Sie

Professionelle Umleimung: Mit Druck und Temperatur werden die Industrieumleimer auf die Schnittkanten aufgebracht.

Formatkreissäge: Auch hier hat längst die Elektronik Einzug gehalten. Abmessungen und Schnittdrehzahlen werden elektronisch erfasst und geregelt.

nicht verarbeiten können. Ein typisches Beispiel hierfür sind die Umleimer für die Brettkanten. Die Materialien zum Aufbügeln sind bei Weitem nicht so belastbar wie die, die der Profi verarbeitet. Hier ist es absolut sinnvoll nachzufragen, was das Aufbringen der Kanten kosten würde und welche Voraussetzungen das Brett für die Bearbeitung in den Maschinen dafür erfüllen muss.

Planen und beauftragen

Vor den meisten Löchern und Zuschnitten kommt die Planung, was denn wohin, in welcher Größe entstehen soll. Die Konstruktion benötigt sehr oft mehr Zeit als die eigentliche Fertigung. Gerade dann, wenn Sie beginnen Ihre Anforderungen zu spezifizieren und in dem Projekt zu verwirklichen. So entstehen Einrichtungsgegenstände für Ihren T5, die für Ihre Anforderungen wahrscheinlich nicht mehr zu optimieren sind. Aus den Überlegungen und der Konstruktion müssen tatsächlich zu fertigende Bauteile entstehen. Meist entsteht zuerst eine technische Zeichnung, die die Abmessungen und Besonderheiten für jedes Bauteil darstellt. An den Skizzen werden dann notwendige oder gewünschte Veränderungen dargestellt. Die fertigen Skizzen sind für die Beauftragung für den Zuschnitt beim Schreiner oder anderen Handwerkern, die Ihnen mit Spezialwerkzeugen einige Arbeitsschritte abnehmen sollen, sehr wichtig.

CAD-Konstruktion selbst angehen

Natürlich können Sie auch mit Papier und Bleistift alle Skizzen fertigen. In irgendeiner Arbeitsphase wird es aber sehr aufwändig, die Passgenauigkeit genau zu erfassen oder mögliche Änderungen einzuarbeiten. Es ist deshalb sehr zu empfehlen sich in ein 2D- oder besser gleich in ein 3D-Zeichenprogramm einzuarbeiten. Der Unterschied der einen Dimension liegt in der flachen Zeichnung im 2D und dem virtuell entstehenden Objekt, das von allen Seiten betrachtet werden kann. Hier können einzelne Teile für beispielsweise ein Möbelstück konstruiert und am virtuellen Möbel ausprobiert, verändert und angepasst werden. Die Zeichnung ist dann nur noch das Produkt des Druckers. Änderungen und Überlegungen sind auf dem Bildschirm virtuell deutlich schneller und wesentlich genauer entstanden als mit Bleistift, Zirkel und Lineal. Einige wenige CAD 3D-Programme sind als »Freeware« erhältlich. Eines der bekanntesten ist »FreeCAD«.
Sie können aber auch ein CAD-Programm schon für wenige Euro in Versteigerungsplattformen erstehen.

Erforderliche Werkzeuge

Dieses Buch wendet sich an Menschen, die sich ein Wohnmobil in Eigenleistung erstellen wollen oder möglichst viel Eigenleistung in ihr eigenes Wohnmobil einbringen wollen. Entsprechend stehen Ihnen in der Regel weder eine moderne Portalfräse noch eine Präzisionssäge zur Verfügung. Es ist aber trotzdem möglich, recht gute Ergebnisse in Sachen Eigenbau auch mit professionellem Material in der Kombination mit dem typischen Heimwerkerwerkzeug zu erzielen.

Handbetriebene Werkzeuge

Es muss nicht alles hoch technisiert werden. Einige handbetätigte Werkzeuge sind nach wie vor auch unter den Aspekten der Effektivität und Qualität sinnvoll einzusetzen. Immer dann, wenn es darum geht, Anpassungen im kleinen Umfang durchzuführen oder Kleinigkeiten nachzubessern, ist die Handarbeit meist der schnellere Weg. Wichtig auch hierbei ist es, qualitativ hochwertiges Werkzeug anzuschaffen und dieses dann auch sachgemäß richtig anzuwenden.

Die Handgehrungssäge

Der häufigste Einsatz für eine Gehrungssäge ist der Zuschnitt von Leisten. In den meisten Fällen müssen sehr genaue Winkel eingehalten werden, um die Leisten beispielsweise passgenau und schön in eine Ecke anpassen zu können. Am günstigsten sind Anlageprofile, die für den Zuschnitt von 45°- und 90°-Winkeln das Sägeblatt führen. Besser sind die Gehrungssägen die eine freie Winkeleinstellung ermöglichen. So wird es auch möglich leichte Abweichungen auszugleichen. Zudem ist die Führung der Säge bei diesem Sägetyp deutlich genauer.

Der Stechbeitel

Der Stechbeitel ist mit seiner messerscharfen Klinge ein Universalwerkzeug für die Schreiner. Nebst Stemmarbeiten in Holz kann er auch überstehende Kantenumleimer passend zur Fläche abscheiden. Unterschieden werden zuerst einmal zwei unterschiedliche Bauformen. Die Bauform »A« unterscheidet sich von der Bauform »B« nur durch die Ausführung der Seitenkanten. Bei der Bauform »A« sind diese gerade, bei der Bauform »B« angeschrägt. Die Schräge er-

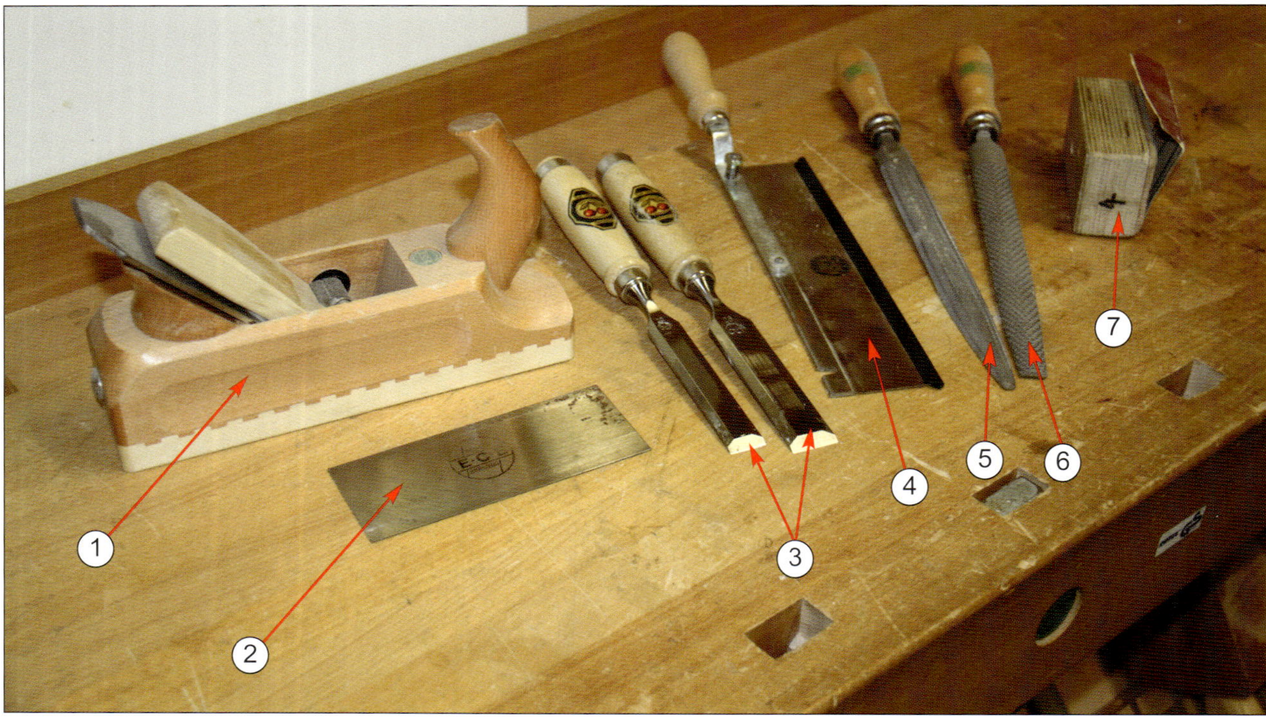

Handwerkzeuge in der Holzbearbeitung: Nicht alles geht mit Maschinenkraft. 1 Hobel, 2 Ziehklinge, 3 Stechbeitel, 4 Feinsäge, 5 Holzfeile, 6 Holzraspel, 7 Schleifklotz mit Korkauflage und Schleifpapier.

leichtert die Arbeiten beim Ausstechen von Material in Ecken erheblich.

Eine gute Feinsäge

Je feiner das Sägeblatt, umso weniger werden beim Sägen Holzfasern ausbrechen. Der Schnitt wird mit der Feinsäge sichtbar feiner. Ein wesentlicher Unterschied liegt in der Arbeitsrichtung der Säge. Die meisten Feinsägen sind so ausgelegt, dass der Arbeitshub beim Schieben des Sägeblattes erfolgt. Das macht es erforderlich, das Sägeblatt möglichst steif auszulegen, um die Schubkraft übertragen zu können. Anders ist das bei einer »Japansäge«. Ihr Sägeblatt ist so hergestellt, dass der Arbeitshub in die Zugrichtung erfolgt. So können auch die Sägeblätter deutlich dünner ausgeführt werden. Aber auch in der Bauform der Sägeblätter gibt es erhebliche Unterschiede. Die Verzahnung des Sägeblattes in Dreiecksform ist für die Schnitte längs zur Holzfaser ausgelegt. Der Abstand der Zähne ist über das Sägeblatt unterschiedlich um den Anschnitt zu erleichtern und die Schnittleistung zu verbessern. Die Trapezverzahnung kommt bevorzugt für Schnitte quer zur Faser zum Einsatz. Der Anschliff der Zähne erfolgt schräg und wechselseitig zur Schnittrichtung. Sehr häufig folgen immer drei der messerscharfen Anschliffe in einer Schliffrichtung hintereinander. Die Kombination aus beiden Zahnarten ergibt eine Säge für den universellen Einsatz. Die Qualität liegt im Schliff der Sägezähne und der Härtung des Sägeblattes. Oftmals spiegelt sich die Qualität im Anschaffungspreis wieder.

Feilen und Raspeln

Beide Werkzeuge dienen zur Materialabnahme, in der Regel um Sägeschnitte nachzuarbeiten oder Konturen anzupassen. Der Unterschied zwischen einer Feile und einer Raspel liegt im Wesentlichen in der Bearbeitungsrauheit. Die Raspel ist deutlich gröber als die Feile. Was man bei einer Säge als Zahnteilung bezeichnet, nennt sich bei Feile und Raspel Hieb. Gemeint sind hier die Größe, die Anzahl und der Abstand der Einschläge (Hiebe), die die Arbeitsklingen des Werkzeuges bilden. Je höher die Hiebzahl benannt wird, umso feiner wird die Raspel oder Feile. Vergleicht man die Hiebzahlen, fallen Raspeln im Vergleich zu Feilen gröber aus. Die Hiebzahl der Raspel wird auf eine Fläche von 1 cm^3 bezogen. Die Anzahl der Hiebe einer Feile ist unabhängig von der Feilenlänge. Eine weitere Größe ist die angegebene Hiebnummer. Diese sagt aus, wie groß die einzelne Arbeitsklinge der Feile ist.

Feile und Raspel: Der Unterschied ist erkenn- und fühlbar.

Hobel und Ziehklingen

Hobel und Ziehklingen sind »schabende« Werkzeuge, da der Schnitt mit weniger als 90° zum Material geführt wird. Sie werden zur Glättung der Oberfläche eingesetzt. Überstehende Holzfasern werden abgeschnitten. Beide Klingen müssen für ein gutes Arbeitsergebnis sehr scharf sein. Die Klingen müssen von Zeit zu Zeit nachgearbeitet werden. Hobel gibt es in vielen unterschiedlichen Bauformen mit unterschiedlichen Aufgaben. Für die meisten Arbeiten zum Glätten sind so genannte Schrupp- oder Schlichthobel ausreichend. Mit ihnen werden Sägeschnitte recht einfach begradigt. Die Ziehklinge wird zum Glätten von Flächen verwendet. Spezielle Bauformen erlauben auch gewölbte Flächen durch Abziehen zu glätten.

Schleifklotz und Schleifpapier

Wer sich beim Werkzeughändler umschaut, wird schnell feststellen, dass es eine Unzahl verschiedener Schleifmittel in unterschiedlichsten Körnungen gibt. Die Körnungszahl bezeichnet die Anzahl der Schleifkörner, die auf einer Papierfläche angebracht worden sind. Je größer also die Zahl wird, umso feiner werden die Schleifkörner und ihre Anzahl steigt zunehmend. Das Schliffbild wird mit der Größe der Körnungsanzahl feiner. Wir stellen Ihnen anhand einer Tabelle eine Übersicht über die Schleifmittel, die Sie benötigen, zur Verfügung und zeigen Ihnen die typische Anwendung für diese Körnung. Ob ein Schleifpapier grob oder fein ist und wie fein es schleift, soll an der Körnungszahl zu erkennen sein. Je feiner der Schliff werden soll, umso höher muss die Zahl sein. Nun gibt es allerdings zwei verschiedene Zahlenreihen, die denn doch etwas Verwirrung stiften können. Die »traditionelle« nationale Zählweise beginnt etwa bei 40 und steigt über 60, 80, 120, 150, 180, 220, 240, 280, 320, 360, 400, 500 bis 600. Weil aber bei dieser Körnungskennzeichnung von Hersteller zu Hersteller die Schleifrillentiefe und -Dichte bei gleicher Körnungszahl oft recht unterschiedlich war, hat man schon vor mehr als einem Jahrzehnt eine internationale Normung eingeführt. Bei ihr ist den Zahlen der (oft recht klein gedruckte) Buchstabe »P« vorangestellt. Diese »P«-Reihe beginnt schon unter P 40, läuft aber über P 600 hinaus bis P 1200. Bei der P-Reihe hat man größere Zahlen gewählt, weshalb beispielsweise P 400 nicht dem »400er«-Papier alter Lesart entspricht. Beim groben Schliff mit den niedrigen Körnungen ist das für die Autobastelei nicht so tragisch. Aber den Nassschliff vor der Decklackierung darf man keineswegs mit P 600 ausführen. Stattdessen sollte P 1200 als Ersatz für den »600er«-Bogen genommen werden. Achten Sie beim Einsatz von Feinschliffpapier unbedingt darauf, dass eine »P«-Kennzeichnung vorliegt, ehe es zu Pannen kommt.

PRAXISTIPP – Staubschutz

Auch Schleif- oder Sägestaubstaub kann Ihre Atemwege schädigen. Beachten Sie folgende Regeln beim Schleifen, Sägen oder Bohren:

- Tragen Sie bei staubintensiven Arbeiten immer eine Schutzmaske.
- Tragen Sie bei der Arbeit mit elektrischen Geräten grundsätzlich eine Schutzbrille.
- Soweit möglich schließen Sie einen Staubsauger mit entsprechendem Filter an das Gerät an.
- Sorgen Sie für gute Raumbelüftung.
- Reinigen Sie Ihren Arbeitsplatz regelmäßig.

PRAXISTIPP – Körnung bei Schleifpapier

Neue Bezeichnung	Alte Kennzahl
P 240	180
P 280	220
P 320	240
P 360	280
P 400	320
P 500	360
P 600	Keine Angabe
P 800	400
P 1000	500
P 1200	600

Schleifmethode Untergrund	Maschinell trocken	Manuell trocken	Zu beachten
Vorschliff	P 40 / P 60	P 60 / P 80	Schleifklotz nicht verkanten.
Füllspachtel	P 80 / P 120	P 120 / P 150	Wird kein Feinspachtel verwendet, Schleifmaterial wie beim Feinspachtel verwenden.
Feinspachtel	P 180	P 180	Schleifpapier setzt sich beim Trockenschliff schnell zu.
Haftgrund	P 360 / P 400	P 400	Nicht durchschleifen!
Altlack	P 600 / P 800	Nein	Übergänge verschwinden durch das Anschleifen der Übergangsbereiche.

Unterschiedliche Körnung: Die Rauigkeit lässt sich erfühlen. Die Kennzahl steht auf der Rückseite.

Für die Mehrheit der Hobbyschrauber empfiehlt sich an planen, geraden Flächen einen Handschleifklotz mit aufgespanntem Schleifpapier zu verwenden. Für große Radien oder Rundungen kann man Korkklötze verwenden. Falze, Knicke und enge Rundungen lassen sich mit einem Hartgummiklotz gut bearbeiten. In der oben stehenden Tabelle haben wir einige Zusammenhänge bei Schleifarbeiten dargestellt.

Die Elektrowerkzeuge

Elektrowerkzeuge in der Heimwerker- und Schrauberwerkstatt sind heutzutage durchaus normal. Sie erleichtern die Arbeiten ganz erheblich und helfen zudem das Arbeitsergebnis deutlich zu verbessern. Für die Anschaffung dieser Geräte muss einiges beachtet werden. Lassen Sie sich niemals von dem Gedanken»…brauch ich nur selten« leiten. Zu billig gekauft ist meist zweimal gekauft, da die Gerätschaften deutlich weniger belastbar und in vielen Fällen auch einfacher hergestellt sind. Beides wirkt sich auf die Lebensdauer aus. Erfahrungsgemäß steigen gerade die selten gebrauchten Geräte dann aus, wenn sie gebraucht werden. Ganz sicher ärgert man sich dann gleich doppelt. Nicht nur, dass die begonnene Arbeit unterbrochen werden muss, sondern der Weg zum Baumarkt mit dem vielleicht noch vorhandenen Kassenzettel oder der Versandweg stehen nun bevor, um eine Gewährleistung einzufordern. Gerade, die »selten benötigten« Werkzeuge finden dann den Weg in den Elektroschrott. Es ist überhaupt nicht abwegig, sich ausschließlich an den Topherstellern und an Profigeräten zu orientieren. Zum einen ist die Teilebeschaffung kein Problem und zum anderen ist die Lebensdauer und in den allermeisten Fällen auch die Leistungsfähigkeit um ein Vielfaches höher. Die Differenz im Anschaffungspreis ist, geteilt durch die Jahre der Nutzung, vernachlässigbar gering.

Bohrmaschine, Akkuschrauber und Zubehör
Für die anstehenden Arbeiten im Innenraum sind eigentlich beide Bauarten von Bohrmaschinen von Vorteil. Die Stationären mit Bohrständer erlauben eine deutlich höhere Genauigkeit. Die Bohrungen erfolgen grundsätzlich senkrecht und können nur schlecht auswandern oder abkippen. Die Ansprüche an die handgeführten Geräte sind teilweise sogar widersprüchlich. Gefordert ist immer eine kleine Bauweise. Aber die Leistung sollte möglichst groß sein. Schließlich müssen auch große Bohrungen hergestellt werden können oder auch eine Lochsäge betrieben werden.

Achten Sie bei der Anschaffung eines Gerätes darauf, dass es mit einem Schnellspannfutter ausgerüstet ist. So sind schnelle Werkzeugwechsel auch ohne lästiges Suchen nach dem Bohrfutterschlüssel möglich. Weiterhin sind eine stufenlosen Drehzahlregelung und ein langsamer Maschinenanlauf von Vorteil.
Für die Akkumaschinen kommen noch möglichst lange Betriebszeiten ohne Aufladung des Akkus hinzu. Immer dann, wenn der Akkuschrauber (und Bohrer)

Elektrowerkzeuge zur leichteren Bearbeitung: 1 Handkreissäge, 2 Akkubohrmaschine, 3 Elektrohobel, 4 Bandschleifgerät, 5 Schwingschleifer, 6 Deltaschleifer, 7 Exzenterschleifer, 8 Bohrmaschine, 9 Stichsäge.

PRAXISTIPP

Gefahrenhinweis

Bei allen Maschinen, bei denen drehende Teile freiliegen, müssen unbedingt folgende Hinweise beachtet werden. Es besteht erhebliche Verletzungsgefahr:

- Tragen Sie bei der Arbeit mit elektrischen Geräten grundsätzlich eine Schutzbrille.
- Ziehen Sie niemals Handschuhe an.
- Tragen Sie niemals lange Haare offen. Binden Sie lange Haare zusammen.
- Reinigen Sie Ihren Arbeitsplatz regelmäßig.

zu den Geräten gehört, die bei Ihnen nicht allzu häufig in Betrieb sind, sollten Sie auf ein System zurückgreifen, das eine geringe Selbstentladung aufweist. So ist die kleine Maschine schnell einsatzbereit zur Hand. Typisch für diese Eigenschaften sind Lithium-Ionen Akkumulatoren. Sicherlich im ersten Moment etwas teurer in der Anschaffung. Die Vorteile während der Nutzung machen den Anschaffungspreis aber mehr als wett.

Akkubohrschrauberset: alles in einem Set komplett. Ob Bohren, Schrauben – universell einsetzbar in vielen Bereichen.

Bohrer, Fräsen und Lochsägen

Löcher können vollständig unterschiedlich sein. Ob nun in Metall oder in Holz gebohrt wird, ob nun ein Loch für eine Verschraubung im Holz vorgebohrt werden muss oder aber ein Loch für die Aufnahme eines

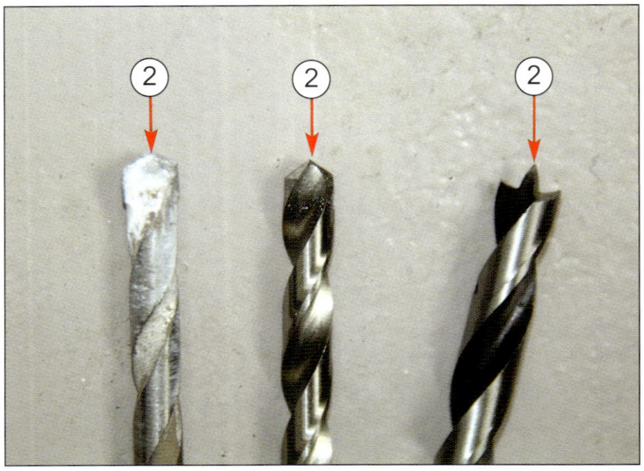

Unterschiedliche Bohrer: 1 Steinbohrer mit Meißelkopf, 2 Metallbohrer HSS mit Schneiden, 3 Holzbohrer mit Zentrierdorn.

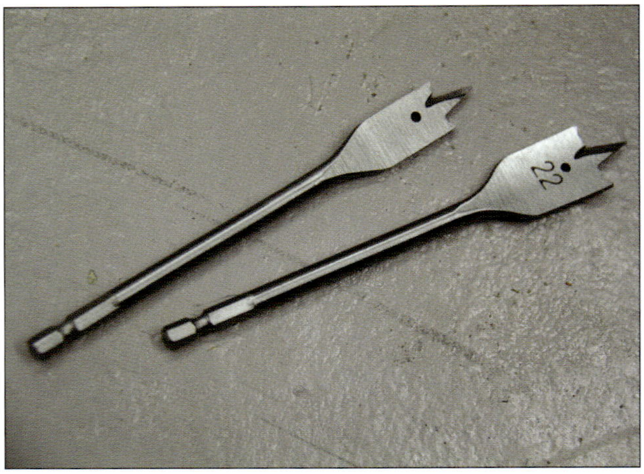

Für große Löcher: Forstnerbohrer fräsen auch mit einem Akkuschrauber ausreichend große Löcher für diverse Kabel- und Leitungsdurchführungen in Holz und Kunststoff.

Topfscharnieres in einer Tür entstehen soll: Der Unterschied liegt zum einen im Bohrer aber auch in der Maschineneinstellung. Für die unterschiedlichen Materialien müssen auch unterschiedliche Bohrer zum Einsatz kommen, um ein möglichst gutes Ergebnis erzielen zu können.

PRAXISTIPP

Drehzahl bei Kreissägen

Die Drehzahlanwahl bei Kreissägemaschinen ist wichtig für ein gutes Schnittergebnis. Sie sollte frei wählbar und elektronisch geregelt sein, zudem müssen Sie auf den Vorschub achten. Die angegebenen Werte sollen Ihnen als Vorangaben für eine mögliche Einstellung dienen. Die genaue Anpassung sollten Sie dann selbst durchführen.

Zuschnittmaterial	Drehzahlanwahl in %
Weichholz und mit Holz furnierte Platten	100%
Mit Kunststoff beschichtete Platten	
MDF-Platten	
Hartholz	70% bis 75%
Acryl- und Plexiglas	
Harte Kunststoffe	
Aluminium	
Kunststoffe weich	50% bis 100%
Nicht Eisen (NE)-Metalle	

Die Tischkreissäge

Immer dann, wenn es darum geht, lange gerade Schnitte zu machen ist es sinnvoll, diese auf einer Tischkreissäge mit vernünftigen Anschlägen durchzuführen. Besser ist es aber, Sie führen (oder lassen) diese Arbeiten auf einer Formatkreissäge durch. Der Unterschied zwischen diesen beiden Geräten ist erheblich. Bei einer Tischkreissäge erfolgt der erste Anschnitt aufgrund des Abstands zum Sägeblatt meist (fast) freihändig. Erst dann liegt das Material an der Führung an. Bei Formatkreissägen wird der gesamte Auflagentisch bewegt. So ist die Führung bereits vor dem Anschnitt gewährleistet. Wenn Sie kein solches Gerät zur Hand haben, können Sie sich diese Arbeiten von einem Schreinerbetrieb oder in einem Baumarkt auf einem Profigerät für recht kleines Geld durchführen lassen. Fragen Sie ruhig mal nach.

Die Handkreissäge

Zuerst einmal müssen wir zwei unterschiedliche Handkreissägetypen unterscheiden. Bei der Pendelhaubensäge ragt das Sägeblatt immer aus dem Sägeschuh heraus. Um Anwender und das Sägeblatt zu schützen, wird das Sägeblatt durch eine Pendelhaube abgedeckt, die beim Ansetzen an das Material automatisch zurückgeschoben wird. Die Tauchsäge senkt Motor und Sägeblatt ab. Das Sägeblatt taucht dann in das Schnittmaterial ein. So wird ein Anschnitt mitten im Material möglich. Jedes noch so kleine Projekt beginnt immer mit dem Holzzuschnitt. Die nachfolgenden Arbeiten sind abhängig von diesem Zuschnitt. Die Handkreissäge ist eines der wichtigsten, wenn nicht sogar das wichtigste Elektrowerkzeug des Wohnmobilumbauers. Eine Handkreissäge ist die richtige Maschine für den präzisen und gerade verlaufenden Zuschnitt der Platten. Zu einer guten Handkreissäge gehört ein abgestimmtes Führungsschienensystem. Eine Kreissäge ist ausschließlich für gerade Sägeschnitte gedacht. Eine vernünftige Führung dieser Maschine ist somit unerlässlich. Zwar ist eine Holzleiste auch als Führung zu gebrauchen, es besteht aber die Gefahr, dass die Maschine von der Leiste »abwandert« und das Werkstück oder sogar die ganze Platte dann nicht mehr zu verwenden ist.

Formatkreissäge im Einsatz: Die erforderliche Genauigkeit der Schnitte lässt sich nur mit einer guten Säge realisieren.

Kapp- und Gehrungssäge

Diese Säge ist unverzichtbar für alle Arbeiten, bei denen mit passenden Winkeln Leisten oder Rahmen zugeschnitten werden müssen. Genau genommen handelt es sich um eine sehr genau geführte Handkreissäge. Die Drehzahlanwahl und auch die unterschiedlichen Sägeblätter sind mit der Handkreissäge kompatibel.

Das Material wird an einen Anlagewinkel angelegt. Ein klarer Vorteil liegt in den Verstellmöglichkeiten der Schnittwinkel. Bei den hochwertigeren Geräten ist es möglich, den Gehrungswinkel und einen Neigungswinkel einzustellen. So ist es auch möglich, in Schrägen eine Deckleiste passend zuzuschneiden. Eine Veränderung der Schnittwinkel ist auch bereits für den Zuschnitt einer »falschen Gehrung« erforderlich. So werden Gehrungen bezeichnet, an denen zwei Ma-

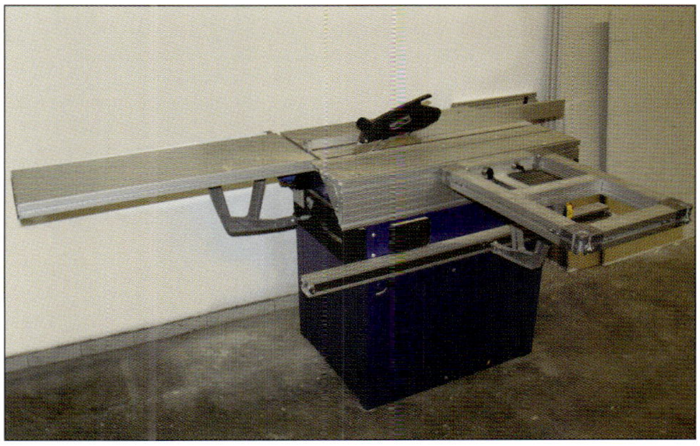

Tischkreissäge: Auflagen, Anschläge und Führungen lassen ein genaueres Arbeiten zu.

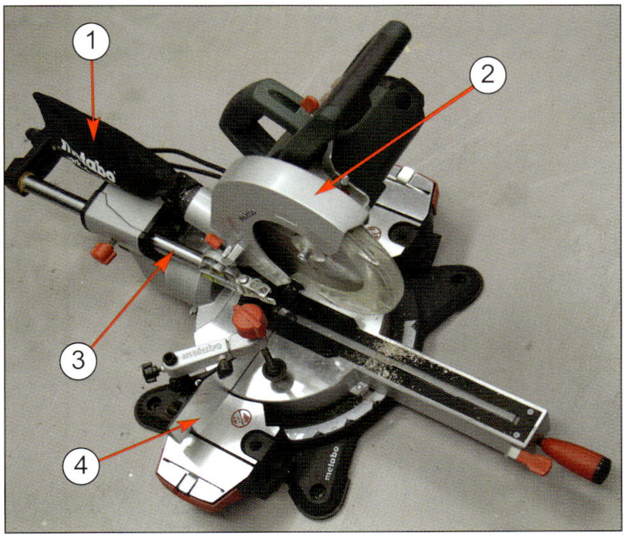

Kapp- und Gehrungssäge: 1 Staubbeutel, 2 Sägeblattschutz, 3 Führungsschienen, 4 Anschlag und Auflagetisch.

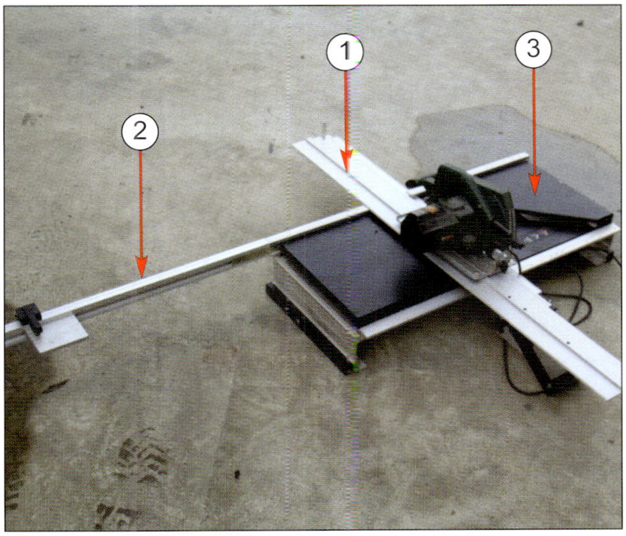

Handkreissäge mit Führungsschiene: 1 Laufschiene für die Maschine, 2 Anlage-Verlängerung, 3 Tisch und Anlageschiene.

Kreissägeblätter

PRAXISTIPP

Kreissägeblätter sind im Grunde genommen runde Stahlscheiben, auf deren Umfang die Zähne mit Schneiden angeordnet sind. Sie unterscheiden sich aber durch wichtige Merkmale:

- Außendurchmesser
- Sägeblattbohrung
- Anzahl und Form der Zähne
- Positivem und negativem Spanwinkel.
- Abwechselnd links und rechts abgeschrägt
- Trapezzahn
- Flachzahn

Die Anwendungen für die einzelnen Sägeblätter beschreiben die Hersteller auf der Verpackung des Sägeblattes und in der Regel nochmals auf einem Aufdruck auf dem Sägeblatt.

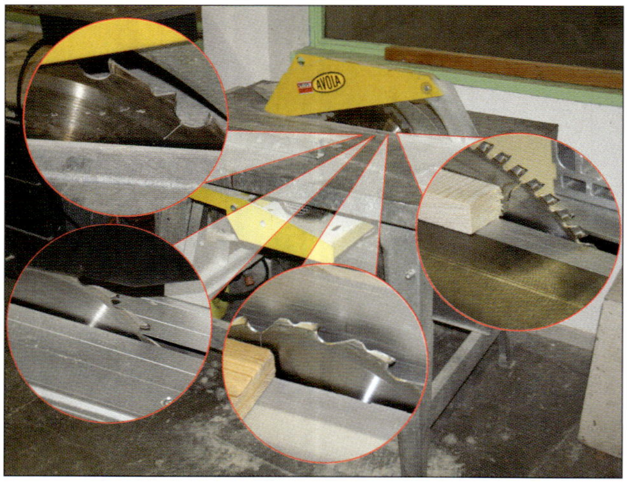

Unterschiedliche Sägeblätter: Der Unterschied liegt im Wesentlichen in der Zahngestaltung und der Anzahl der Zähne.

terialien in unterschiedlicher Materialstärke aneinandergestoßen werden sollen. Die unterschiedlichen Materialstärken machen einen anderen Schnittwinkel erforderlich. Sinnvoll ist ein »Laserliner«, der die werdende Schnittlinie mit Laserlicht markiert, um die Leiste genau passend zum Schnitt ausrichten zu können.

Die Stichsäge

Sie ist eine weitere für die Umbaumaßnahmen sehr wichtige Säge. Sie ermöglicht Radien zu sägen, aber auch winklig bis in die Ecke hinein zu schneiden. Damit ist sie unverzichtbar für den Einbau von Türen

Stichsäge im Einsatz: Die erforderliche Genauigkeit der Schnitte lässt sich nur mit einer guten Säge realisieren.

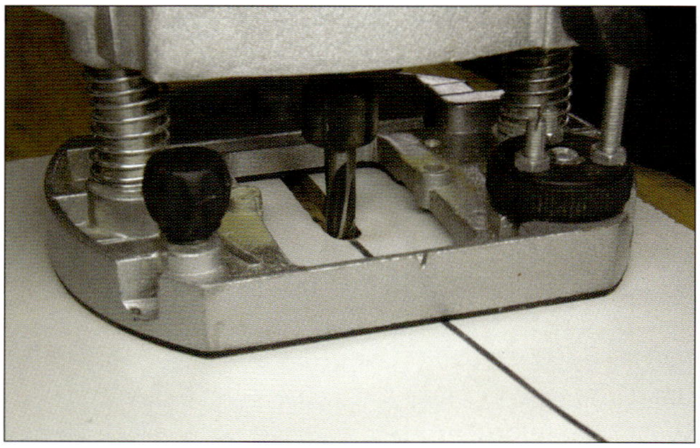

Oberfräse in Aktion: Fräsen einer Nut entlang einer Linie erfordert Geduld und eine ruhige Hand.

Die Oberfräse in Aktion: Für die Abrundung einer Kante wird der Fräser mit einem kleiner Lager am Brett sicher geführt.

oder Bauteile mit Einbaurahmen in die Möbel oder sogar für den Ausschnitt im Fahrzeugdach für ein Hubdach. Ältere Geräte sind als reine Hubsägen ausgelegt. Modernere Geräte weisen heute aufwändige Pendelhubbewegungen auf. Das erhöht die Schnittleistung erheblich. Allerdings entsteht durch die Pendelbewegung des Blattes auch die Gefahr von Ausbrüchen in der Oberfläche des Materials. Auch hier gibt es für einige Sägen Führungsschienen, die eine gerade Schnittführung ermöglichen. Auch für die Stichsägen kann unsere Tabelle für die Schnittdrehzahl passend zum Material übertragen werden. Natürlich finden sich auch hier die unterschiedlichsten Sägeblätter mit vielfältigen Eigenschaften für unterschiedlichste Materialien.

Die Oberfräse

Eigentlich ein faszinierend einfaches Gerät. Eine Aufnahme ermöglicht es, unterschiedliche Fräser an der Motorwelle zu befestigen. Schon können Konturen entsprechend der Fräserform hergestellt werden oder einfach Nuten zum Einschieben von Rückwänden oder Nuten zur Führung beweglicher Möbelteile.
Die Praxis ist etwas schwieriger. Die Schwierigkeit liegt in der Führung des Fräsers. Im Grunde genommen können zwei Führungsarten für die Oberfräse unterschieden werden. Zum einen die Wellenführung. Hier wird mittels eines Kugellagers, das am Fräser verbaut ist, die Kontur des Werkstückes abgefahren und die Kontur in Abhängigkeit von der Bauform des Fräsers abgefräst. Das kann ein einfaches Brechen einer Kante sein aber durchaus auch eine aufwändige Struktur mit Rundungen und kleinen Phasen. Zum anderen kann die Fräse über Ihren Rahmen geführt werden. Mit einer Führungsschiene, einem Parallelanschlag oder einer Zirkeleinrichtung können vorgegebene lineare Bahnen gezogen werden. Eine Kopierhülse erlaubt eine kleine Serienfertigung auch aufwändiger Konturen. Diverse Anschläge und Führungen lassen auch Feinarbeiten wie das Planfräsen und Anfasen von Holzumleimern an den Brettkanten zu. Die Einsatzmöglichkeiten sind vielfältig. Der Umgang mit diesem Werkzeug sollte aber vorher geübt werden. Fertigen Sie, so lange Sie noch keine Erfahrungen gesammelt haben, Musterstücke an um Ihren Arbeitsablauf zu optimieren.

Deltaschleifer und Schwingschleifer

Beide Schleifgeräte sind so genannte Schwingschleifer. Das bedeutet, dass die Spannplatte für das Schleifpapier durch einen Exzenter in eine kreisförmige Schwingbewegung versetzt wird. Das an der Spannplatte befestigte Schleifpapier reibt nun an der Materialoberfläche und trägt das Material in Staubform ab. Beide Geräte sind Schleifgeräte, deren Aufgabe in der Hauptsache die Oberflächenbearbeitung ist. Am besten gelingen zusammenhängende Flächen, Rundungen sind schwieriger zu bearbeiten, unebene Flächen sind schwer bis gar nicht zu bearbeiten. Die Schleifleistung kann durch die Motordrehzahl und durch die Körnung des Schleifpapiers beeinflusst werden. Das Schleifpapier wird beim klassischen Schwingschleifer mit Spannbügeln an der Spannplatte befestigt. Beim Deltaschleifer hingegen werden die Schleifpapierblätter in der Regel mit einem Klettsystem versehen und so auf der Spannplatte befestigt. Ein Bügelsystem wür-

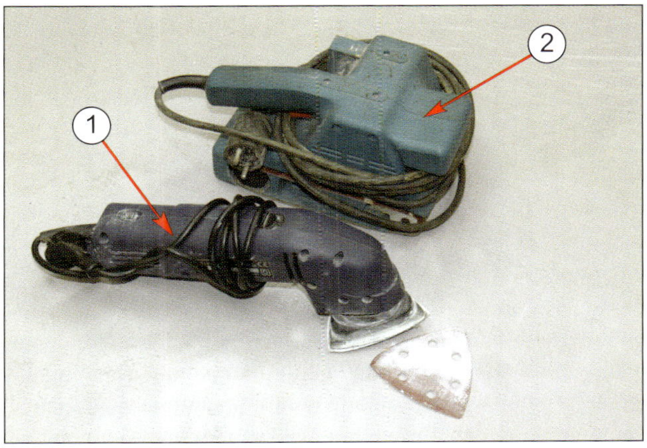

Dreiecksschleifer (1) und Bandschleifer (2): Der Dreiecks- oder Deltaschleifer ist ein Schwingschleifer. Der Bandschleifer hat nur eine Schliffrichtung mit umlaufendem Schleifpapier.

Exzenterschleifer: 1 Filterpatrone, 2 Filterbeutel, 3 Deltaschleifer, 4 Exzenterschleifer.

de den Arbeitsbereich einschränken. Der klassische Schwingschleifer unterscheidet sich vom Deltaschleifer auch in der Form der Spannplatte. Die dreieckige Form der Spannplatte des Deltaschleifers ermöglicht den Zugang auch in enge nicht rechtwinklige Flächen. Sehr wichtig bei diesen Geräten ist es, den entstehenden Schleifstaub aufzunehmen. Das kann mit einem Industriestaubsauger oder bei guter Eigenabsaugung auch durch eine Filterpatrone erfolgen.

Der Exzenterschleifer

Die Bezeichnung »Exzenter« weist eigentlich nur darauf hin, dass die Schleifbewegung außermittig, also aus dem Mittelpunkt versetzt erfolgt. Beim Exzenterschleifer kommt zu der Schwingbewegung des Schwingschleifers noch eine Kreisbewegung des Schleiftellers hinzu. Das ergibt ein sehr gleichmäßiges Schliffbild, da ein einzelnes Schleifkorn nicht nur im Schwingkreis, sondern auch um den Teller umlaufend seine Schleifarbeit verrichten kann. Dadurch wird die Schleifleistung sehr hoch. Aufgrund der runden Spannplattenform ist es auch bei kleineren Durchmessern kaum möglich in Ecken zu arbeiten. Der Exzenterschleifer ist sehr gut für die Holzbearbeitung geeignet. Es ist sehr wichtig, den Exzenterschleifer nicht mit bereits laufendem Motor auf das Material aufzusetzen. Die Rotationsbewegung des Tellers kann schnell zu einer Riefenbildung führen. Auch bei diesen Geräten ist es sehr wichtig, den entstehenden Schleifstaub aufzunehmen. Das kann mit einem Industriestaubsauger oder bei guter Eigenabsaugung wie bei den Flexschleifern auch durch eine Filterpatrone erfolgen.

Material, Kosten und Gewicht

Dass die Anforderungen an die Möbel in einem Wohnmobil sehr speziell sind, haben Sie bereits in den vorherigen Kapiteln erfahren. Vor der Herstellung steht nun unter anderem auch die Materialauswahl an.

Unterschiedliches Plattenmaterial

Betrachten wir zuerst einmal die unterschiedlichen Plattenmaterialien mit ihren Eigenschaften und der Eignung für den Möbelbau im Wohnmobil. Es wäre zu einfach, wenn nur ein Material zur Verfügung stünde. Aber es gibt auch gute Argumente, bestimmte Bereiche nicht aus besonders leichtem Material zu fertigen. Für den Wohnmobilbau sind heutzutage durchaus ultraleichte und sehr feste Materialien käuflich zu erwerben. Unterschiedliche Oberflächen bis zum Steinimitat sind mit hohen Abriebkennzahlen erhältlich.

Pressspanplatten

Dieser Materialtyp eignet sich gar nicht für den Möbelbau im Fahrzeug. Zwar sind sie mit den unterschiedlichsten Furnieren und Beschichtungen erhältlich, doch besteht das eigentliche Plattenmaterial aus verleimten Holzspänen. Der hohe Leimanteil dieser Platten macht sie viel zu schwer für unseren Bedarf. Zudem halten Schrauben in diesem Material nicht besonders gut. Vibrationen und Verwindungen, die zwangsläufig bei der Fahrt entstehen, lassen die Spanplatte im Bereich der Verschraubung brüchig werden. Die Einrichtung wird instabil. Dazu lässt sich keine ausreichende Unfallsicherheit der Einrichtung erzielen. Auch der günstige Preis sollte Sie nicht für die Verwendung bei Ihrem Ausbau verleiten. Pressspanplatten eignen sich ausschließlich für die Verwendung im Wohnhaus, wo das hohe Gewicht kaum stört und keine Vibrationen vorkommen.

Sperrholzplatten

Sperrholzplatten bestehen aus mindestens drei dünnen Holzschichten, die in der Maserungsrichtung um jeweils 90° versetzt miteinander verleimt sind. Sperrholz ist ein sehr stabiles Material, das durch den gekreuzten Faserverlauf nicht sehr anfällig auf Verzug ist. Üblicherweise wird Sperrholz aus »Gabunholz« gefertigt, das durch seine rötliche Farbe auffällt. Sperrholz ist nicht mit Zierfurnieren erhältlich. Es muss daher, wenn gewünscht, nachträglich furniert werden oder man behandelt die vorhandene Holzoberfläche mit Beize und Lack. Sehr gut geeignet ist Sperrholz für dünne, leichte und dennoch stabile Fachbretter in den Wohnmobil-Schränken. Wer eine besonders leichte Einrichtung bauen will, verwendet Sperrholz auch für die Schrankflächen.

Tischlerplatten

Tischlerplatten sind den Sperrholzplatten recht ähnlich. Allerdings besteht die mittlere Holzlage der Platte aus schmalen Holzstäbchen, die aneinandergeleimt wurden. Diese mittlere Schicht gibt auch die Einbaurichtung vor. So müssen die Stäbchen bei einem belasteten Brett von einem Auflagepunkt zum anderen verlaufen.

Plattenmaterial in unterschiedlichen Aufbauten, Gewichten und Beschichtungen: Gerade die Leichtbauplatten für den Möbelbau im Wohnmobil fallen nicht gerade günstig aus. Preise um 70 bis 80 Euro pro Quadratmeter werden schnell fällig.

Falsch eingebaut wäre das Brett recht instabil. So müsste die untere der beiden dünnen Außenschichten die ganze Belastung aufnehmen. Die Bruchgefahr wäre höher. Die Platten-Außenschichten bestehen üblicherweise aus Gabun, das zumindest unbehandelt nicht sehr wohnlich aussieht. Für die Schrankflächen können Tischlerplatten problemlos zur Anwendung kommen, vorausgesetzt das Furnier gefällt. In der Regel liegen Sie mit 16 mm Materialstärke richtig; bei stark belasteten Platten wie etwa für Bettkonstruktionen kann es ruhig etwas dicker ausfallen. Hervorragend geeignet sind Tischlerplatten auch für Schrankteile, die zwar stabil sein sollen, später aber nicht sichtbar sind. An solchen Stellen brauchen Sie natürlich keine teuren beschichteten Platten zu verwenden. Sägeschnitte sollten mit Bedacht geplant, positioniert und ausgeführt werden, damit nicht allzu viel von der teuren Platte als Verschnitt weggeworfen werden muss.

Beschichtete Pappelsperrholzplatten

Beschichtete Pappel-Sperrholzplatten sind zweifellos das ideale Material zum Bau der Wohnmobilmöbel. Pappelholz ist äußerst leicht und durch die Sperrholzverleimung sehr stabil. Bei Campingmärkten und Wohnmobil-Ausstattern sind Pappel-Sperrholzplatten mit unterschiedlichsten Beschichtungen erhältlich. Beschichtete Platten sind in Wohnmobil sehr zu empfehlen, da sie robust und äußerst pflegeleicht sind. So bleibt das gute Aussehen über lange Jahre erhalten. Naturmaterialien, zumindest im unbehandelten Zustand, verschmutzen mit der Zeit etwas. Mittlerweile gibt es eine Anzahl attraktiver Dekors zur Auswahl. Mit diesen Platten lassen sich die Möbel wirklich problemlos bauen, denn eine nachträgliche Oberflächenbehandlung entfällt. Außerdem sehen die Möbel bei einigem Geschick recht professionell aus. Kanten-, Eck- und Türprofile, die Campingmärkte als Meter- oder Stangenware führen, sind exakt für diese Platten mit meist 15 mm Stärke ausgelegt.

Massivholzplatten

Massivholz verzieht sich, sobald sich die Luftfeuchtigkeit ändert, was im Wohnmobil gewiss nicht selten der Fall ist. Dann passt keine Schranktür mehr, und es entstehen Spalte zwischen den einzelnen Möbeln. Brauchbar wären evtl. noch die stabverleimten Massi-

Unterschiedliche Materialplatten: Die Materialauswahl ist vielfältig, die sinnvolle Auswahl gar nicht so einfach.

vholzplatten, bei denen schmale Holzstäbe zu Platten zusammengeleimt sind. Genauso wären schichtverleimte Massivholzplatten denkbar, bei denen drei Holzschichten miteinander verleimt sind. Nachteilig an diesen Platten ist ihr Splitterverhalten, das bei einem Unfall wichtig werden kann. Wegen der damit verbundenen Gefahr kann der TÜV/DEKRA langfaseriges Massivholz im Wohnmobil ablehnen. Ebenfalls gegen solche Bretter sprechen der hohe Preis, die Schmutzempfindlichkeit sowie die Standardmaße der Platten, die meist zu schmal für unseren Bedarf sind. Massivholz wird beim Wohnmobil-Ausbau allenfalls in Form von Dreikant- und Vierkantleisten eingesetzt. Sie eignen sich als Haltekonstruktion oder Eckverbinder.

Sandwichplatten

Neben den herkömmlichen Platten auf Styrodurplattenbasis gibt es wahre Hightechmaterialien aus Carbon oder Glasfaser mit Aluminiumstrukturwaben. Natürlich bieten diese Platten wiederum einen Vorteil in Sachen Gewichtsreduzierung, Festigkeit und Bruchsicherheit, sind aber kaum noch zu bezahlen. Sie liegen über den Anschaffungspreisen für die Pappelsperrholzplatten.

Gerade bei den Aluminiumwabenstrukturen kommen aber reizvolle Materialeigenschaften hinzu, die auch Rundungen in Leichtbau zulassen. Unterschiedliche Oberflächen und Strukturen lassen auch eigene Gestaltungsmöglichkeiten offen. Natürlich gibt es auch hier entsprechende Abschlussleisten und Umleimer, die natürlich geklebt werden müssen. Ein weiterer Vorteil liegt in der Wasserfestigkeit. Andere Eigenschaften wie Isolierung oder Temperaturfestigkeit können je nach Material ausgewählt werden.

Beschläge und Schlösser

Schlösser für Klappen, Türen und Schubladen

Sie passt schon, diese Überschrift. Denn im Gegensatz zur Wohnung werden Sie mit Ihrem Wohnmobil auch mal Kurven durchfahren oder auch mal unebenes Gelände erkunden. Es muss gewährleistet sein, dass die Türen und Schränke verschlossen bleiben und sich der Inhalt nicht unkontrolliert durch den Innenraum bewegen kann. Als Schlösser eignen sich für das Wohnmobil in erster Linie die eingelassenen Schnappschlösser, die im Spezial-Camping-Zubehörhandel aber auch in Internetauktionsportalen genau für diesen Zweck angeboten werden. Durch ihre versenkte Einbauweise erfüllen sie alle Sicherheitsanforderungen. Außerdem verhindern sie zuverlässig das Aufspringen der Schranktüren während der Fahrt. Das

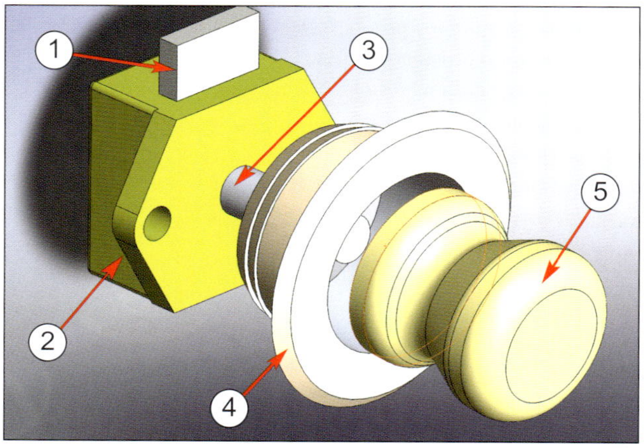

Einbauschnappschloss mit Drucktaste: 1 Schlosszunge, 2 Schloss, 3 Betätigungsstift, 4 Blendrahmen, 5 Knopf.

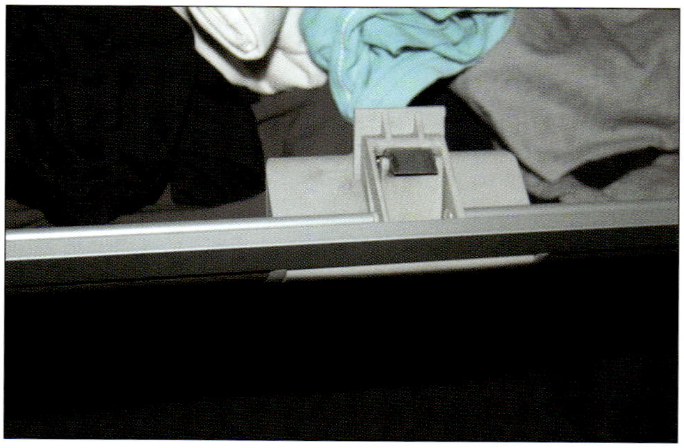

Eingebautes Schloss im Schrank: Für die Klappen fällt der Schlosstyp etwas anders aus.

PRAXISTIPP: Rücklagen bilden

Heben Sie sich ein größeres Stück der verwendeten Möbelplatten gut eingepackt als Lagervorrat auf. Für spätere Reparaturen oder Ergänzungen ist das gleiche Dekor wahrscheinlich nicht mehr lieferbar und Anpassungsarbeiten sind in der Regel sehr aufwändig. Dasselbe gilt natürlich auch für Türgriffe oder andere sichtbare Kleinteile.

wird durch einen Riegel erreicht, der sich nur bei Betätigen der Öffnertaste zurückschiebt. In Sonderfällen (große Türen, die in Fahrtrichtung öffnen) eignen sich auch so genannte Stangenschlösser, wie wir sie aus Schlafzimmerschränken kennen. Wichtig ist für den (an sich unproblematischen) Einbau im Wohnmobil, dass es sich um ein Schloss mit Drehgriff ohne Schlüssel handeln muss. Gänzlich ungeeignet sind dagegen Magnetschlösser, die nie die Tür eines komplett gefüllten Schranks in einer scharf gefahrenen Kurve halten können. Genauso wenig eignen sich Schrankschlösser mit Schlüssel, denn ein eingesteckter Schlüssel stellt als relativ spitzes, vorstehendes Teil ein echtes Sicherheitsrisiko dar.

Scharniere für Klappen und Türen

Auch hier werden Sie im Spezial-Camping-Zubehörhandel aber auch in Internetauktionsportalen fündig. Geeignet sind Scharniere, die verschraubt werden und am besten aus Metall hergestellt worden sind. Je robuster desto besser. Die Bauweisen unterscheiden sich recht deutlich. Heute kommen meist Scharniere mit einem Hub-Öffnungssystem zum Einsatz. Ob nun als Topfscharnier, das noch eine Passungsbohrung benötigt, oder als Aufschraubscharnier. Die Auswahl ist sehr reichhaltig. Auch hinsichtlich der Funktionen muss einiges beachtet werden. Die Scharniere können teilweise beim Öffnen auch eine Hubbewegung durchführen. Das schont die Auf- oder Anlageflächen

PRAXISTIPP: Sicherheit geht vor

Bei Türschlössern und Scharnieren nicht nur am Preis orientieren! Türschlösser und Scharniere tragen entscheidend zur Unfallsicherheit der Einrichtung bei, wenn sie in der Lage sind, bei Unfällen den Schrankinhalt zurückzuhalten. Das gelingt nur dann, wenn der Verschluss und die Lagerung nicht den Schwachpunkt des Möbels darstellen.

Altes Klavierband im Einsatz: Der Anbau ist aufwändig, die Mechanik für Jahrzehnte gut.

Aufschraubscharnier: Hier können schon Hubfunktionen realisiert werden, damit die Tür nicht am Möbelkorpus reibt.

Topfscharnier: Die professionelle Variante zum Aufschraubscharnier. Der Anbau ist jedoch deutlich aufwändiger.

am Möbel deutlich. Sehen Sie sich die Scharniere ruhig auch mal bei einem gut sortierten Eisenwarenhändler oder einem Baumarkt in Ihrer Nähe genauer an und prüfen Sie die Funktionen bei Bewegung.

Türen und Klappen

Der Einbau der Türen zählt mit zu den höchsten Anforderungen an unser schreinerisches Können. Da die Türen vorn auf der Sichtfläche der Schränke sitzen, fällt es hier auch am ehesten auf, wenn gepfuscht wurde. Außerdem muss natürlich die Tür-Funktion einwandfrei gewährleistet sein. Nachfolgend stellen wir drei Möglichkeiten für die Herstellung von Schranktüren vor, die ggf. bei geeignetem Einsatzgebiet verwendet werden könnten. Überlegen sollte man sich vor der Herstellung der Türen, ob man nicht mit einem anderen Material, einer anderen Farbe oder einer anderen Oberfläche Applikationen schaffen möchte, die die Möbelfläche auflockern können.

Aufgesetzte Türen

In der aufgesetzten Variante lassen sich die Türen am leichtesten realisieren. Es entsteht mehr Verschnitt, da die Türen größer sein müssen als der Ausschnitt. Die ausgesägten Teile können nicht verwendet werden. Nach dem Aussägen des Türausschnitts in der Frontplatte wird aus einer anderen Holzplatte die Tür gefertigt. Sie wird rundum ca. 3 cm größer als der Ausschnitt. Sowohl an der Tür wie am Ausschnitt werden nun rundum Stegumleimer angebracht. Deshalb eignen sich wieder abgerundete Kanten am Türblatt. Mit geeigneten Scharnieren verbindet man nun Schrankfront und Türblatt. Die Tür kann bei dieser Methode optimal ausgerichtet werden. Sie brauchen praktisch keine Rücksicht auf den Türausschnitt zu nehmen. Auch das Türschloss ist schnell montiert. Die Schlossfalle wird eben auf den Rahmen des Ausschnitts statt dahinter gesetzt. Besonders geeignet ist diese Art der Türbefestigung für weniger geübte Heimwerker oder zur Verwendung an einer Leichtbau-Einrichtung, bei der die Frontplatten aus dünnem Sperrholz bestehen. Nachteil an dieser Methode: Die Türen stehen immer um die Stärke des Scharnierbands von der Schrankfront ab.

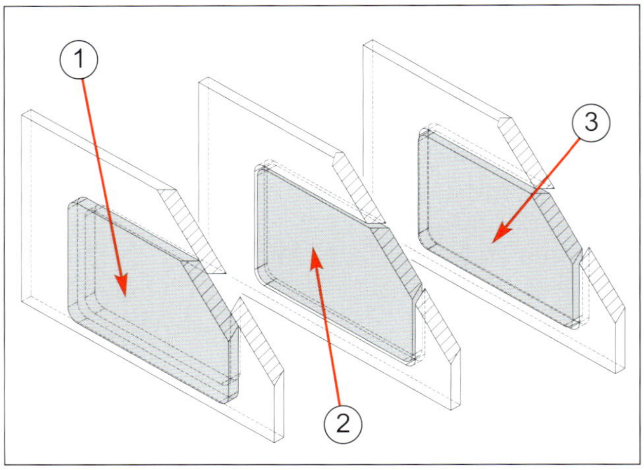

Unterschiedliche Türvarianten: 1 aufgesetzte Tür, 2 eingelassene Tür, 3 Tür mit Anschlagsprofil.

Eingelassene Türen

Bei dieser Variante entsteht kaum Verschnitt, denn die ausgeschnittenen Teile können wieder verwendet werden. Doch hier bekommen die Türen kein Anschlagprofil, sondern einen normalen Stegumleimer. Sie sitzen auch nicht versetzt zur Platte, sondern außen bündig in die Platte eingelassen. Auch hier muss das Türblatt bearbeitet werden, damit es samt Umleimer in den Türausschnitt passt. Natürlich versieht man Tür und Rahmen mit Kantenumleimer, am besten mit Stegumleimern. Als Scharnier kann ein Klavierband, das an der Stirnkante von Türblatt und Ausschnitt angeschlagen ist, verwendet werden. Aber auch Scharniere aus dem Möbelbau, die wir bereits vorgestellt haben, sind geeignet. Zumindest an der Schlossseite der Tür müssen Sie jedoch einen Anschlag vorsehen, der das Eindrücken der Tür in Richtung Schrankinnenraum verhindert. Sonst werden das Scharnierband und seine Halteschrauben zu stark belastet.

Türen mit Anschlagprofil

Zu dieser Variante kommt ein spezielles Anschlagprofil zur Anwendung, das eigentlich nichts anderes ist, als ein Stegumleimer für 16-mm-Platten. Einziger Unterschied ist eine aufgesetzte Kante, die der Tür als Anschlag dient. Der Türausschnitt wird um etwa 5 mm umlaufend verkleinert (mit Hobel oder/und Schleifgeräten) und als Tür wiederverwendet. Beliebige Scharniere können natürlich nicht verwendet werden. Es müssen die für diese Türbefestigung geeigneten Spezialscharniere sein. Denn das Türblatt sitzt bei dieser Methode nicht auf und auch nicht bündig mit der Frontplatte, sondern es steht etwa mit halber Materialstärke vor. Der Höhenunterschied kann bei den Möbelscharnieren leicht durch Unterlagplatten ausgeglichen werden.

Klappen und Klappladen

Neben den Schubladen gehören auch Klappen und auch die Klappladen zu den Möglichkeiten, den Raum im Schrank möglichst optimal und gleichzeitig gut erreichbar zu gestalten.

Klappen

Typische Vertreter sind die Abdeckungen, die über dem Herd und/oder über der Spüle bei Nichtbenutzung für eine Ablage oder auch nur als Abdeckung sorgen. Zuerst einmal sei angemerkt, dass auch hier eine Verriegelung angebracht werden muss. Diese sollte nicht nur das geklappte Brett unten halten, sondern gleichzeitig etwas unter Spannung setzen. So wird ein Klappern während der Fahrt vermieden. Sinnvoll sind auch Aufsteller anzubringen, die ein ungewolltes Zuklappen verhindern. Für den Küchenbereich können auch auf eine Holzplatte Aluminiumbleche aufgeklebt werden. So entsteht gleichzeitig ein Spritzschutz oder der Hitzeschutz für den Kochbereich. Oftmals sind auch Sitzgelegenheiten als Klappen ausgelegt. So wird der Zugang zu Anbaugeräten oder aber auch der Zugang zu weiterem Stauraum ermöglicht.

Klappladen

Die Besonderheit bei Klappladen ist, dass sich die gesamte Lade vor- oder herausklappen lässt. Das erlaubt einen vollständigen Einblick in die Lade und auf den Inhalt. Die Lade besteht zumindest aus einem vollständigen Kasten mit einer Frontblende. Anstatt des Kastens können Sie auch einen Drahtkorb verwenden, wenn in der Lade nur größere Teile wie beispielsweise Wäsche gelagert werden soll. Nicht nur die Sichtbereiche sollten Sie schon aus optischen Gründen verkleiden, auch unplanmäßig in der Lade untergebrachte Kleinteile sollten nicht in den Innenraum fallen können. Zwar ist die Raumnutzung mit der Klapplade sehr sinnvoll, technisch ergeben sich aber neue Probleme, die nicht übergangen werden sollten. Verschlüsse und Bewegungselemente sollten in der Lage sein, das Gewicht der Lade und des Inhalts sicher aufzunehmen. Gerade bei einem Unfall muss die Lade an ihrem Platz und auch geschlossen bleiben. Sicherheitsbänder zum Abfangen im Notfall können hier durchaus Leben retten. Geeignete Fangbänder können Sie auch kostengünstig auf dem Schrottplatz aus alten Autos gewinnen. Entsprechende Scharniere oder Funktionsschaniere mit einer Hubbewegung beim Öffnen finden Sie in Spezial-Camping-Zubehörhandel, aber auch in Internetauktionsportalen.

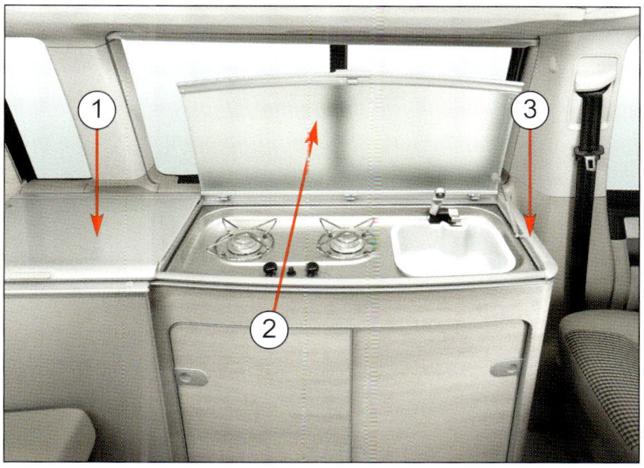

Klappe halten: 1 Klappe geschlossen (sehr edel beim California), 2 Klappe offen, 3 Klappenhalter (oder Spannfeder).

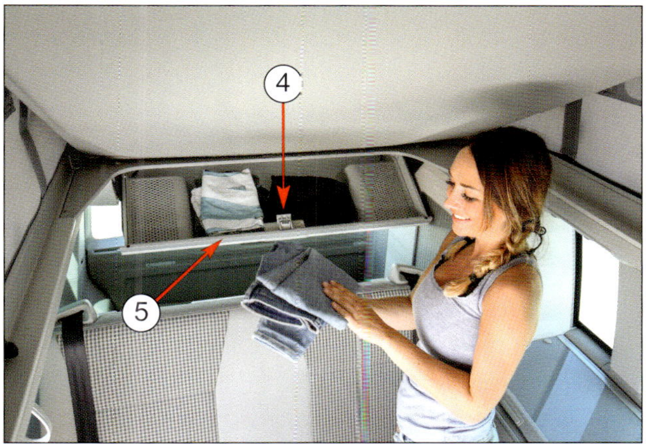

Klapplade: 4 Klappenschloss, 5 Klapplade im Heckbereich.

Schubladen

Selbstverständlich müssen auch die verbauten Schubladen gegen unbeabsichtigtes Öffnen gesichert werden. Das geht übrigens sehr gut mit den Schlössern, die wir Ihnen schon für die Türen vorgestellt haben. Schubladen benötigen einen recht hohen Fertigungsaufwand für das kleine Volumen, das in ihnen Platz findet. Trotzdem sind sie als Ordnungssystem für Be-

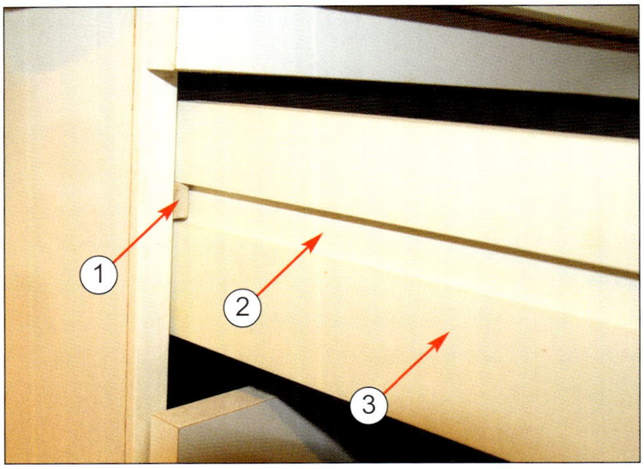

Fertigschublade: Gibt es für unterschiedliche Normgrößen. 1 Führungsleiste, 2 Nut im Fertigprofil, 3 Profilbrett.

Schienensystem: 4 Seitenschiene mit Führung, 5 Eckprofil, 6 Front und Heckprofil, 7 Bodenplatte.

steck und andere Kleinteile kaum wegzudenken. Das Problem liegt wie bei allen Bauteilen, die in einem Wohnmobil zum Einsatz kommen, im Gewicht.
Möbelbauteile für den Hausbedarf werden in der Regel nicht nach Materialgewicht konstruiert.

Fertigschubladen

Schubladen können auch bereits fertig bezogen werden, das bedeutet fast fertig. Die äußere Blende muss noch angefertigt werden. Das macht auch Sinn, da sie ja zum Möbel passen soll. Immer dann, wenn Sie eine Holzstruktur oder eine farbliche Maserung auf der Sichtfläche haben, sollten Sie darauf achten, dass Sie die Schublade passend so am Brett abschneiden, dass die Maserungsübergänge oder die Textur der Kunststoffoberfläche entweder genau passen oder passend anders aussehen.

Profilbrett für Schubladen

Unter dem Begriff »Schubkastenzarge« findet man unterschiedliche Hersteller, die Holz oder Kunststoffprofile für den Schubkastenbau anbieten. Hier können oft vorgefertigte Bretter mit Nut für die Führungsschiene in festen Rastermaßen oder aber als Brettmaterial für den Selbstzuschnitt bezogen werden. Natürlich können Sie sich heutzutage diese Teile auch leicht bei Ihrem Schreiner auf Maß anfertigen lassen. Das ist zwar etwas teurer, aber dann auch individuell anpassbar. Auch hier wird dann das Frontblendenbrett entsprechend zum Korpus des Schrankes angepasst und mit dem Profilbrett verschraubt. Als Schubladenboden wird in der Regel eine Sperrholzplatte eingeschoben.

Schienensysteme

Der Begriff trifft nicht ganz zu, beschreibt aber die Bausysteme ganz gut. Die Konstruktion erfolgt eigentlich um die beiden Seitenschienen mit den Auszügen herum. Aus dem Küchenbau können Schubladensysteme bezogen werden, die eigentlich aus den Auszugsschienen und den Seitenwangen aus Aluminium bestehen. So müssen nur Front und Rückwand sowie der Boden gefertigt werden. Wie bei allen Systemteilen wird allerdings zumindest die Bautiefe der Schublade durch die Profile vorgegeben. Komplett vorgefertigte Systeme gibt es außer in Campingmärkten und bei Wohnmobil-Ausstattern durchaus auch im Baumarkt oder sogar bei Ikea zu annehmbaren Preisen. Zubehör zu den Schubladen und Einlagen bis zum Körbchen sind dort auch leicht zu beschaffen.

Sachen zum Einbauen

Einiges wird noch in den Möbeln verbaut um die Funktionalität, den Komfort zu verbessern oder um einfach Platz zu sparen. Neben Lampen und Lautsprechern sind auch elektrische Schaltpaneele, Schalter und Steckdosen dabei. Die meisten dieser Geräte sollten vom Schrank abgekapselt werden. Auch an das Verlegen der Zuleitungen muss gedacht werden. Gerade dann, wenn Schubladen oder andere bewegliche Teile in den Möbeln verbaut werden sollen, muss die Kabelführung so gewählt werden, dass die Kabel oder das angeschlossene Gerät oder der Verteiler nicht bei der Schranköffnung beschädigt wird.

Lautsprecher
Die Einbaulautsprecher sind noch die unkompliziertesten Einbaugeräte. Zwar sind auch bei Breitbandlautsprechern für das Auto bestimmte Kammervolumen für den optimalen Klang vorgesehen, aber im schlimmsten Fall geht etwas Sound verloren. Für die meisten Lautsprecher gibt es Einbaubecher, die sich als Kapsel eignen.
Gute aktive Systeme lassen sich sehr gut im Fahrzeug verstecken. Die Basslautsprecher verschwinden dann als Subwoofer fast unsichtbar. Hoch- und Mittelton sind nicht auf ein rückwärtiges Kammervolumen angewiesen und können so leicht im Schrank verschwinden.

Steckdosen und Paneele
Wie alle Bauteile die mit Leistung und Temperatur zu tun haben, ist es sehr wichtig, die Steckdosen vom Schrankinnenraum abzukapseln.
Schnell kann durch Kleidungsstücke oder auch schon durch Staub eine mögliche Brandstelle bei Funkenbildung entstehen. Funken entstehen schnell, wenn ein Gerät versehentlich eingeschaltet, eingesteckt oder noch im Lauf aus der Steckdose herausgezogen wird.
Das ist übrigens nicht spannungsabhängig, auch 12-V-Anschlussdosen müssen entsprechend sicher abgekapselt werden. Besonders wichtig wird es dann, wenn in die 12-V-Steckdose auch ein Zigarettenanzünder eingesteckt werden kann. Schon die Möglichkeit sollte Sie veranlassen, den Einbau keinesfalls im Holz vorzunehmen.

Lampen
Auch hier ist es zuerst einmal belanglos, welche Betriebsspannung die Lampe aufweist. Generell entsteht am Leuchtmittel und oft auch am Gehäuse eine erhebliche Wärmemenge. Natürlich werden Sie versuchen gerade im 12-V-Bordnetz ausschließlich LED-Lampen oder auch andere Energiesparleuchten zu verbauen. Schließlich muss die Bordnetzversorgung nicht unnötig belastet werden. Aber auch hier sollten Sie die Temperaturentwicklung genau ins Auge nehmen.
Auch die Transformatoren und Spannungswandler, die im Wohnmobil gerne zum Einsatz kommen, sollten ausreichenden Abstand zu Brennbarem haben und zudem eine ausreichende Belüftung bekommen. Elektronische Bauteile wie Spannungswandler können belastet leicht überhitzen.

Einbauleuchte: Für den 12-V-Bereich sind viele Formen, Farben und auch unterschiedliche Leuchtsysteme erhältlich.

Einbaulautsprecher: Form, Farbe, Design und Soundansprüche sind hier die Kaufargumente.

Schablonen und Schnittmuster

In den VW-Bus passt kaum ein Eigenbauschränkchen, ohne dass es nicht an die Konturen des Fahrzeug-Innenraums angepasst wird. Die Karosserie zeigt auch innen zahlreiche Wölbungen und Biegungen, die zwar von den passgenauen CNC-Maschinen bei der Fertigung berücksichtigt wurden, aber für einen Eigenbau selbst nachempfunden werden müssen. Die Möbelplatten müssen der Karosserieform angeglichen werden, damit zwischen Möbelstück und Fahrzeugblech keine unpraktischen und platzzehrenden Spalte entstehen.

Der Fahrzeugboden als Bezugskante

Vor den Einpassungsarbeiten sollte klar sein, wie der fertige Fahrzeugboden aussehen soll. In jedem Fall muss für diese Vorgehensweise eine Ebene geschaffen werden, die als späteres Höhenmaß für die Schränke angenommen werden kann. Wenn die Möbel später auf einer Bodenplatte stehen sollen, muss diese für den Einbau bereits montiert sein. Sollen die Möbel auf dem Bodenblech stehen, legen Sie zum Einpassen ein Blech unter. So können Sie den Einpassbereich auf dem Fahrzeugboden einfach erstmal begradigen, oder man montiert vor den weiteren Arbeiten den geplanten Fahrzeugboden zuerst fertig ein.

Anpassen an das Fahrzeug
Ob das Anpassen nach Fertigstellen des betreffenden Schränkchens oder schon vorher mit den einzelnen Holzplatten vorgenommen wird, muss der Einzelfall klären. Am günstigsten wird es sein, die Einzelteile vor dem Zusammenbau zumindest grob einzupassen, um dann am fertigen Möbel die Feinanpassung vorzunehmen. So können zumindest die gröbsten Montagefehler vermieden werden. Die Anpassung an die Fahrzeugkontur sollte von Schrankseitenwand zu Schrankseitenwand immer in dem Bereich, wo diese Seitenwand später stehen wird, durchgeführt werden. Das Einpassen können Sie nach unterschiedlichen Vorgehensweisen angehen:

Einpassen nach Anriss:
Zuerst die praktikabelste Vorgehensweise. Die zwar auf Maß, jedoch noch rundum rechtwinklig zugesägte Möbelplatte wird auf der ebenen Bodenplatte vor die gebogene Seitenwand gestellt. Dort wo der Abstand zur Seitenwand am größten ist, nehmen wir Maß und besorgen uns einen Holzklotz in eben dieser Größe. Auf den Holzklotz legt man dann einen Bleistift und fährt so die Kontur der Seitenwand ab, damit der Bleistift die Form der Seitenwand auf der Möbelplatte anzeichnet. Es ist sehr wichtig, den Holzklotz rechtwinklig zur Senkrechten zu führen. Mit Schräglage stimmen die Abmessungen nicht. Nach diesem Anriss sägen wir die Platte aus. Dabei kann es nötig sein, sich in mehreren Durchgängen an die richtige Form herantasten.

Einpassen durch Maßnehmen:
Dazu wird ein Winkel oder einfach ein Brett mit Maßantrag auf die ebene Bodenplatte gestellt und vom

Anpassen nach Anriss: Natürlich muss der Klotz immer gerade geführt werden.1 Holzklotz, 2 mögliche Schnittlinie.

senkrecht stehenden Schenkel aus der Abstand zur Wand gemessen. Ein Problem liegt darin, dass der Fahrzeugboden aus Stabilitätsgründen keine ebene Fläche ist. Misst man dabei in verschiedenen, genau definierten Höhen, also beispielsweise mit 5, 10, 15 und 20 cm Bodenabstand, lässt sich anhand der Messpunkte die Kontur auf die Möbelplatte übertragen. Natürlich kann man auch statt eines Winkels ein rechtwinklig abgeschnittenes Brett verwenden. Besser sogar, wenn man auf diesem Brett einen Maßstab anträgt. So können Sie mit demselben Brett die Abmessungen für alle Positionen im Fahrzeug abzunehmen.
Sehr gut lassen sich diese Abmessungen auf einem Zeichenpapier mit mm-Antrag festhalten.

Einpassen nach Schablone:
Ganz sicher ist die folgende die aufwändigste Vorgehensweise, gleichzeitig aber auch die sicherste. Aus einer stabilen Pappe fertigen wir uns mittels Schere eine Schablone, deren Form wir vor dem Aussägen auf die Möbelplatte übertragen können. Die Schnittform kann über den Anriss oder das Maßnehmen sinnvoll erfolgen. Dann wird so lange an der Schablone angezeichnet und die Pappschablone nachgeschnitten, bis sie das genaue Gegenstück zur betreffenden Fahrzeugkontur darstellt. Achten Sie dabei auf den Winkel der Schablone zur Bezugskante; also etwa auf den Winkel der Seitenwand zum Boden. Sonst kann es passieren, dass zwar die Kontur stimmt, der Schrank aber beim Festschrauben an der Wand mit der Vorderkante vom Boden abhebt.

Feinanpassung

Eine hundertprozentige Passform wird man nur schwer erreichen. Das letzte Feinanpassen erfolgt am besten am fertigen Möbelstück im Fahrzeug und an der entsprechenden Einbauposition.

- Den Schrank an die Wand rücken und die Ausrichtung zum Boden mit einem Winkel auf Rechtwinkligkeit prüfen.
- Diejenigen Bereiche, an denen die Möbelplatte schon an der Wand anliegt, mit Bleistift markieren.
- Diese kleinen Ungenauigkeiten glätten Sie am besten mit dem Hand- oder Elektrohobel. Die Schnitttiefe des Hobels muss dazu sehr klein eingestellt sein (etwa 0,5 mm).
- Achten Sie auch beim Ansetzen des Hobels an einer Kante darauf, dass er sich nicht beim Anfahren der Hobelfläche aus Versehen tief ins Material eingräbt. Das kann passieren, wenn seine Gleitfläche noch nicht vollständig auf dem Holz aufliegt.

Abkoppeln der Schnittstelle

Einen sehr schönen Übergang zwischen Möbelstück und Wand erreichen Sie durch Festtackern eines Möbelkeders an den betreffenden Holz-Stirnflächen. Das flexible PVC-Profil gleicht kleinere Ungenauigkeiten in der Anpassung aus. Außerdem vermeidet das Kunststoffprofil Quietschgeräusche während der Fahrt. Diese entstehen unweigerlich, wenn das Möbelholz durch die Verwindung der Karosserie an den Flächen der Seitenwand scheuert.

Anpassen nach Abmessung: Der Abstand abmessen (1) und auf einem Blatt (2) notieren. Vom größten Maß werden dann alle kleineren abgezogen um die Schnittlinie darstellen zu können.

Anpassen nach Schablone: Anzeichnen, Abschneiden und Testen. Wenn die Schablone passt, wird sie fixiert und kann auf das Möbel übertragen werden.

Praktische Umsetzung Möbelbau

In den letzten Kapiteln haben wir einiges zusammengetragen, was Sie als Anregung gebrauchen könnten, zur Umsetzung oder als Verpflichtung beim Bau der Inneneinrichtung Ihres Wohnmobils mit heranziehen sollten. In diesem Unterkapitel möchten wir nun einige praktische Arbeiten an wohnmobilgerechten Beispielen näher vorstellen.

Verankerung der Einrichtung

Bei einem Unfall müssen alle Einrichtungsteile in der Verankerung bleiben. Das gilt natürlich auch für einen möglichen Überschlag des Fahrzeugs. Sonst wird man im geprüften und eigentlich sehr unfallsicheren Fahrzeug womöglich von einem losgerissenen Teil erschlagen. Dass jedoch Risse oder Verformungen auftreten, lässt sich nicht vermeiden Kunststoffwinkel und einfache Blech- oder Holzschrauben taugen nicht zur alleinigen Befestigung.

Haltbar sind dagegen Verschraubungen, die z. B. mit Schlossschrauben durch das Holz und durch den Wagenboden oder die Träger an der Seitenwand gehen. Als Verbindungselement können Blechwinkel gewählt werden.

PRAXISTIPP

Vorsicht beim Bohren

Bevor Sie Löcher zum Befestigen von Einrichtungsteilen in die Karosserie bohren, müssen Sie sich vergewissern, dass auf der Blech-Rückseite nichts vom Bohrer beschädigt wird:

- Die Kabel zur Innenleuchte, zum Heckwischer und zur heizbaren Heckscheibe im Dachholm über den Fenstern.
- Unter dem Wagenboden ist der Haupt-Kabelstrang untergebracht. Bei den meisten Fahrzeugen verläuft er in Wagenmitte quer zur Fahrtrichtung parallel zu einem der Querträger.
- Zu beachten sind auch die Brems- und Kraftstoffleitungen.
- Die Wärmeabschirmbleche der Auspuffanlage sollten ebenso unbeschädigt bleiben, wie das Reserverad bzw. der Syncro-Antrieb im Wagenheck.
- Befindet sich unter dem Wagenboden bereits ein Wassertank oder eine Standheizung, dürfen natürlich auch diese Teile nicht mit dem Bohrer traktiert werden.
- Beachten Sie die üblichen Korrosionsschutzmaßnahmen!

Auslegung der Verschraubungen

Besonders stabil muss die Befestigung der Sitze im Wohnraum, wie für beispielsweise die Klappsitzbank, ausgeführt sein. Es genügt nicht, die Einrichtung mit der Bodenplatte zu verschrauben. Die Befestigung muss immer durch den Wagenboden hindurchgehen und unter dem Wagen mit einem großen Last verteilenden Metallstück oder einer Unterlegscheibe mit übergroßem Außendurchmesser versehen sein. Ideal ist die Befestigung der Möbel an einer Stelle der Bodenplatte, an der sich Querträger unter dem Wagenboden befinden.

Wo diese liegen, ist auch von oben im (nackten) Laderaumboden gut zu sehen. In diesen Querträgern befinden sich (außer beim Kastenwagen) auch die Gewindebohrungen der Sitzbefestigung.

Die Abdichtung

Verschraubungen durch den Wagenboden oder durch das Radkastenblech müssen besonders sorgfältig abgedichtet werden, damit kein Spritzwasser in den Wageninnenraum dringt.

Dazu eignet sich Karosserie-Dichtmasse, die ringförmig zwischen Bodenblech und Unterlegscheibe der

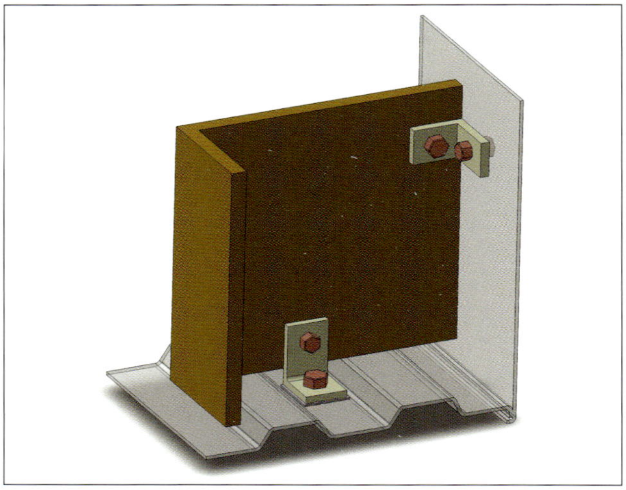

Verschraubung an Unterboden und Wand: Mit Winkeln befestigen und auf der Gegenseite mit Scheiben oder einer Gegenplatte unterlegen. Je größer die Fläche, umso besser der Halt.

Verschraubung gelegt wird. Beim Anziehen der Mutter drückt sich die Dichtmasse in alle Ritzen und Fugen, die Verschraubung ist abgedichtet. Blechschrauben, die durch den Wagenboden geschraubt sind, müssen zwar nicht unbedingt von außen mit Dichtmasse versehen sein, doch ein Spritzer Hohlraumversiegelungsspray kann nicht schaden. Das beseitigt kleine Undichtigkeiten und konserviert gleichzeitig gegen Rost.

Kleine Projekte starten

Erfahrungen sammeln sich am besten, wenn Projekte abgearbeitet werden können. Beginnen Sie immer mit kleineren Projekten und lassen Sie sich Zeit bei der Planung. Auch wenn Sie noch keine oder nur wenig Erfahrung im Bereich Holzbau gesammelt haben, werden Sie mit jedem Projekt dazulernen und an Erfahrung gewinnen. Fragen Sie ruhig auch mal jemanden aus dem Bekanntenkreis, der bereits handwerkliche Erfahrungen im Holzbau gesammelt hat. Es kann nicht schaden, sich gerade bei den ersten Projekten einen Berater hinzuzuziehen.

Sägeschnitte durchführen

Mit dem Zuschnitt fängt alles an. Betrachten wir zuerst die Vorgehensweise für unterschiedliche Zuschnitte, wie sie im Möbelbau für Ihr Wohnmobil benötigen werden.

Gerade Schnitte

Einen geraden Sägeschnitt führen Sie am besten mit einer Kreissäge aus. Ideal wäre eine Tischkreissäge mit stabilem Anschlag. Der Heimwerker besitzt jedoch meist nur eine Handkreissäge, die gerade als preisgünstige Ausführung zu allem Übel auch noch einen verwindungsfreudigen Blechanschlag besitzt. Der Sägeschnitt wird nie und nimmer gerade, allenfalls die grobe Richtung wird eingehalten. Da hilft auch noch so genaues Nachfahren der Anrisslinie nicht.

- Messen Sie die Schnittkante genau aus und kennzeichnen Sie sie durch Anzeichnen mit einem Bleistift.
- Kleben Sie einen Tesa-Krepp-Streifen auf die Schnittstellen auf. Das verhindert allzu starkes Ausfransen des Schnittbereiches.
- Spannen Sie mit jeweils einer Schraubzwinge eine gerade Holzleiste im richtigen Abstand zum Anriss auf die zu schneidende Platte fest.
- Wählen Sie eine passende Drehzahl der Handkreissäge aus. Je höher die Sägedrehzahl, umso besser wird die Oberfläche des Schnitts.
- Wählen Sie ein passendes Sägeblatt aus. Je feiner das Sägeblatt gezähnt ist (je mehr Zähne es bei gleichem Umfang besitzt), desto sauberer der Sägeschnitt. Stumpfe Sägeblätter bewirken eine unsaubere Schnittkante.
- Wählen Sie eine passende Drehzahl der Handkreissäge aus. Je höher die Sägedrehzahl, umso besser wird die Oberfläche des Schnitts.
- Lassen Sie beim Sägen die Grundplatte der Kreissäge an der Leiste entlanglaufen. So wird der Schnitt gerade.
- Niemals die Kreissäge im Schnitt verkanten oder gar versuchen, damit einen Radius zu sägen. Sonst rupft das Sägeblatt Späne aus dem Holz.

Gebogene Schnitte

Für gebogene Schnitte eignet sich am besten die Stichsäge.

- Wählen Sie ein feinzahniges Sägeblatt für saubere Schnitte und drücken Sie die Säge nicht zu stark nach vorn.
- Achten Sie darauf, auch mit der Stichsäge keine zu starken Radien zu sägen. Das Sägeblatt verkantet sonst gerne und es kommt zu Ausbrüchen an der Schnittstelle. Setzen Sie lieber nochmals an.
- Für exakt zu sägende Radien kann man eine Schablone aus hartem Holz fertigen. Diese spannt man mit der Schraubzwinge auf das zu sägende Teil und lässt das Blatt der Stichsäge an der Schablone entlanglaufen.

PRAXISTIPP

Sauber sägen

Im Schnittbereich läuft das sich drehende Sägeblatt der Handkreissäge von unten nach oben, das Blatt der Tischkreissäge dagegen von oben nach unten. Dort, wo die Sägezähne nach getaner Schneidearbeit aus dem Holz austreten, reißen sie immer ein kleines Stück von den Schnitträndern ab.

- Drehen Sie deshalb die Holzplatte beim Sägen so, dass die Möbelplatten-Rückseite bei der Handkreissäge oben liegt,
- bei der Tischkreissäge so, dass die Möbelplatten-Rückseite unten liegt. Dann bleibt die Vorderseite als Sichtseite der Platte unbeschädigt.

Abstand der Säge zu der Holzleiste: Der Abstand, zwischen Anlagekante und der Sägeblattseite lässt sich leicht bestimmen. Achten Sie darauf, die richtige Seite einzumessen.

Durchbrüche ins Holz sägen

Als Durchbrüche werden Ausschnitte in die Brettfläche bezeichnet. Sie können unterschiedliche Formen haben. Sie lassen sich ebenfalls am besten mit der Stichsäge herstellen.

- Dazu in den herauszusägenden Teil der Holzplatte zunächst ein Loch bohren, durch das das Sägeblatt der Stichsäge passt (8 mm).
- Vom Loch aus die Kontur des Ausschnitts nachsägen. Bei einem eckigem Ausschnitt die Kanten zunächst rund umfahren.

Führung der Säge an einer Führungsleiste: Der Schnitt wird wesentlich gerader und ist unabhängig vom Brettrand.

Stichsäge beim Sägen eines Radius: Die Säge muss genau beobachtet am angezeichneten Radius geführt werden.

Durchbruch mit der Stichsäge: Mit leichter Vorwärtsbewegung und wenig Druck ins Material »eintauchen«.

- Erst wenn sich das auszusägende Holzstück herausnehmen lässt, können Sie die Ecken von zwei Seiten aus genau aussägen.

Die Lochsäge

Sollen runde, kreisförmige Löcher aus dem Holz herausgesägt werden, geht das am einfachsten mit einer Lochsäge.

- Spannen Sie das passende Sägeblatt in den Träger ein.
- Montieren Sie die Lochsäge in der Bohrmaschine.
- Stellen Sie die Drehzahl entsprechend den Angaben des Lochsägenherstellers ein.
- Stellen Sie den Zentrierbohrer ein. Um eine gute Zentrierung zu erhalten, muss der Zentrierbohrer ca. 6 mm über die Zähne hervorstehen. Empfehlenswert ist, mit einem Spiralbohrer das Loch erst vorzubohren und dann den Zentrierbohrer der Aufnahme als Zentrierstift zu verwenden.
- Die Lochsäge muss im rechten Winkel zum Sägegut anschneiden. Ein Verkanten ist unbedingt zu vermeiden. Unfallgefahr!
- Besonders beim Schneiden von Holz, Spanplatten, Holzersatzwerkstoffen die Säge öfter anheben und das Sägemehl sowie den Sägestaub unbedingt entfernen. Geschieht dies nicht, verbrennen die Zahnspitzen und die Lochsäge klemmt im Schnittkanal.
- Bei besonders starkem Material empfiehlt es sich von zwei Seiten anzusägen oder mehrere Löcher unmittelbar an der Innenseite des Rundschnittes zu bohren. Das erleichtert die Spanabfuhr und vermeidet häufiges Unterbrechen des Schnittes und Reinigen der Zahnspitzen.

Schnittkanten glätten

Ist die Schnittkante nicht glatt genug geraten, kann sie mit einem Elektrohobel gehobelt werden. Wer keinen Hobel besitzt, behilft sich so gut es geht mit der Feile.

Glätten mit dem Elektrohobel

Der Hobel ist die mechanische Lösung um ungeratene Sägekanten ins Lot zu bringen. Achten Sie darauf, möglichst wenig abzunehmen. Besonders dann, wenn Sie bereits auf die Schnittmarkierung gesägt haben.

- Stellen Sie den Hobel auf eine geringe Arbeitstiefe ein.
- Setzen Sie den Hobel vorsichtig auf. Achten Sie gerade am Anfang darauf den Hebel gerade zu führen.

Drehzahltabelle als Richtwert für die Lochsägen

Lochdurchmesser	Drehzahl in Aluminium	Drehzahl in Holz
14 mm	900 1/min	3000 1/min
16 mm	825 1/min	
20 mm	660 1/min	
25 mm	525 1/min	2700 1/min
30 mm	425 1/min	2400 1/min
35 mm	375 1/min	
40 mm	330 1/min	2100 1/min
46 mm	285 1/min	
51 mm	255 1/min	2000 1/min
54 mm	240 1/min	
60 mm	220 1/min	
65 mm	200 1/min	1800 1/min
70 mm	185 1/min	
76 mm	170 1/min	1500 1/min
79 mm	165 1/min	
92 mm	140 1/min	1200 1/min
102 mm	130 1/min	1000 1/min
152 mm	75 1/min	800 1/min

Im Notfall können Sie auch zwei Führungslatten mit Schraubzwingen befestigen, die etwas länger als das Brett sind, um eine bessere Führung zu erreichen.

- Schalten Sie den Hobel ein und führen Sie ihn gleichmäßig und gerade über die Fläche.
- Kontrollieren Sie die Fläche erneut. Wenn erforderlich, wiederholen Sie die Arbeitsschritte.

Kanten mit Schleifpapier brechen

Nach dem Hobeln oder auch schon nach dem Sägen sind die Bearbeitungskanten noch recht scharfkantig. Um zum einen Ausbrüche zu verhindern und zum anderen Verletzungen zu vermeiden, sollten Sie die Kanten mit Schleifpapier und Schleifklotz brechen.

- Spannen Sie einen Bogen P120er Schleifpapier in den Handschleifklotz ein.
- Spannen Sie das Brett so ein, dass die zu bearbeitende Kante gut zugänglich ist.
- Schleifen Sie im 45°-Winkel die Kante vorsichtig an, bis Sie die gewünschte Fasenbreite erreicht haben.

Alternativ können Sie den Arbeitsschritt auch mit einem Schwingschleifer oder mit dem Deltaschleifer durchführen.

Führung der Stichsäge an einer Schiene: 1 Auflageplatte, 2 Schiene zur Führung.

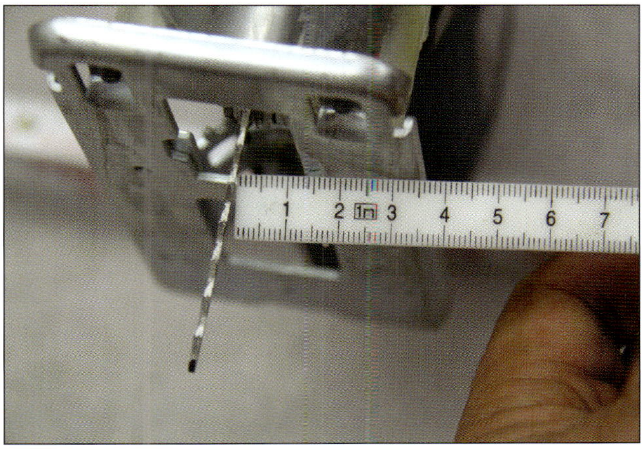

Abstand der Stichsäge zu der Holzleiste: Der Abstand zwischen Anlagekante und der Sägeblattseite lässt, sich leicht bestimmen. Achten Sie darauf, die richtige Seite einzumessen.

Kanten glätten mit dem Elektrohobel: Es ist sehr wichtig den Hobel gerade zu führen und Kippeln zu vermeiden.

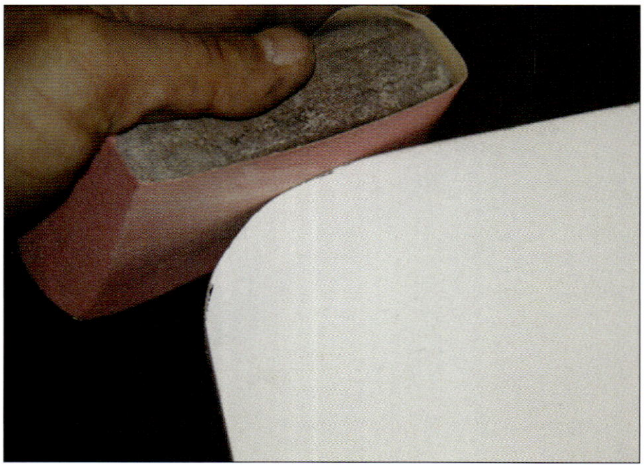

Kanten brechen mit dem Schleifklotz: Die Kanten werden durch vorsichtiges Schleifen im Winkel von 45° angeschliffen und entschärft.

Verbindung durch ein Eckprofil: Die Möbelplatten werden in das Profil eingeschoben.

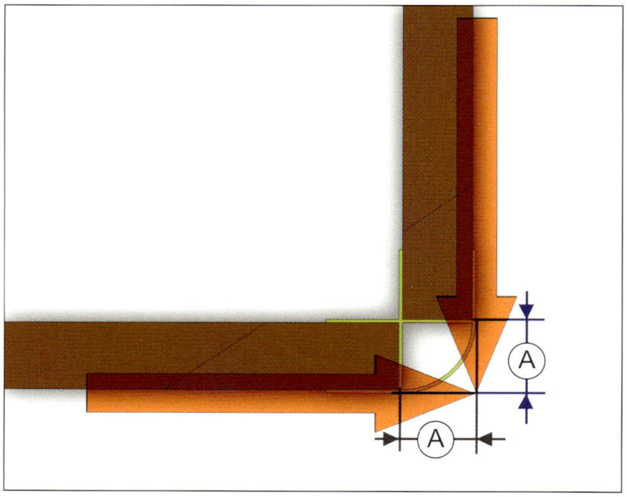

Längenversatz durch das Eckprofil: Die Möbelplatten müssen dann um ein bestimmtes Maß (A) kürzer werden.

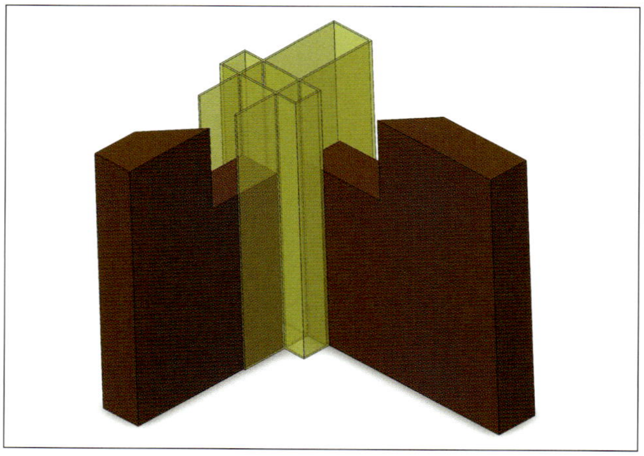

Verbindung durch ein Möbelprofil: Die Rauigkeit lässt sich erfuhlen. Die Kennzahl steht auf der Ruckseite.

Eckverbindungen herstellen

Eckverbindungen machen die zugesägten Holzplatten zum Schrank. Sehen wir uns also verschiedene Möglichkeiten an, um die Schrankwände meist rechtwinklig zueinander zu verbinden:

Verbindung durch ein Eckprofil oder Möbelprofile
Durch das Einstecken der Plattenkanten in das Profil fällt ein unsauber ausgeführter Sägeschnitt nicht mehr auf. Dazu kommt noch, dass die Platten in gewissem Umfang zueinander verschoben werden können.

- Schneiden Sie die Platten genau zu. Beachten Sie, dass das Eckprofil aufgrund des Überstandes die Abmessungen Ihres Brettes verändert.
- Schneiden Sie das Eckprofil am besten mit einer Kapp- und Gehrungssäge passend zu.
- Rauen Sie die Innenseite, an der das Brett später anliegt, leicht an.
- Streichen Sie die Innenseite der Schiene mit Leim oder geeignetem Klebstoff ein und schieben Sie die Leiste passend auf das Brett auf.
- Wischen Sie überstehenden Klebstoff oder Leim ab.
- Verschrauben Sie das Brett und das Profil nach dem Abbinden des Klebstoffs oder des Leims auf der Rückseite unsichtbar zusätzlich.

Stumpfe Verschraubung an der Stirnseite
Die Frontplatte wird stumpf auf die Stirnfläche der Seitenplatte angeschraubt. Auch nach dieser Methode

PRAXISTIPP Leimverbindung

Wo zwei Holzteile miteinander verbunden werden, muss Leim mit im Spiel sein. Selbst wenn Sie die Teile verschrauben, bringt der Holzleim noch zusätzliche Stabilität. Sogar wenn die Holzkante an eine kunststoffbeschichtete Seitenwand stößt, ist Holzleim nicht fehl am Platz. Zur besseren Haftung soll lediglich die Kunststoffschicht mit Schleifpapier ein wenig angeraut werden. Zu viel aufgestrichenen Leim sollten Sie möglichst bald entfernen. Denn zum einen lässt er sich natürlich in angetrocknetem Zustand schwerer abkratzen, zum anderen nimmt Holz, auf das Leim geraten ist, Farbe und Beize nur noch eingeschränkt an. Das führt bei Teilen, die man hinterher streichen will, zu hässlichen hellen Flecken. Leim entfernt man von Holz am besten mit einem scharfen Stecheisen oder ersatzweise mit einem scharfen Messer.

müssen die Abmessungen der Platten entsprechend ihrer Einbaulage verändert werden. Die Plattenbreite wird in diesem Fall um die Materialstärke des Brettes kürzer.

- Schneiden Sie die Platten genau zu. Beachten Sie, dass aufgrund der Verarbeitung die Abmessungen Ihres Brettes verändert werden müssen.
- Bearbeiten Sie die Anlagekanten nach. Zum einen muss die Anlagekante an das Frontbrett nachgearbeitet werden, zum anderen muss die Nut für einen möglichen Stegumleimer eingefräst werden. Damit der Haltesteg des Umleimers nicht mit den Verschraubungen kollidiert, setzt man die Frontplatte ein Stück von der Vorderkante zurück oder schneidet dort, wo die Schrauben die Nut für den Umleimer kreuzen, ein Stück von dessen Steg aus.
- Tragen Sie zusätzlich zur Verschraubung etwas Leim an der Stoßkante auf.
- Verwenden Sie Schaftschrauben oder bohren Sie die Löcher in der Frontplatte vor.
- Verschrauben Sie die beiden Platten mit geeigneten Schrauben im Abstand von etwa 10 cm.
- Lassen Sie den Klebstoff abbinden.

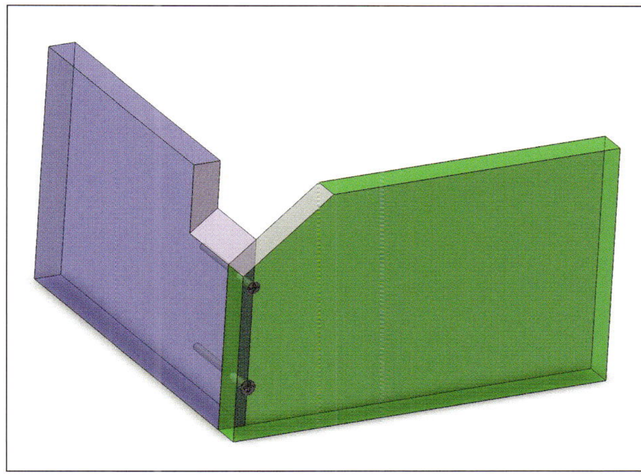

Stumpfe Verschraubung an der Frontseite: Die Schrauben können abgedeckt werden.

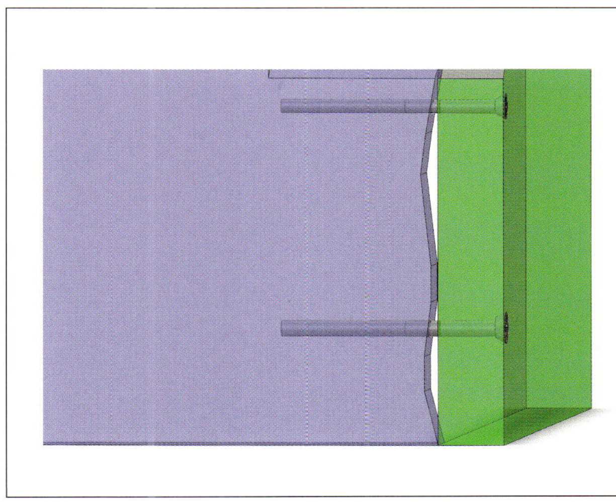

Passgenauigkeit erforderlich: Ungenaue Kanten können sichtbar bleiben. Genaues Arbeiten ist erforderlich.

Stumpfe Verbindung mit Dübeln an der Stirnseite

Die Frontplatte wird stumpf mit der Stirnfläche der Seitenplatte verdübelt. Auch nach dieser Vorgehensweise müssen die Abmessungen der Platten entsprechend ihrer Einbaulage verändert werden. Die Plattenbreite wird in diesem Fall um die Materialstärke des Brettes kürzer. Ein weiteres Problem ist die erforderliche Passgenauigkeit der Bohrungen für die Dübel.

- Schneiden Sie die Platten genau zu. Beachten Sie, dass aufgrund der Verarbeitung die Abmessungen Ihres Brettes verändert werden müssen.
- Bearbeiten Sie die Anlagekanten nach. Zum einen muss die Anlagekante an das Frontbrett nachgearbeitet werden, zum anderen muss die Nut für einen möglichen Stegumleimer eingefräst werden. Damit der Haltesteg des Umleimers nicht mit den Verschraubungen kollidiert, setzt man die Frontplatte ein Stück von der Vorderkante zurück oder schneidet dort, wo die Schrauben die Nut für den Umleimer kreuzen, ein Stück von dessen Steg aus.

- Zeichnen Sie die Position der Dübel genau auf die beiden Platten an.
- Bohren Sie entsprechend der Dübelgröße die Löcher in die Platte. Bohren Sie die Frontplatte nicht durch. Achten Sie darauf, eine Bohrungstiefe auf der Stirnseite der Seitenplatte zu verwenden, die den Rest des herausstehenden Dübels aus der Frontplatte aufnehmen kann.
- Drücken Sie etwas Leim in die Bohrung des Dübelloches der Front hinein.
- Stecken Sie den Dübel hinein.
- Rauen Sie die Anlagestirnfläche des Seitenbrettes etwas an.
- Drücken Sie etwas Leim in die Bohrung des Dübelloches der Seitenteile hinein und tragen Sie etwas Leim auf die Stirnfläche auf.
- Drücken Sie die Bauteile zusammen und lassen Sie den Leim mit einigen Schraubzwingen verpresst abtrocknen.

Montage auf einem Rahmengerüst

Diese Vorgehensweise eignet sich dann, wenn die Einrichtung auf einem Rahmengerüst basiert, das anschließend mit dünnen Sperrholzplatten verkleidet werden soll.

- Schneiden Sie die Platten genau zu. Beachten Sie, dass aufgrund der Verarbeitung die Abmessungen Ihres Brettes verändert werden müssen.
- Bearbeiten Sie die Anlagekanten nach.
- Bohren Sie die Löcher für die Verschraubungen am Rahmen vor. Die Lochgröße muss das Durchstecken des Schraubengewindes zulassen.
- Montieren Sie das Brett am Trägerrahmen mit Schraubzwingen vor und bohren Sie die kleineren Löcher, in der die Schrauben halten sollen, in das Rahmenprofil ein.
- Montieren Sie auf diese Weise Brett für Brett. Prüfen Sie die Passgenauigkeit während der Montage. Sie können die Bretter auch bei der Montage mit einer Silikondichtmasse auf dem Rahmen verkleben. Das ergibt eine nochmals höhere Festigkeit des Möbels.

Abdeckung durch eine Winkelleiste

Im Grunde genommen können die Eckverbindungen von der stumpfen Verbindung bis zum Rahmenprofil mit einer Winkelleiste aus Holz oder Kunststoff abgedeckt werden. Die Winkelleiste verdeckt hier unsaubere Schnittkanten oder Schraubenköpfe.

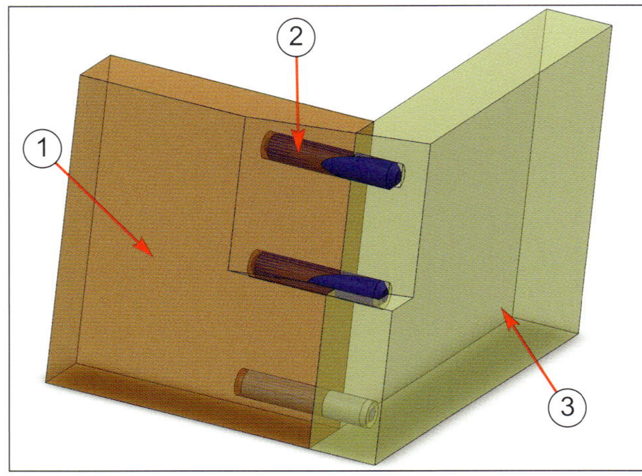

Stumpfe Verbindung durch Dübel: 1 Möbelplatte mit Bohrung stirnseitig, 2 Dübel, 3 Frontplatte.

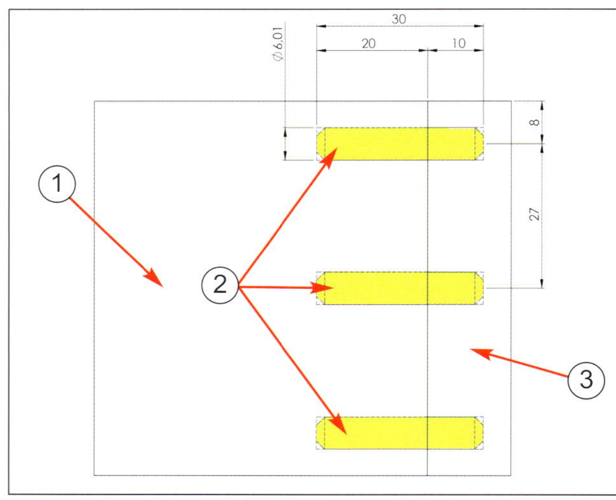

Erforderliche Bohrtiefe bestimmen: 1 Möbelplatte mit Bohrung stirnseitig (20 mm), 2 Dübel, 3 Frontplatte (10 mm).

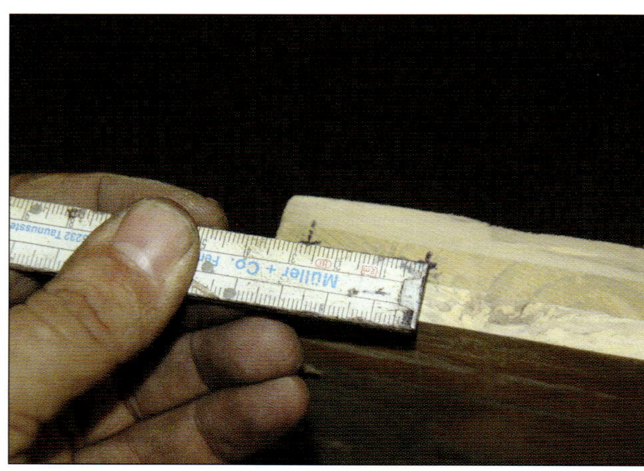

Erforderliche Bohrabstände einzeichnen: Entweder genau anzeichnen oder beidseitig mit einer Schablone bohren.

- Montieren Sie alle Bretter des Möbels komplett zusammen.
- Schneiden Sie die Winkelleisten passgenau zu.

Winkelleiste aufkleben

- Rauen Sie die Rückseite der Winkelleiste mit Schleifpapier an.
- Tragen Sie mittig eine etwa 5 mm breite Silikonnaht auf die Dichtleiste auf. Fixieren Sie die Winkelleisten mit Klebeband.
- Drücken Sie die Dichtleiste an und warten Sie mit der weiteren Bearbeitung einige Stunden, die das Silikon zum Abbinden benötigt.

Winkelleiste verschrauben

- Schneiden Sie die Winkelleisten passgenau zu.
- Bohren Sie die Verschraubungslöcher in der Winkelleiste so groß vor, dass das Gewinde der Schraube leicht hindurchgeht.
- Fixieren Sie die Winkelleisten mit Klebeband.
- Bohren Sie die kleineren Haltelöcher durch die vorgebohrten Löcher in die Holzplatten, um die Schrauben anzuziehen.
- Drehen Sie die Schrauben an.

Weiter für beide Möglichkeiten

- Nehmen Sie das Klebeband ab und reinigen Sie die anliegenden Flächen gründlich.

Umleimer anbringen

Unter einem Umleimer versteht man eine Abdeckung für die nicht furnierten Schnittkanten einer Holzplatte. Im Grunde genommen kommen zwei Umleimertypen für den Heimwerker in Betracht.

Der Klebe-Umleimer

Diese Umleimer werden meist beim Möbelbau (für Wohnungsmöbel) verwendet. Für den Heimwerkerbereich können nur dünne Streifen verarbeitet werden. Eine Abrundung der Kanten ist somit nicht möglich. Weiterhin sind sie wenig widerstandsfähig und damit eigentlich für unsere Zwecke nicht sehr geeignet.

- Schneiden Sie die Länge grob zu. Etwas Überstand zu allen Seiten ist sehr vorteilhaft.
- Spannen Sie das Brett hochkant ein, sodass die Fläche, auf die nun der Umleimer aufgebügelt werden soll, nach oben zeigt. Decken Sie die Fläche mit einem Baumwolltuch ab.
- Stellen Sie das Bügeleisen auf die auf der Ver-

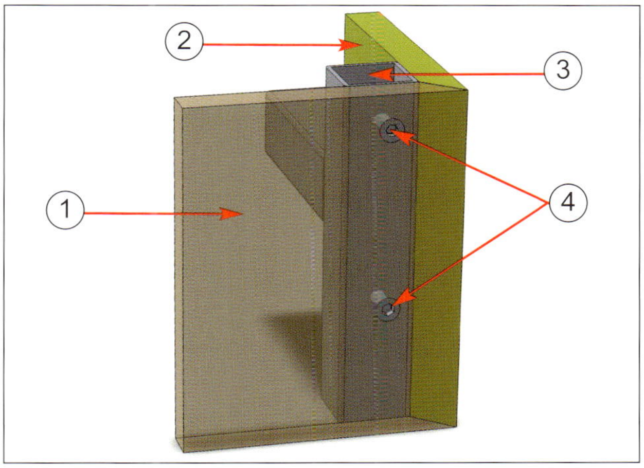

Montage auf einem Rahmengerüst: 1 Frontblende, 2 Seitenwand (beide auf Gehrung), 3 Rahmen, 4 Schrauben.

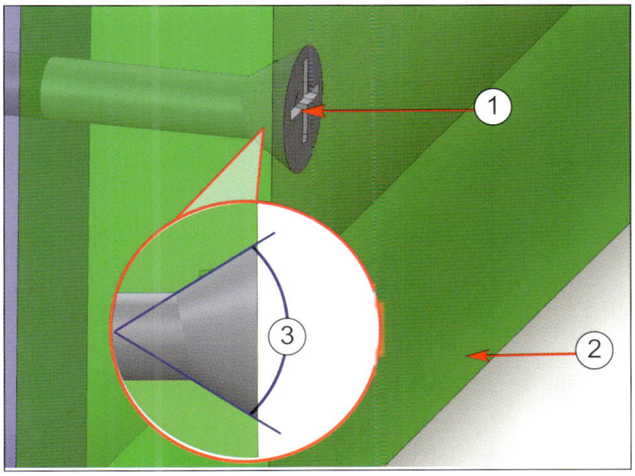

Ansenken der Verschraubungen: Der Schraubenkopf (1) ist dann eben mit der Fläche (2) versenkt (3).

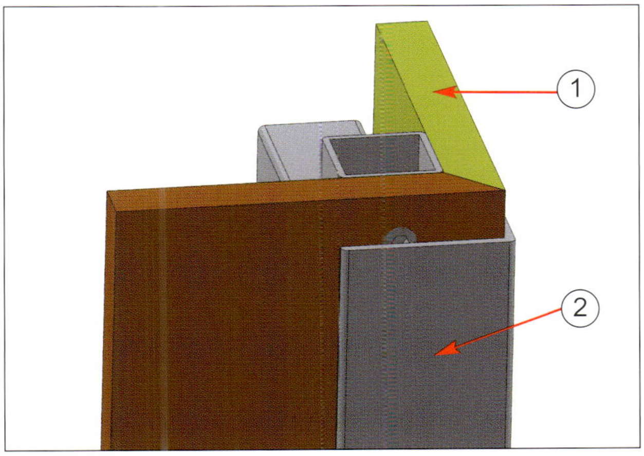

Angebaute Abdeckwinkelleiste: 1 Möbelholz, 2 Abdeckleiste. Sie kann durchaus mit etwas Silikon aufgeklebt werden.

packung des Umleimers angegebene Temperatur ein. Wenn Ihnen diese Angabe nicht mehr vorliegt, prüfen Sie die richtige Temperatur mit einem Probestück des Umleimers. Bügeln Sie mit einem Bügeleisen den Klebeumleimer auf das Holz auf. Der Klebstoff verflüssigt sich dadurch und der Umleimer haftet.
- Schneiden Sie mit einem scharfen Cuttermesser die Überstände des Umleimers ab.
- Verschleifen (entgraten) Sie den Umleimer vorsichtig mit etwas Schleifpapier.

Umleimer anbügeln: Der Klebstoff auf der Rückseite wird verflüssig und verklebt sich mit dem Holzprofil.

Steg-Umleimer

Die Steg-Umleimer bestehen aus stabilem Kunststoffmaterial, wie auch die Klebeumleimer, die der Schreinerfachbetrieb industriell verarbeiten kann. Die gebräuchlichen Versionen erhalten Sie bei Caravan- und Wohnmobil-Ausstattern.
Man erhält sie passend zu den üblichen Möbeldekors eingefärbt, damit die Sache professionell aussieht. Auch gepolsterte Versionen werden angeboten, damit keine scharfen Kanten im Wohnmobil entstehen. Das ergibt eine hohe Unfallsicherheit und ist sehr empfehlenswert!
- Fräsen Sie zum Anbringen der Steg-Umleimer in die Stirnseite der Möbelplatte eine Nut mit der Oberfräse oder einem entsprechenden Bohrmaschinenaufsatz.
- Wollen Sie den Umleimer um einen Radius führen, sollte er zunächst passend vorgebogen werden. Verhält er sich dabei störrisch, erwärmen Sie das Kunststoffmaterial unter einem Heißluftföhn.
- Tragen Sie etwas Leim oder Klebstoff in die Nut ein.
- Stecken Sie den Steg des Umleimers in die Nut ein und schlagen Sie ihn fest.
- Reinigen Sie die anliegenden Flächen gründlich.

Umleimer zuschneiden: Der Überstand des Umleimers wird mit einem scharfen Cuttermesser eben zur Fläche abgeschnitten.

Bearbeite Stellen des Holzes versiegeln

Damit das Holz nicht quellen kann, streichen Sie zumindest die Stirnseite an denjenigen Kanten, die später auf dem Wagenboden stehen, mit farblosem Lack. Auch im Bereich der Küche kann es sich lohnen, die Kanten zu versiegeln.
- Bereiten Sie alle Holzbretter fertig vor, die noch versiegelt werden müssen.
- Ordnen Sie die zu versiegelnden Bretter so an, dass sie alle gut zugänglich sind.

Umleimer verschleifen: Die Kante sollte abschließend noch mit Schleifpapier und Schleifklotz gerundet werden.

- Streichen Sie die bearbeiten Flächen mit dem gewählten Holzlack ein.
- Lassen Sie den Lack ablüften.
- Wiederholen Sie den Lackauftrag erneut.
- Reinigen Sie den Pinsel und den Abstreifbehälter gründlich.
- Lassen Sie den Lack über Nacht abtrocknen.

Nach dem Aufkleben und Abrunden: Eine feuchtigeitsabweisende Plattenkante in formschöner Optik.

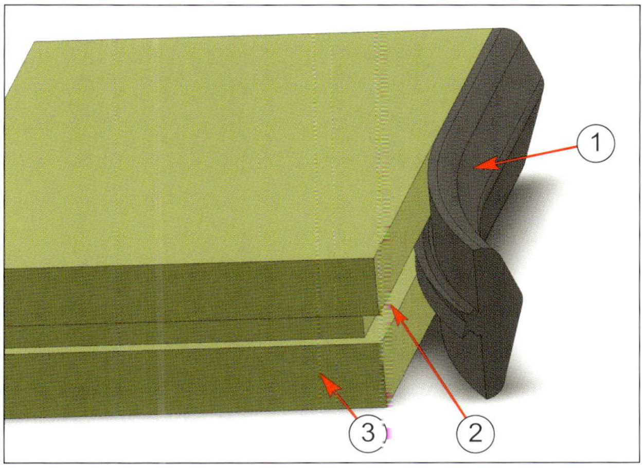

Stegumleimer als Profilansicht: 1 Kantenumleimer, 2 Nut zur Führung und zum Kleben, 3 Arbeitsplatte.

Automatisches Umleimen: Nach dem Verlassen der Laufbahn ist der Umleimer fertig zur weiteren Bearbeitung.

Behindertengerechter Umbau

Zuerst einmal stellen Sie sich sicherlich die Frage, warum wir nicht für den behindertengerechtem Umbau des Wohnmobils ein neues Kapitel aufmachen. Das ist aber ganz sicher nicht erforderlich. Wenn Sie die Planung Ihres Fahrzeuges angehen, kommen nämlich eigentlich nur einige Aspekte hinzu. Hier finden sich einige Ausstattungsmerkmale, die Sie planerisch zum Thema Eintragungen in die Fahrzeugpapiere und Fahrzeuggewicht beachten müssen. Ganz sicher werden Sie als Camper mit Handicap die eine oder andere Anforderung haben, die auch bei nichtbehinderten Interesse hervorruft. Sie halten einen Sonderband für den T5 in den Händen. Klar, das ist kein riesiges Wohnmobil, aber es kann durchaus auch ein Alltagsfahrzeug und ein praktischer Camper sein. Auch für Fahrer im Rollstuhl. Der Umbau ist nicht oder nicht wesentlich teurer als der eines PKW. Zudem können Sie auf der Grundlage des §20 SchwbG in Verbindung mit der Kraftfahrzeughilfeverordnung über Ihren Kostenträger die Finanzierung Ihres Fahrzeuges beantragen. Gemäß der Verordnung über Kraftfahrzeughilfe zur beruflichen Rehabilitation (KfzHV) können Querschnittgelähmte einen Zuschuss zu den Kosten für den behindertengerechten Umbau eines Fahrzeugs erhalten, wenn sie das Fahrzeug zur Ausübung ihrer beruflichen Tätigkeit brauchen. Diese Unterstützung leistet entweder Ihr jeweiliger Rehabilitationsträger oder das Integrationsamt.

Möglichkeiten

Grundsätzlich ist der T5 ein hervorragendes Fahrzeug wenn es im Besonderen um den Umbau zum behindertengerechten Camper geht. Es ist bei der Anpassung der Fahrersituation zum barrierefreien Wohnmobil alles möglich, was beim behindertengerechten PKW-Umbau auch machbar ist. Es geht aufgrund des größeren Platzangebotes sogar mehr. Alles was im Haus oder in der Wohnung für einen Rollstuhlfahrer zur Umfeldanpassung notwendig ist oder von Vorteil sein kann, sollte auch beim Camper realisiert werden. Auf den rollstuhlgerechten Zugang über eine Rampe oder Hebevorrichtung werden wir noch gesondert eingehen. Das Anpassen des Wohnraums erfolgt entsprechend wie bei allen Campern in allen Aspekten den individuellen Bedürfnissen und Vorlieben des Nutzers.

Besonderheiten

Beachten Sie bei der Planung einige Besonderheiten die Ihnen das Fahren und Nutzen im Alltag und im Urlaub deutlich erleichtern können. Neben den obligatorischen Campingmessen, sollten Sie sich auch die großen Messen für Rehabedarf wie die »Rehacare« ansehen. Auch hier erhalten Sie wertvolle Anregungen, die Sie vielleicht in Ihrer Planung umgesetzt sehen wollen.

Türen und Durchgänge

Der Zugang kann recht einfach über die seitlichen Schiebetür(en) erfolgen. Die Breiten sind ausreichend dimensioniert. Auch eine elektrische Betätigung ist bereits bei einigen Ausstattungsvarianten serienmäßig vorhanden oder kann deshalb leicht nachgerüstet werden. Die Auslegung der Einrichtung sollten Sie so wählen, dass Sie die Staufächer und Ablagen erreichen können. Entsprechend sollten Sie die Schrankbreiten so wählen, dass auch mit Rollstuhl ausreichend Platz bleibt sich im Fahrzeug bewegen zu können. Der Zugang zum Fahrerraum lässt sich leicht durch elektrische Stuhlsysteme bewerkstelligen.

Bedienung und Betätigung

Neben den üblichen Umbauten der Bedienhebel und der Schalter, sollten Sie auch Anlagen zur Umfeldüberwachung wie einer Rückfahrkamera in die Planung mit einbeziehen. Das ist eine praktische Nachrüstung, die auch nichtbehinderten T5 Fahrern, gerade bei der Nutzung von Anhängern den einen oder anderen Weg zum Lackierer ersparen kann. Die lackierten Stoßfänger verzeihen zwar kleine Rempler, gehen aber leider nicht unbedingt spurlos vorüber. Die Anbindung von besonderen Bedienelementen und Schaltern für das Lenkrad sollten Sie grundsätzlich den Profis überlassen. Die meisten Systeme am T5 werden elektronisch angesteuert. Das DSG-Getriebe lässt eine sichere Bedienung am Lenkrad schon recht einfach zu. Ganz sicher werden Sie im Laufe Ihrer Informationsbesuche

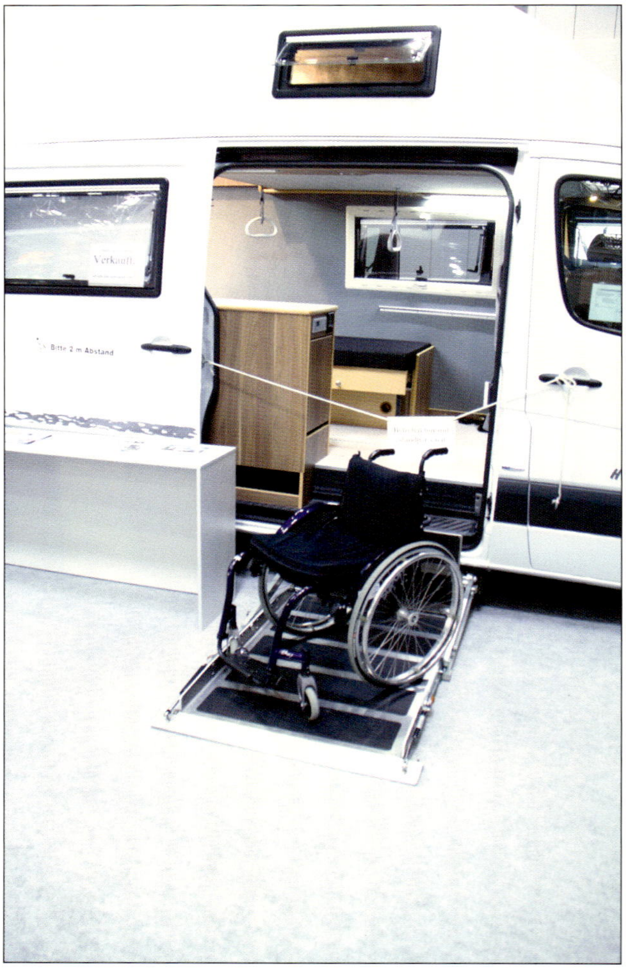

Mehr Mobilität durch einen Behindertenumbau: Körperlich eingeschränkte Personen haben durch einen Umbau die Möglichkeit mehr Mobilität zu erleben bzw. sich Mobilität zu erhalten.

Status	Anforderung	Kostenträger (Informationen holen)
Keine Tätigkeit	Sachbearbeiter befragen	Kreissozialamt
Soldaten	Genaue Informationen einholen	Eventuell Haftpflichtversicherung, die Orthopädische Versorgungsstelle des Versorgungsamt
Berufs- und Erwerbsunfähige Rentner und Teilzeitbeschäftigte	Die Länge des Zeitraums der Einzahlung ist nicht relevant	Rentenversicherungsträger
Auszubildende	Wenn ein Ausbildungsplatz besteht oder in Aussicht steht	Arbeitsamt
Beamte und Selbstständige	Genaue Informationen einholen	Integrationsamt beim zuständigen Landeswohlfahrtsverband.
Arbeiter und Angestellte	Weniger als 15 Jahre Rentenbeiträge gezahlt	Arbeitsamt
	Mehr als 15 Jahre Rentenbeiträge gezahlt	BFA (Bundesversicherungsanstalt)

Informationen zu möglichen Kostenträgern: Lassen Sie sich grundsätzlich beraten. Diese Tabelle soll Ihnen lediglich einen Hinweis geben, wo Sie Informationen für Ihren Antrag zur Finanzierung oder sogar der Kostenübernahme erhalten können.

bei Messen, Herstellern und Händlern einige neue Anregungen einsammeln, die Ihre Wunschliste erweitern. Viele Wohnmobilhersteller und Umbauer haben bereits Erfahrung mit den Systemen und können den Umbau nach Absprache mit Ihnen erledigen.
So können auch die Öffnung des Hubdaches oder auch der Luken und Fenster im Dach auf elektrischem oder elektrohydraulischem Weg erfolgen. Fast alles was Sie nachrüsten wollen lässt sich ferngesteuert auf- und abbauen.
Ganz wichtig: Auch hier gilt es, die Gewichte der einzelnen Komponenten zu kennen und auch zu addieren, um das Fahrzeug nicht schon ohne die erforderliche Campingausrüstung und Vorräte zu überladen.

Zugang zum Fahrzeug

Der Zugang zum barrierefreien Wohnmobil kann über eine Rampe, einen Lift oder Hebebühne erfolgen. Beide Systeme sind auch ferngelenkt lieferbar oder umzubauen. Die beiden Systeme haben Vor- und Nachteile. Beim T5 werden sie so verbaut, dass sie im Innenraum vor einer Seitentür platziert werden. Egal welches System Sie wählen, der nötige Platz zum Einbauen lässt sich nicht einsparen.

Die Rampenanlage

Rampen sind schnell ausgeklappt, recht kostengünstig und nur wenig anfällig für Schäden und Störungen. Der Nachteil liegt darin, dass Sie eine Schräge überwinden müssen, was je je nach dem Neigungswinkel, in welchem der T5 steht, schwierig und auch gefährlich sein kann.

Liftsysteme

Die Liftsysteme werden als Linear-, Kassetten- oder Schwenklifte angeboten. Sie sind fast ohne Kraftaufwand befahrbar und auch für schwere Elektrorollstühle geeignet, aber leider auch grundsätzlich teurer als Rampen. Auch hier sollten Sie die Lifthersteller am Besten auf einer Messe besuchen und die Hersteller und Umbauer durchaus zu Ihren Ideen befragen.

Außenanlage

Der Umbau des Campers muss nicht unbedingt von innen beginnen. Es gibt bereits Anbauteile und Systeme, die die Nutzung eines ganz normalen Kombis oder auch Transporters mit wenigen Handgriffen als Campingmobil ermöglichen. Dass das natürlich nicht nur wie schon vorgestellt innen funktioniert, werden wir Ihnen in diesem Kapitel vorstellen. Auch hier werden Sie einige praxisnahe Tipps für den eigenen Umbau erhalten, aber auch über unterschiedliche Ausbaumöglichkeiten informiert. In diesem Kapitel werden wir Ihnen zusätzlich Tipps und Arbeitsschritte zur Kleinschadenbeseitigung an der Karosserie geben, die Sie mit etwas Werkzeug und Material leicht selbst nachvollziehen können.

Anbauteile (auch) für den Rückbau

Nicht alle Anbauteile verändern den Bus für immer. Schon der Anbau von wenigen Teilen, die auch leicht wieder demontiert werden können, stellen eine praktische Ergänzung dar. Wir können Ihnen in diesem Bereich nur einen kleinen Ausschnitt vorstellen. Das Angebot erweitert sich hinsichtlich Hersteller, Bauarten und auch komplett neuen Ideen permanent. Um hier immer den aktuellen Trend erfassen zu können, sollten Sie unbedingt eine entsprechende Messe wie die Caravan Messe in Düsseldorf besuchen.

Nasszelle für außen

Eine komplette Nasszelle im T5 ist nicht nur aus Platzgründen nicht zu empfehlen. Eine sinnvolle Ergänzung, die zudem noch mit wenigen Handgriffen montiert ist, stellt eine »Outdoordusche« dar, die einfach am Fahrzeug oder unter der Heckklappe montiert wird. Endsprechende Halter, die auch als Magnet ausgeführt sein können, verwandeln die Busaußenhaut zur Badezimmerwand mit Handtuchhaltern zum Trocknen. Fließendes Wasser kann schon über eine kleine Pumpe aus einem fahrzeugeigenen Tank oder einfach einem Kanister bezogen werden. Das Abwasser versickert im Untergrund. Genauso nutzbar ist dasselbe System für eine Chemietoilette. In jedem Fall wird ein ausreichender Sichtschutz für die Morgentoilette auch ohne jegliche Anbindung an eine öffentliche Versorgung möglich. In Verbindung mit einer Überdachung durch eine Markise oder Ähnlichem wird der Wohnraum des Campers sinnvoll erweitert.

Rolldachveranda

Markisensysteme sind bereits seit Jahrzehnten im Campingbereich bekannt und bewährt. Mechanik und Spannstoff sind im Ruhezustand sicher und sauber in einer Kassette eingefahren. In der Regel werden sie an der Dachreling, in der Wassersicke oder wie ein Dachträgersystem mit speziellen Klammern am Fahrzeug befestigt. Der Vorteil zum Vorzelt liegt im sehr schnellen Aufbau. Sie bieten allerdings deutlich weniger Wetterschutz und sollten bei starkem Wind nicht verwendet werden. Als schnelle Kurzzeitüberdachung sind sie aber bestens geeignet. Mit wenigen

Anbauvorhang und Handtuchhalter: Einfach festgeklemmt oder mit Magneten gehalten – schon entsteht ein Sicht- oder Spritzschutz für die Nasszelle vor der Tür.

Vordach: leicht im Gewicht und schnell im Aufbau. Der Terracamper verwendet Spannplanen zur Wohnflächenerweiterung.

Markise am Dach: Die Markise (1) ist sicher befestigt und kann auch mit wenigen Handgriffen abgenommen werden.

Handgriffen ist der Wohnraum des Fahrzeugs deutlich erweitert. Überdacht im Freien frühstücken ist einfach und schnell möglich. Natürlich gibt es auch die Möglichkeit, einfache Sonnensegel vom Fahrzeug aus abzuspannen. Der Zweck ist der gleiche, allerdings müssen die Spannseile befestigt werden. So muss das »Dachausfahren« auf Raststätten oder Parkplätzen unterbleiben. Es muss also unbedingt immer ein Auge auf Wind und Wetter und auf die eventuell verbaute Verspannung gerichtet werden, um Schäden an Gelenken und Mechanik zu vermeiden.

Vorzeltsysteme

Ob nun ein speziell gefertigtes Zelt oder etwas Universelles angeschafft wird, der Aufbau fällt immer recht ähnlich aus. Der Aufwand im Gegensatz zu den vorgestellten Markisen ist zwar etwas höher, allerdings sind die Vorzelte auch wetterfest und als Wohnraumerweiterung auch für einen längeren Zeitraum geeignet. Achten Sie darauf, dass Sie für Ihr Zeltsystem möglichst auch ein Wetterschutzdach erstehen können. Das verbessert nicht nur den Isolationswert bei Hitze und die Regendichtheit, sondern schützt das Zeltmaterial auch vor vorzeitigem Ausbleichen und UV-Schäden. Der Preis sollte auch bei diesem Ausrüstungsgegenstand nicht der ausschlaggebende Faktor sein. Leicht entstehen Schäden im Alltagsgebrauch beim Campen. Hier ist es dann wichtiger einen Ansprechpartner für die Ersatzteilbeschaffung oder Reparatur zu haben, als beim ersten Schaden das gesamte Zelt ersetzen zu müssen.

Genau auf das Fahrzeug angepasste Systeme

Je genauer ein Zeltsystem auf das einzelne Fahrzeug angepasst ist, umso besser wird die Passgenauigkeit und natürlich auch der Komfort in Sachen Zugluft und Dichtigkeit im Übergang zum Fahrzeug. Der Nachteil liegt darin, dass bei einem Fahrzeugwechsel das Zelt nicht unbedingt passen muss. Ein weiterer Faktor sind die Kosten für den Maßanbau. Die geringeren Stückzahlen können sich schnell im Anschaffungspreis niederschlagen. Wenn für Ihr Vorzelt auch Stangen verwendet werden, die nicht nur gerade sind, sollten Sie gerade dann, wenn Sie in Gegenden fahren, wo Sie durchaus auch mal mit stärkerem Wind oder Böen rechnen müssen, Ersatzstangen mitnehmen. Gerade Stangen lassen sich oft schon im gut sortierten Kioskgeschäft auf dem Campingplatz oder beim Campinghändler in der Nähe erstehen.

Vorzelt in flexibel: Der Anbau des Zeltes kann sowohl seitlich als auch an der Rückseite erfolgen.

Luftschlauchsysteme

Die modernste Bauweise und gleichzeitig die effektivste ist die Stabilisierung der Zeltbahnen mit Luftkammern. Der Vorteil liegt zum einen im Gewicht durch die nicht benötigten Stangen und zum anderen im leichten Aufbau und der hohen Flexibilität. Zwar werden für diese Systeme keine oder kaum Stangen verwendet, aber auch hier sollten Sie sich auf Schäden an den Tragesystemen vorbereiten. Nehmen Sie grundsätzlich eine neue Luftkammer mit und informieren Sie sich, ob und wie eine Luftkammer Ihres Zeltes wieder instand gesetzt werden kann. Ein Reparaturkit für den Fall des Falles kann die Nutzung des Vorzeltes retten und ganz sicher viel Stress ersparen.

Stecksysteme mit Stangen innen

Das älteste System ist auch gleichzeitig das am weitesten verbreitete System. Es hat den Vorteil, dass in den meisten Fällen bei Windbruch sich schnell Stangen beim Campinghändler in der Nähe beschaffen lassen. Der Nachteil liegt im deutlich aufwändigeren Aufbau und in der Anzahl der Einzelteile, die oft noch für den richtigen Aufbau markiert werden müssen. Es weist allerdings auch die höchste Stabilität auf und wird weniger durch den Winddruck verformt.

Stecksysteme mit Stangen außen

Die modernere Fassung des Stangensystems trägt das Skelett außen. Allerdings werden oft formgepresste Stangen verwendet, die sich nicht so einfach im Schadensfall beschaffen lassen. Hier sollten Sie für den Fall der Fälle wiederum für Ersatz im Gepäck sorgen. Achten Sie bei der Anschaffung darauf, keine Kunststoffpassstücke als Stangenverbindungen zu verwenden. Durch die Einwirkung der UV-Strahlung werden diese schnell spröde und brechen aus. Legen Sie auch einige Spanngummis und Laschen als Ersatzteil zur Seite. Eine Wetterschutzhaut wird in der Regel außen über das Gestell gezogen. So sind dann wiederum auch die außen liegenden Stangen und Eckverbinder geschützt.

Spannsysteme mit Fiberglasstangen

Diese Systeme verbinden die Vorteile der etwas höheren Flexibilität und dem erleichterten Aufbau der Luftsysteme mit der größeren Stabilität der Stangensysteme. In der Regel müssen diese Systeme wie auch die Luftkammersysteme nicht mehr zusätzlich verspannt werden. Die Fiberglasstäbe brechen normalerweise nur bei Überlastung. Sie können aber auch im Laufe der Zeit altern. Der Verbund des Fiberglases löst sich auf und es stehen einzelne Fasern heraus. Hier müssen dann am besten alle Stäbe ersetzt werden. Auch hier lassen sich die Stäbe oft im Campingmarkt beschaffen.

Dachzeltsysteme

Unter einem Dachzelt versteht man ein Zeltsystem, das auf einem Dachgepäckträger oder der Dachreling befestigt wird. Wenn das Fahrzeug bewegt wird, ist das Zelt eingeklappt und verpackt. Erst auf dem Campingplatz wird dann das Zelt aufgebaut und ist mit wenigen Handgriffen nutzungsfähig. Die Matratze verbleibt immer im Zeltsystem. Schlafutensilien nach dem Aufbau hineinlegen und der »Room-Service« im Dachgeschoss ist abgeschlossen. Man unterscheidet im Wesentlichen zwei unterschiedliche Bautypen:

Klappsysteme mit Textildach

Zeltbahnen sind deutlich leichter als feste Materialien wie GFK, Kunststoff oder sogar Blech. Ein Vorteil der Textildachzelte liegt im geringen Gewicht bei großem Zeltvolumen. Oftmals verbergen sich auf einer recht kleinen Fläche auf dem Dachgepäckträger verblüffend geräumige Dachzelte, die reichlich Platz zum Schlafen schaffen. Das Zeltsystem verbleibt auf dem Dach und wird durch eine Schutzhülle während der Fahrt verpackt. Beim Aufklappen werden im Zeltstoff befestigte Spriegel mit ausgerichtet, die den Zeltstoff spannen und so das Zelt aufstellen. Das funktioniert so ähnlich wie bei einem Cabrioverdeck. Neben der Stoffqualität zählen auch die Wasserdichtheit der Matratze und das Material der Grundbodenplatte. Maßgebend sollte auch das Gewicht des Systems sein. In den Produktbeschreibungen der guten Ausbauteilelieferanten finden Sie Angaben zum Gewicht der Zeltsysteme.

Dachgeschoss: Das Schlafzimmer befindet sich im Obergeschoss aus wasserdichten Textilfaserstoffen.

Unterschiedliche Formen, Größen und Qualitäten: Je nach Bedarf kann die Größe und Ausführung gewählt werden.

Aufstellsysteme mit Hartschalendach

Dieses System verbindet den Komfort des sehr einfachen Aufbaus eines Aufstelldaches mit der einfachen Montage auf dem Dachgepäckträger des klassischen Textildachzeltes. Das Hartschalendach unterscheidet sich im Wesentlichen vom fest eingebauten Aufstell-

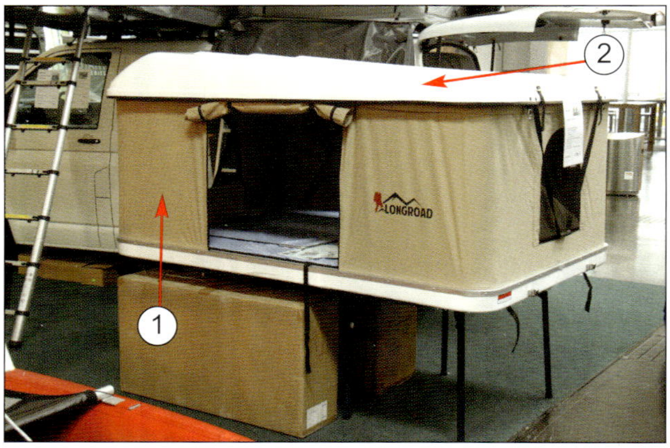

Hartschalendachzelt: Die Seitenwände (1) bestehen aus Zeltstoff, das Dach (2) meist aus glasfaserverstärktem Kunststoff.

dach durch den Zugang in das Zelt. Durch den Aufbau auf dem Gepäckträger besteht kein Zugang zum Innenraum. Es muss also wie bei der textilen Variante über eine Leiter hineingeklettert werden. Das Dach selbst besteht normalerweise aus glasfaserverstärktem Kunststoff. Die seitlichen Zeltwände werden durch den Aufstellmechanismus des Daches gespannt. Die Dachzelte mit Hartschale sind aber nur geringfügig schwerer. Auch hier verbleibt die Matratze im Zeltsystem. Alle anderen Schlafutensilien müssen vor dem Zusammenfalten entnommen werden. Wie bei allen Systemen müssen die Stoffqualität und auch die Matratze genauer betrachtet werden. Imprägnierung und Wasserfestigkeit sind ein wichtiger Gesichtspunkt. Da der Klappmechanismus aufwändiger ist, sollte auch hier auf eine robuste Ausführung geachtet werden. Funktion und Leichtgängigkeit gehören mit auf die Wartungsliste des Fahrzeugs.

In die Karosserie integrierte Anbauteile

Bis hierhin wurden die Ausrüstungsgegenstände Ihres VW-Campers lediglich angebaut. Es waren noch keine wesentlichen Umbaumaßnahmen notwendig, die in die Struktur eingegriffen hätten. Das wird sich nun im Verlauf dieses Kapitel verändern. Wir betrachten nun die Bauteile, für die Öffnungen in die Karosserie geschnitten werden müssen. Zum Ende dieses Kapitels werden wir den Einbau an einigen Teilen beispielhaft vorstellen. Der Einbau selbst ist auch für den ambitionierten Heimwerker zu bewerkstelligen. Es wird bis auf eine Stichsäge und eine Feile kein besonderes Werkzeug benötigt. Die Positionierung der Öffnungen wird durch vom Hersteller mit dem Anbauteil gelieferte/n Schablone oder Schnittplan leicht möglich. Wir stellen Ihnen zunächst die unterschiedlichen Systeme vor und werden dann auch den Einbau mit konkretem Bildmaterial und schrittweise beschriebenen Arbeitsschritten an einigen Beispielen vorstellen.

Fenstersysteme

Beim Volkswagen T5 gibt es die unterschiedlichsten Ausstattungsvarianten, die zudem noch gegen Aufpreis besondere Merkmale haben können. Beim Camper spielt die Belüftung eine sehr wichtige Rolle. Für diese wiederum sind Fenster gefragt, die geöffnet werden können. Zum einen lassen sich bei den Kombifahrzeugen Fenster im originalen Look nachrüsten, die diese Funktionen haben. Diese Möglichkeit ergibt sich auch bei den Kastenfahrzeugen. Die klassische Variante sind Multifunktionsfenster, die bereits fertig mit Mückennetz bis zur Verdunklung ausgerüstet sind. Vom Schiebefenster bis zum Bullauge sind hier kaum Grenzen gesetzt. Die Einbauposition ist bereits durch den Hersteller Volkswagen vorgegeben. Bei den Transportern sind die Fensterrahmen auch sichtbar ausgeführt. Achten Sie darauf, dass die Fenster für die Fahrzeuge geeignet sind und die Scheiben auch entsprechende Prüfzeichen aufweisen. In der Regel werden im Einbauset alle benötigten Verschraubungen, die Schnittschablone oder zumindest eine Skizze dazu sowie die erforderlichen Stabilisierungsprofile geliefert. Befragen Sie Ihren Zulieferer, ob noch

Camperfenster im Kasteneinbau: Innerhalb des originalen Fensterausschnitts (1) wird das Fenster (2) eingebaut.

weitere Materialien oder Anbauteile für die Montage des Fensters erforderlich sind.

Hubdachsysteme

Das Hubdach ist der Kompromiss einen Camper möglichst alltagstauglich zu belassen. Die geringere Bauhöhe im Fahrbetrieb wirkt sich günstig auf den Kraftstoffverbrauch und die Seitenwindempfindlichkeit aus. Auch wird es möglich, die meisten Parkhäuser zu nutzen. Der Ausschnitt des Blechs für eine Fensteröffnung ist für jeden Umbauer noch leicht zu bewerkstelligen. Der Ausschnitt im Dach allerdings verursacht gerade bei noch unerfahrenen Umbauern ein mulmiges Gefühl. Die Angst durch einen kleinen Irrtum beim Anzeichnen Bereiche herauszutrennen, die doch besser im Fahrzeug verblieben wären und die Folgekosten dafür zu tragen, ist sicherlich nicht angenehm. Schließlich wäre es fatal, wenn die ausgeschnittene Linie leider die Außenkonturen des Einbaurahmens markiert hätte und der Einbaurahmen rastfrei nach innen rutscht. Es stimmt, das ist nicht unproblematisch. Lassen Sie sich grundsätzlich, ob nun erfahren oder nicht, immer von jemand anderem auf die Finger sehen. Kontrollieren Sie jede Schnittlinie nach dem Anzeichnen und vor dem Schneiden gewissenhaft. »Abschneiden« ist deutlich einfacher als »Dranschneiden«. Der Dachausschnitt für ein Hubdach fällt sowieso so groß aus, dass Sie ihn aufgrund der Risikominimierung grundsätzlich nur mit Hilfe durchführen und herausheben sollten. Die Vorgehensweise unterscheidet sich für die unterschiedlichen Systeme nicht wesentlich. Auch hier werden die erforderlichen Materialien mit Schnittschablone oder Skizze im Set geliefert. Genauere Informationen sollten Sie sich grundsätzlich bei Ihrem Zulieferer einholen.

Parallelhubdächer

Das Problem der Parallelhubdächer ist meist, dass das Anheben auch möglichst parallel erfolgen muss, um Verspannungen zu vermeiden. Aus diesem Grund werden nur selten große, über die ganze Dachfläche gehende Dächer in diesem System gebaut. Das Dachsystem eignet sich hervorragend, um die Stehhöhe im Bereich der Arbeitsbereiche hinter den Sitzen zu erreichen. Der Dachausschnitt wird entsprechend der Schablone oder der Schnittskizze des jeweiligen Herstellers durchgeführt. Die erforderlichen Verstärkungen und Verschraubungen werden in der Regel wieder mitgeliefert. Für die Unterseite kann ein entsprechender Blendrahmen erstanden werden, der den Anschluss an den vorhandenen Fahrzeughimmel problemlos und sehr sauber löst.

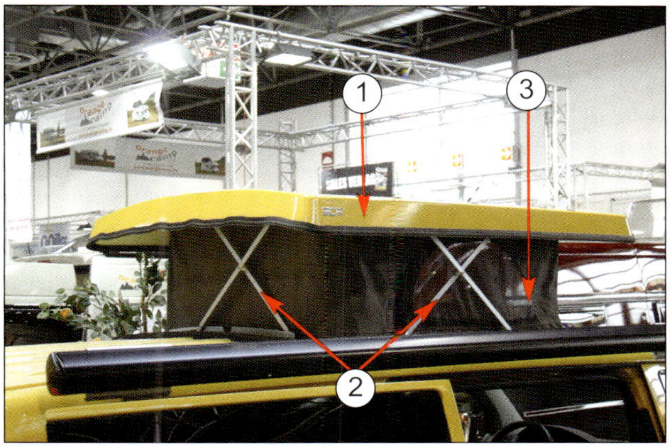

Parallelhubdach: Die Dachschale (1) wird parallel zum Dach angehoben und spannt mit den Spannern (2) den seitlichen Zeltstoff (3).

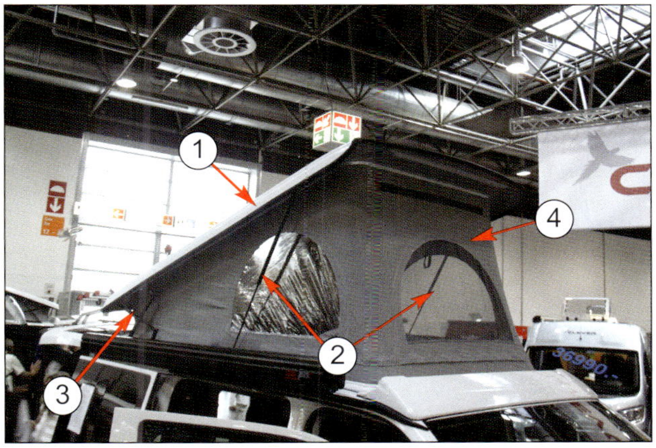

Schräghubdach: Die Dachschale (1) wird vorne angehoben und spannt mit den Gasdruckfedern (2) und den Scharnieren (3) den seitlichen Zeltstoff (4).

Schräghubdächer

Diese Bauform wird bei den meisten Fahrzeugen mit Hubdächern verbaut. Die meisten Hersteller öffnen das Hubdach vorne, um im Arbeitsbereich »Küche« eine möglichst große Stehhöhe zu realisieren. Die Firma »Terracamper« ist einen anderen Weg gegangen und verbaut eine Luke im Dach um eine optimale Raumnutzung zu realisieren.

Beide Baurichtungen ergeben zusätzlichen Schlafraum im Dachbereich. Dieser Raum steht zwar nicht als Stauraum zur Verfügung, vergrößert aber das Wohnraumvolumen erheblich. Bei diesem System wird die

Schräghubdach: Die Dachschale (1) wird hinten angehoben, eine weitere Luke im Dach (2) erweitert den Wohnraum oder erlaubt erweiterten Frischluftzugang.

Hochdach aus GFK: Die Dachschale (3) ist fest montiert und bietet die besten Möglichkeiten hinsichtlich Platz und Isolierung.

harte Dachschale aus GFK in der Regel manuell durch die Gasdruckdämpfer angehoben. Der seitliche Zeltstoff wird durch die Dämpfer zwischen Fahrzeugkarosserie und Hubdach gespannt.

Hochdachumbauten

Das Hochdach ergibt zwar eine eingeschränkte Alltagsnutzungsfähigkeit und einen etwas höheren Kraftstoffverbrauch, bietet aber einen besseren Wetterschutz und bei fachgerechter Ausführung des Umbaus auch bessere Isolationsmöglichkeiten. Der T5 hat eine selbsttragende Karosserie. Alle Bauteile tragen zur Festigkeit bei. Dazu gehören auch die Frontscheibe und natürlich auch die Dachhaut. Im Gegensatz zu den serienmäßigen Hochdachvarianten des VW-Busses wird nicht die komplette Dachfläche entfernt. Aus Stabilitätsgründen verbleibt umlaufend ein Rand. Entsprechend verbleiben die niedrigeren Türeinstiege für die Seitentür(en) und die Hecktüren. Die Zugladungsöffnungen werden also nicht verändert. Beim Camper spielt das aber kaum eine Rolle. Das Dachgeschoss nimmt zumeist Schlafgelegenheiten oder Stauraum auf. Die Blecharbeiten unterscheiden sich kaum von denen zum Einbau eines Hubdachsystems.

Luken und Klappen

Üblicherweise werden in Wohnmobilen Luken und Klappen verbaut. So sind Versorgungseinrichtungen wie der Gasflaschenkasten, Tankräume sowie einige Stauräume auch von außen zugänglich. Das ist aber beim VW-Bus bis auf das Bimobil nicht möglich. Die Karosserieform macht den Einbau von passgenauen Klappen und Deckeln zu aufwändig.

Ver- und Entsorgung

Zwar würde man es kaum vermuten, aber auch im T5 ist es möglich Tanksysteme fest zu verbauen. So finden sich im Zubehör für Campingfahrzeuge Tankanlagen, die im Schrank oder unter dem Fahrzeug verschwinden genauso wie einfache Systeme, die hinter dem Radkasten im Kofferraum verbaut werden können. Ob es nun um Wasser oder auch um Gas geht, ist für die Umbaumaßnahmen gar nicht so relevant. Auch kombinierte Kaminsysteme für Frisch- und Abluft haben zwar eine andere Aufgabe, die Integration in die Karosserie läuft aber sehr ähnlich ab.

Tanksysteme

Das ist immer dann sinnvoll, wenn auch ein Waschbecken mit elektrischer Pumpe und auch ein Abwassertank vorhanden sind. Der Abwassertank kann etwas kleiner ausfallen. Er kann zwischendurch leicht über einem Abfluss abgelassen werden. Tanksysteme können durchaus in schlecht zugänglichen Bereichen oder sogar unter dem Fahrzeug verbaut werden. So geht wenig Platz verloren, der für die Unterbringung anderer wichtiger Utensilien für den Campingurlaub dringend gebraucht wird. Da der Zugang zu den Tanksystemen durchaus über einen Tankstutzen erfolgt,

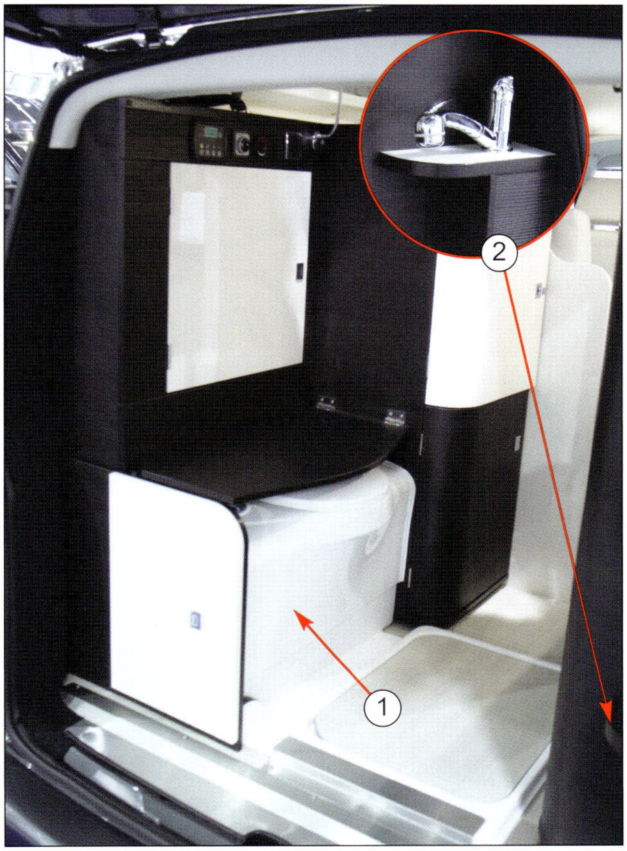

Toilette im Heck: Im Heck versteckt sich eine Chemietoilette (1). Die Duschgelegenheit (2) wurde nach außen verbannt.

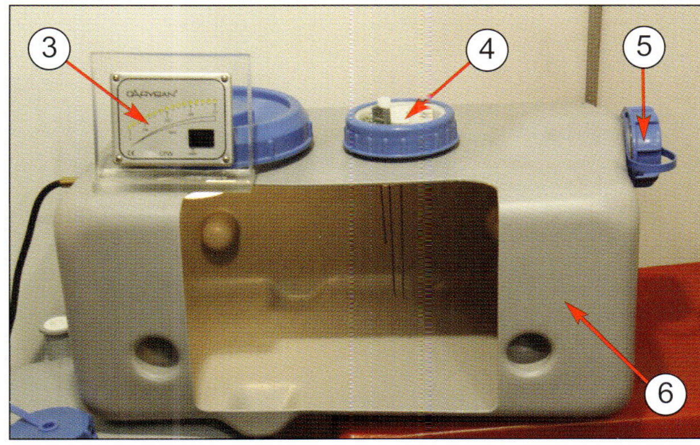

Tanksystem: 3 Anzeigepanel für den Einbau in Wand oder Möbel, 4 Tanksensor, 5 Zulaufanschluss, 6 Tank.

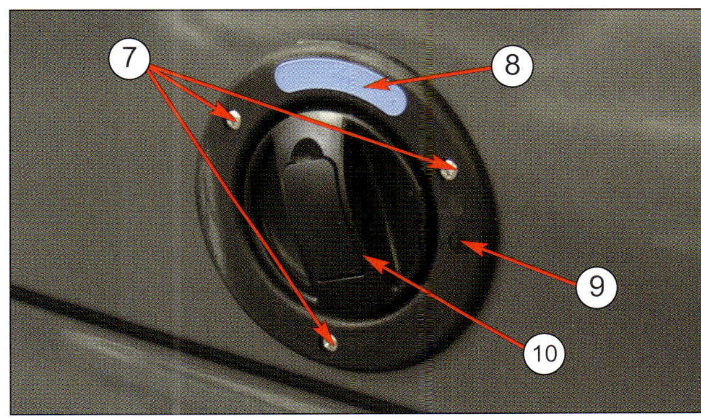

Tankdeckel im Karosserieblech: 7 Verschraubung des Rahmens, 8 Markierung »blau« für Wasser, 9 Rahmen, 10 abschließbarer Tankdeckel.

PRAXISTIPP

Achtung Airbag-System

Wir stellen Ihnen an dieser Stelle einige wichtige Hinweise zu den Airbag-Systemen vor. Es handelt sich um Sprengsätze nach dem Sprengstoffgesetz. Der Umgang ist klar geregelt. Ohne fachliche Eignung sollten Sie Montagearbeiten an Komponenten des Airbag-Systems schon zur eigenen Sicherheit unterlassen.

- Keinesfalls mit Prüflampe, Voltmeter oder Ohmmeter prüfen.
- Pyrotechnische Bauteile dürfen nur im eingebauten Zustand und mit vom Hersteller frei gegebenen Fahrzeugdiagnose-, Mess- und Informationssystemen geprüft werden.
- Bei Arbeiten an pyrotechnischen Bauteilen und am Airbag-Steuergerät muss das Masseband der Batterie bei EINGESCHALTETER Zündung abgeklemmt werden. Anschließend den Minuspol abdecken.
- Nach dem Abklemmen der Batterie ist eine Wartezeit von 10 Sekunden erforderlich.
- Das Anklemmen der Batterie muss bei EINGESCHALTETER Zündung erfolgen. Hierbei darf sich keine Person im Innenraum des Fahrzeugs aufhalten. Ausnahme: Fahrzeuge mit Batterie im Fahrzeuginnenraum. Wenn nach dem Wiederanklemmen der Batterie die Zündung nicht eingeschaltet ist (Kontrollleuchten im Schalttafeleinsatzleuchten nicht), halten Sie zum erstmaligen Einschalten der Zündung Kopf und Arm entfernt vom Lenkrad und einem eventuell verbauten Knieairbag, damit Sie sich nicht im Wirkungsbereich der Airbags und der Sicherheitsgurte befinden.
- Vor dem Hantieren mit pyrotechnischen Bauteilen des Rückhaltesystems, zum Beispiel Trennen der elektrischen Steckverbindung, muss sich der Mechaniker elektrostatisch entladen. Das wird durch das Berühren von geerdeten Metallteilen, zum Beispiel durch kurzes Anfassen des Türschließkeils, erreicht.

der in die Karosserie eingebaut wird, muss der Einbau mit eingeplant werden. In den meisten Fällen ist es sinnvoll, auch diese Planungen von außen nach innen anzugehen. Die Montage und auch der Korrosionsschutz vor dem Möbeleinbau fallen deutlich leichter, als eine Nachrüstung mit dann eventuell erforderlichem Ausbau einiger Bauteile oder sogar einem Teil der Inneneinrichtung. Die Anpassungs- und Zuschneidearbeiten von Material und Fahrzeugblech sind dann Bestandteil des Umbaus und werden noch vorgestellt. Auch hier werden wir Ihnen an einem praktischen Beispiel die Arbeitsschritte näher bringen.

Vorbereitende Arbeiten

Soll ein konsequenter Wohnmobil-Ausbau vorgenommen werden, ist garantiert irgendwo ein Stück Blech im Weg, das entfernt werden muss: Sei es die Trennwand zwischen Fahrerkabine und Laderaum oder sei es das originale Blechdach, das einem Hoch- oder Aufstelldach weichen soll. In diesem Kapitel ist nicht nur beschrieben, wie Sie am besten vorgehen, sondern auch, welche Vorschriften es zu beachten gilt. Je besser die Vorarbeiten durchgeplant und ausgeführt sind, umso sauberer wird das Ergebnis und es fallen deutlich weniger Nacharbeiten an. Denn auch das Reinigen unbeabsichtigt verunreinigter Fahrzeugteile benötigt seine Zeit.

Ausbau der Bestuhlung

In den T5-Modellen sind Airbag-Systeme verbaut. Die Montagearbeiten an Airbag-Systemen gehören zu den Arbeiten, für die ein Sachkundenachweis bestehen muss. Zwar handelt es sich hier nur um die Sitzbelegungsmatte, aber immerhin wird mit der Demontage in ein System eingegriffen, das nicht nur zu den Sicherheitseinrichtungen des Fahrzeugs gehört. Die Sprengsätze, die zur Füllung der Prallsäcke benötigt werden, können Ihnen bei falscher Handhabung schwere und auch tödliche Verletzungen zufügen. Lassen Sie die Demontagearbeiten deshalb von einem sachkundigen Mechaniker durchführen.

Fahrer und Beifahrersitz

Bei einigen Modellen ist unter dem Fahrersitz die Zusatzbatterie verbaut. Achten Sie bei den Montagearbeiten darauf, keinen Kurzschluss zu verursachen. Sicherheitshalber sollten Sie den Bereich der Pole oder sogar die gesamte Batterie mit einem Stück Pappe oder einer Gummimatte abdecken. Die eigentliche Montage unterscheidet sich nicht wesentlich, wenn eine Drehkonsole verbaut wurde. Der Aus- und Einbau ist für die linke Fahrzeugseite beschrieben. Der Aus- und Einbau für die rechte Fahrzeugseite erfolgt sinngemäß in der gleichen Abfolge.

- Schalten Sie die Zündung aus und ziehen Sie den Zündschlüssel ab.
- Öffnen Sie die Fahrertür vollständig und betätigen Sie den Verstellhebel für die Sitzstellung und schieben Sie den Sitz ganz nach vorne.
- Ziehen Sie die Verkleidung Batterie (1) nach hinten ab.
- Drehen Sie die beiden hinteren Befestigungsschrauben heraus.
- Betätigen Sie den Verstellhebel für die Sitzstellung und schieben Sie den Sitz ganz nach hinten.
- Drehen Sie die beiden vorderen Befestigungsschrauben heraus.
- Heben Sie den Sitz etwas an und ziehen Sie den Stecker zur Sitzbelegung und die Anschlüsse für die Sitzverstellung oder die Sitzelektronik (soweit verbaut) ab.
- Nehmen Sie den Fahrersitz aus dem Fahrzeug heraus und stellen Sie ihn mit der Rückenlehne zu einer Wand hin ab.

Ausbau des Fahrersitzes: 1 Schrauben vorne (Sitz zurückschieben), 2 Schrauben hinten (Sitz vorschieben).

Zweitbatterie unter dem Fahrersitz: 1 Zusatzsicherungen und darüber die Stecker Sitzelektrik und Airbagsystem, 2 Batterieabdeckung, 3 Fahrersitz.

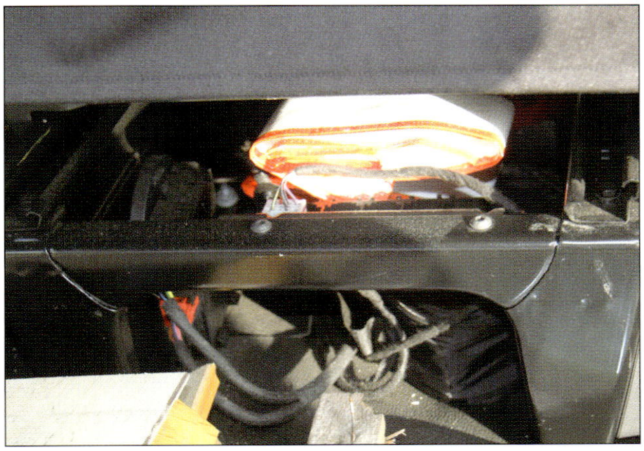

Ausbau des Beifahrersitzes: Die Vorgehensweise unterscheidet sich nicht zur Vorgehensweise auf der Fahrerseite.

Beifahrersitz als Doppelsitz

- Öffnen Sie die Beifahrertür vollständig und betätigen Sie den Verstellhebel für die Sitzstellung und schieben Sie den Sitz ganz nach vorne.
- Schalten Sie die Zündung aus.
- Klappen Sie das Sitzpolster nach vorn.
- Drehen Sie die 2 Schrauben de- Steckerkonsole heraus und legen Sie die Steckerkonsole zur Seite.
- Drehen Sie die 2 Schrauben heraus und nehmen Sie das Steuergerät aus der Halterung in der Sitzkonsole heraus.
- Drehen Sie die 8 Muttern der Sitzkonsole zur Befestigung am Boden ab.
- Nehmen Sie den Fahrersitz mit Hilfe einer zweiten Person aus dem Fahrzeug heraus und stellen Sie ihn mit der Rückenlehne zu einer Ward hin ab.

Rückbank 2. und 3. Reihe

Serienmäßig sind die beiden hinteren Sitzreihen leicht auszubauen. Sie sind jedenfalls für die einfachen Ausstattungsvarianten annähern gleich zu handhaben.

- Öffnen Sie die Sicherungsraste (Fußhebel oder Zugseil).

Feste Sitzbank

- Heben Sie die Sitzbank leicht an und ziehen Sie die Sitzbank nach hinten.

Sitzbank auf einem Schienensystem

- Legen Sie die Rückenlehne um.
- Schieben Sie die Sitzbank auf die vorderste Position.

Weiter für beide Systeme

- Nehmen Sie die Sitzbank mit Hilfe einer zweiten Person aus dem Fahrzeug heraus und stellen Sie sie mit der Rückenlehne zu einer Wand hin ab.

Einzelsitz 2. Sitzreihe nachrüsten

Die Sitzbefestigung erfolgt wie bei den Sitzbänken auf Rastschienen, auf die der Sitz einrastet. Diese werden nun für den Einzelsitz nachgerüstet.

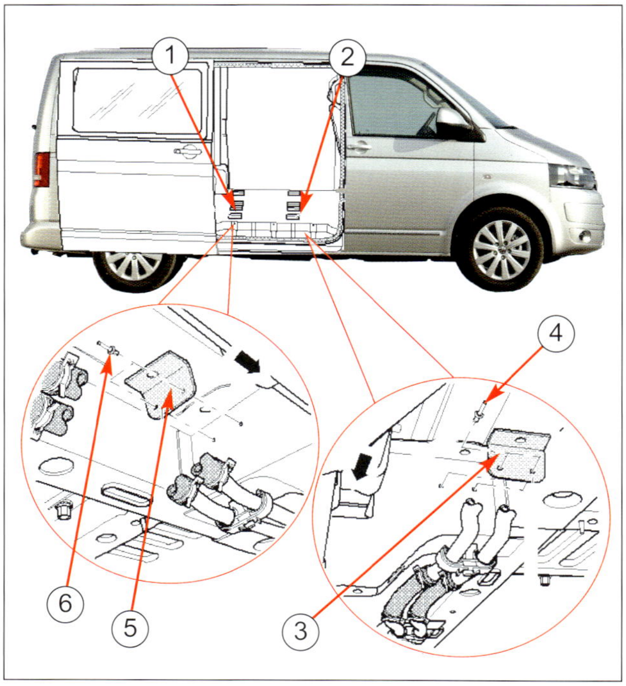

Umbau Einzelsitz: 1 hintere äußere Sitzbefestigungsschiene, 2 vordere äußere Sitzbefestigungsschiene, 3 Verstärkungswinkel, 4 Blindnieten, 5 Verstärkungswinkel, 6 Blindnieten.

Vorarbeiten

- Bauen Sie die Doppelsitzbank 2. Sitzreihe aus.
- Bauen Sie die hinteren Trittstufeneinsätze aus.
- Bauen Sie, je nach Ausstattung, die Seitenwandverkleidungen aus. Bei Varianten mit einfachen Holzverkleidungen ist das in der Regel nicht erforderlich.
- Bauen Sie den Bodenbelag Fahrgastraum aus. Es wird zum Höhenausgleich zwischen den Sitzbefestigungsschienen und dem Unterboden der Einbau eines Bodenbelags empfohlen. Wird der vorhandene Bodenbelag verbaut, müssen entsprechend der Positionen der nachgerüsteten Sitzbefestigungsschienen Ausschnitte eingearbeitet werden.
- Bauen Sie die Bodenverkleidung rechts vorn aus.
- Bauen Sie die Bodenverkleidung rechts hinten aus.
- Bauen Sie, soweit verbaut, die Abgasanlage der Zusatzluftheizung aus.
- Trennen Sie das Zugseil der Handbremse von den Handbremsseilen und lösen Sie das Zugseil vom Unterboden.
- Bauen Sie die Bodenverkleidung hinten Mitte und links aus.
- Bauen Sie die Halter vom Vorschalldämpfer aus und senken Sie die Abgasanlage ab.
- Bauen Sie die Wärmeschutzbleche der Auspuffanlage aus.

Sitzhalterungen herstellen

- Nieten Sie mit einer Blindnietzange zur Befestigung der vorderen äußeren Sitzbefestigungsschiene (2) die 2 Verstärkungswinkel (3) und (5) mit je 2 Blindnieten (4) und (6) (4,8 x 11 mm) an die vorhandenen Bohrungen im Querträger.
- Bohren Sie von der Fahrzeugunterseite aus die Löcher (Ø 14 mm) für die Sitzbefestigungsschiene (2) durch die bereits vorhandenen Bohrungen in den Verstärkungswinkeln (3) und (5) in den Unterboden.
- Führen Sie anschließend eine Korrosionsschutzbehandlung mit Rostschutzfarbe durch.
- Führen Sie die Arbeiten, wie beschrieben, für die hintere äußere Sitzbefestigungsschiene (1) sowie die beiden inneren Sitzbefestigungsschienen durch.
- Schrauben Sie mit je 2 Muttern mit einem Anzugsdrehmoment von 55 Nm die 4 Sitzbefestigungsschienen am Unterboden fest.
- Bauen Sie den Sicherheitsgurt ein.

Montagearbeiten

Montieren Sie die demontierten Teile für die Vorarbeiten wieder in umgekehrter Reihenfolge.

Seitenverkleidungen und Trennwand

Ausbau der Säulenverkleidungen

Auch die Seitenverkleidungen sollten Sie ausbauen. Das erleichtert das Verlegen der Kabel und ermöglicht den Blick hinter die Kulissen.

A-Säulenverkleidung

- Bauen Sie die Lautsprecherblende (6) in der Schalttafel aus.
- Hebeln Sie mit einem kleinen Schraubendreher das Griffoberteil (5) von unten beginnend aus den Aufnahmen.
- Drehen Sie die 2 Schrauben (4) heraus und nehmen Sie das Griffunterteil (3) ab.
- Clipsen Sie die Verkleidung (1) von oben beginnend von den Befestigungspunkten (7) ab.
- Haken Sie die Verkleidung (1) am unteren Ende (2) aus der Schalttafel aus.

Die Montagearbeit erfolgt sinngemäß in umgekehrter Reihenfolge.

B-Säulenverkleidung oben

- Schalten Sie die Zündung aus.
- Bauen Sie den Mantelhaken (soweit vorhanden) aus.
- Demontieren Sie den Haltegriff (soweit vorhanden) an der B-Säule ab.
- Schrauben Sie den Gurtendbeschlag unten und den Gurtumlenkbeschlag vom Sicherheitsgurt (3) vorn ab.
- Hebeln Sie die Verkleidung (5) mit einem geeigneten Montagekeil aus den Aufnahmen in der Karosserie (1) und den Keder der Türdichtungen (2) heraus.
- Ziehen Sie den Sicherheitsgurt (3) durch die Öffnung in der Verkleidung (5). Die in den Aufnahmepunkten der Karosserie verbliebenen Klammern (4) vor der Montage herausziehen – zum Einbau in die Verkleidung einsetzen.

Der weitere Einbau erfolgt sinngemäß in umgekehrter Reihenfolge.

- Achten Sie darauf, dass sich die Verkleidung nach dem Einbau im Keder (2) der Türdichtung befindet.

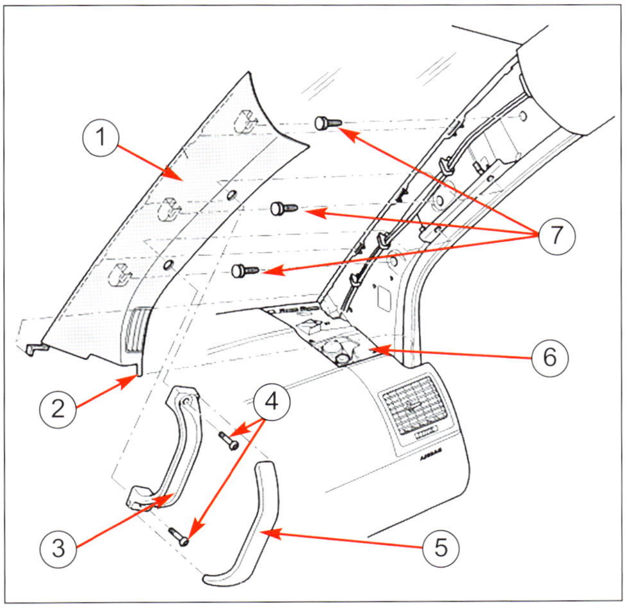

Verkleidung A-Säule: 1 A-Säulenverkleidung, 2 Nase, 3 Griffunterteil, 4 Schrauben, 5 Griffoberteil, 6 Lautsprecherabdeckung, 7 Clips.

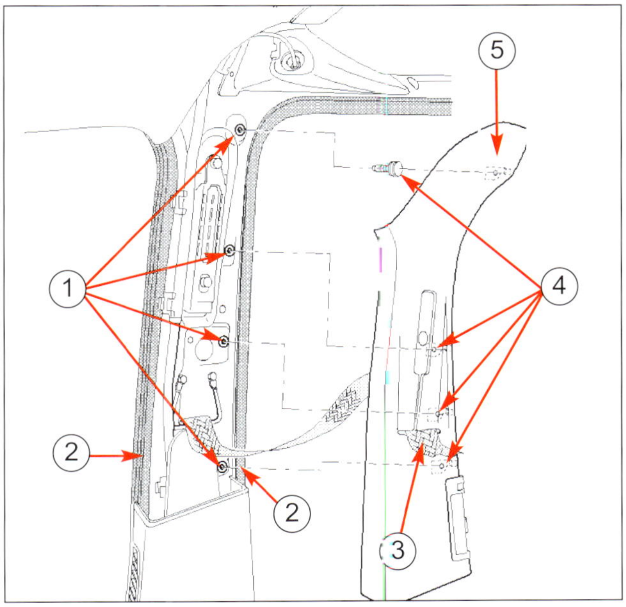

Verkleidung B-Säule oben: 1 Aufnahmen in der Karosserie, 2 Türkeder, 3 Sicherheitsgurt, 4 Clips, 5 Verkleidung oben.

B-Säulenverkleidung unten

- Bauen Sie den Haltegriff der B-Säule (soweit verbaut) aus.
- Bauen Sie die B-Säulen-Verkleidung oben (5) (nur an der Schiebetürseite) aus. Die andere Seite ist in der Regel in die Seitenverkleidung integriert.
- Bauen Sie (soweit verbaut) den Schalter für die Deaktivierung der Innenraumüberwachung aus.
- Ziehen Sie die Verkleidung (6) von oben beginnend aus den Aufnahmen und dem Keder der Türdichtung heraus.

Der weitere Einbau erfolgt sinngemäß in umgekehrter Reihenfolge.

- Achten Sie darauf, dass sich die Verkleidung nach dem Einbau im Keder (2) der Türdichtung befindet.
- Ziehen Sie die in den Aufnahmepunkten der Karosserie verbliebenen Klammern (1) vor der Montage heraus und setzen Sie sie zum Einbau in die Verkleidung (4) wieder ein.

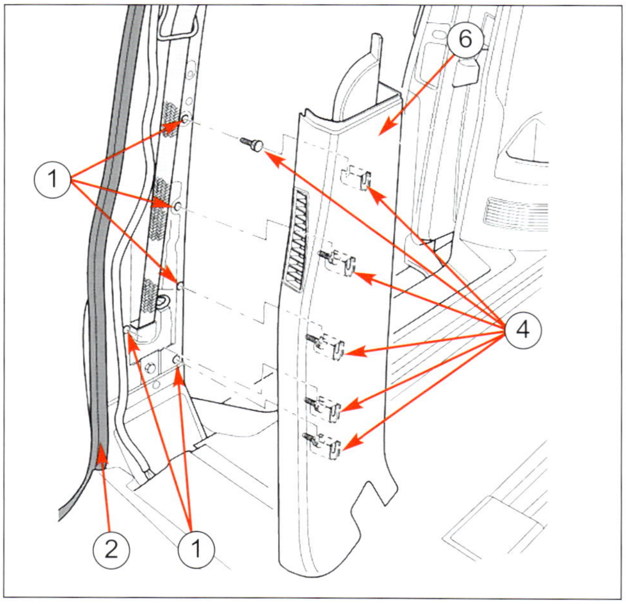

Verkleidung B-Säule unten: 1 Aufnahmen in der Karosserie, 2 Türkeder, 4 Clips, 6 Verkleidung unten.

C-Säulenverkleidung

Der Aus- und Einbau ist für die Beifahrerseite beschrieben. Der Aus- und Einbau für die Fahrerseite entspricht der Arbeitsbeschreibung in etwa.

- Bauen Sie den Gurtendbeschlag aus.
- Ziehen Sie die Verkleidung (10) aus dem Keder der Türdichtung und den Halteklammern (8) heraus.
- Fädeln Sie den Sicherheitsgurt durch die Öffnung in der Verkleidung.

Die Montage erfolgt sinngemäß in umgekehrter Reihenfolge. Achten Sie darauf, dass sich die Verkleidung nach dem Einbau im Keder (2) der Türdichtung befindet.

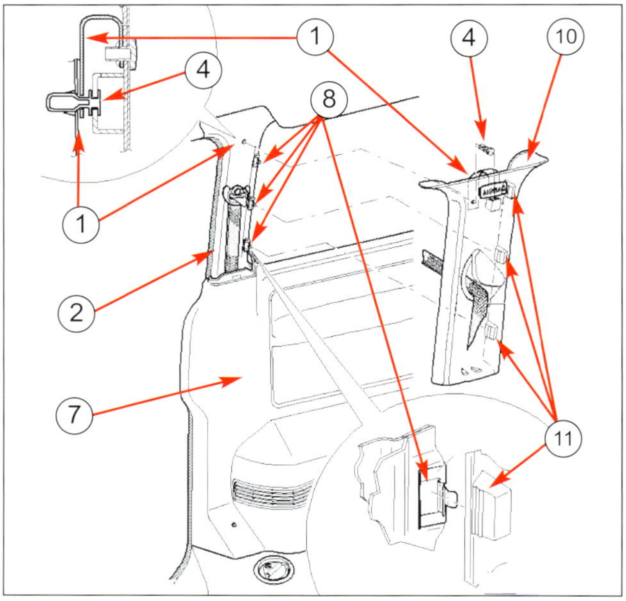

Verkleidung C-Säule oben: 1 Aufnahmen in der Karosserie, 2 Türkeder, 4 Clips, 7 Verkleidung unten, 8 Einschublaschen, 9 Halteschlaufe, 10 Verkleidung, 11 Einschubtasche.

D-Säulenverkleidung

- Ziehen Sie die Verkleidung (12) aus den Aufnahmen in der Karosserie (1) und dem Keder der Heckklappendichtung heraus.

Die Montage erfolgt sinngemäß in umgekehrter Reihenfolge.

- Achten Sie darauf, dass sich die Verkleidung nach dem Einbau im Keder der Heckklappendichtung befindet.
- Die in den Aufnahmepunkten der Karosserie verbliebene Klammern (4) müssen vor der Montage herausgezogen und zum Einbau in die Verkleidung eingesetzt werden.

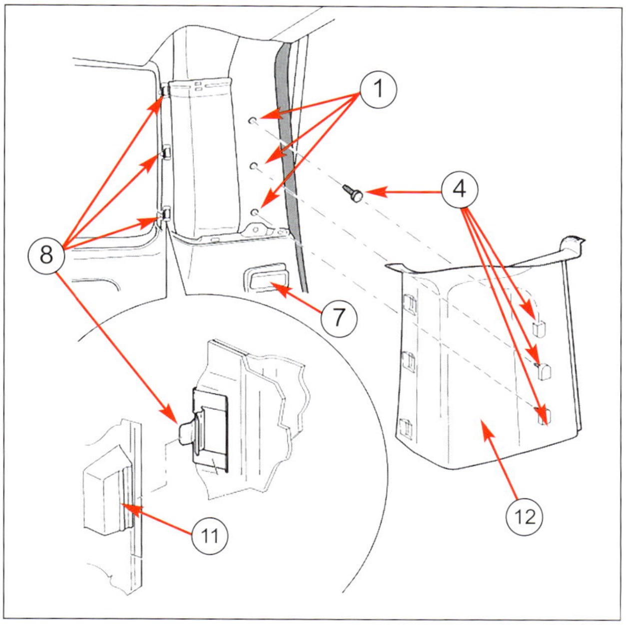

Verkleidung D-Säule oben: 1 Aufnahmen in der Karosserie, 4 Clips, 7 Verkleidung unten (Seitenteil), 8 Einschublaschen, 11 Einschubtasche, 12 Verkleidung.

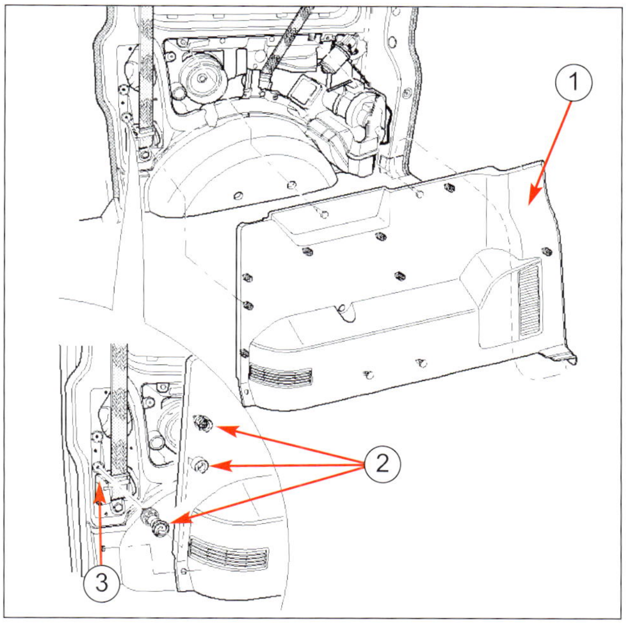

Seitenverkleidung hinten: 1 Seitenverkleidung, 2 Clips, 3 Aufnahmen in der Karosserie.

Seitenverkleidung (Kunststoff) hinten

Der Aus- und Einbau ist für die rechte Fahrzeugseite mit Schiebetür beschrieben. Der Aus- und Einbau für die rechte Fahrzeugseite ohne Schiebetür sowie für die linke Fahrzeugseite mit oder ohne Schiebetür erfolgt sinngemäß.

- Demontieren Sie den Gurtendbeschlag Sicherheitsgurt 2. Sitzreihe außen.
- Bauen Sie den Gurtendbeschlag des Sicherheitsgurts der 3. Sitzreihe außen aus.
- Bauen Sie die C-Säulen-Verkleidung oben wie bereits beschrieben aus.
- Bauen Sie die D-Säulen-Verkleidung oben wie bereits beschrieben aus.
- Seitenwandverkleidung (1) aus den Aufnahmen lösen und aus dem Fahrzeug herausnehmen.

Die Montage erfolgt sinngemäß in umgekehrter Reihenfolge.

- Achten Sie darauf, dass sich die Verkleidung nach dem Einbau im Keder der Heckklappendichtung befindet.
- Die in den Aufnahmepunkten der Karosserie verbliebene Klammern (2) müssen vor der Montage herausgezogen und zum Einbau in die Verkleidung eingesetzt werden.

Seitenverkleidung (Kunststoff) Mitte

Die meisten der Seitenverkleidungen im mittleren Bereich sind aus Hartfaserplatten, lediglich der Multivan und auch die »Highline«-Ausstattung warten mit einer edleren Einfassung auf. Zwar werden wir diese Verkleidung eher selten bei Umbaufahrzeug vorfinden, der Vollständigkeit halber werden wir die erforderlichen Demontagearbeiten aber vorstellen.

- Schalten Sie die Zündung aus.
- Bauen Sie die B-Säulen-Verkleidung oben aus.
- Bauen Sie die C-Säulen-Verkleidung oben aus.
- Bauen Sie die D-Säulen-Verkleidung oben aus.
- Bauen Sie die Zierblende Seitenwandverkleidung hinten aus.
- Bauen Sie den Aschenbecher hinten mit dem Einbaurahmen aus.
- Bauen Sie die Seitenwandverkleidung hinten aus.

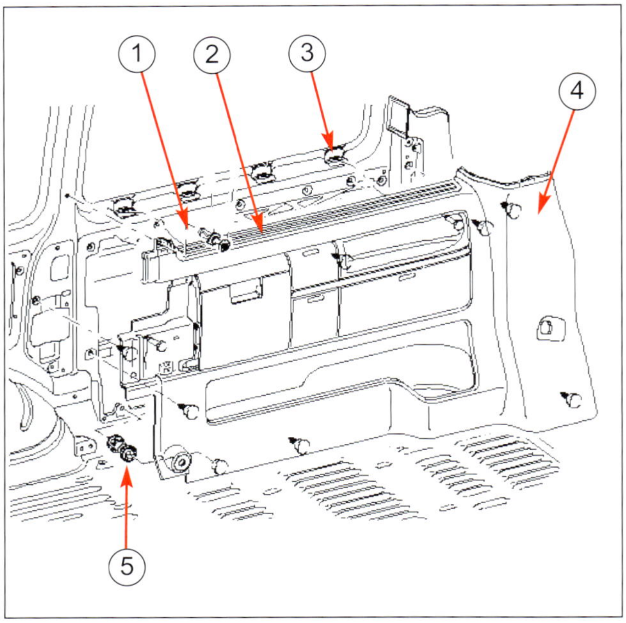

Seitenverkleidung Mitte: 1 Spreizniet, 2 Klemmstift, 3 Halteklammern, 4 Seitenwandverkleidung, 5 Halteclips.

- Ziehen Sie den Klemmstift (2) aus dem Spreizniet (1) heraus.

- Lösen Sie die Seitenwandverkleidung (4) aus den Aufnahmen heraus.

Die Montage erfolgt sinngemäß in umgekehrter Reihenfolge.

- Vor der Montage die Halteklammern und die Haltclips (5) auf Beschädigungen prüfen und ggf. erneuern.

- Überprüfen Sie nach der Montage, ob sich die Verkleidung komplett im Keder der Türdichtung und im Keder der Heckklappendichtung befindet.

Seitenverkleidung (Hartfaser)

Die Montage der Verkleidungen unterscheidet sich nur unwesentlich voneinander. Beim Transporter sind hinten keine fahrzeuggebundene Gurtsysteme verbaut.
Die Montagearbeiten unterscheiden Sie für die Hartfaserplatten im gesamten Fahrzeug nur in wenigen Details. Wir beschreiben Ihnen daher lediglich die am aufwändigsten verbaute Verkleidung.

- Bauen Sie die Sitze der 2. und 3. Sitzreihe aus.

- Bauen Sie den Gurtendbeschlag und den Gurtumlenkbeschlag des Sicherheitsgurts der 3. Sitzreihe aus.

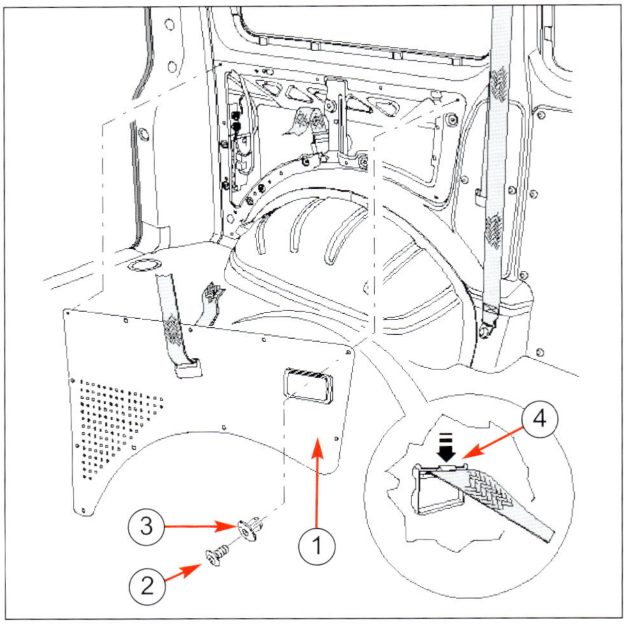

Hartfaserverkleidung: 1 Verkleidung hinten links, 2 Klemmstift zum Ausdrehen, 3 Spreizniet, 4 Rasthaken der Blende.

- Drehen Sie mit einem 3-mm-Innensechskant den Klemmstift (2) heraus.

- Ziehen Sie den Spreizniet (3) heraus.

- Lösen Sie die Verkleidung (1) im oberen Bereich.

- Drücken Sie den Rasthaken der Blende herunter (4) und nehmen Sie die Blende aus der Verkleidung heraus.

- Fädeln Sie den Sicherheitsgurt durch die Verkleidung.

Die Montage erfolgt sinngemäß in umgekehrter Reihenfolge.

Verkleidung Heckklappe oben

- Schalten Sie die Zündung aus.

- Ziehen Sie die Verkleidung Fensterrahmen (1) vorsichtig an den Seiten mittig beginnend vom Fensterrahmen ab.

- Die Clips, die in der Heckklappe verblieben sind, entriegeln und wieder in die Verkleidung einsetzen.

Die weitere Montage erfolgt sinngemäß in umgekehrter Reihenfolge.

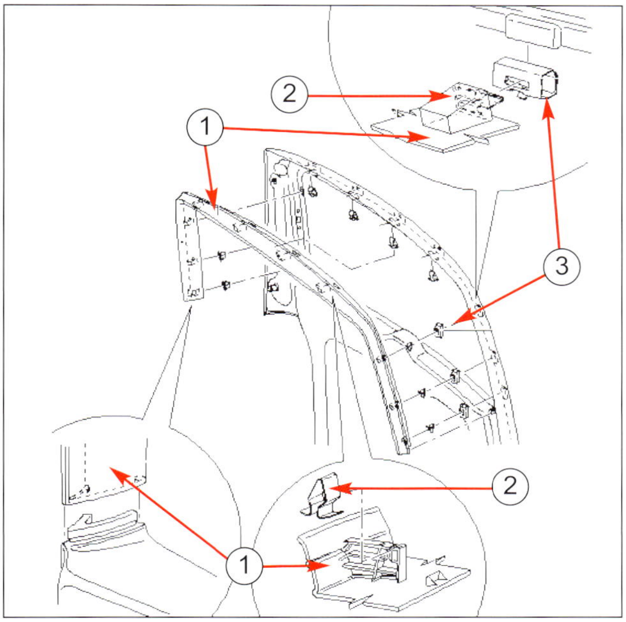

Verkleidung oben für Heckklappe: 1 Verkleidung Heckklappe am Fensterrahmen, 2 Clip, 3 Klammer.

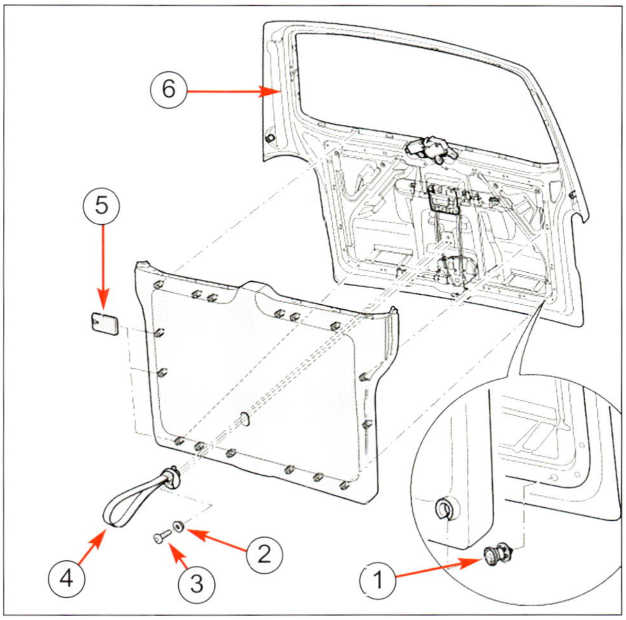

Seitenverkleidung Mitte: 1 Clip, 2 Scheibe, 3 Schraube, 4 Schlaufe, 5 Montagekeil zum Abziehen der Clips, 6 Heckklappe.

Verkleidung Heckklappe unten (Kunststoff)

- Lösen Sie die Verkleidung oben am Fensterrahmen links und rechts. Bei Fahrzeugen mit einer zusätzlichen Innenverriegelung der Heckklappe müssen zusätzlich die Abdeckung vom Schließzylinder der Kindersicherung und die Blende der Innenverriegelung ausgebaut werden.
- Drücken Sie die Blende der Innenverriegelung vorsichtig nach oben und ziehen Sie die Blende von der Verkleidung ab.
- Stecken Sie 2 Spiralbohrer (Ø 1 mm) 15 mm tief in die Öffnungen der Abdeckung vom Schließzylinder der Kindersicherung.
- Drücken Sie die Bohrer zusammen und ziehen Sie die Abdeckung aus den Aufnahmen heraus.
- Die Verkleidung bitte zuerst vorsichtig um das Klappenschloss herum lösen! Erst wenn die Verkleidung sich da gelöst hat, weiter zu den Ecken vorgehend lösen.
- Die Verkleidung nicht einfach herunterziehen, sondern mit den Fingern hinter die Verkleidung fassen und mit den Daumen gegen die Heckklappe drücken.
- Ist die Verkleidung vom Heckklappenschloss bis zu den Ecken lose, lösen Sie den Rest der Verkleidung.
- Drehen Sie die beiden Schrauben (3) heraus.
- Halten Sie mit einer Hand die Verkleidung fest. Mit der anderen nehmen Sie die Zuziehschlaufe (4) ab. Die Verkleidung ist jetzt komplett frei und kann entfernt werden.
- Die Clips, die in der Heckklappe verblieben sind, entriegeln und wieder in die Verkleidung einsetzen.

Die weitere Montage erfolgt sinngemäß in umgekehrter Reihenfolge.

Verkleidung Heckklappe und Tür (Hartfaser)

Für die Hecktüren ergeben sich auch keine wesentlichen Veränderungen im Arbeitsablauf. Bis hin zu den Clips ist der Arbeitsablauf identisch. Wir stellen Ihnen deshalb die Türen nicht gesondert vor, sondern stellen Ihnen eine Abbildung als Montageübersicht dazu zur Verfügung.

- Clipsen Sie die Abdeckung des Wischermotors (7) von der Heckklappe ab.
- Drehen Sie die Schrauben (5) heraus und nehmen Sie die Zuziehschlaufe (6) ab.
- Drehen Sie mit einem Innensechskant den Klemmstift heraus und ziehen Sie die Spreizniete (4) heraus.

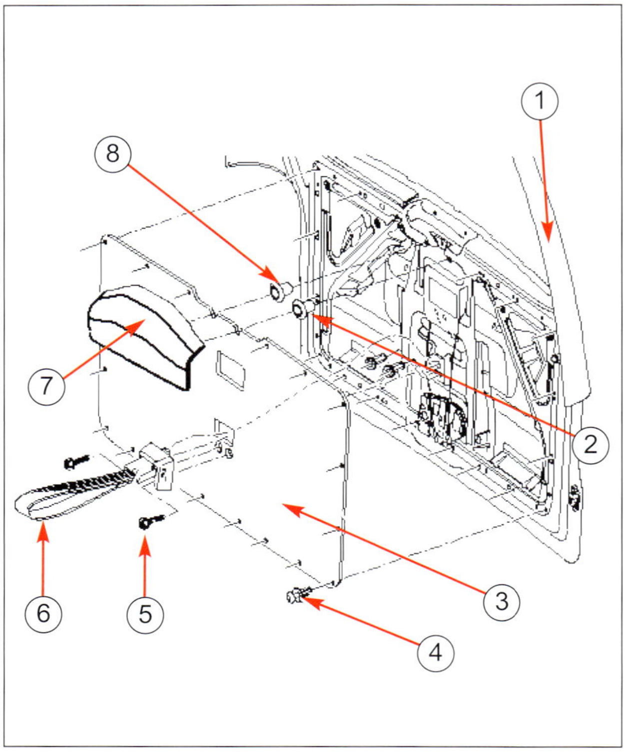

Hartfaserverkleidung Heckklappe unten: 1 Heckklappe, 2 Blindnietmutter, 3 Verkleidung Heckklappe unten Hartfaserausführung, 4 Clip, 5 Schraube, 6 Zuziehschlaufe, 7 Abdeckung Wischermotor, 8 Tülle.

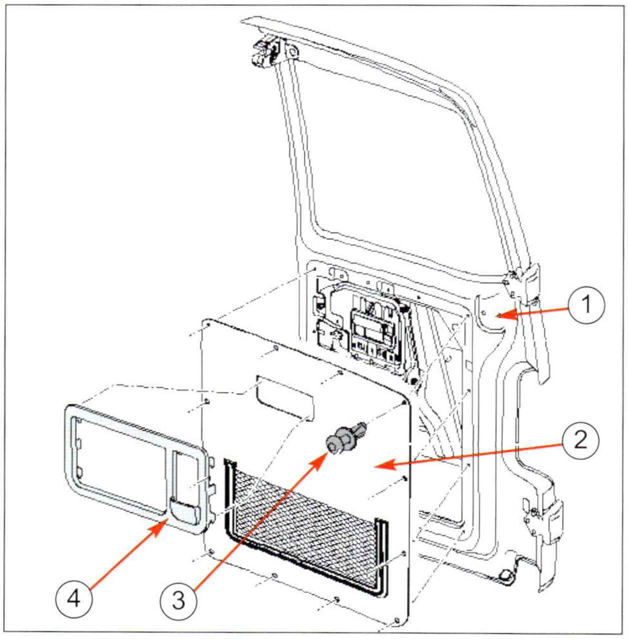

Verkleidung an der Hecktür: 1 Hecktür, 2 Verkleidung, 3 Spreitzniete, 4 Blende der Schlossbetätigung (zur Demontage vorsichtig nach oben schieben).

- Nehmen Sie die Heckklappenverkleidung unten (3) von der Heckklappe (1) ab.

Die Montage erfolgt sinngemäß in umgekehrter Reihenfolge.

- Ersetzen Sie beschädigte Halteclipse grundsätzlich.

Ausbau der Trennwand

Das Vorhandensein einer Trennwand zwischen Fahrerkabine und Laderaum ist noch längst kein Grund, einen günstigen Gebrauchten nicht zu kaufen. Da die Wand kein tragendes Teil ist, kann sie problemlos entfernt werden. Auch der TÜV/DEKRA hat nichts dagegen. Normalerweise zieht der Ausbau der Trennwand auch die Umrüstung des Zweier-Beifahrersitzes auf einen Einplätzer nach sich, was logischerweise die Gesamtzahl der Sitzplätze verändert. Nach Beendigung des Wohnmobil-Ausbaus muss jedoch die Zahl der Sitzplätze ohnehin neu festgelegt werden. Die Änderung in den Fahrzeugpapieren können Sie also bis dahin aufschieben. Theoretisch darf der Wagen in dieser Zeit wegen erloschener Betriebserlaubnis nicht in Betrieb sein.

- Drehen Sie die Schrauben (7), die Schrauben (4) und die Blindnietmuttern (6) der Trennwand oben heraus.

- Nehmen Sie die Trennwand oben mit einer zweiten Person heraus. Bei Fahrzeugen mit einer halbhohen Trennwand muss lediglich die Polsterung entfernt werden.

- Drehen Sie die Blindnietmuttern (5) der Trennwand oben heraus und nehmen Sie den Befestigungswinkel ab.

- Demontieren Sie die Muttern (2) und nehmen Sie die Trennwand unten mit einer zweiten Person heraus.

Die Montage erfolgt sinngemäß in umgekehrter Reihenfolge.

- Drehen Sie die Schraube zuerst von Hand an und rutschen Sie die Löcher passend zu den Bohrungen, um Verspannungen im Blech zu vermeiden.

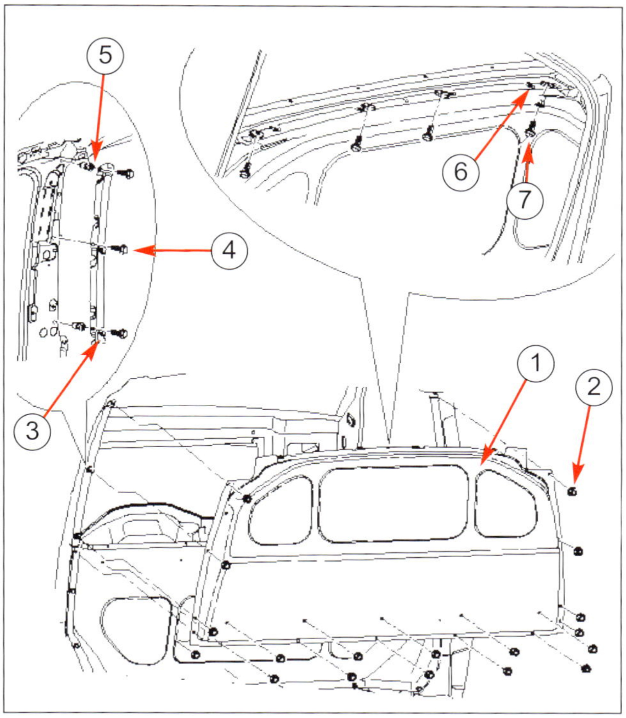

Montageübersicht Trennwandoberteil: 1 Trennwandoberteil, 2 Sechskantmutter, 3 Befestigungswinkel für Trennwandoberteil links und rechts, 4 Schraube, 5 Blindnietmutter, 6 Blindnietmutter, 7 Schraube.

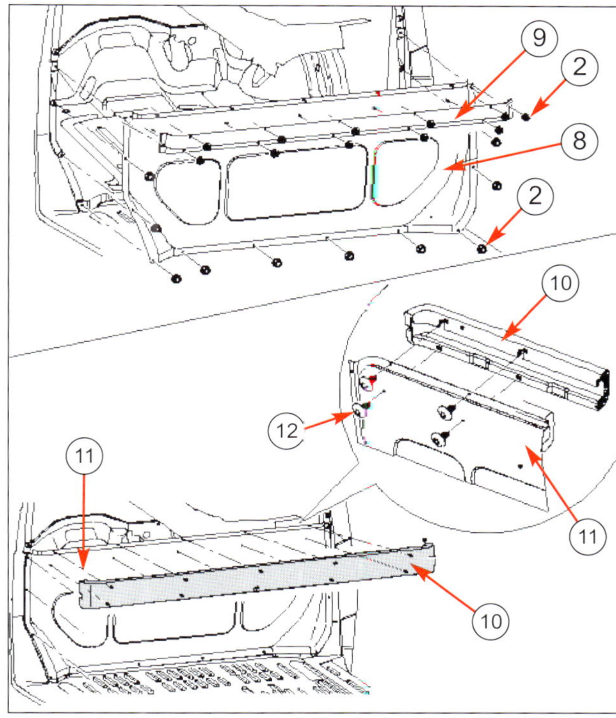

Montageübersicht Trennwandunterteil: 2 Sechskantmutter, 8 Trennwandunterteil verschraubt mit Trennwandoberteil, 9 Schließteil, 10 Polsterleiste nur für Fahrzeuge mit halbhoher Trennwand, 11 Trennwandunterteil, halbhoch, 12 Schraube.

Himmel, Boden, Teppich und Dämmung

Himmel ausbauen

Beim T5 ist der Deckenbereich serienmäßig verkleidet. Natürlich müssen diese Verkleidungen für den Umbau zuerst einmal weichen. Sie können aber nachher dem Umbau angepasst werden und wieder eingebaut werden. Gerade aber bei den Transportern sollten die recht schmucklosen Hartfaserplatten mit einem Schaumstoff und darüber mit Stoff bezogen werden oder aber Sie beschaffen sich einen so genannten Formhimmel für eine höherwertige Ausstattung beim freundlichen Volkswagenhändler oder in einem Versteigerungsportal.

Formhimmel vorne

Die Demontage ist für die unterschiedlichen Ausstattungsvarianten sehr ähnlich. Wir stellen Ihnen hier eine allgemeingültige Anleitung zur Verfügung.

- Bauen Sie die Bedienungselemente in der Dachkonsole aus.
- Bauen Sie die Dachkonsole aus.
- Bauen Sie die Sonnenblenden aus.
- Bauen Sie die Make-up-Spiegelbeleuchtung aus.
- Bauen Sie die Haltegriffe (Säulen A) aus.
- Bauen Sie die A-Säulen-Verkleidungen aus.
- Ziehen Sie den Formhimmel im Fahrerraum aus den Türdichtungskedern heraus.
- Nehmen Sie den Formhimmel ab.

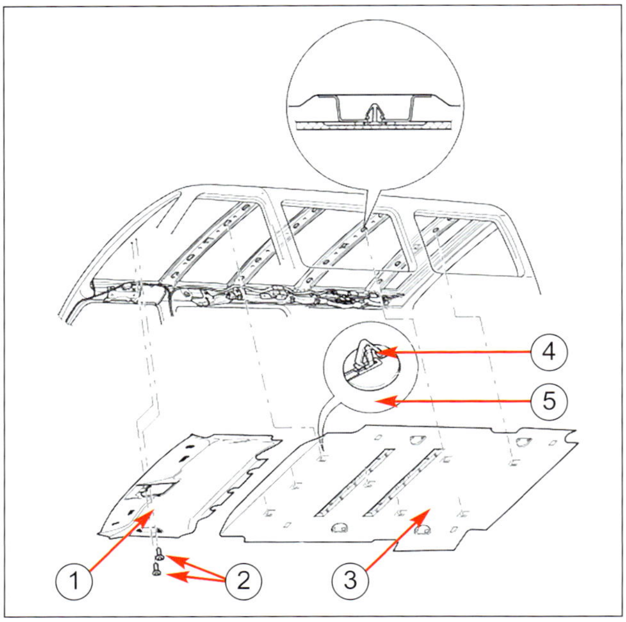

Montageübersicht Formhimmel: 1 Formhimmel Fahrerraum, 2 Schrauben, 3 Formhimmel Fahrgastraum, 4 Halteclip, 5 Cliphalter.

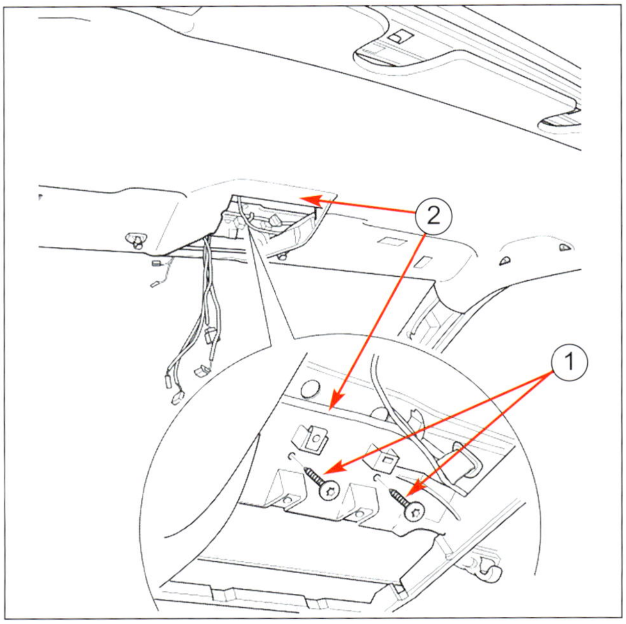

Montageübersicht Dachkonsole: 1 Schrauben, 2 Dachkonsole.

Alle Fahrzeuge

- Drehen Sie die Schrauben (1) heraus.
- Bauen Sie die Haltegriffe (Dach) vorn aus.
- Ziehen Sie den Formhimmel Fahrerraum zur Seite aus dem Fahrzeug heraus.

Die Montage erfolgt sinngemäß in umgekehrter Reihenfolge zur Demontage.

Formhimmel hinten

- Bauen Sie die Innenleuchten Mitte und hinten aus.
- Demontieren Sie die Haltegriffe an den B-Säulen und die Haltegriffe (Dach) in der Mitte und hinten.
- Bauen Sie die B-Säulen-Verkleidungen oben aus. Die Gurtendbeschläge müssen nicht ausgebaut werden. Lassen Sie die Verkleidung herunterhängen.
- Schrauben Sie die Halteösen für die Netztrennwand ab.
- Bauen Sie die C-Säulen-Verkleidung oben und D-Säulen-Verkleidungen oben sowie die Dachabschlussleiste aus.
- Ziehen Sie den Luftführungsschlauch vom Luftführungsrohr am Formhimmel ab (Pfeil).
- Senken Sie den Formhimmel im hinteren Bereich etwas ab und ziehen Sie ihn nach hinten aus den Clips und nehmen Sie ihn nach hinten aus dem Fahrzeug heraus.

Montage

- Nehmen Sie die 8 Clips (1) aus den Dachspriegeln heraus und setzen Sie diese in die Cliphalter (2) (auf der Rückseite des Formhimmels) ein.
- Bringen Sie den Formhimmel Fahrgastraum in Einbaulage und clipsen Sie ihn unter das Dach.

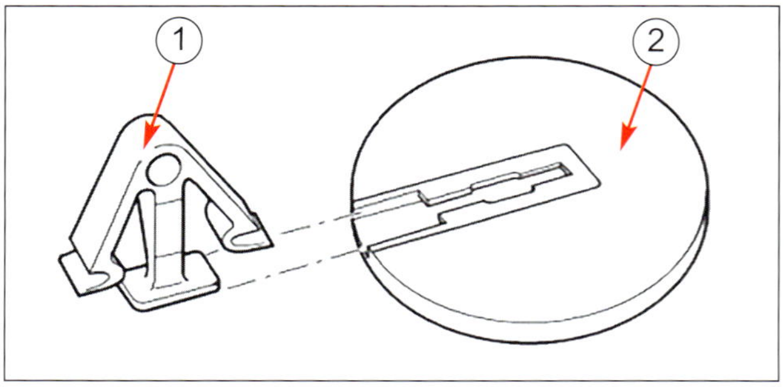

Halterung am Formhimmel: 1 Clip verbleibt bei der Demontage im Dachholm, 2 Cliphalter ist auf der Rückseite des Formhimmels befestigt.

Der weitere Einbau erfolgt sinngemäß in umgekehrter Reihenfolge.

Hartfaserplatten hinten

Natürlich sind im Laderaum und auch in den einfachen Ausstattungsvarianten die Hartfaserplatten auch an der Decke zu finden. Die einzelnen Platten werden durch Stegverbinder miteinander verbunden, die wiederum in einen Dachspriegel geclipst sind. Gehalten werden die Platten durch die Spreiznieten.

- Zündung und alle elektrischen Verbraucher ausschalten und den Zündschlüssel abziehen.
- Drehen Sie mit einem Innensechskant den Klemmstift heraus und ziehen Sie die Spreizniete (4) heraus.
- Ziehen Sie die Verkleidung aus dem Stegverbinder und nehmen Sie sie ab.
- Demontieren Sie die Innenleuchte.

Der Einbau erfolgt sinngemäß in umgekehrter Reihenfolge.

- Prüfen Sie die Funktion der Innenleuchte.

Dachabschlussleisten

Die Dachabschlussleisten werden nur bei Fahrzeugen mit Formhimmel verbaut. Die einfacheren Ausstattungsvarianten mit Hartfaserverkleidungen benötigen diese Abschlussleisten nicht. Die Verkleidungen sind den Aussparungen auf dem Sparren angepasst. Der Formhimmel ist rundum entweder durch die Verkleidungen oder aber im Bereich der Türen durch Abdeckleisten eingefasst. Diese müssen natürlich auch demontiert werden. Oftmals werden hier auch Kabel eingeschoben, die durch das ganze Fahrzeug verlegt werden müssen.

Abschluss an der Heckklappe

- Öffnen Sie die Heckklappe.
- Bauen Sie die D-Säulen-Verkleidungen oben aus.
- Ziehen Sie die Dachabschlussleiste (1) nach unten aus den Aufnahmen im Dachquerträger (4) und dem Keder der Heckklappendichtung (2) heraus.
- Die Clips, die im Rahmen verblieben sind, entriegeln und wieder in die Verkleidung einsetzen.

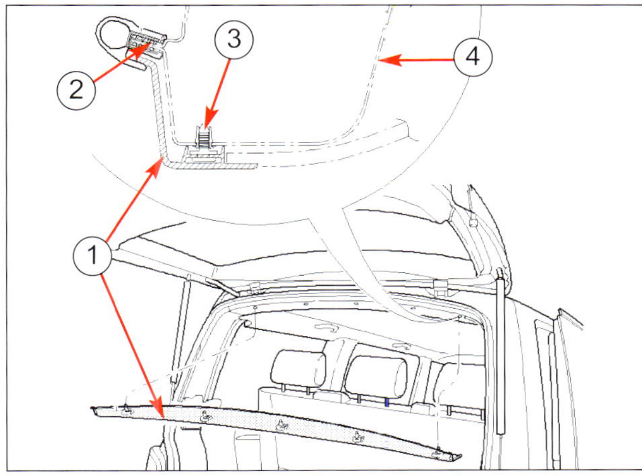

Dachabschluss am Formhimmel: 1 Abschlussleiste, 2 Keder, 3 Haltclips, 4 Dachquerträger

Die weitere Montage erfolgt sinngemäß in umgekehrter Reihenfolge.

Abschluss an der Schiebetür und Fensterseite

Die Montage unterscheidet sich nicht, ob die Leiste an einer Seite mit oder ohne Schiebetür verbaut ist. Auch die Einbauseite ist nicht relevant.

- Öffnen Sie die Heckklappe.
- Ziehen Sie die Spreizniete (4) heraus.
- Nehmen Sie die Dachrahmenverkleidung (1 oder 2) ab.

Die weitere Montage erfolgt sinngemäß in umgekehrter Reihenfolge.

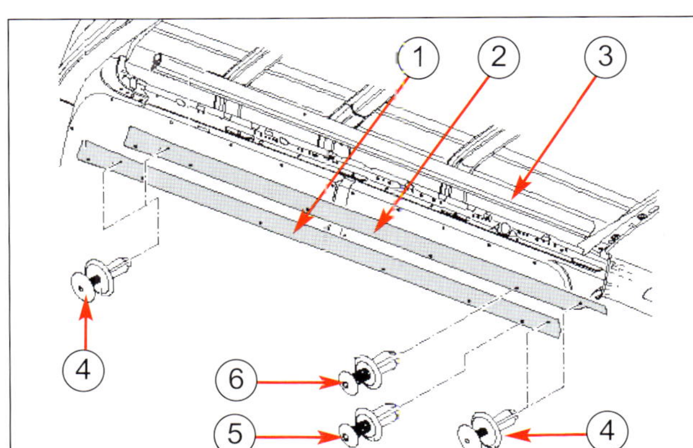

Montageübersicht Dachrahmenverkleidung: 1 Dachrahmenverkleidung ohne Schiebetür rechts und links, 2 Dachrahmenverkleidung mit Schiebetür rechts und links, 3 Keder, 4 Halteclip nur vorn und hinten, 5 Clip für Dachrahmenverkleidung ohne Schiebetür, 6 Clip.

Boden, Teppich und Dämmung ausbauen

Für eine Dämmung gibt es mehrere gute Gründe. Die wichtigsten sind ohne Zweifel die Wärmeisolierung und die Geräuschreduktion während der Fahrt.

Fahrgastraum vorne

- Masseleitung der Batterie bei eingeschalteter Zündung abklemmen.
- Bauen Sie die Vordersitze aus.
- Bauen Sie die 2. Fahrzeugbatterie aus.
- Bauen Sie die Sitzgestelle vorn aus.
- Bauen Sie die Haltegriffe an den B-Säulen aus.
- Bauen Sie die Einstiegsleuchten vorn aus.

Nur Multivan

- Bauen Sie die B-Säulen-Verkleidungen oben aus.
- Bauen Sie auf der Schiebetürseite die B-Säulen-Verkleidung unten aus.
- Bauen Sie auf der Fahrzeugseite ohne Schiebetür die Seitenwandverkleidung vorn aus.
- Bauen Sie die Trittstufeneinsätze vorn aus.
- Bauen Sie den Flaschenbehälter aus.
- Bauen Sie das Kniepolster Mitte links aus.
- Bauen Sie das Kniepolster Mitte rechts aus.
- Bauen Sie den Getränkehalter Schalttafel aus.
- Bauen Sie die Schalttafelabdeckung seitlich rechts aus.
- Bauen Sie die Abdeckungen Fußraum aus.
- Bauen Sie das Handschuhfach aus.
- Bauen Sie die Verkleidung Schalttafel rechts aus.
- Bauen Sie die Verkleidung Fußraum Mitte aus.

Nur Transporter

- Bauen Sie, je nach Ausstattung des Fahrzeugs, die Doppelsitzbank vorn aus.
- Bauen Sie die B-Säulen-Verkleidungen oben aus.
- Bauen Sie die B-Säulen-Verkleidungen unten aus.
- Bauen Sie die Trittstufeneinsätze vorn aus.
- Bauen Sie die Abdeckungen Fußraum aus.
- Bauen Sie die Schalttafelabdeckung seitlich rechts aus.
- Bauen Sie die Blende Schalttafel rechts aus.
- Bauen Sie die Verkleidung Fußraum Mitte aus.
- Bauen Sie die Verkleidung Schalttafel links aus.

Alle Fahrzeuge

- Clipsen Sie die Abdeckleiste (3) nach oben heraus.
- Lösen Sie die Druckknöpfe (2) von der Karosserie.

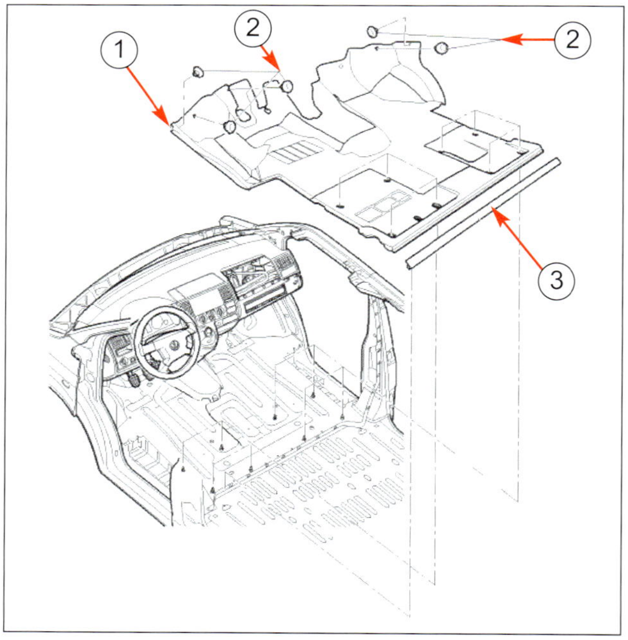

Fahrgastraum vorne: 1 Bodenbelag, 2 Druckknöpfe, 3 Abdeckleiste.

- Ziehen Sie den Bodenbelag Fahrerraum (1) unter der Schalttafel hervor und nehmen Sie ihn seitlich aus dem Fahrzeug heraus.

Der Einbau erfolgt sinngemäß in umgekehrter Reihenfolge.

Fahrgastraum hinten (Gummibelag)
Je nach Ausstattung wurde der T5 ohne Bodenbelag, mit Gummibodenbelag oder massivem Holzboden ab Werk nach Bestellung geliefert. Die besten Werte zum Thema Dämmung bringt erwartungsgemäß der Gummiboden. Allerdings dürfte er für den Wohnmobilausbau sehr ungeeignet sein. Aber auch als Unterlage für den Holzboden ist er nicht sehr geeignet.

- Bauen Sie die Sitze der 2. Sitzreihe aus.
- Bauen Sie die Sitze der 3. Sitzreihe aus.
- Bauen Sie die hinteren Trittstufeneinsätze aus.
- Bauen Sie, je nach Ausstattung, die Seitenwandverkleidungen aus.
- Drehen Sie die Schraube (8) heraus.
- Nehmen Sie die Verzurröse (7), die Distanzbuchse (6) und die Abdeckkappe (5) ab.
- Bauen Sie die restlichen Verzurrösen wie beschrieben aus.
- Drehen Sie die Schraube (2) aus der Sitzbefestigungsschiene (3) heraus.
- Nehmen Sie die Abdeckung (1) von der Sitzbefestigungsschiene ab.
- Bauen Sie die restlichen Sitzbefestigungsschienen wie beschrieben aus.
- Ziehen Sie den Bodenbelag (4) unter der Schlossträgerabdeckung hinten heraus.
- Nehmen Sie den Bodenbelag nach hinten aus dem Fahrzeug heraus.

Der Einbau erfolgt in umgekehrter Reihenfolge.

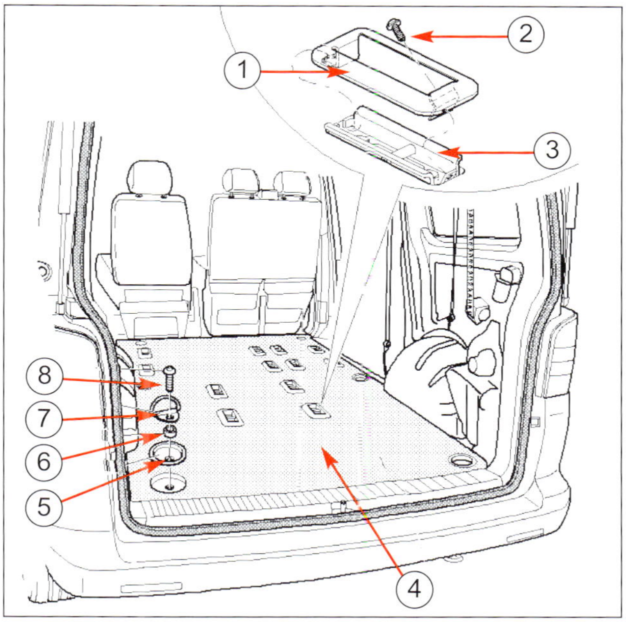

Fahrgastraum hinten: 1 Abdeckung, 2 Schraube, 3 Sitzbefestigungsschiene, 4 Bodenbelag, 5 Abdeckkappe, 6 Distanzbuchse, 7 Verzurröse, 8 Schraube.

Laderaum hinten (Holzboden)
Grundsätzlich muss für die Demontage der vorderen Holzplatte zuerst die hintere ausgebaut werden. Die hintere Platte wird in die vordere eingeschoben.

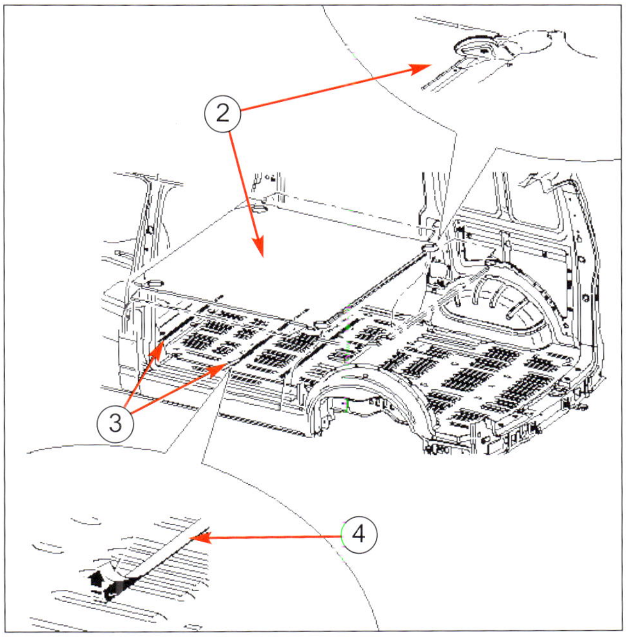

Laderaumboden Vorderteil: 2 Holzbodenplatte vorderes Teil, 3 Klebedichtschnur, 4 Abdeckpapier der Klebedichtschnur.

Ausbau der Holzplatten

- Bauen Sie den Bodenbelag hinten (1) aus.
- Bauen Sie die hinteren Trittstufeneinsätze aus.
- Bauen Sie, je nach Ausstattung die Seitenwandverkleidungen aus.
- Bauen Sie die Verzurrösen aus.
- Bauen Sie die Abdeckung vom Schlossträger hinten aus.
- Lösen Sie den jeweiligen Bodenbelag (1 und 2) nach oben von der Butyl-Klebe-/Dichtschnur (3).
- Ziehen Sie den Bodenbelag hinten (2) nach hinten aus dem Bodenbelag vorn (1) heraus.
- Nehmen Sie den jeweiligen Bodenbelag nach hinten aus dem Fahrzeug heraus.

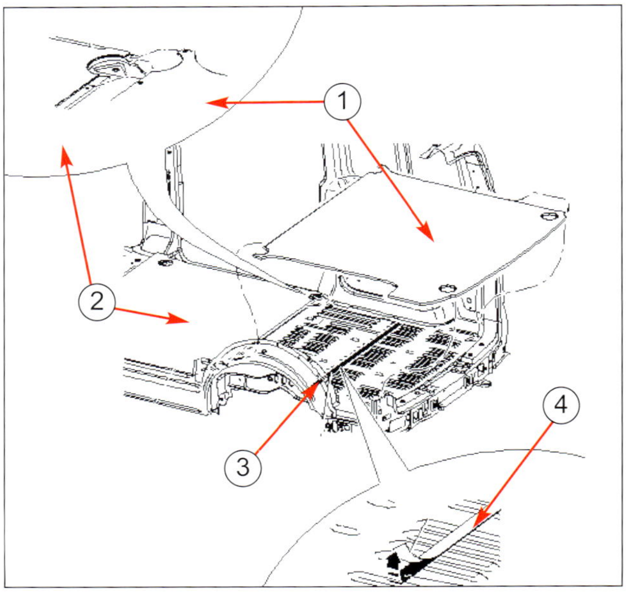

Laderaumboden Hinterteil: 1 Holzbodenplatte hinteres Teil, 2 Holzbodenplatte vorderes Teil, 3 Klebedichtschnur, 4 Abdeckpapier der Klebedichtschnur.

Montage der Holzplatten

- Kleben Sie die Butyl-Klebe-/Dichtschnur (3) Mitte Sicke auf das Bodenblech (bei Bedarf kürzen).
- Legen Sie zuerst den Bodenbelag vorn (1) von hinten ins Fahrzeug.
- Für die hintere Platte ziehen Sie das Schutzpapier (4) nach oben ab und schieben Sie den Bodenbelag hinten (2) von hinten in den Bodenbelag vorn (1) ein.

Der weitere Einbau erfolgt sinngemäß in umgekehrter Reihenfolge.

Fahrzeugteile abdecken

Natürlich können nicht alle Teile problemlos demontiert werden und müssen dann während des Umbaus im Fahrzeug verbleiben. Neben der Armaturentafel gehören auch die Scheiben dazu. Das wird schnell sehr wichtig, wenn geschliffen oder geschweißt werden muss, wo sich der Funkenflug nicht vermeiden lässt. Die flüssigen Metallspritzer brennen sich nicht nur in Kunststoff und Stoffe ein, sondern auch in Glas. Die eingebrannten Glaskugeln hinterlassen beim Entfernen dann eine Fehlstelle. Das Erneuern einer solchen Scheibe ist dann unerlässlich.

Feuerschutzabdeckung

Beim Schweißen oder bei Arbeiten mit dem Winkelschleifer entstehen Funken, die aus sehr heißem oder sogar flüssigem Metall bestehen. Um den Bereich um die Arbeitsstelle besser absichern zu können, sollten Sie den Bereich mit einer geeigneten Matte abdecken. Denkbar sind spezielle Schutzmatten oder aber auch eine alte Löschdecke aus dem Feuerschutzbereich.

Folie

Grundsätzlich sollten Sie die Fahrzeuginneneinrichtung wie auch die Karosserie außen großflächig mit Folie abdecken. So bleiben Staub und Klebstoffreste sowie Metallspäne nicht im Fahrzeuginneren oder auf

dem Lack liegen. Sehr geeignet sind so genannte Baufolien, die sie bei den Renovierungsmaterialien im Baumarkt finden. Die Folien sind in unterschiedlichen Stärken verfügbar.
Nehmen Sie eine mittlere Dicke von etwa 30 bis 40 µm. In der Regel werden diese Folien in den Abmessungen 3 x 5 m angeboten. Sie werden also durchaus fünf oder sechs Packungen Folie und natürlich auch etwas Klebeband benötigen. Hier sollten zwei Rollen in etwa 2 cm Breite ausreichen. Ein scharfes Cuttermesser kann die Verarbeitung des Klebebandes deutlich erleichtern.

Kratzschutz beim Sägen, Feilen und Schneiden

Immer dann, wenn Sie an einer empfindlichen Oberfläche oder in der Näher einer solchen arbeiten, sollten Sie den Arbeitsbereich gründlich abdecken. Die Bereiche, an denen direkt mit einer Maschine gearbeitet wird, wie beispielsweise der lackierten Blechfläche, aus der der Ausschnitt für ein Fenster herausgesägt wird, decken Sie bis etwa 5–6 Zentimeter neben der Schnittstelle ab.
So können keine Schäden durch beispielsweise den Arbeitstisch der Stichsäge entstehen.

- Demontieren Sie die Sitze, die Innenverkleidungen und Bodenbeläge.
- Decken Sie zuerst das Fahrzeug außen herum an allen Seiten mit der Malerfolie ab. Wenn Sie vorhaben das Dach auszuschneiden, sollten Sie den Dachbereich von innen mit einer Folie zuhängen, die an den Seitenträgern angeklebt wird. So werden schon viele herabfallende Späne aufgefangen. Diese Folie sollten Sie nach dem Beenden der Arbeiten bis zum Entgraten dann vorsichtig entfernen.
- Kleben Sie die Türen einzeln ab, sodass Sie sie noch öffnen können.
- Kleben Sie als Nächstes etwa 5 bis 10 cm neben der vorgesehenen Schnittstelle Krepppapier auf die Blechpartien.
- Zeichnen Sie den Ausschnitt auf das Krepppapier an.
- Decken Sie den Bereich zwischen Folie und Schnittabklebung mit Zeitungs- oder Packpapier ab. Verkleben Sie das Papier gründlich, damit es sich später bei den Sägearbeiten nicht in der Maschine verfangen kann.

Erforderliche Werkzeuge

Sie werden wahrscheinlich schon erwartet haben, dass für die Arbeiten am Blech etwas andere Werkzeuge als beim Innenausbau zum Einsatz kommen. Wir werden Ihnen auch für diese Arbeiten eine Auswahl typischer und wichtiger Werkzeuge vorstellen. Sicherlich werden Sie auch hier das eine oder andere anschaffen oder ausleihen müssen.

Handbetriebene Werkzeuge

Auch im Zeitalter der Billigelektrogeräte sind einige Handwerkzeuge nicht zu ersetzen. Wir stellen Ihnen in diesem Unterkapitel einige Werkzeuge dieses Kalibers vor.

Dreikant- und Flachschaber
Schaber können für die Entgratung von Schnittstellen aber auch für die Lackentfernung an Stellen genutzt werden, die mit wenig Aufwand für guten Kontakt zum Stahlblech hergenommen werden sollen. Typisches Einsatzgebiet ist die Schnittlinie für ein Fenster in der Seite oder für Umbaumaßnahmen am Dach.

Feile
Auch mit der Feile ist es möglich, Schnittkanten zu entgraten. Die Hauptaufgabe findet sich allerdings in dem Begradigen der Schnittstellen, die nach dem Entfernen von Teilbereichen der Blechflächen übrig bleiben. Das Entgraten sowie auch das Begradigen fällt bei eigentlich allen Arbeitsverfahren an, bei denen Blechteile ausgeschliffen oder herausgesägt werden müssen.

Handsägen
Natürlich geht es nicht ganz ohne sie. Die meisten Arbeiten werden Sie allerdings elektrisch durchführen müssen. Sie kann aber zum Zuschnitt von Verstärkungsmaterial oder in der kleinen Variante als Pucksäge schlecht zugängliche Stellen wie die Dachspriegel erreichen.

Meißel
Aufgrund des hohen Verzugs beim Arbeiten mit dem Meißel, sollten Sie Trennarbeiten mit dem Meißel möglichst unterlassen. Lassen Sie Schweißpunkte un-

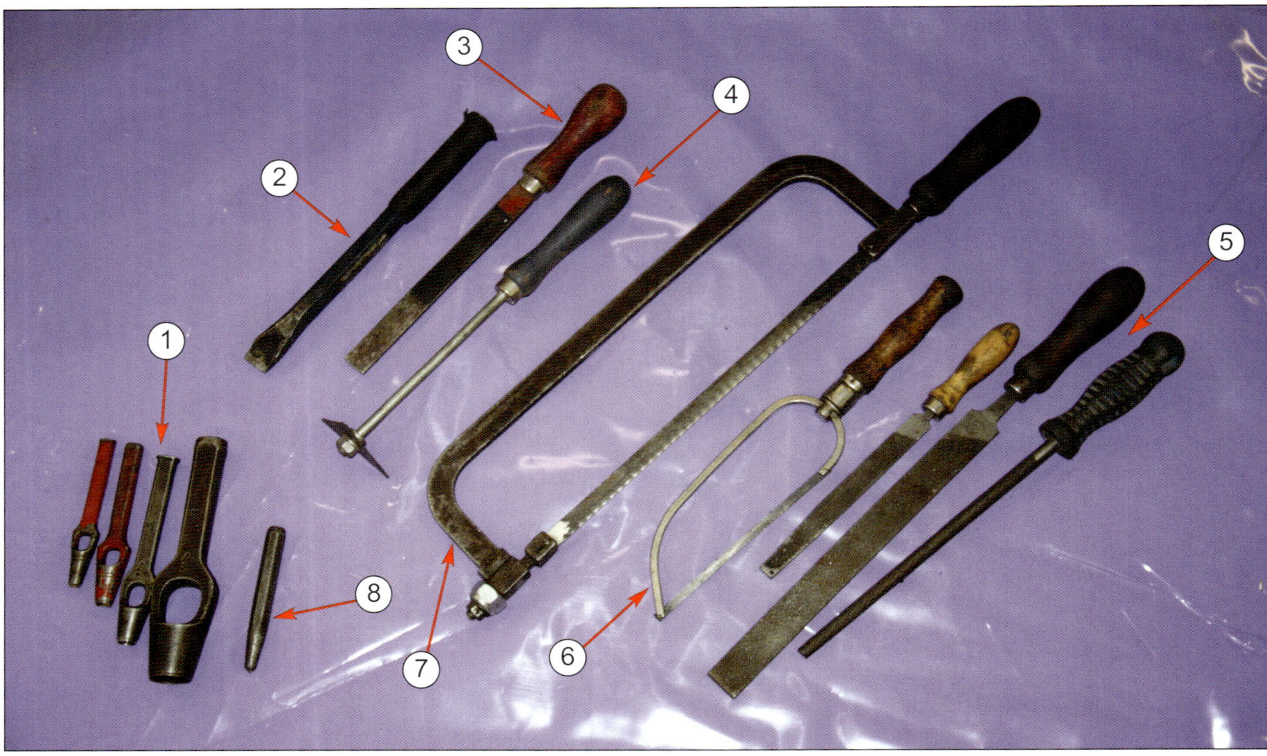

Handbetriebe Werkzeuge: Ohne handbetriebenen Werkzeuge geht auch in diesem Bereich nichts oder es wird aufwändiger. 1 Locheisen, 2 Meißel, 3 Flachschaber, 4 Dreikantschaber, 5 Feilen, 6 Pucksäge, 7 Handbügelsäge, 8 Durchschlag.

angetastet, denn beim Arbeiten mit dem Meißel ist schnell ein hässliches Loch ins Blech gerissen, das anschließend umständlich wieder verschlossen werden muss. Trennen Sie das Blech lieber mit einer Säge oder einem Winkelschleifer genau in der Ecke durch.

Karosseriewerkzeuge

Natürlich werden diese Spezialwerkzeuge eher selten beim Ausbau des Wohnmobils zum Einsatz kommen. Aber immer dann, wenn etwas begradigt werden muss oder eine Sicke eingezogen werden muss, sind die Spezialhämmer und die Gegeneisen – ob in Fäustelform oder als Löffel – sehr hilfreich.

Elektrisch betriebene Werkzeuge

Heutzutage sind sicherlich schon einige elektrische Geräte im Haushalt vorhanden. Gerade dann, wenn Sie sich öfter handwerklich betätigen, müssen Sie grundsätzlich die Werkzeugbeschaffung nach dem Qualitätsanspruch ausrichten. Gerade bei den folgenden Arbeiten im Karosserieblech kann Ihre Geduld schnell auf die Probe gestellt werden, wenn das Werkzeug versagt oder unsauber arbeitet.

»Knabber« oder Büchsenöffner

Sie sind die optimale Lösung um die Ausschnitte in Dach oder Seitenwand zu realisieren. Die elektrischen Blechschneider unterscheiden sich in zwei grundsätzlichen Bauformen. Die erste Bauweise stanzt Blechstücke heraus, die zusammenhängend dann den Schnitt ergeben. Allerdings fallen die Stanzstücke nach unten heraus. So können Sie leicht in Hohlräumen verschwinden und schnell für Korrosionsprobleme sorgen. Diese Variante wird aufgrund der »herausgebissenen« Blechstücke Knabber genannt. Die zweite Variante ist die deutlich bessere. Der Blechausschnitt wird auch gestanzt, bleibt aber in einem Stück zusammen. Der Abschnitt rollt sich dann spiralförmig zusammen. Dieses System wird in Schrauberkreisen gerne als Büchsenöffner beschrieben. Gerade enge Radien und auch Karosseriesicken lassen sich nicht oder nur schwer bearbeiten. Für beide Systeme muss ein Anfangsloch geschaffen werden.

Stichsäge

Die Stärke der Säge kennen wir bereits aus der Holzbearbeitung. Enge Radien sind kein Problem. Das Sägen von Geraden ist aber nicht wirklich möglich. Ein

Karosseriewerkzeug: Ausgestattet mit Handfäusten, Ausbeulhammer, Karosseriehobel und Löffel- und Hebeleisen meistern Sie jede Beule.

weiteres Problem haben wir bereits beim System »Knabber« kennen gelernt. Die Stichsäge produziert zwar keine Stanzabfälle, aber Sägespäne. Auch diese sind sehr korrosionsfördernd und müssen sicher entfernt werden. Wichtig ist es hier ein möglichst feines Sägeblatt zu verwenden, das für Stahlblech geeignet ist. Die angewählte Drehzahl muss möglichst hoch ausfallen.

Winkelschleifer

Der so genannte Trennschleifer kommt einem mit Sicherheit am ehesten in den Sinn, wenn es darum geht, eine Blechfläche zu öffnen. Der Winkelschleifer ist zwar gerade mit einer dünnen Scheibe recht gut dafür geeignet, bringt aber wieder das Problem Spanbildung mit. Hinzu kommt noch der Funkenflug. Zeitweilig wird aber der Einsatz nicht ganz zu vermeiden sein. Das Durchtrennen vorhandener Dachstreben ist

Blechschneider: Die herausgebissenen Blechteile haben dem Blechschneider den Namen »Knabber« eingebracht.

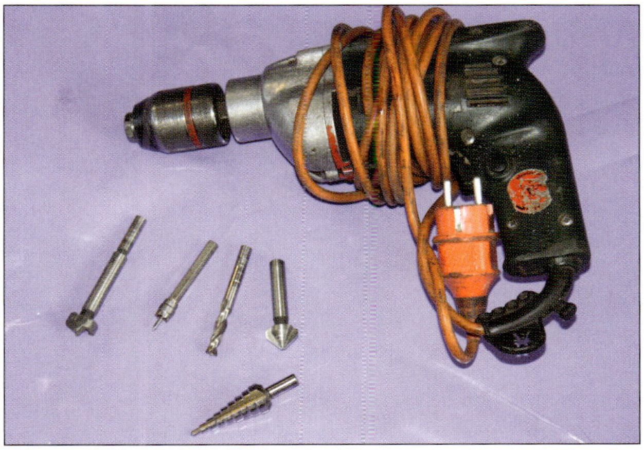

Bohrmaschinen: Handliche Bauform mit viel Kraft für Bohrer, Fräser, Senker und Stufenbohrer.

Blechmeißel: Die aufgewickelte Spirale des herausgeschnittenen Bleches kann später in einem Stück abgenommen werden.

Winkelschleifer: Mit Sparnschlüssel und passenden Aufsätzen von der Zopfbürste, der Fächerscheibe bis Trennscheiben in unterschiedlichen Dicken.

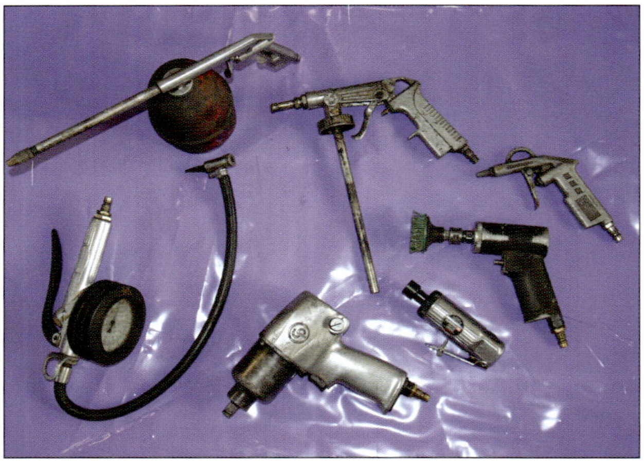

Druckluftwerkzeuge: Kleine Auswahl an Druckluft zum Sprühen, Prüfen, Schleifen und Schrauben.

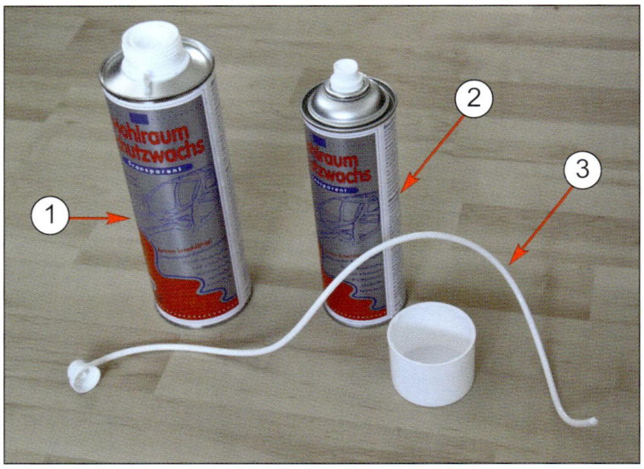

Hohlraumversiegelung: 1 Kartuschenflasche für die Verarbeitung mit dem Kompressor, 2 Sprayflasche, 3 Sonde für die Sprayflasche.

mit dem Winkelschleifer sehr einfach möglich. Radien zu schneiden ist kaum möglich. Ein weiteres Problem ist der Überschnitt. Bis die untere Blechfläche auf Maß durchtrennt ist, wird die obere Blechhälfte etwas weiter eingeschnitten als eigentlich vorgesehen.

Bohrmaschine

Neben dem schon bekannten Bohren von Löchern und dem sicherlich auch nicht neuen Einsatzgebiet als Bohrschrauber können Schweißpunkte, wie die der Dachstreben beispielsweise, mit einem Schweißpunktbohrer aufgebohrt werden. Sehr praktisch ist für den Einsatz im Karosserieblech der Akkuschrauber.

Druckluft-Werkzeuge

Druckluftwerkzeuge sind für die Hobbywerkstatt eher ungeeignet. Der sehr hohe Luftverbrauch muss von einem entsprechenden Kompressor abgedeckt werden. Für einen Luftschleifer werden schnell mal 300-400 Liter/min benötigt. Das übertrifft die Förderleistung unter Druck der meisten Kleinkompressoren spielend um das 4-8-Fache. Pneumatische Nietzangen können aber sehr gut auch mit kleinen Kompressoren betrieben werden. Und auch zum Ausblasen und Reinigen eignen sich die keinen Kompressoren recht gut.

Sägeschnitt von hinten: Verstrebungen können zum Problem werden. Eventuell müssen sie von unten geschnitten werden.

Korrosionsschutz

Unangenehme Begleiterscheinung beim Sägen, Schleifen und Feilen sind die feinen Metallspäne, die sich überall im Fahrzeug absetzen und manchmal so-

Hohlraum aussaugen: Schnittreste und Metallspäne müssen restlos entfernt werden um Korrosion zu vermeiden.

gar regelrecht einbrennen. Zudem rosten die Späne bei geringster Feuchtigkeitseinwirkung und bilden damit die Basis für weitergehende Rostbildung. Deshalb möglichst sofort nach Beenden der Karosseriearbeiten den Wagen gründlich aussaugen und trocken auswischen. Vor allem in den später verdeckten Teilen der Seitenwand und im Spalt zwischen Seitenwand und hinteren Radkästen ist Reinigung angesagt. Zur Sicherheit reichlich Hohlraumspray in unzugängliche Spalte einsprühen, dann rostet es garantiert nicht!

- Trocken Sie den Hohlraum so gut es geht mit einem Heißluftföhn wenn erforderlich.
- Kleben Sie Zugänge zu anderen Karosseriebereichen (Bohrungen und Löcher) ab.
- Kleben Sie den Bereich, in dem Sie schneiden von der Rückseite großzügig mit Folie ab.
- Führen Sie die Schnitt- und Bohrarbeiten durch und entgraten Sie den Schnittbereich gründlich.
- Entfernen Sie die Folie vorsichtig und mit ihr den größten Teil der Späne.
- Saugen Sie den Arbeitsbereich gründlich mit einem Industriestaubsauger aus.
- Bringen Sie zuerst Rotschutzfarbe auf die Schnittfläche auf und versiegeln Sie die anliegenden Bereiche mit Hohlraumversiegelung.

Blecharbeiten

Nach unserer Beobachtung haben selbst routinierte Wohnmobil-Ausbauer gewaltigen Respekt davor, ein Loch ins schöne Autoblech zu sägen, was z. B. vor der Montage eines Sonderdaches natürlich unumgänglich ist. Da schwingt die Angst mit, der Ausschnitt könnte versehentlich zu groß werden und Dach wie auch Auto wären anschließend schrottreif. Diese Furcht ist unbegründet.

Wenn wirklich einmal etwas schief gehen sollte, muss eben die Karosseriewerkstatt das fehlende Blechstück wieder einschweißen. Doch soweit kann es eigentlich erst gar nicht kommen, denn die Hersteller von Sonderdächern, Fenstern, Luken oder Anschlussstutzen geben ihren Produkten eine sehr ausführliche Einbauanleitung und oft auch Schablonen für den Dachausschnitt mit. Die Größe der verschiedenen Dachausschnitte werden Sie natürlich zuerst mit den mitgelieferten Teilen und den Abmessungen am Fahrzeug vergleichen.

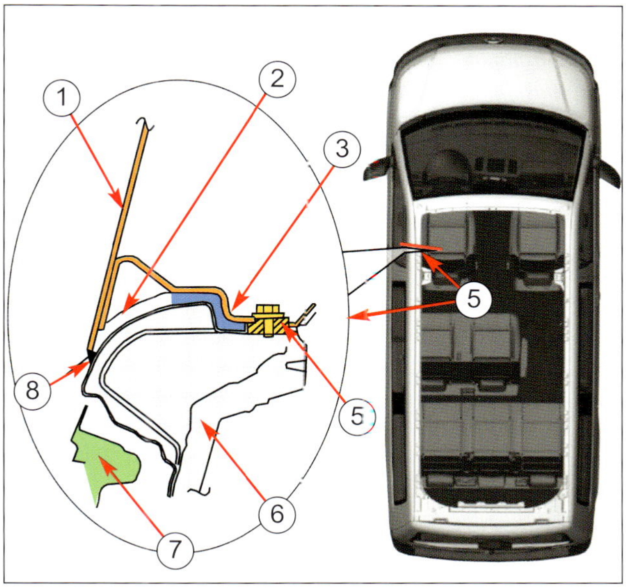

Ausschnitt für ein großes Aufstelldach am VW T5: 1 GFK Dach, 2 umlaufend laminierter Befestigungsflansch, 3 umlaufende Klebefläche, 4 Position der Schnittdarstellung, 5 Schweißmuttern (beim Dachträger verbaut), 6 Dachholmquerschnitt, 7 Türholm im Querschnitt, 8 Abdichtung zum Fahrzeug.

Freigabe des Herstellerwerks

Wenn es um die Fahrzeug-Sicherheit geht, kommt es vor, dass der TÜV/DEKRA-Sachverständige eine Unbedenklichkeitsbescheinigung des Volkswagenwerks verlangt. Es liegt dann an Ihnen, diese zu beschaffen. Das kann beispielsweise der Fall sein, wenn Sie Veränderungen an einem tragenden Element (etwa beim Einbringen eines Dachausschnitts) vornehmen wollen. Sie wenden sich in diesem Fall an:

Volkswagen AG,
Produktmarketing »Aus- und Aufbauten«,
email: vwn.ausbauten@volkswagen.de
Volkswagen AG, NE-GZ Nfz-Sonderfahrzeuge/Gesamtfahrzeug, 38436 Wolfsburg

Dort gibt man Ihnen in Zweifelsfällen, die unser Buch nicht klären konnte, Auskunft und Sie erhalten die nötigen Freigaben für den TÜV/DEKRA, sofern Ihr Änderungswunsch aus technischer Sicht durchführbar ist. Die folgenden Voraussetzungen werden dabei vom Werk verlangt:

- Das zu ändernde Fahrzeug muss sich in einem guten Allgemeinzustand befinden. Das heißt, tragende Teile wie Längs- und Querträger, Säulen

PRAXISTIPP

Sicherheit geht vor

Es ist sehr wichtig, einige einfache Sicherheitsregeln zu beachten:

- Wenn Metall geschliffen oder gebohrt wird, immer Schutzbrille tragen!
- Während der Arbeit mit der Stichsäge ist ebenfalls eine Schutzbrille unentbehrlich! Die kleinen Sägespäne sind heiß und spritzen reichlich aggressiv durch die Luft. Sollten Sie einen Span ins Auge bekommen haben, besuchen Sie umgehend den nächsten Augenarzt.
- Arbeitshandschuhe verhindern Schnittverletzungen durch scharfe Blechkanten.
- Denken Sie beim Bohren von Löchern an die Rückseite des Bleches. Unter dem Wagenboden befinden sich der Kraftstoffbehälter, Bremsleitungen, elektrische Kabel, Kraftstoffleitungen, die Zusatzheizung, das Reserverad und andere Einrichtungen, die nicht angebohrt werden dürfen.

usw. dürfen nicht so stark angerostet sein, dass Festigkeitseinbußen zu befürchten sind. Sollte das bei einem älteren Gebrauchtwagen doch der Fall sein, muss durch Einsetzen neuer Teile der Urzustand wieder hergestellt werden.

- Sind Ausschnitte für Fenster, Türen, Be- und Entlüftungsklappen usw. erforderlich, so dürfen diese nur zwischen den Säulen und Dachspriegeln eingebracht werden.
- Blechausschnitte müssen umlaufend mit einem stabilen Rahmen eingefasst werden, der kraftschlüssig mit den angrenzenden tragenden Teilen zu verbinden ist. So weit das Volkswagenwerk. Zum letzten Punkt bliebe zu sagen, dass die Ausschnitte in der Regel durch die Rahmen der Einbauteile verstärkt werden. Das Verbinden des Rahmens empfiehlt das Werk zur Vermeidung von Schwingungen im betreffenden Blechteil. Sofern die Einbauteile leicht sind und ein Vibrieren der Blechwände dadurch nicht zu erwarten ist, können Sie auf die Verbindung verzichten – also etwa bei Öffnungen für Steckdosen oder Wassereinfüllstutzen.

Mitbestimmung von TÜV/DEKRA

Veränderungen an der Karosserie bedürfen des Einverständnisses durch einen TÜV/DEKRA-Sachverständigen. An einem kleinen Durchbruch für die Gasflaschen-Entlüftung hält sich der Prüfer natürlich nicht auf – es sei denn, die Öffnung befindet sich in der Nähe des Abgasrohrs einer Zusatzheizung. Wichtig ist die Sachverständigen-Meinung aber beispielsweise beim Einbau eines Sonderdaches speziell dann, wenn die Träger (Spriegel) im Dach verändert werden sollen.

Setzen Sie sich vor Beginn der Arbeiten mit einem TÜV/DEKRA-Sachverständigen in Verbindung und sprechen Sie mit ihm Ihre Planung durch. Er wird Ihnen sicherlich wertvolle Tipps für den Wohnmobilausbau geben können. In einigen Punkten wird er Ihnen Auflagen machen, nach denen Sie sich zu richten haben, oder er will den Wagen in einem bestimmten Ausbaustadium noch einmal sehen, etwa um zu kontrollieren, ob ein Träger ordentlich eingeschweißt ist. Das ist keine Schikane, sondern geschieht im Interesse Ihrer eigenen Sicherheit.

Sollte sich zeigen, dass Sie mit dem Sachverständigen der angesteuerten Prüfstelle absolut nicht klarkommen, hat Diskutieren meist wenig Sinn. Fahren Sie lieber zu einer anderen TÜV- bzw. DEKRA-Abnahmestelle und schlucken Sie den Ärger runter.

Typische Karosseriearbeiten

Ausschnitte können in die Seitenwände zwischen den tragenden Teilen der Karosserie ausgeführt werden. Es dürfen dabei keine tragenden Säulen und Holme verändert werden. Alle Ausschnitte müssen mit einem umlaufenden Rahmen versehen sein. Das ist in der Regel durch die Rahmen der Stutzen und Fenster sowie bei den meisten Einbaurahmen gegeben. Die geforderte kraftschlüssige Verbindung zur Karosserie wird durch das Verkleben mit der Dichtmasse und dem Verschrauben des Rahmens der Bauteile erreicht.

Einbau eines Anschlussstutzens

Im Lieferumfang des Anschlussstutzens finden Sie eine Schablone, die die erforderlichen Bohrungen beziehungsweise den Karosserieausschnitt im Maßstab 1:1, also in Originalgröße darstellt. Anhand dieser Schablone sollten Sie zuerst die Einbauposition festlegen. Vollziehen Sie auch im Innenraum und Ihrer Ausbauplanung nach, ob eventuell der Einbau durch andere Bauteile erschwert wird und eine bessere Position gefunden werden muss. In der Regel ist die Bauform der Anschlussstutzen für eine gerade Karosseriefläche ausgelegt. Suchen Sie sich einen Bereich aus, der die Anlage des Rahmens ermöglicht.

- Demontieren Sie die Verkleidungen im Bereich der Einbauposition im Innenraum.
- Messen Sie die Schablone für den Einschnitt genau ein und fixieren Sie sie an dem Karosserieteil, an dem der Ausschnitt erfolgen soll.
- Überprüfen Sie, dass die Rückseite frei von Zuleitungen und Kabel ist. Sorgen Sie durch Fixieren von losen Kabeln oder Schläuchen dafür, dass nichts in die Bohrung hineinfallen kann und dann doch noch beschädigt wird.
- Decken Sie den Schnittbereich mit Klebeband ab.
- Decken Sie die Rückseite des Loches mit einer Folie so locker ab, das die Späne in die Folie fallen können.
- Bohren Sie im Bereich des Ausschnittes ein entsprechendes Loch.

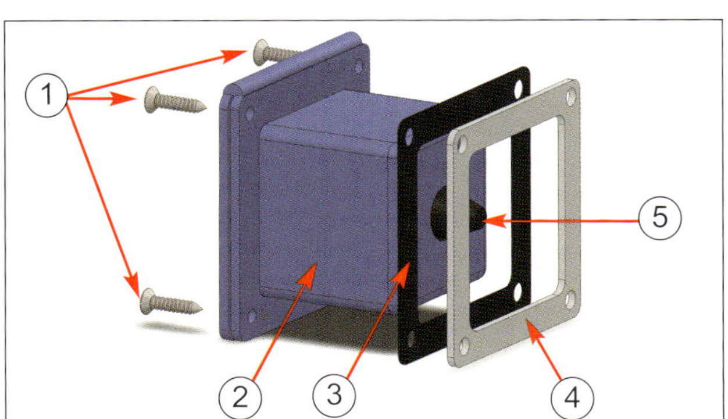

Der Aufbau: 1 Schrauben, 2 Rahmen außen mit Deckel und Steckerträger, 3 Klebedichtmasse oder Dichtung, 4 Rahmen innen. 5?????

- Schneiden Sie das runde Loch entlang der Schnittlinie mit der Stichsäge aus.
- Entgraten Sie die Schnittfläche mit dem Dreikantschaber oder einer Feile.
- Prüfen Sie die Passgenauigkeit des Anschlussstutzens und entfernen Sie das Klebeband um die Karosserieöffnung.
- Reinigen Sie die Schnittfläche gründlich und tragen Sie an der Schnittkante Korrosionsschutzfarbe auf. Lassen Sie die Farbe vor den nächsten Arbeitsschritten abtrocknen und tragen Sie etwas Dichtmasse auf den äußeren Gehäuseteil des Anschlussstutzens auf.
- Montieren Sie den Anschlussstutzen und wischen Sie die Dichtmassenüberstände vor dem Antrocknen ab.

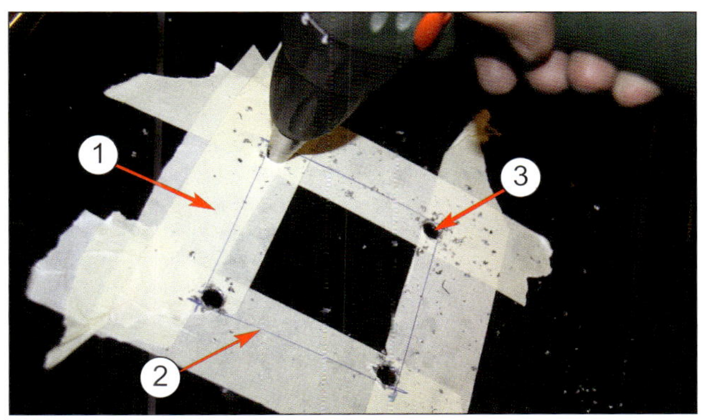

Ausschnitt herstellen: 1 Abklebebereich zum Schutz vor Kratzern, 2 Schnittlinie, 3 Bohrlöcher durch das Blech.

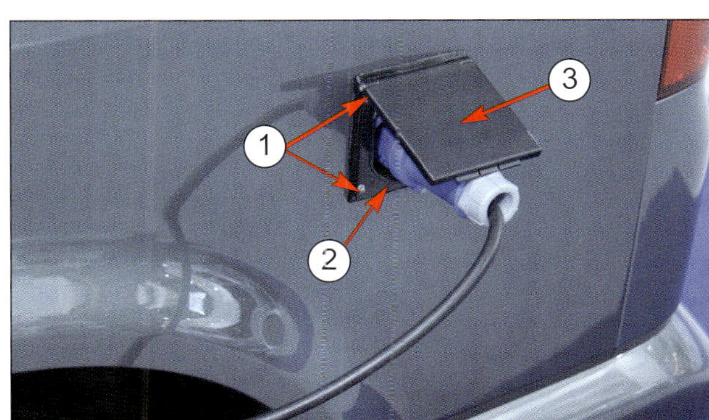

Stromanschluss fertig montiert: 1 Verschraubung zum Rahmen innen, 2 Rahmen außen, 3 Deckel rastend.

Originalfenster nachrüsten

Grundsätzlich ist es auch möglich, die originalen Fenster des T5 Kombis in einen Transporter nachzurüsten. Der Aufwand ist allerdings etwas höher. Dabei sollte der Lackaufbau dem Original entsprechen. Das Fenster wird, wie bei normalem Autoglas heute üblich, eingeklebt. Mit etwas Verhandlungsgeschick können Sie einen Termin des mobilen Montageteams einer Autoglaskette wie beispielsweise Carglass aushandeln.
Im Gegensatz zum T4 sind die hinteren Fenster nicht extra abgesetzt. Auch müssen die Ausschnitte nicht verpunktet werden. Die Karosserieteile sind in diesem Bereich verklebt. Die Fenster werden auf das vorhandene Karosserieblech aufgeklebt. Wird also nur das Fenster für die Schiebetür oder das mittlere Karosserieteil verbaut, entsteht ein Absatz zum Karosserieblech in der Fenstersicke.

- Decken Sie den Schnittbereich mit Klebeband ab, um mögliche Schäden durch die Stichsäge oder das Blechschneidewerkzeug zu verhindern.

- Decken Sie die Rückseite des Loches mit einer Folie so locker ab, dass die Späne in die Folie fallen können.

- Bohren Sie im Bereich des Ausschnittes am Anfang und am Ende jeder Geraden (A) von innen nach außen ein entsprechendes Loch. Die Bohrung muss möglichst genau an der Kante des Innenbleches (2) liegen, ohne das Innenblech zu beschädigen. Das Loch muss so groß ausgeführt werden, dass das Stichsägeblatt hindurchpasst.

Arbeiten mit der Stichsäge

Die Ebene, auf der die Fensterscheiben eingeklebt werden, liegt etwas tiefer und ist in die Karosserie eingelassen. Hier muss hinsichtlich der Auflage der Säge etwas improvisiert werden, um den Sägeschnitt gerade ausführen zu können.

- Zeichnen Sie nun von außen die Schnittlinie (B) entsprechend der durchbohrten Löcher auf das Klebeband an. Die Rundungen werden später, wenn der Fensterausschnitt entfernt ist, vorsichtig mit Stichsäge und Feile nachgearbeitet. Zum Durchtrennen der Mittelstrebe (1) stehen zwei Möglichkeiten zur Auswahl. Sie können die Strebe mit einem ausreichend langen Sägeblatt mit dem Schnitt durchtrennen oder vorher mit dem Winkelschleifer und einer dünnen Scheibe vom Seitenteil abtrennen, den Klebstoff ablösen und die Strebe herausnehmen. Hier muss dann das Blech daran gehindert werden nach innen zu fallen. Das ist leicht durch das Einlegen von Holzstücken in die Ecken des Ausschnitts möglich.

- Schneiden Sie das Loch entlang der Schnittlinie (B) mit der Stichsäge aus. Beginnen Sie mit der oberen Geraden. Fixieren Sie das Blech dann zusätzlich nochmals mit etwas Gewebeklebeband, um später bei durchgehendem Schnitt das unkontrollierte Herabfallen des Karosseriebleches zu vermeiden.

- Nehmen Sie das ausgeschnittene Blech heraus.

- Schneiden Sie nun die Rundungen nach dem Verlauf des Innenbleches nach.

Scheiben einkleben: Sieht einfach aus, es wird aber nicht nur Spezialwerkzeug für die Dichtmasse gebraucht.

Arbeiten mit dem »Büchsenöffner«

Mit dem Blechschneider können Sie hier nur arbeiten, wenn er den recht kleinen Abstand zur Kante des Ausschnitts zulässt. Kleben Sie die Karosseriekante gesondert und mindestens doppelt ab, um Lackschäden zu vermeiden. Probieren Sie zuerst aus, ob Sie die Schnittführung nahe genug am inneren Blechausschnitt durchführen können.

- Schneiden Sie von einem Loch zum nächsten entlang der Schnittlinie (B) aus. Beginnen Sie mit der oberen Geraden.
- Hebeln Sie das ausgeschnittene Blech von der Zwischenstrebe ab.
- Nehmen Sie das ausgeschnittene Blech heraus.
- Schneiden Sie nun die Rundungen nach dem Verlauf des Innenbleches nach.

Weiter für beide Werkzeuge

- Entgraten Sie die Schnittfläche anschließend mit dem Dreikantschaber oder einer Feile.
- Prüfen Sie die Passgenauigkeit der Bleche zueinander.
- Entfernen Sie das Klebeband um die Karosserieöffnung.
- Reinigen Sie die Schnittfläche gründlich und tragen Sie an der Schnittkante Korrosionsschutzfarbe auf. Lassen Sie die Farbe vor den nächsten Arbeitsschritten abtrocknen.
- Tragen Sie an der Schnittkante die passende Lackfarbe auf. Lassen Sie die Farbe vor den nächsten Arbeitsschritten sehr gut abtrocknen.

Scheibe einkleben

Für diese Arbeiten ist zumindest eine sehr stabile Kartuschenspritze mit kraftvoller Übersetzung gefordert. Der Scheibenkleber kann sehr schwer zähflüssig sein

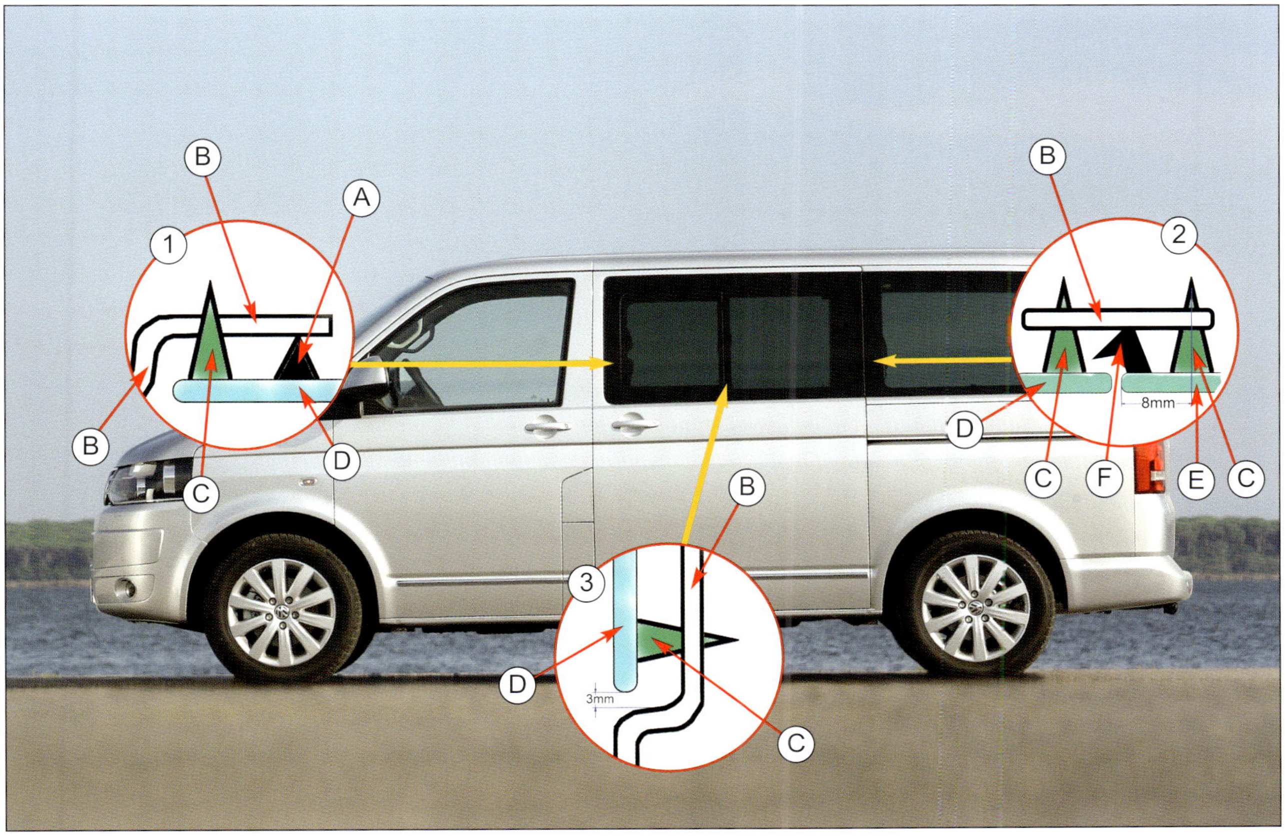

Abstand der Scheibe zu den Karosseriekanten: 1 Kante vorne, 2 Kante zur hinteren Scheibe, 3 Kante unten, A Anschlaggummi, B Karosserieblech, C Klebedichtmasse, D Scheibe Mitte, E Scheibe hinten, F Dichtlippe.

und muss zudem sehr gleichmäßig aufgetragen werden. Deshalb eigentlich ein Job für den Autoglaser. Der Vollständigkeit halber werden wir Ihnen diese Arbeitsschritte aber auch vorstellen.

- Scheibenrand umlaufend auf 20 mm Breite mit der Reinigungslösung reinigen.
- Anschließend reiben Sie den Scheibenrand mit einem fusselfreien Lappen trocken.
- Glas-/Lackprimer mittels Applikator (dem kleinen Schwämmchen am Stiel) gleichmäßig in einem Zug auftragen und etwa 10 Minuten trocknen lassen.
- Karosserieblech im Auflagebereich der Scheibe umlaufend mit der Reinigungslösung reinigen.
- Anschließend reiben Sie den Bereich mit einem fusselfreien Lappen trocken.
- Glas-/Lackprimer mittels Applikator (dem kleinen Schwämmchen am Stiel) gleichmäßig in einem Zug auftragen und etwa 10 Minuten trocknen lassen.
- Tragen Sie das Klebedichtungsmaterial mit der Kartuschenpistole umlaufend auf den geprimerten Bereich im rechten Winkel zur Scheibe auf. Die Scheibe muss innerhalb von 10 Minuten eingesetzt werden, da sonst die Haftung des Scheibenklebstoffs beeinträchtigt wird.
- Scheibe mit Hilfe von 2 Saughebern (V.A.G 1344) in Scheibenausschnitt einsetzen, ausmitteln und bis auf den Abstandssteg eindrücken.
- Fixieren Sie die Seitenscheibe während der Mindestaushärtezeit mit Klebeband. Für den 2K-Klebstoff beträgt die Mindestaushärtezeit 2 Stunden. Bei der Verwendung des 1K-Klebstoffs ist das Fahrzeug nach 16 Stunden wieder betriebssicher. Egal, welcher Klebstoff verwendet wird, das Fahrzeug kann nach Ablauf einer halben Stunde nach Einbau der Scheibe wieder bewegt werden. Mit der Mindestaushärtezeit ist die Zeit vom Einkleben der Scheibe bis zum normalen Fahrzeugeinsatz gemeint. Während dieser Zeit muss das Fahrzeug bei Raumtemperatur (mindestens 15 °C) auf ebener Fläche stehen.
- Ziehen Sie die Klebestreifen ab und reinigen Sie die umliegenden Flächen gründlich.

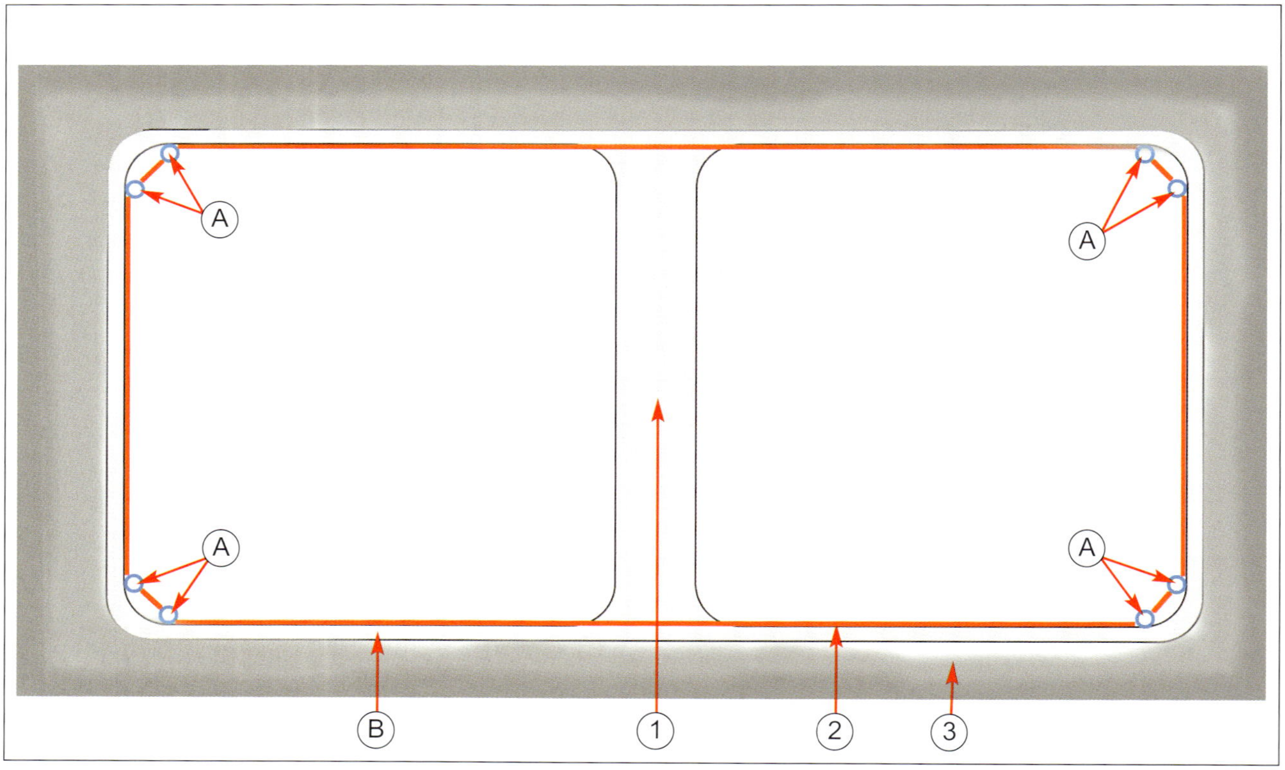

Mögliche nachträgliche Dachausschnitte: A Bohrlöcher, B Abdeckbereich mit Klebeband, 1 Dachspriegel, 2 Schnittlinie (rot), 3 Dachhaut.

Einbau eines Campingfensters

Auch hierbei werden Sie bei den renommierten Fensterherstellern für Wohnmobile die entsprechende Schnittschablone im Set dazubekommen. Neben den Zulassungspapieren wird oft sogar schon die erforderliche Dichtmasse mitgeliefert.

- Messen Sie die Schablone für den Einschnitt genau ein und fixieren Sie sie an dem Karosserieteil, an dem der Ausschnitt erfolgen soll.
- Prüfen Sie die Ausschnittgröße nochmals mit dem Fenster, das eingebaut werden soll.
- Überprüfen Sie, dass die Rückseite frei von Zuleitungen und Kabel ist. Sorgen Sie durch Fixieren von losen Kabeln oder Schläuchen dafür, dass nichts in die Bohrung hineinfallen kann und dann doch noch beschädigt wird.
- Decken Sie den Schnittbereich mit Klebeband ab, um mögliche Schäden durch die Stichsäge oder das Blechschneidewerkzeug zu verhindern.
- Decken Sie die Rückseite des Loches mit einer Folie so locker ab, dass die Späne in die Folie fallen können.
- Bohren Sie im Bereich des Ausschnittes ein entsprechendes Loch.
- Schneiden Sie das runde Loch entlang der Schnittlinie mit der Stichsäge aus. Beginnen Sie mit der oberen Geraden. Fixieren Sie das Blech dann zusätzlich nochmals mit etwas Gewebeklebeband, um später bei durchgehendem Schnitt das unkontrollierte Herabfallen des Karosseriebleches zu vermeiden.
- Nehmen Sie das ausgeschnittene Blech heraus.
- Entgraten Sie die Schnittfläche anschließend mit dem Dreikantschaber oder einer Feile.
- Prüfen Sie die Passgenauigkeit mit dem Fenster, das eingebaut werden soll.
- Entfernen Sie das Klebeband um die Karosserieöffnung.
- Reinigen Sie die Schnittfläche gründlich und tragen Sie an der Schnittkante Korrosionsschutzfarbe auf. Lassen Sie die Farbe vor den nächsten Arbeitsschritten abtrocknen.
- Tragen Sie etwas Dichtmasse auf die Auflagefläche des Rahmens auf der Karosserie auf.
- Montieren Sie das Gegenstück des Rahmens und wischen Sie die Dichtmassenüberstände vor dem Antrocknen ab. Reinigen Sie die Lackflächen gründlich von den Klebstoffresten. Solange sie noch frisch sind, lassen sie sich recht leicht entfernen.
- Lassen Sie den Klebedichtstoff nach den Herstellervorgaben abtrocknen.

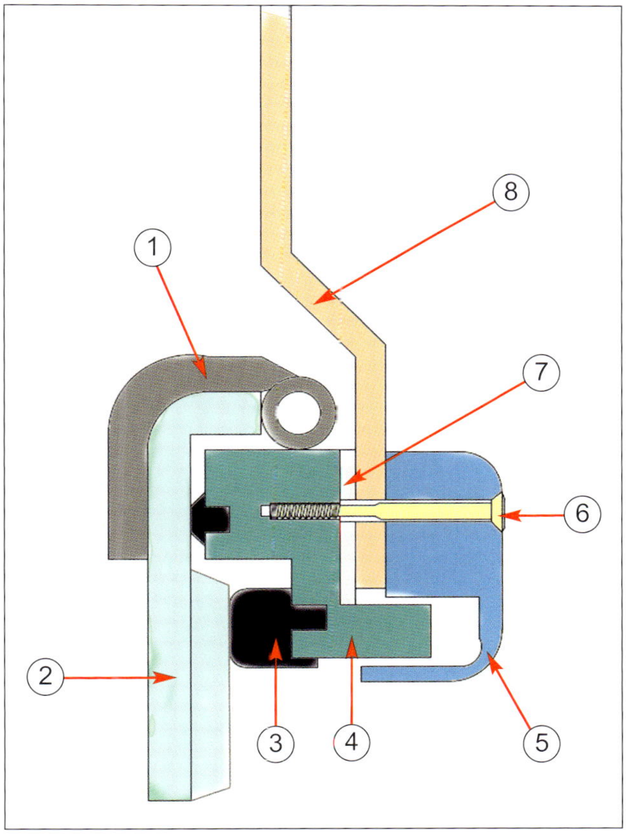

Campingfenster im Schnitt: 1 Scharnier, 2 Dichtgummi, 3 Doppelscheibe, 4 Dichtgummi, 5 Außenrahmen, 6 Innenrahmen, 7 Verschraubung, 8 Dichtmasse, 9 Karosserieblech.

Dachausschnitt herstellen

Ob es sich um ein kleines Hubdach oder um ein klappbares Schlafdach handelt: Der Einbau ist grundsätzlich sehr ähnlich. Die für Volkswagen typische offene Art ermöglicht schon vom Hersteller aus den Einbau eines Hubdaches. In den Originalunterlagen »Aufbaurichtlinien Transporter« werden die Anforderungen genau beschrieben. Die Erfahrung, dass die Volkswagen als Camper genutzt werden, veranlasst den Hersteller zu der Anmerkung, dass die Auslieferung mit Dachausschnitte zum nachträglichen Ausbau zurzeit nicht erhältlich sind. Für den Einbau eines Hubdaches sollten Sie in jedem Fall Kontakt zu dem TÜV- oder Dekra-Gutachter Ihres Vertrauens gehen und die Umbaumaßnahme durchsprechen. Halten Sie sich unbedingt an die Vorgaben des Dachherstellers. Kontrollieren Sie sicherheitshalber ob die Herstellerrichtlinien eingehalten werden. Auch hierüber kann Ihnen der Prüfingenieur sicherlich fundierte Auskünfte erteilen.

- Demontieren Sie die Sitze hinten und vorne. Zumindest die hinteren Sitze müssen ausgebaut werden. Es reicht aus, die vorderen Sitze gründlich abzudecken.

- Hängen Sie den Dachbereich von innen mit einer Folie zu, die an den Seitenträgern angeklebt wird, so werden schon viele herabfallende Späne von den Sägeschnitten aufgefangen. Diese Folie sollten Sie nach dem Beenden der Arbeiten bis zum Entgraten dann vorsichtig entfernen.

- Decken Sie das Fahrzeug außen herum an allen Seiten mit der Malerfolie ab. Kleben Sie die Türen einzeln ab, sodass Sie sie noch öffnen können.

- Kleben Sie als Nächstes etwa 5 bis 10 cm rechts und links neben der vorgesehenen Schnittstelle Krepppapier auf die Blechpartien.

- Zeichnen Sie den Ausschnitt auf das Krepppapier an.

- Decken Sie den Bereich zwischen Folie und Schnittabklebung mit Zeitungs- oder Packpapier ab. Verkleben Sie das Papier gründlich, damit es sich später bei den Sägearbeiten nicht in der Maschine verfangen kann.

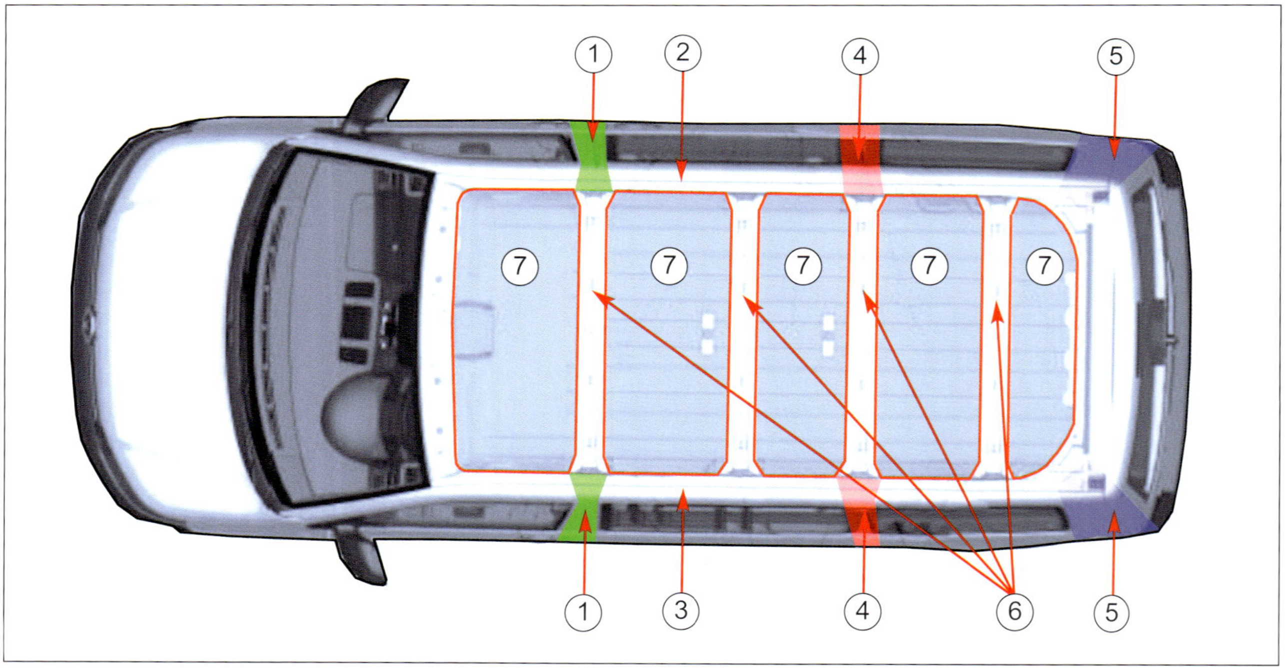

Mögliche nachträgliche Dachausschnitte: 1 B-Säulen, 2 Dachrahmen rechte Seite, 3 Dachrahmen linke Seite, 4 C-Säulen, 5 D-Säulen, 6 Dachspriegel, 7 Ausschnittflächen zwischen den Spriegeln müssen durch umlaufenden Rahmen stabilisiert werden.

- Prüfen Sie die Ausschnittgröße nochmals mit den Dachabmessungen des Daches, welches eingebaut werden soll.

- Überprüfen Sie, dass die Unterseite und die Holme frei von Zuleitungen und Kabel sind. Sorgen Sie durch Fixieren von losen Kabeln oder Schläuchen dafür, dass nichts in die Schnittstelle hineinfallen kann und dann doch noch beschädigt wird.

Dachspriegel in der Schnittlinie

Je nach Ausschnittgröße stehen fünf Dachspriegel im Weg, die durchschnitten werden müssen. Hier stehen zwei Möglichkeiten zur Wahl. Zum einen können Sie die Spriegel mit einem ausreichend langen Sägeblatt mit dem Schnitt durchtrennen und die Reste später mit dem Schweißbohrer abbohren. Zu anderen gibt es die Möglichkeit die Spriegel vorher abzubohren und herauszunehmen. Hier muss dann das Blech daran gehindert werden nach innen zu fallen, das ist leicht durch das Einlegen von Holzstücken in die Ecken des Ausschnitts möglich.

- Stellen Sie ein Leitergerüst oder eine Leiter an einer Fahrzeugseite auf. Beginnen Sie mit der Arbeit auf dieser Seite. Für die Arbeit an der anderen Seite stellen Sie das Leitergerüst oder die Leiter dann um.

- Bohren Sie ein Loch innerhalb des Dachausschnittes, durch das das Sägeblatt eingeführt werden kann.

- Ziehen Sie schnittfeste Handschuhe an. Das herausgeschnittene Karosserieblech kann sehr scharfkantig sein und schwere Verletzungen verursachen.

Arbeiten mit der Stichsäge

Die Stichsäge hat den Vorteil der guten Sägeführung in den Eckradien. Der Nachteil stellt sich schnell an den Dachspriegeln heraus. Sind diese noch verbaut und das Sägeblatt ist nicht ausreichend lang, wird es beim ersten Spriegel anschlagen und wahrscheinlich abbrechen.

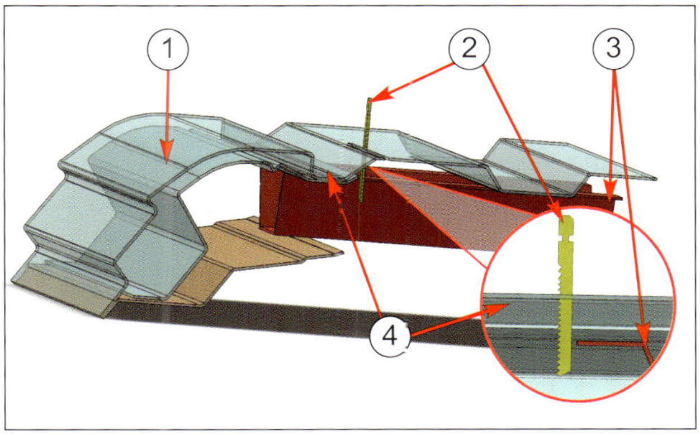

Doppelt und wellig: Der Spriegel ist an der Dachhaut mit Schweißpunkten befestigt und an der Dachhaut verklebt. 1 seitlicher Dachholm, 2 Sägeblatt, 3 Dachspriegel, 4 Dachhaut (Außenblech).

- Sägen Sie mit der Stichsäge entlang der angezeichneten Schnittkante. Wenn Sie die Spriegel mit einem langen Sägeblatt mitsägen, vergessen Sie nicht das Blech in den Ecken zu unterlegen, um den Absturz zu vermeiden. Bleiben die Spriegel zuerst einmal erhalten, bleibt das Blech auf ihnen liegen.

- Heben Sie das herausgeschnittene Blech mit einem Helfer heraus. Wurden die Spriegel nicht mitgeschnitten, muss das ausgeschnittene Blech nach oben gedrückt werden. Es ist an den Spriegel mit Karosseriekleber verklebt.

Arbeiten mit dem Blechschneidegerät

Das Blechschneidegerät (in der Ausführung »Büchsenöffner«) gleitet über die Spriegel hinweg. Weiterhin müssen auch keine Sägespäne im Innenraum aufgefangen werden. Probleme entstehen nur in den Dachsicken und in den Radien, die vorne und hinten geschnitten werden müssen.

Hubdach nachrüsten

Dachgeschoss nachrüsten

Gebrauchtes Dach
Vereinzelt werden gebrauchte Dächer aus einem Unfallwagen angeboten. Nachfragen lohnt sich auch bei Wohnmobil-Werkstätten, die bisweilen andere Sonderdach-Versionen montieren. Das ist eine elegante Möglichkeit, preisgünstig an dieses begehrte Zubehör heranzukommen. Bastlerisches Geschick und Geduld sind aber möglicherweise schon erforderlich, um etwa eine durch Fremdeinwirkung beschädigte Ecke des Sonderdaches mit Glasfasermatte und Zweikomponentenharz zu reparieren oder um eine nicht mitgelieferte Versteifung für den Dachausschnitt zu beschaffen.

Einbauanleitungen
Ob Hubdach, Aufstelldach oder Hochdach: Auch hier unterscheiden sich die Arbeitsschritte in der Hauptsache darin, wie groß und welche Form der Ausschnitt haben soll. Natürlich werden weitere Unterschiede hinsichtlich der Mechanik bei genauerem Hinsehen deutlich. Das ist aber Hersteller- und ausführungsabhängig. Natürlich können wir Ihnen nicht eine Anleitung zur Verfügung stellen, die auf alle Umbaudächer passt. Stattdessen werden wir Ihnen als Muster einen Einbau vorstellen und verweisen Sie auf die Unterlagen des Herstellers, den Sie sich für Ihr Fahrzeug ausgewählt haben. Diese Einbauanleitung gilt sinngemäß auch für andere vormontierte bzw. nicht vormontierte Dächer.

Technische Abnahme
Nach der Durchführung der technischen Änderung ist die Betriebserlaubnis des Fahrzeugs erloschen. Das Fahrzeug muss unter Vorlage des vorliegenden Teilegutachtens sofort einem amtlich anerkannten Sachverständigen oder Prüfer einer technischen Prüfstelle oder einem Prüfingenieur einer amtlich anerkannten Überwachungsorganisation zur Durchführung und Bestätigung der vorgeschriebenen Änderungsabnahme vorgeführt werden.

Montage Dachverstärkungsrahmen

Als Montagebeispiel stellen wir Ihnen die Arbeitsschritte an einem Aufstelldach der Firma Reimo vor.

Fahrzeugvorbereitung:

- Demontieren Sie den Fahrzeughimmel komplett.
- Bauen Sie die Sitze aus.
- Decken Sie den Boden und Armaturenbrett ab.
- Bei Fahrzeugausstattungen mit Formseitenwandverkleidung müssen die Teile oberhalb des Fensters komplett entfernt werden.
- Decken Sie das Fahrzeug ab oberem Bereich der Scheiben außen ab, damit keine Metallspäne den Lack beschädigen können.
- Entfernen Sie Kabel und Schläuche aus dem Ausschnittbereich.
- Zeichnen (4) Sie nach der beiliegenden Zeichnung im Hubdachset die Maße wie bereits beschrieben auf das Fahrzeugdach an und überprüfen Sie die Abmessungen genau.
- Trennen Sie das Dachblech nur bis B-Säule heraus.
- Trennen Sie das Dachblech im Fahrerhausbereich heraus. Schon hier taucht dann eine herstellerbedingte Besonderheit auf. Der vorderste Spriegel (11) an der B-Säule darf noch nicht entfernt werden.
- Trennen Sie den vordersten Spriegel (11) heraus. Es müssen etwa 5 cm stehen bleiben, um dort eine Verbindung der Querverstärkung (2 und 8) mit der Längsverstärkung (3 und 7) mittels Vernietung und Verklebung herzustellen.
- Verkleben und vernieten Sie die Verbindung am Heck zwischen Querverstärkung (5) und Längsverstärkung (4 und 7). Wenn Sie das unterlassen, entstehen Knarrgeräusche während der Fahrt, die zeigen, dass das Fahrzeug nicht ausreichend stabilisiert ist.

Arbeiten an der Beifahrerseite:

- Montageblech für den Haltegriff (Handgriff am Dachholm) demontieren.

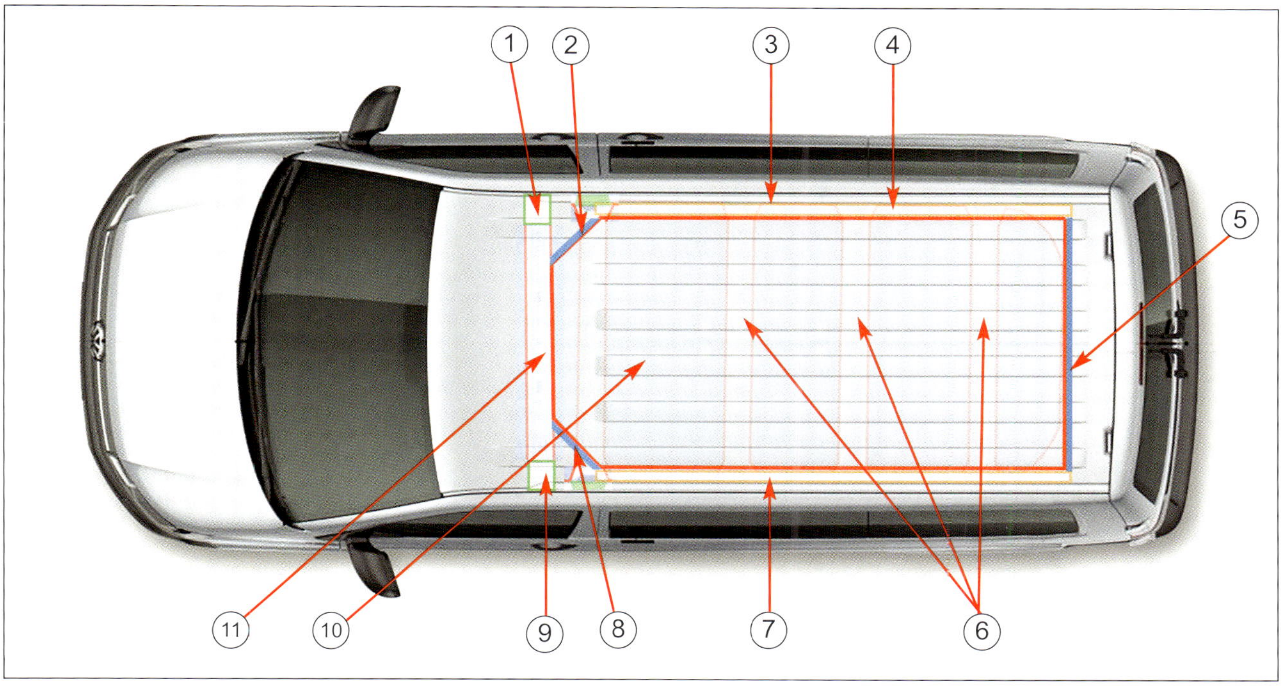

Dachverstärkungen an einem Reimodach: 1 Verstärkungsblech, 2 Querholm, 3 Längsblech, 4 Schnittlinie, 5 hinterer Querholm, 6 Dachspriegel im Dachausschnitt (werden komplett entfernt), 7 Längsblech, 8 Querholm, 9 Verstärkungsblech, 10 vorderer Spriegel (versetzt), 11 vorderer Spriegel in der Originalposition.

- Das Verstärkungsblech (1) im Bereich des Türholms unter dem Montageblech für den Haltegriff (Handgriff am Dachholm) einlegen und zusammen montieren.

Auf der Fahrerseite:

- Im Bereich des Haltegriffs müssen zwei Einnietmuttern eingenietet werden, um das Verstärkungsblech (9) daran zu verschrauben.

Spriegel vorne mit Querstreben

- Passen Sie den vordersten Spriegel (11) in den Dachausschnitt ein und klemmen Sie ihn mit Schraubzwingen fest.
- Übertragen Sie die beiden Bohrungen von unten in den Verstärkungsblechen (1 und 9) links und rechts auf den Spriegel (10) und bohren Sie die Löcher mit Ø 6,5mm durch.
- Fixieren Sie den Spriegel (10) mit Schrauben M6x40 vorne und M6x35 hinten.
- Setzen Sie die beiden Querstreben (2 und 8) dicht an die Spriegelenden und klemmen Sie sie mit Schraubzwingen fest.

Hinterer Querholm:

- Schrauben Sie den hinteren Querholm (5) an die Originallasche und fixieren Sie ihn mit Schraubzwingen.
- Bohren Sie hier Löcher durch die Dachhaut in den hinteren Querholm im Durchmesser von 5,1 mm.

Längsblech links und rechts

- Schieben Sie die Längsbleche rechts (3) und links (7) in den Ausschnitt und klemmen Sie Hilfsleisten aus Holz in der Länge von 1115 mm dazwischen, damit die Bleche parallel im Fahrzeug montiert werden können.
- Fixieren Sie die Längsbleche (3 und 7) vorne und hinten mit je vier Blechschrauben. Die vorgestanzten Bohrungen für die Nieten mit einem Bohrer 5.1 mm auf das Fahrzeug übertragen.

Vorbohren und Montieren

- Bohren Sie die Vernietpunkte für die Querholme (2, 5, 8, 10) und die Verbindungen der Längsholme (3 und 7) zu den Querholmen nach den Angaben in der Zeichnung.
- Entfernen Sie alle Rahmenteile, entgraten Sie die Bohrungen und entfernen Sie die Bohrspäne sorgfältigst.

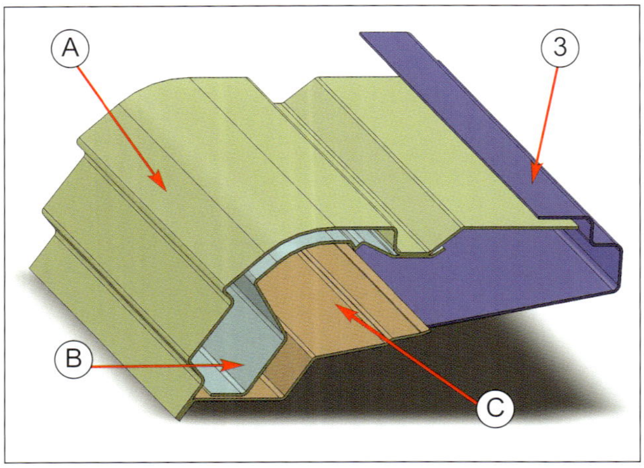

Dachholm und Verstärkung: A Dachhaut (Außenblech), B Stegblech innen, C Dachholm innen, 3 Längsblech aus dem Einbauset zur Verstärkung.

- Abschließend behandeln Sie alle Schnittkanten und Bohrungen mit Korrosionsschutzmittel.

Überlegen Sie nun, ob Elektroleitungen oder andere Verbindungen in oder unter die Längsprofile verlegt werden sollen. Für die Multivan-Ausstattung empfehlen wir die Verlegung des Kabelbaums nicht unter den Längsprofilen.

- Falls erforderlich, trennen Sie die Steckverbindungen und legen Sie die Kabel so bereit, dass sie später an der gewünschten Stelle montiert werden können.

- Alle Verklebeflächen beidseitig (Anlageflächen des Verstärkungsrahmens zu Karosserie) mit Schleifvlies fein anschleifen.

- Alle Verklebeflächen beidseitig (Anlageflächen des Verstärkungsrahmens zu Karosserie) mit Haftreiniger reinigen.

- Alle Verklebeflächen beidseitig (Anlageflächen des Verstärkungsrahmens zu Karosserie) mit Sikaflex-Haftreiniger nach Vorschrift behandeln.

- Die Verstärkungsbleche sowie die Querholme mit Klebedichtmasse bestreichen und mit den Schrauben und Nieten befestigen. Die Verarbeitung muss innerhalb der Ablüftzeit des Klebers erfolgen. Austretende Klebedichtmasse sofort entfernen. Das Fahrzeug sollte bis zur Aushärtung des Klebers (etwa 24 Std.) nicht bewegt werden!

- Schutzfolie der Längsbleche entfernen.

Vorbereiten der Zeltbalgleiste (12)

- Wärmen Sie die bereits werkseitig vorgestanzten Zeltbalgleiste mit einem Föhn und biegen Sie sie entsprechend.

- Die Position der hinteren Zeltbalgleiste liegt an der ersten Karosseriesicke.

- Die vordere Leiste wird direkt vor dem vorderen Verschraubungspunkt (B) des Querholms verbaut. Die Zeltbalgleiste wird mit einer 40 mm langen Schraube und einer Karosserieunterlegscheibe in den Ecken gehalten.
- Seitlich verläuft die Zeltbalgleiste(12) direkt an dem Längsverstärkungsblech.

- Fixieren Sie die Zeltbalgleiste(12) mit den mitgelieferten Schrauben an wenigen Punkten und bohren umlaufend

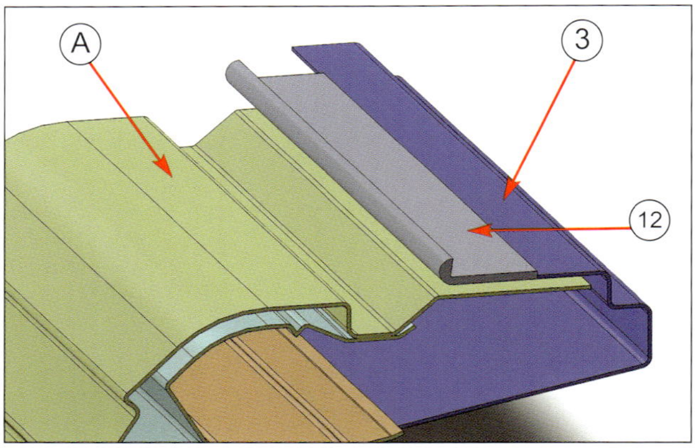

Einbaurichtung der Zeltbalgbefestigung: A Dachhaut (Außenblech), 3 Längsblech aus dem Einbauset zur Verstärkung, 12 Zeltbalgleiste.

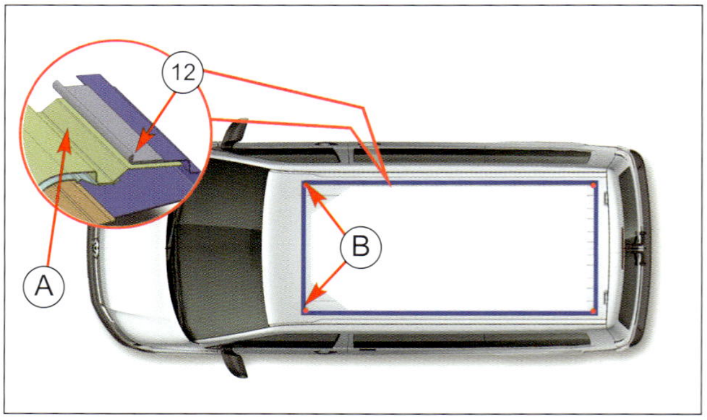

Zeltbalgbefestigung am Dach: A Dachhaut (Außenblech), B vordere Verschraubungspunkte Zeltbalgleiste, 12 Zeltbalgleiste.

alle 10 cm die Leisten vor (Ø 2,5mm), im Bereich des vorderen Querbügels (Ø 3.0 mm).

- Demontieren Sie alle Zeltbalgleisten (12) wieder. Sie werden zu einem späteren Zeitpunkt montiert.

Vormontage der Hubmechanikbefestigung

- Verschließen Sie die hinterste Original-Verschraubung für den Dachgepäckträger in der Regenrinne (a).
- Die Befestigungspositionen der Mechanik mit einem 6,0-mm-Bohrer vorbohren (b) und auf 9,0 mm aufbohren.
- Behandeln Sie die Bohrung mit Korrosionsschutzmittel.
- Nieten Sie die Nietmuttern in den gebohrten Löchern (c) und entfernen die Bohrspäne.
- Halten Sie den Dämpferhalter in angegebenem Abstand auf den Original-Verschraubungspunkt (d) an und zeichnen den jeweils 2. Verschraubungspunkt rechts und links an.
- Bohren Sie die Löcher mit einem Bohrer Ø 6,0 mm vor und mit Ø 9,0 mm auf.
- Entgraten Sie anschließend alle Bohrungen und entfernen die Bohrspäne.
- Bringen Sie an den Bohrungen Korrosionsschutzfarbe an die Schnittkanten auf und setzen Sie die Nietmuttern ein.
- Montieren Sie die beiden Dämpferhalter (c) in der Regenrinne.

Montage der Hubmechanik

Unter dem Begriff Hubmechanik sind das Scherengestell (Scherengelenk) und die Gasfeder zu verstehen. Das Scherengelenk, welches das Hubdach führt, darf zum Öffnen nur vorne angefasst werden. Wenn Sie es im mittleren Bereich anheben, könnte es klemmen.

- Kleben Sie das Gummiprofil unter der Hubmechanik mit der dickeren Seite nach außen weisend auf die Karosserie.
- Legen Sie das Dach auf und richten Sie es aus.
- Verschrauben Sie die Hubmechanik zuerst nur leicht und richten Sie das Dach erneut aus.

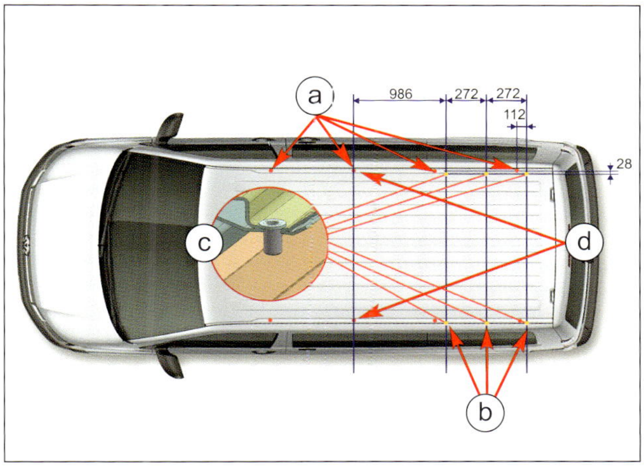

Bohrungen für die Hubdachmechanik: a Originalverschraubung in der Dachrinne, b Befestigungslöcher Hubdachmechanik, c Nietmuttern, d Verschraubungspunkt für den Dämpferhalter.

- Heben Sie das Dach vorsichtig an und ziehen Sie die vorderen Schrauben (b) an, und kontrollieren Sie erneut, ob Verspannungen auftreten.
- Heben Sie das Dach vorsichtig weiter an und ziehen Sie die hinteren Schrauben (b) der Mechanik an, kontrollieren Sie auch hier, ob Verspannungen auftreten.
- Stellen Sie das Dach auf und hängen Sie die Gasdämpfer ein. Das Schutzrohr muss nach unten weisen.

Montage des Zeltbalgs

Als Zeltbalg wird der am Hubdach bereits vormontierte Zeltstoff bezeichnet. Er muss nun am Fahrzeugdach befestigt werden. Bei der Lieferung ist er in der Dachschale versteckt.

- Den Zeltbalg vorsichtig aus dem mit Stoff überspannten Bereich der Schlafdachschere herausziehen. Dabei muss das Dach hinten mit der Hand etwas heruntergedrückt werden und einige Male etwa bis zur Hälfte geschlossen werden.
- Verschließen Sie rundherum alle Reißverschlüsse vor der weiteren Montage.
- Richten Sie den Zeltbalg anhand der Ecknähte gerade aus. Fixieren Sie den Zeltbalg nun zuerst vorne und hinten mittig mit einer Schraube durch die bereits angepasste Zeltbalgschiene.
- Legen Sie den Zeltbalg nun ringsum unter die Schienen.

- Vorne muss der Zeltbalg eingeschnitten werden, damit er unter beziehungsweise um die Eckverschraubung passt.
- Spannen Sie nun den vorderen Bereich des Zeltbalges gleichmäßig. Achten Sie darauf, dass keine Falten entstehen und das Dach nicht zu weit heruntergezogen wird. Der Zeltstoff sollte gerade so gespannt sein.
- Ziehen Sie die Eckverschraubungen an der Front rechts und links an.
- Spannen Sie den Zeltbalg von vorne nach hinten gleichmäßig und faltenfrei an und fixieren Sie ihn mit den Zeltbalgschienen komplett umlaufend.
- Dichten Sie den Zeltbalg von außen zur Karosserie hin mit einer Silikonnaht ab. Ziehen Sie die Silikonnaht mit einem angefeuchteten Finger oder einem Gummirakel glatt. Es ist sinnvoll die Karosserie vorher mit Klebeband abzukleben. Im Bereich der Hebemechanik wird ein Hilfsmittel benötigt, um die Naht abzuziehen. Ein Stück Schlauch kann hier gute Dienste leisten.
- Nach Aushärtung des Silikons muss das Restmaterial des Zeltbalgs von innen an der Schiene abgeschnitten werden. Die Schnittkanten werden mit Silikon angeklebt.

Dachangleich und Dachspoiler

Der T5 ist auch als Camper kein langsames Fahrzeug. Wind und Windangriffsflächen sind entsprechend ein sehr wichtiges Thema. Reimo oder auch die meisten anderen Hersteller montieren für die Windabweisung einen Spoiler, der unterschiedlich groß ausfallen kann. Er muss sich möglichst optimal an das Dach anpassen und ergibt nur eine leichte Veränderung in der Frontansicht. Bei größeren Spoilern sollten Sie das Bauteil in Wagenfarbe lackieren lassen. Der Spoiler von Reimo in Schwarz ist unauffällig.

- Kleben Sie den gezeichneten Bereich rundum bis zur Frontscheibe ab.
- Schneiden Sie das Spoilerprofil so zu, dass es in den Bereich über die Regenrinnen rechts und links passt und kurz über der Frontscheibe aufliegt.
- Passen Sie aus dem Rest des Spoilerprofils zwei entsprechende Teile an, die in den Bereich der Regenrinne eingelegt werden können. Die Zuschnitte dienen als Kern in der Klebestelle und beschleunigen so die Aushärtungszeit des Klebers. Die Umgebungstemperatur für Klebungen muss bei mindestens bei 20 °C liegen.
- Gleichen Sie den Übergang mit Sikaflex aus und glätten Sie die Oberfläche. So entsteht eine ebene Fläche, die das Aufkleben des Spoilers erleichtert und eine bessere Abdichtung des geschlossenen Hubdachs ermöglicht.
- Entfernen Sie das Klebeband sofort nach dem Auffüllen der Regenrinne.
- Lassen Sie den Klebstoff in der Regenrinne einige Stunden abtrocknen.

Dachspoiler: 1 Dachspoiler, 2 abgedichtete Regenrinne (wird fast bei allen Herstellern in dieser Form ausgeführt).

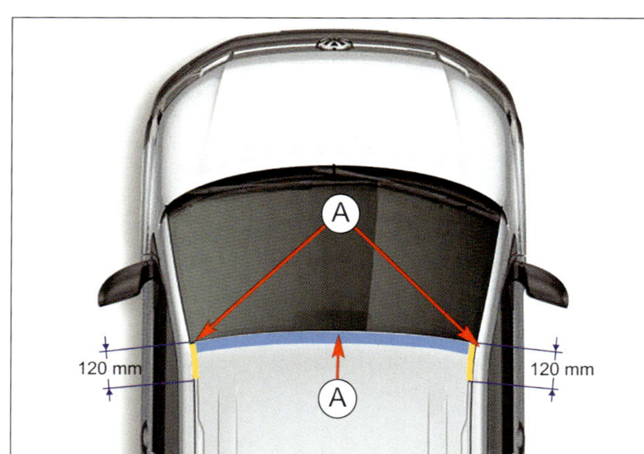

Dachspoiler von Reimo: 3 Position der gefüllten Regenrinnen, 4 aufgeklebtes Dachspoilerprofil zwischen den Regenrinnen.

- Kontrollieren Sie die Länge des Spoilers erneut und runden Sie die Ecken ab.

- Reinigen Sie die Dachoberfläche im Klebebereich gründlich mit Azeton oder Sika-Haftreiniger. Die Oberfläche muss staub- und fettfrei sein.

- Tragen Sie den Klebstoff auf und drücken Sie den Spoiler für die Montage kurz und fest an. Beachten Sie die erforderliche Umgebungstemperatur von mindestens bei 20 °C.

- Belasten Sie den Windabweiser innerhalb der ersten 24 Stunden nicht. Lassen Sie das Fahrzeug besser stehen.

Verkleidung des Dachausschnittes und die Dachverriegelung

Die nächsten beiden Arbeitsschritte gehen zwar schon stark in Richtung Innenraum, dienen aber der Absicherung des eingebauten Aufstelldaches. Diese Arbeitsschritte können zumindest teilweise auch in die Trocknungsphasen des Klebers gelegt werden. Natürlich darf dann das Dach nicht vollständig geschlossen werden.

- Montieren Sie die möglicherweise abgeklemmten elektrischen Anschlüsse im Dachbereich wieder. Achten Sie darauf, die Leitungen scheuerfrei zu verlegen. Polstern Sie scharfe Kanten ab. Befestigen Sie Leitungen und Kabel wieder, wie das bereits original ausgeführt war.

- Überprüfen Sie die wiederhergestellten elektrischen Verbindungen und Anschlussleitungen auf Funktion.

- Montieren Sie zuerst den Dachhimmel und auch die Einfassung rund um den Dachausschnitt. Um einen guten Abschluss der Verkleidung zu erreichen, wird ein Handlaufprofil mit der zugehörigen Unterleiste zur Klemmung mitgeliefert. Je nach Ausführung sind dann Distanzleisten auf die Unterseite der Spriegel oder Querverstrebungen aufzukleben, um den Fahrzeughimmel im Bereich des Ausschnittes zu stabilisieren.

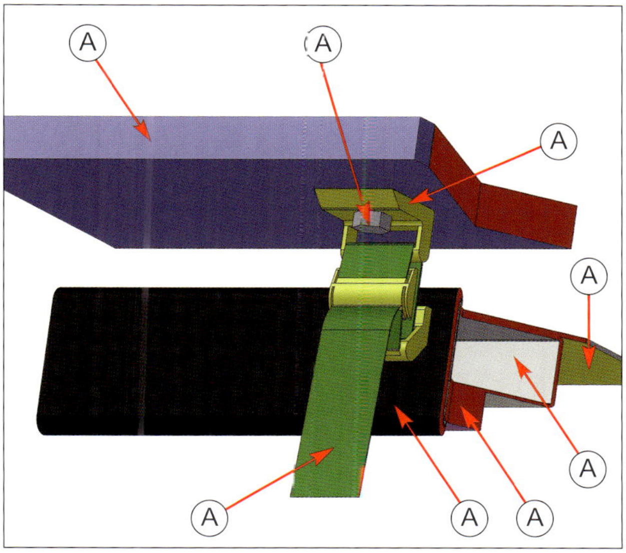

Dachverriegelung mit Spannband: 5 Faltdach, 6 Schraube, 7 Halter oben, 8 Halter unten, 9 Fahrzeugdachhaut, 10 Verstärkungsrahmen, 11 Beilage und Dachhimmel, 12 Abdeckleiste oder Kedergummi, 13 Spanngurt.

- Montieren Sie die Befestigungslaschen für die Gurtbänder rechts und links auf die Stirnseite des Rahmens so, dass die Öffnung nach unten weist.

- Bringen Sie das Gurtband wie auf dem Bild gezeigt an und ziehen Sie es straff.

- Kleben Sie das mitgelieferte Hinweisschild an eine deutlich sichtbare Stelle im Sichtfeld des Fahrers am Armaturenbrett an.

Hochdach nachrüsten

Eigentlich gibt es drei Methoden, um ein Hochdach auf dem Fahrzeug zu befestigen: Kleben, Festschrauben und Nieten. Die Methoden stehen Ihnen aber nicht zur freien Auswahl, sondern sind vom Hochdachhersteller speziell für Ihr Fahrzeug konzipiert, beschrieben und werden auch nur in dieser Form vom Sachverständigen abgenommen. Die Vorgehensweise ist bei fast allen Herstellern zumindest annähernd identisch.

Die Vorbereitungen

- Stellen Sie das Fahrzeug auf einen absolut waagrechten Untergrund und führen Sie wie schon beschrieben den Dachausschnitt durch.
- Bei Hochdächern muss in der Regel kein Dachverstärkungsrahmen eingebaut zu werden. Das Dach muss allerdings die geforderte Festigkeit aufweisen.
- Reinigen Sie den Dachrand am Fahrzeug im Bereich der späteren Verklebung oberhalb der Fenster, über der Frontscheibe und oberhalb der Hecktüre mit Sikaflex-Haftreiniger.
- Montieren Sie den Einbaurahmen nach der Montageanleitung des Herstellers in das Fahrzeug.

Vorarbeiten am Dach

- Legen Sie das Hochdach auf das Fahrzeug und prüfen Sie die Passgenauigkeit. Gegebenenfalls müssen Sie mit einer Feile, einem Fräser oder dem Winkelschleifer bis zum genauen Passen der Dachschale etwas nacharbeiten.
- Kleben Sie das Fahrzeugdach sorgfältig zu beiden Seiten ab, später soll das Dach ringsum mit einer etwa 6 mm breite Klebenaht außen zum Fahrzeug abschließen.
- Nehmen Sie das Hochdach wieder vom Fahrzeug ab und legen es umgedreht auf den Boden ab.
- Schleifen Sie mit einem Winkelschleifer mit Gummiteller und 80er-Schleifpapier die Innenseite des Daches bis etwa 10 cm oberhalb der Kante an. Verwenden Sie eine Schutzbrille und eine Staubschutzmaske. Wird eine isolierte Innenschale verwendet, wird sie nun nach der entsprechenden Anweisung in die Außenschale geklebt.
- Rauen Sie mit einem Schleifvlies den äußeren Klebebereich an der Dachhaut etwas an.

Vorarbeiten am Fahrzeug

- Rauen Sie in dem Klebebereich (etwa 60 mm breit) den Lack im mit dem Schleifvlies vorsichtig an.
- Entfernen Sie gründlich den Staub von Auto und Hochdach und legen Sie das Dach auf zwei Holzleisten auf dem Fahrzeug ab.
- Reinigen Sie alle Klebestellen gründlich entsprechend der Vorbehandlungstabelle mit Sikaflex-Haftreiniger.

Verkleben des Daches

- Tragen Sie dann eine Raupe Sikaflex in Zickzackform auf den seitlichen und vorderen Verklebebereich auf.
- Lassen Sie das Dach ab und sichern Sie es mit zwei Gurten oder Seilen. Es sollte dabei nicht nach unten gespannt werden, da sonst Spannrisse unvermeidlich sind.
- Verfüllen Sie die Naht von innen mit weißem Sikaflex 221 und lassen Sie das Fahrzeug über Nacht stehen.
- Kleben Sie den Übergang von Karosserie zum Hochdach so ab, dass Sie eine Naht von etwa 6 mm Breite herstellen können.
- Verfugen Sie außen mit schwarzem Sikaflex 221. Wenn das Verfüllen an der Außenseite abgeschlossen ist, ziehen Sie die Klebedichtmasse glatt. Nehmen Sie dazu einfach einen Finger oder ein Gummirakel und das Abglättmittel N von Sika.
- Ziehen Sie das Abdeckband sofort ab. Für eine dauerhafte UV-Beständigkeit sollten Sie schwarzes Sikaflex 221 verwenden oder die Dichtnaht lackieren.
- Während der Abbindezeit des Klebematerials (12–24 Stunden) sollten Sie das Fahrzeug nicht bewegen.

Isolierung einbringen

Für eine Dämmung gibt es mehrere gute Gründe, die wichtigsten sind ohne Zweifel die Wärmeisolierung und die Geräuschreduktion während der Fahrt. Die Wärmedämmung ist notwendig, bringt aber einige Probleme mit sich. Feuchtigkeit ist ein Problem, das sich gerade bei Fahrzeugen eher schwierig verhindern lässt. Zum einen ist ein Fahrzeug wechselnden Witterungsbedingungen ausgesetzt, zum anderen sind es die Bewohner selbst die Feuchtigkeit mit hinein bringen. Ein recht großer Anteil ist Feuchtigkeit aus der Atemluft und Transpiration.

Wie funktioniert die Wärmedämmung

Einer der schlechtesten Wärmeleiter ist die Luft. Sie ist zur Isolierung also recht gut geeignet. Ein Nachteil ist allerdings die Fähigkeit Feuchtigkeit aufzunehmen und damit auch die Eigenschaften der Flüssigkeit hinsichtlich der Wärmedämmung. Entsprechend muss die Luft abgekapselt und beruhigt werden. Die Aufnahme von Feuchtigkeit muss weitgehend verhindert werden. Das sind die Aufgaben der Dämmstoffe.

Geeignetes Dämmmaterial

Sicherlich gibt es einige Materialien, die aus dem Hausbau günstig im Baumarkt zu beschaffen sind. Aber genau diese Materialien werden durch die besonderen Anforderungen an ein Kraftfahrzeug besser nicht eingesetzt. Die Kondensatbildung macht in der Regel einen Strich durch die Rechnung mit billigen Materialien. Im Gebäude ist es in der Regel einigermaßen gleichmäßig warm und das Raumvolumen lässt eine größere Luftmenge zu, die auch in der Lage ist Feuchtigkeit aufzunehmen und durch Lüftung herauszubringen. Kondensat entsteht immer an den Übergangsstellen von Kalt- zu Warmbereichen. Eine Trennung ist zwar anzustreben und zu 100% eher nicht möglich und bei einem Fahrzeug gar nicht zu erreichen. Ein sehr guter Wärmeleiter ist das Karosserieblech und das Autoglas. Das merken Sie recht schnell, wenn Sie morgens die über Nacht entstandenen Feuchtstellen unter die Lupe nehmen. Sehr wichtig ist es deshalb im Bereich dieser so genannten Kältebrücken nur Materialien einzusetzen, die die Berührung mit Wasser schadlos ohne Aufquellen oder

Zuschneiden und Kleben: Die verbliebenen Blechflächen und auch der Boden werden mit Isoliermaterial beklebt.

Verfärbung überstehen. Entsprechend fatal wäre es, wenn das Dämmmaterial, das sich ja immer im Bereich oder in der Nähe der Kältebrücke oder des Temperaturübergangs befindet, Wasser aufnehmen kann.

Glaswolleplatten

Zu Platten gepresste Glaswolle lässt sich zwar sehr gut mit einem scharfen Messer schneiden. Die einigermaßen formstabilen Platten können Sie gut zwischen den Trägern einklemmen. Man braucht sie nur an wenigen Stellen festzukleben, da sie sich nicht allzu sehr zusammenrütteln werden. Oft können die Platten in mehreren Lagen übereinander verarbeitet werden, was den Isolationswert verbessert. Ein bedingt gutes Isolationsmaterial für das Wohnmobil. Klarer Nachteil ist: Glaswolle kann Feuchtigkeit aufnehmen.

Die losen Glaswollematten

Bei der recht losen Glaswolle besteht die Gefahr, dass sie sich durch die Vibrationen während der Fahrt nach unten rüttelt. Die Blechflächen weiter oben sind dann nicht mehr isoliert. Weiterhin besteht die Möglichkeit, dass sich Feuchtigkeitsnester ausbilden. Schimmelbildung und auch Korrosion können die Folge sein.

Styropor oder Styrodurplatten

Sie sind von Haus aus formstabil und bleiben es auch, sofern die Umgebungstemperatur nicht allzu hoch wird. Sie lassen sich im Auto gut einpassen, wenn sie zuvor mit einem scharfen Messer oder einer Handsäge zurechtgestutzt wurden. Lästigerweise produzieren die Dämmplatten ständig Quietschgeräusche, wenn sie sich gegeneinander verschieben oder am Blech scheuern. Das lässt sich aber bei den ständigen Verwindungen der Karosserie nicht immer vermeiden. Dagegen hilft nur, die Platten gut zu verkleben, wobei auch das wieder ein Problem darstellt. Der übliche Klebstoff eignet sich nicht unbedingt für Styropor. Das macht das Verarbeiten von Stofflagen und Schaumstoffmatten zum Abdämpfen und Kaschieren nicht einfacher.

Thermoisoliermatten und Geräuschdämmmatten

Das ist sicherlich die teuerste Variante, die zur Auswahl steht. Gleichzeitig aber eine der leichtesten und auch eine mit den besten Dämmwerten. Die Matten können im Wohnmobilshop, aber oft auch beim Hersteller direkt bezogen werden. Achten Sie darauf, einen Schaumstoff zu verwenden, der nicht saugfähig ist und am besten sogar Wasser abweist. Diese Eigenschaften weisen die ausgewiesenen Materialien im Caravanhandel meistens schon aus. Das Material gibt es selbstklebend aber auch ohne Klebeschicht. Hier kommt dann Sprühkleber zum Einsatz. Die Rohplatten werden in der Regel in den Abmessungen 1 x 2 m oder 1,25 x 2,5 m ausgeliefert.

Isolationsbeispiele

Wir stellen Ihnen nun an einigen Beispielen die Isolation mit den Schaummatten vor. Der Zuschnitt kann mit einer Schere oder einem Cuttermesser erfolgen und geht sehr leicht von der Hand.

Von innen nach außen: Korrosion entsteht sehr häufig in Bereichen, wo die Feuchtigkeit nicht ausreichend abgeleitet werden kann. Feuchtstellen werden meist zu Roststellen.

Isolierung der Karosserieflächen

- Schneiden Sie eine Schaummatte passend für ein Karosseriefeld zu. Die Matte kann durchaus aus mehreren Teilen bestehen.

- Prüfen Sie, ob sich die Matte passgenau einlegen lässt und ob eventuelle Ausschnitte für Belüftungs- oder Entwässerungslöcher ausgeführt werden müssen. Passen Sie die Matten genau bis an die Fensterrahmen an.

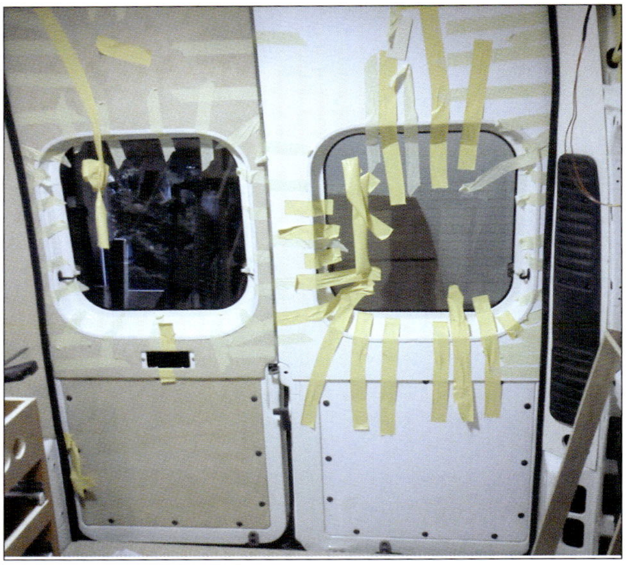

Fensterrahmen fixieren: Klebestreifen halten den Rahmen in der Einbauposition, bis der Klebstoff abgebunden hat.

Deckenplatten in Position: Mit Dachlatten und Brettern lassen sich sogar schwerere Bauteile bis zum Abbinden des Klebstoffes fixieren.

- Tragen Sie auf der Rückseite etwas Sprühkleber auf oder ziehen Sie bei den Schaummaterialien mit Klebefolie auf der Rückseite die Schutzfolie ab.

- Drücken Sie die Matte von der Mitte ausgehend an die Karosseriefläche an. In der Regel können Sie die Matten nach dem Andrücken nicht mehr verschieben.

Isolierung des Hochdaches

Die Isolierung des Hochdaches läuft ähnlich ab, wie die Isolierung der Karosserieflächen. Lediglich wird meist ein Stoffbezug nochmals aufgeklebt. Um einen passablen Übergang hinzukriegen, muss der Stoff vor dem Verkleben mit der Karosserie auf die Isolierung aufgeklebt werden.

- Schneiden Sie die Schaummatten möglichst großflächig für die einzelnen Partien zu.

- Kleben Sie einen dünnen Schaumstoff (3-5 mm) auf die Schaummatten auf. Der Schaumstoff muss um den Rand der Schaummatte zum Isolieren geklebt werden, um die Kanten etwas zu kaschieren.

- Kleben Sie den Bezugsstoff auf den Schaumstoffüberzug auf. Dieser sollte dann auf der Rückseite verklebt werden, um nahtfreie Übergänge zu erreichen.

- Kleben Sie die Schaummatten in das Hochdach ein. Drücken Sie die Platten wieder von der Mitte ausgehend an.

Fensterrahmen und Deckenplatten

Um Deckenplatten und Fensterrahmen zu kleben, müssen die Bauteile bis zum Anziehen des Klebstoffes fixiert werden. Das kann mit einfachen Hilfsmitteln und etwas Vorbereitung erfolgen.

Fixieren von Fensterrahmen und Bauteilen in der Senkrechten

- Passen Sie das Bauteil an und tragen Sie den Klebstoff auf. Fixieren Sie das Bauteil mit Klebestreifen in der gewünschten Einbauposition bis zum Abbinden des Klebstoffes.

Fixieren von Deckenplatten und Bauteilen über Kopf

- Passen Sie das Bauteil an und tragen Sie den Klebstoff auf. Drücken Sie das Bauteil mit Holzlatten in der gewünschten Einbauposition bis zum Abbinden des Klebstoffes an.

Geräuschdämmung ganz einfach: Holzplatten schützen das Radhaus, die innen aufgeklebten Schaummatten reduzieren deutlich den Geräuschpegel.

Kleinschadenreparatur

Halter, Leinen und andere Anbauteile hinterlassen wie auch Äste auf dem Weg zur Rast oder zum Übernachtungsplatz im Laufe der Zeit Spuren im Lack oder am Aufbau. Auch normale Verwitterung auf Lack und Kunststoff machen Ihren T5 im Laufe der Zeit unansehnlich. Wie Sie den Lack aufbereiten und auch kleinere Schäden mit einfachen Mitteln selbst beheben können, zeigen wir Ihnen in diesem Kapitel.

Kleine Reparaturen in Eigenregie

Natürlich können Sie alles in professionelle Hände geben und die Reparaturen gegen das entsprechende Entgelt in einer Werkstatt durchführen lassen. Wir möchten Ihnen in diesem Kapitel einige Möglichkeiten in der praktischen Anwendung vorstellen, die Sie auch selbst am eigenen Fahrzeug leicht nachvollziehen können.

Streifschrammen oder Kratzer auspolieren

Der Schaden ist schnell entstanden. Typischerweise hinterlassen Hecken, Gebüsch oder schon eine scheuernde Plane solche Schadensbilder. Betroffen ist nur die oberste Klarlackschicht des Lackes.

- Auf Polierwatte oder einem Lammfell Schleifpolierpaste nehmen und damit die angeschabte Stelle in engen Kreisen polieren. Man sieht schnell, wie die matte Farbe oder die vom fremden Wagen abgeschliffen wird. Wenn Sie mit einer Poliermaschine arbeiten, beachten Sie unsere Tipps und Hinweise dazu auf den nächsten Seiten zum Thema Polieren.
- Fleißig mit der Watte oder dem Lammfell weiterpolieren, die Watte öfter wenden, zwischendurch frische Polierpaste nehmen und dann mit einem Mikrofasertuch alles wegwischen.
- Wenn die bereinigte Stelle noch nicht gefällt, können Sie mit feinstem Schleifpapier (Körnung P2000 – P4000) die Stelle eng begrenzt behutsam mit dem Finger nass schleifen. Nur ein kleines Schleifpapierstück nehmen, um die Umgebung nicht zu beschädigen.
- Gehen Sie sicher, dass Sie den Lack nicht durchschleifen. Wenn die Schrammenränder ausgeglichen sind, wieder mit Schleifpolierpaste fleißig polieren. Abschließend sollten Sie den Lack mit einem Konservierer schützen.

Reparatur mit dem Lackstift

- Auch hier sollten Sie es sich zweimal überlegen, ob Lack notwendig ist. Meist sind das so unscheinbare Schäden, dass sie leicht mit einem Fliegendreck zu verwechseln sind und erst am

Ärgerlich: Streifschaden in der Lackoberschicht. Die Klarlackschicht ist noch nicht durchgeschliffen.

Schritt 1: Zuerst Schleifpolitur von Flex gleichmäßig auftragen.

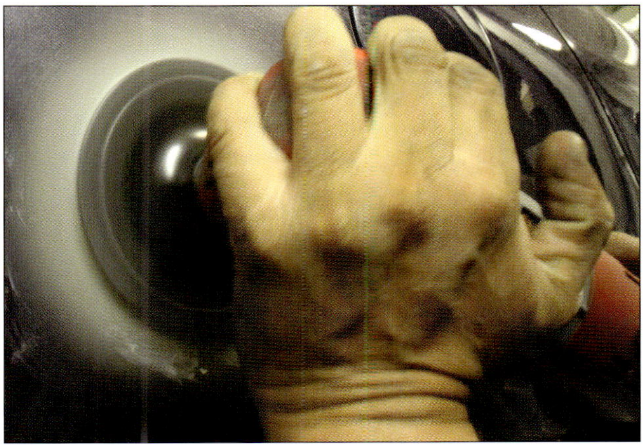

Schritt 2, Maschinenarbeit: Zuerst mit der Rotationspoliermaschine vorschleifen und später mit der Zwangsexzentermaschine nacharbeiten.

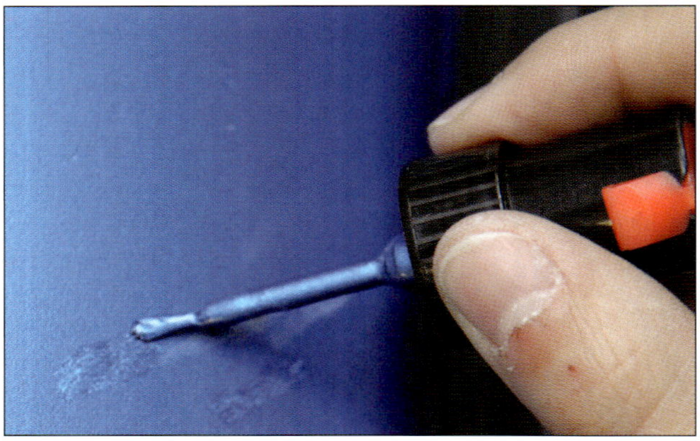

Lackschäden austupfen: Mit dem Pinsel eines Lackstiftes lassen sich kleinere Schäden abdecken, aber auch vollständig instand setzen.

frisch gewaschenen Wagen erkennbar werden. Trotzdem müssen Sie diese Schadensstelle im Auge behalten. Wenn Sie gar nichts tun, kann von diesem Punkt aus der angrenzende Lack mit der Zeit unterrostet werden.

- Mit feiner Nadel prüfen, ob rund um das ausgesprengte Lacksplitterchen die Lackränder lose stehen. Falls ja, müssen sie mit der Nadel abgehoben werden. Kommt beim Kratzen mit der Nadel sofort helles Metall ans Licht, ist das Blech noch gesund und nicht angerostet. Sitzt allerdings schon Rost auf dem Grunde des kleinen Kratzers, dann kratzen Sie diesen am besten mit einem Rostradierer punktgenau heraus.
- Ist die Schadensstelle nur stecknadelkopfgroß, schmiert man in solch eine Stelle keinen Lack, sondern eine Fingerkuppe möglichst hellbraunen Unterbodenschutz. Massieren Sie ihn kräftig ein.
- Ist die Schadensstelle jedoch ein bisschen größer, wird auf die entrostete Stelle ein Tropfen Roststabilisator getupft. Lassen Sie den Tropfen gut durchtrocknen.
- Etwas Haftgrund in den Sprühdosendeckel sprühen und mit Tupfpinsel, Streichholz oder Fingerkuppe dünn in die Schadensstelle drücken. Dieser Aufwand muss sein, denn der Decklack allein kann den starkfarbigen Stabilisator zumeist nicht allein im Farbton überdecken. Es ist also ein richtiger Lackaufbau notwendig.

Reparatur mit der Spraydose

Mit großer Wahrscheinlichkeit werden die meisten Leser dieses Buches auf die Lackierung mit der Spraydose zurückgreifen wollen. Wir möchten Ihnen auf den nächsten Seiten die Arbeitsschritte und die Besonderheiten näher bringen, die Sie unbedingt bei der Lackierung mit Spraydosen beachten müssen. Zudem stellen wir Ihnen einige Tipps und Kniffe zur Seite, die Ihr Ergebnis der Lackierung erheblich verbessern werden. Schließlich werden andere Ihren Reparaturerfolg ausschließlich am Ergebnis bewerten. Die aufwändigen Vorarbeiten sieht man nämlich anschließend umso weniger, je besser Ihr Ergebnis ausgefallen ist. Die Bemerkung: »Klasse, man sieht richtig, wie du die einzelnen Spachtelschichten aufgetragen hast...« ist sicherlich nicht als Lob gedacht.

> **PRAXISTIPP**
>
> ### Lackstifte und Tupflack
>
> In Fachmärkten sind sie eher selten zu finden, aber beim Autohändler sind die Lackstifte durchaus noch im Ersatzteillager vorhanden. Der Nachteil der an sich cleveren Idee mit solchen Stiften ist, dass sie den Tropfen Lack ziemlich dick auftragen. Der kleine Schadfleck von Steinschlag oder Kratzer bleibt daher noch immer weithin sichtbar.
> Zudem unterliegt der Autolack einer leichten Nachdunklung oder Ausbleichung, sodass der frische Tupflack tendenziell eine abweichende Farbtönung aufweist. Wenn Sie wirklich einmal einen Tropfen Lack benötigen, können Sie den aus jeder Lacksprühdose gewinnen, indem Sie den Sprühstrahl ganz kurz in den Dosen-Verschlussdeckel lenken und dort mit einem kleinen Tupfpinsel, bei Auto-K-Lack schon mitgeliefert, aufbringen.

Achten Sie darauf, dass die Räume, in denen Sie nun lackieren wollen, möglichst staubfrei sind. Auch die Raumtemperatur und die Belüftbarkeit sind sehr wichtig. Lackieren Sie nicht den kompletten Schadensbereich. Bleiben Sie mit dem Lackauftrag immer in dem Bereich, der angeschliffen wurde. Vermeiden Sie es, gerade bei Reparaturstellen, die an einer größeren Lackfläche anliegen, harte Grenzen mit Klebeband zu erzeugen. Hier wird lediglich deutlich mehr Aufwand für die Abschlussarbeiten erzeugt. Achten Sie extrem genau auf den Lackierabstand zwischen Spraydose und Reparaturstelle. Der Abstand sollte generell etwa 25 cm betragen.

- Reinigen Sie die Reparaturfläche gründlich. Verwenden Sie dazu möglichst einen guten Silikonentferner. Auf der sicheren Seite sind Sie, wenn Sie das Material des Lackherstellers verwenden.

So besteht keine Gefahr von Problemen, die sich aus einer chemischen Reaktionen ergeben können.

- Reiben Sie die zu lackierende Fläche mit einem Wachstuch ab, um eventuell verbliebene Staubanhaftungen zu entfernen.
- Tragen Sie zuerst eine hauchdünne Schicht zur Haftungsbildung auf und lassen Sie diese ablüften.

Vorlackieren kleinerer Flächen

Bei kleineren Flächen können Sie das so genannte »Schablonen-Lackieren« anwenden. Dazu wird aus einem Stück festem Karton ein Loch ausgeschnitten, das etwas größer als die Schadstelle sein muss.

- Den Karton ca. 1–2 cm über Schadstelle halten.
- In kreisförmigen Bewegungen von außen nach innen sprühen. Es entsteht eine geschlossene, glänzende Fläche.

Vorlackieren größerer Flächen

Bei größeren Flächen sollten Sie das so genannte Lackieren im »Kreuzgang« anwenden. Dabei erfolgt der Lackauftrag »über Kreuz«. Ein Kreuzgang entspricht dem Auftrag des Lackes in einer Richtung und anschließend 90° verdreht zu der ersten Lackierrichtung.

- Beim ersten Gang nur einen leichten Hauch Lack aufsprühen. Die Lackspraydose dabei waagerecht und parallel von oben nach unten führen. Zur Vermeidung einer Überbeschichtung die Wendung stets außerhalb der Lackierfläche ausführen.
- Der zweite Gang muss dann 90° verdreht zum ersten Gang durchgeführt werden. Auch hier die Wendung stets außerhalb der Lackierfläche ausführen.

Abschlussschicht lackieren

Diese Vorgehensweise ist auch dann möglich, wenn nur eine Schicht Klarlack aufgetragen werden muss, um einen Schadensbereich neu abzudecken.
Nach dem Auftrag der Basislackierung und etwas Ablüftungszeit erfolgen zwei bis drei weitere Schichten nach dem bekannten Muster.

- Die Abschlusslackierung sollte den vorherigen Farbauftrag etwas überragen. So wird die Schichtdicke zum Originallack des Fahrzeuges dünner.
- Tragen Sie hier ein bis zwei Schichten auf.

Für einige Lacksysteme gibt es »Beispritzverdünnun-

Kleinbereich durch die Schablone lackieren: Eine Hand hält die Schablone über der Schadstelle, die andere führt die Sprühbewegung aus.

Lackieren im Kreuzgang: Die Wendepunkte sollten außerhalb der Lackierfläche durchgeführt werden.

GUT ZU WISSEN

Sprühdose und Sprühköpfe

Eine Lackspraydose ist etwa zur Hälfte mit Lack und Verdünnungsmittel befüllt. Die andere Hälfte macht das Treibgas (Propan-Butan) aus. Schon in der Dose verdunstet ein Teil dieses Treibgases, sodass sich über dem Lackspiegel eine Gasdruckkammer bildet. Bei voller Sprühdose und +20 °C entstehen dort etwa 2 - 5 bar. Der Gasdruck treibt den Lack durch das bis auf den Boden reichende Steigrohr heraus, wenn durch Druck auf den Sprühkopf das Ventil geöffnet wird. Wie die Lacksprühdose zu handhaben ist – Schütteln vor Gebrauch, Entleeren des Ventils nach Gebrauch –, wird auf jeder Gebrauchsanweisung genau beschrieben.

PRAXISTIPP: So kann man Läufer (Nasen) vermeiden

Um diese so genannten Läufer gar nicht erst entstehen zu lassen, muss man wissen, woraus sie resultieren. Vermeiden Sie dann also:

- ...niedrige Temperaturen, weil bei Kälte die Lackverdünnung nicht schnell genug verdunstet;
- ...zu knappe Sprühentfernung, weil das Treibgas mit in die Lackschicht gesprüht wird;
- ...jeden Versuch, schon beim ersten Sprühgang sofort farbdeckend zu lackieren. Halten Sie stattdessen durch den abgelüfteten ersten Sprühnebel die deckende Farbschicht fest, die Laufträнen verhindert;
- ...auch jeden Versuch, eine in die nasse Lackschicht geratene Fliege herauszupicken und das entstandene Loch in der Lackierung mit einem »Sprüh-Schuss« wieder zu schließen.

gen«, die die Profis dann im Bereich der Übergänge einsetzen, um einen feineren Verlauf des Lackes zum Originallack zu erreichen.

Abstufungen für den Lackschaden

Betrachtet man sich das Thema Lackierung und Lackbild genauer, fällt einem auf, dass es hier einige Abstufungen gibt, die für die Aufbereitung relevant sind. Oftmals reicht es aus, mit ein wenig Polieraufwand einen vorher gut sichtbaren Schaden zu beseitigen. Es kann aber sein, dass der Schaden ohne Lackauftrag mit einem Lackstift nicht mehr zu bewältigen ist oder aber sogar ohne einen erheblichen Aufwand an Karosseriearbeiten nicht repariert werden kann. Für den Ablauf Ihrer Fahrzeugaufbereitung kann diese Abstufung sehr bedeutend sein. Leider aber kann diese Abstufung auch den möglichen Mehraufwand auf der finanziellen Seite nicht verhindern, sondern nur planbar machen.

Schäden an der Karosserie

Die teuerste Abstufung im Umgang mit der Lackoberfläche bedeutet immer, dass hier weitere tiefer gehende Reparaturschritte erforderlich sind. Gelegentlich kann auch ein Kratzer so tief sitzen, dass das Blech darunter schon verformt wurde. Hier geht dann kein Weg am Ausspachteln und Lackieren vorbei. Auch dann, wenn sich bereits Korrosion gebildet hat, ist der Neuaufbau des Lackes unabwendbar.

Reparaturlackierung im Kreuzgang: Wenn Sie einen Übergang erzeugen wollen, müssen Sie den Lackierabstand an den Wendepunkten vergrößern.

Nicht immer erforderlich: Abschließend, nach einiger Trocknungszeit, werden die Reparaturstellen vorsichtig mit dem umliegenden Lack verschliffen und poliert.

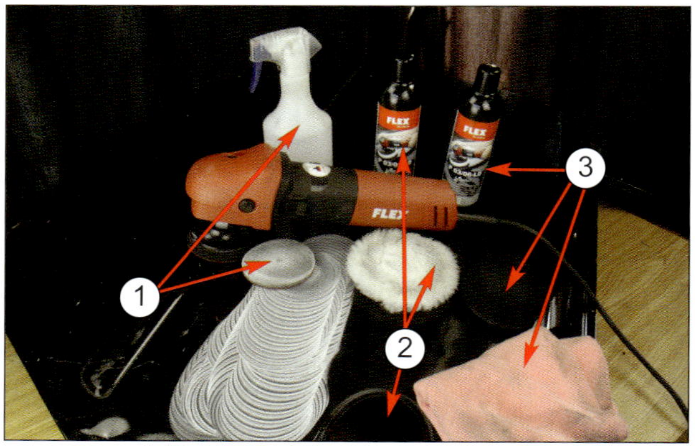

Profijob: 1 Vorschliff 4000er-Körnung und Wasser, 2 Schleifpolitur mit Lammfell, 3 Feinpolitur mit Schwamm, anschließende Versiegelung mit Wachs und Aufnahme des überschüssigen Materials zwischen allen Stufen mit unterschiedlichen Mikrofasertüchern (4).

Kategorien Lackierung und Lackbild

Betrachtet man sich das Thema Lackierung und Lackbild genauer, fällt einem auf, dass es hier einige Abstufungen gibt, die für die Aufbereitung relevant sind. Oftmals reicht es aus, mit ein wenig Polieraufwand einen vorher gut sichtbaren Schaden zu beseitigen. Es kann aber sein, dass der Schaden ohne Lackauftrag mit einem gut abgestimmten Lackstift nicht mehr zu bewältigen ist, oder aber sogar ohne einen erheblichen Aufwand an Karosseriearbeiten nicht repariert werden kann. Für den Ablauf Ihrer Fahrzeugaufbereitung kann diese Abstufung sehr bedeutend sein. Leider aber kann diese Abstufung auch den möglichen Mehraufwand auf der finanziellen Seite nicht verhindern, sondern nur planbar machen (Tabelle 22, Kapitel Checklisten).

Schäden an der Karosserie
Die teuerste Abstufung im Umgang mit der Lackoberfläche bedeutet immer, dass hier weitere tiefer gehende Reparaturschritte erforderlich sind. Gelegentlich kann auch ein Kratzer so tief sitzen, dass das Blech darunter schon verformt wurde. Hier geht dann kein Weg am Ausspachteln und Lackieren vorbei. Auch dann, wenn sich bereits Korrosion gebildet hat, ist der Neuaufbau des Lackes unabwendbar.

Kleine Ausbesserungsarbeiten
In der Tabelle 23 (Kapitel Checklisten) können Sie die Fahrzeugbereiche auflisten, die mit einem Lackstift oder durch das Beilackieren mit einer Sprühdose abgearbeitet werden sollen. Diese Bereiche müssen später dann mit sehr feinem Schleifpapier ausgeschliffen und abschließend durch Polieren nachbehandelt werden.

Schäden auspolieren
In der Tabelle 24 (Kapitel Checklisten) sollten Sie nur die kleineren Schäden vermerken, die Sie durch Polieren und etwas Schleifen mit sehr feinem Schleifpapier abarbeiten können. Hier können auch die Flächen vermerkt werden, die vor der Feinpolitur noch gegen feinste Kratzer und vielleicht auch Hologramme mit der Rotationspoliermaschine vorbehandelt werden müssen.

Polituren und die Oberfläche

Wer kennt Sie nicht, die Vorführungen bei Messen und Volksfesten, wo Polituren zum Teil für horrende Preise angepriesen und deren Wirkung wahren Wundern gleichgestellt werden. Eines vorweg: Wer poliert, nimmt auch immer etwas Lack ab. Polieren ist Schleifen mit einer sehr feinen Körnung. Nach dem erfolgreichen Polieren ist die Lackoberfläche glatt. Kratzer und Schlieren wurden entfernt und nicht nur abgedeckt. Wir möchten in diesem Kapitel die tatsächliche Aufbereitung einer Lackoberfläche darstellen. Dass diese anschließend mit einem guten Wachs oder einem Polymär versiegelt werden muss, um geschützt zu werden, steht außer Frage.
Der Schutz verdeckt bei richtiger Anwendung kleine Kratzer und Schlieren, wie sie beispielsweise zwangsläufig bei der Arbeit mit einer Rotationspoliermaschine entstehen werden. Das Verstecken dieser kleinen Macken ist aber nur für einen kleinen Zeitraum möglich. In Laufe der Zeit treten durch die Witterungseinflüsse mit dem Verlust der Versiegelung die Schadstellen wieder hervor.

Lösungs- und Reinigungsmittel vor den Polierarbeiten
Wenn eine Oberfläche nachgearbeitet werden soll, ist es erforderlich, dass diese Oberfläche auch in der Tiefe gereinigt worden ist. Die Reinigung kann mit Spiritus und im Anschluss mit einer Reinigungsknete erfolgen. So ist gewährleistet, dass neben den Ablagerungen aus dem Straßenverkehr auch die aufgetragenen Versiegelungen abgelöst worden sind. Ohne Versiegelungen oder Wachse sind die Schadstellen wesentlich deutlicher zu erkennen.

- Nehmen Sie etwas Spiritus auf ein sauberes Mikrofasertuch auf und wischen Sie den Bereich, den Sie durch Polieren bearbeiten wollen, gründlich ab.
- Entnehmen Sie die Reinigungsknete aus ihrer Verpackung und reiben Sie damit den Arbeitsbereich ab.

Nanopolituren
Nano bedeutet eigentlich »Zwerg« und ist das Kürzel für die Maßeinheit Nano-Millimeter. Das entspricht einem millionstel Millimeter. Nanoteilchen sind also eini-

ge millionstel Millimeter groß, mehr zunächst nicht. Die Berufsgenossenschaften warnen vor Nano-Partikeln, da diese so klein sein können, dass Sie über die Haut oder die Lunge in den Blutkreislauf gelangen können. Dazu gibt es einige gut fundierte Untersuchungen. Für die Polituren bedeutete das meist, dass gerade bei Kombipolituren das Schleifkorn selbst zerfällt und mit nur wenigen Nano-Millimetern Größe sehr fein schleift. Das ist aber eigentlich bei den meisten Polituren der Fall.

Silikonversiegelung

Versiegelungen auf Silikonbasis gibt es eigentlich nicht für den Profibereich, da das enthaltene Silikon große Schwierigkeiten bei einem Lackauftrag verursachen kann. Wenige Partikel reichen aus, um im Neulack Silikonkrater zu produzieren.

Polymerversiegelungen

Polymer bedeutet übersetzt: »aus mehreren gleichen Teilchen bestehend«. Es handelt sich in der Regel um einen Kunststoff. Er wird auch als Nano- oder Flüssig-Kunststoffbeschichtung vertrieben.

Wachsversiegelungen

Wachse gibt es in zwei Kategorien. Einmal ist das Naturwachs, das auch nachbehandelt wird und sehr teuer ist. Oder ein synthetisches Wachs, das im Preis deutlich günstiger ausfällt.

Aufgabe von Versiegelung

Egal welche Art der Versiegelung man wählt, ihre Aufgabe bleibt die gleiche: Die Lackporen werden verschlossen und der Lack so vor Umwelteinflüssen geschützt.

Polieren von Hand

Ob Maschinenpolieren oder Polieren von Hand, die Arbeit unterliegt bestimmten Regeln hinsichtlich der Schleifleistung, der Schleifkorngröße sowie der Materialwahl des Schleifmittelträgers. Autopolierwatte verhält sich ähnlich wie das Lammfell für die Poliermaschinen, das wir noch ansprechen werden. Sie nimmt viel Material auf und die Wattefasern werden praktisch vom Poliermittel umschlossen. Die Watte ist zwar sehr weich, ist aber der aggressivste Schleifmittelträger, den Sie nach dem Schleifpapier für die Handpolitur zur Verfügung haben.

Lackreiniger oder Politur verarbeiten

- Tragen Sie etwas Lackreiniger oder Schleifpolitur auf einen Wattebausch auf und verteilen Sie das Material auf den Arbeitsbereich.
- Verarbeiten Sie das Material durch kreisförmiges Reiben, so lange, bis die Kratzer oder Lackschäden entfernt sind.
- Reiben Sie das überschüssige Material mit einem sauberen Mikrofasertuch vom Arbeitsbereich ab und reini-

1

Schleifpolitur oder Lackreiniger: Politurwatte ist ein aggressives Schleifmittel mit recht hohem Abtrag an Farbe.

2

Politur- oder Wachsauftrag mit dem Schwamm: Der Materialauftrag und die Verarbeitung sind deutlich feiner.

gen Sie die Reparaturstelle mit dem gleichen Mikrofasertuch.

- Tragen Sie etwas Politur auf einen Schwamm auf und verteilen Sie das Material auf den Arbeitsbereich.
- Verarbeiten Sie das Material durch kreisförmiges Reiben auf der Fläche des Karosserieteils.
- Nach einer Antrockenzeit (je nach Hersteller) reiben Sie das Restmaterial mit einem sauberen Mikrofasertuch ab und polieren Sie den Reparaturbereich.

3

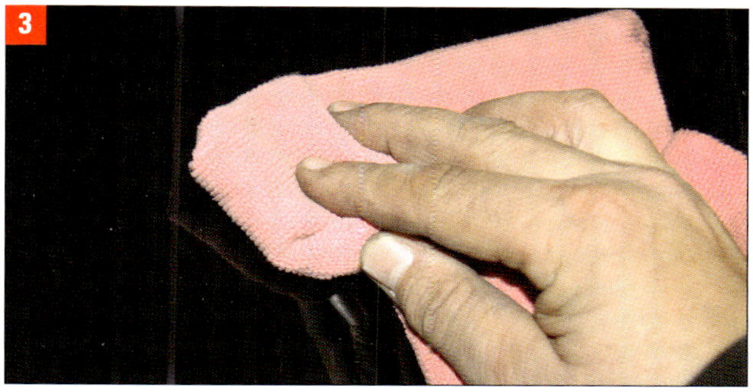

Restmaterial aufnehmen und polieren: Ein Mikrofasertuch ist die beste Möglichkeit, die Nacharbeiten durchzuführen.

Bau- und Funktionsarten der Poliermaschinen

Zuerst einmal fällt auf, dass es sehr viele unterschiedlich Poliermaschinen in einem sehr breiten Preissegment auf dem Markt gibt. Klar ist sicherlich auch, dass die Auswahl groß ist und die Entscheidung für ein Gerät entsprechend schwer fällt. Natürlich stellen wir Ihnen Poliergeräte vor, die aus Profisicht unumgänglich sind und Poliergeräte, die Sie auch nur dann verwenden sollten, wenn Sie planen, die Fahrzeugaufbereitung professionell zu betreiben.

Grundüberlegungen

Die Schleifleistung

Die Polierleistung oder auch Schleifleistung ist von der Bewegung der in der Politur enthaltenen Schleifmittel und der Korngröße der Schleifmittel abhängig. Je mehr das Schleifmittel bewegt wird, umso größer wird die Schleifleistung ausfallen. Aus diesem Grund ist es wichtig, eine Politur für den Vorschliff und eine Feinpolitur für den Nachschliff in den Einsatz zu bringen. Im Laufe des Poliervorgangs wird das Schleifmittel deutlich feiner. Die Schleifleistung wird nachlassen. Das liegt lediglich daran, dass die Schleifkörnchen während des Poliervorgangs zerstört werden. Betrachten wir uns nun zunächst die wichtigsten Bautypen für Poliergeräte und ihre speziellen Eigenschaften. Auf den Einsatz von unterschiedlichen Schleifpolituren werden wir zu einem späteren Zeitpunkt mit praktischen Anwendungsbeispielen zurückkommen.

Ergonomie

Ohne Zweifel, eine Poliermaschine muss gut in der Hand liegen. Genauer betrachtet ist es aber extrem wichtig dem Arbeitsbereich möglichst nahe zu kommen, um die Maschine richtig führen zu können. Besser ist es sogar, die Führungshand direkt über dem Arbeitszentrum zu platzieren. Je weiter weg man das Gerät vom Arbeitsbereich entfernt halten muss, umso kippliger wird die Führung des Schleiftellers beim Polieren. Somit werden die Führung in der Hand und die Gerätebauhöhe zu einem wichtigen Qualitätsmerkmal, was das Arbeitsergebnis deutlich verändern kann.

Kosten

Unser eigenes Poliergerät der Marke »Flex« (ja, ... bei Ackermann & Schmitt handelt sich um die Firma die mit der Handschleifmaschine MS 6 mit einer ***flex***iblen Welle den Winkelschleifer in Stuttgart Bad Cannstadt bereits 1922 erfunden hat. Hier liegt der Ursprung des

Noch lange nicht in Rente: Trotz gediegenem Alter wird das Poliergerät weiterhin intensiv genutzt und bleibt bei uns im Einsatz.

Verbs »flexen« das heute aus dem Sprachgebrauch nicht mehr wegzudenken ist.) ist etwa 20 Jahre alt und arbeitet bis heute im rauen Arbeitsalltag unseres Fahrzeugfuhrparks. Abgesehen von der Lebensdauer von guten Markengeräten, gibt es recht einfach zu erkennende Merkmale und Anforderungen, die Sie gerade bei einer Neuanschaffung kennen sollten. Nur so entwickeln Sie Kriterien, die auch durchaus wichtiger sind, als einige Euro in der Anschaffung einzusparen.

Unterschiedliche Poliergerätetypen

Rotations-Poliergeräte

Ein Rotationspoliergerät treibt den Polierteller in einer Kreisbewegung an. Der Vorteil liegt mit der entsprechenden Politur bei einer sehr hohen Schleifleistung. Es entsteht aber grundsätzlich Wärme, die auch schnell die zu polierende Oberfläche verbrennen kann, wenn mit diesem Gerät mit zu hohem Andruck oder zu hoher Drehzahl gearbeitet wird. Ein gutes Rotationsschleifgerät sollte Anlaufdrehzahlen von 300 1/min und Arbeitsdrehzahlen bis zu 2000 1/min erlauben. Die Drehzahl muss einstellbar sein, um eine individuelle auf den Arbeitsbereich und das eigene Empfinden angepasste Drehzahl zu finden. Die Startdrehzahl sollte sich langsam erhöhen, um die Polierpaste auf die zu polierende Fläche auftragen zu können. Beim Arbeiten mit einem Rotationspoliergerät entstehen in der Regel immer Hologramme. So werden die kreisförmigen Schlieren in Fachkreisen bezeichnet, die durch die rotierende Schleifscheibe entstehen. Profis nehmen aber aufgrund der hohen Schleifleistung diesen Fehler gerne in Kauf und bessern ihn dann mit einem Poliergerät mit zwangsangetriebenem Schleif- oder Polierteller nach. Rotationspoliergeräte erzielen die höchste Schleifleistung der drei vorgestellten Geräte. Das Schliffbild ist grundsätzlich kreisförmig.

Exzenter-Poliergeräte mit losem Polierteller

Diesem Funktionsprinzip folgen meist die günstigen Geräte. Es wird ein Exzenter angetrieben, an dem der eigentliche Schleifteller nur mitläuft. Das macht er aber in der Regel nur dann, wenn er lastfrei ist, also eben nichts arbeiten muss. Ein stehender Teller aber sorgt für sehr wenig oder auch nur schlechte Schleifleistung. Aufgrund der geringen Arbeitsleistung der meisten dieser Geräte werden sie auch von den Profis als »Spielzeug« betitelt. Immerhin kann man mit diesen Geräten nur wenig anrichten. Das bezieht sich leider aber nicht nur auf mögliche Polierfehler oder Scha-

Schliffbild des Rotationspoliergerätes: Grundsätzlich handelt es sich um eine Kreisbewegung, die durch die Bewegungsrichtung versetzt wird. So entstehen die Hologramme.

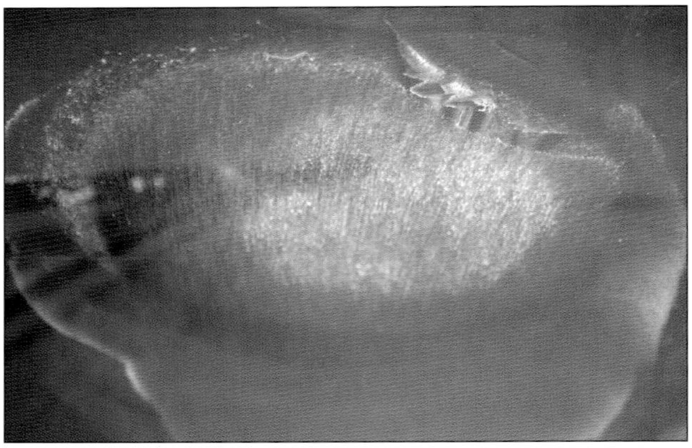

Schliffbild des Exzenterpoliergerätes mit losem Teller: Das Schliffbild ist unter Belastung entstanden. Der Polierteller stand still. Schleifleistung ist schwach.

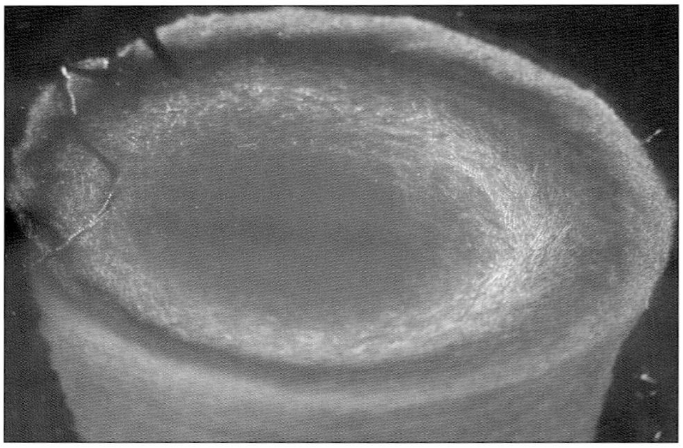

Schliffbild des Exzenterpoliergerätes mit zwangsangetriebenem Teller: Die Schleifspuren kämmen ineinander. Eine Hologrammbildung ist nicht möglich. Die Schleifleistung ist aufgrund eines recht hohen Exzenterhubs recht gut.

densbilder. Wenn nun noch die fehlende Ergonomie und eine nicht einstellbare Drehzahl hinzukommen, ist das Gerät für die Polierarbeiten einfach ungeeignet. Das Schliffbild verläuft unkontrolliert exzentrisch oder, falls der Teller steht, sogar nur linear.

Exzenter-Poliergeräte mit zwangsangetriebenem Polierteller

Dieses Poliergerätesystem treibt seinen Schleif- oder Polierteller in Rotation und Exzenter an. Dieses Gerät kann sehr gut für die meisten Polierarbeiten eingesetzt werden. Die etwas geringere Schleifleistung im Vergleich zu den Rotationsgeräten kann gerade bei nicht so erfahrenen Bedienern ein Vorteil sein. So bleibt etwas mehr Zeit sein Ergebnis zu kontrollieren. Der exzentrische Hub und die Drehbewegung kombiniert sorgen für eine recht große Bewegung des Schleifkorns. Diese Bewegung allerdings erzeugt durch den Richtungswechsel keine Hologramme mehr und liefert mit einfachen Mitteln ein gutes Ergebnis. Die Schleifleistung ist etwas geringer als die Schleifleistung des Rotationsgerätes. Das Schliffbild sieht genau betrachtet wie ineinander verschliffen aus.

Wichtiges Zubehör

Fast genauso wichtig wie die Poliermaschine, ist das Zubehör, das für die Arbeitsschritte beim Polieren benötigt wird. Auch hier können durch geschickte Auswahl mit recht wenig Kostenaufwand der Einsatzbereich der Maschine erweitert und damit die Arbeitsschritte deutlich erleichtert werden.

Unterschiedliche Polieraufsätze

Wer sich genauer informiert, erfährt, dass es durchaus unterschiedliche Polieraufsätze für die Poliermaschinen gibt. Neben den Unterscheidungsmerkmalen nach dem Tellerdurchmesser spielt auch die Materialstruktur und die Materialhärte eine gewichtige Rolle. Weiterhin gibt es bereits im Fertigungsverfahren der Polierschwammaufsätze einen markanten Unterschied, der für den Verbrauch von Politur von entscheidender Wichtigkeit ist. Um die Vermischung von unterschiedlichen Polituren und Versiegelung zu vermeiden, verwenden Sie je Politur immer einen anderen Polieraufsatz. Notieren Sie auf dem Polituraufsatz die verwendete Politur eventuell auf dem Klettbereich mit einem Klebeband, um eine Verwechslung zu vermeiden.

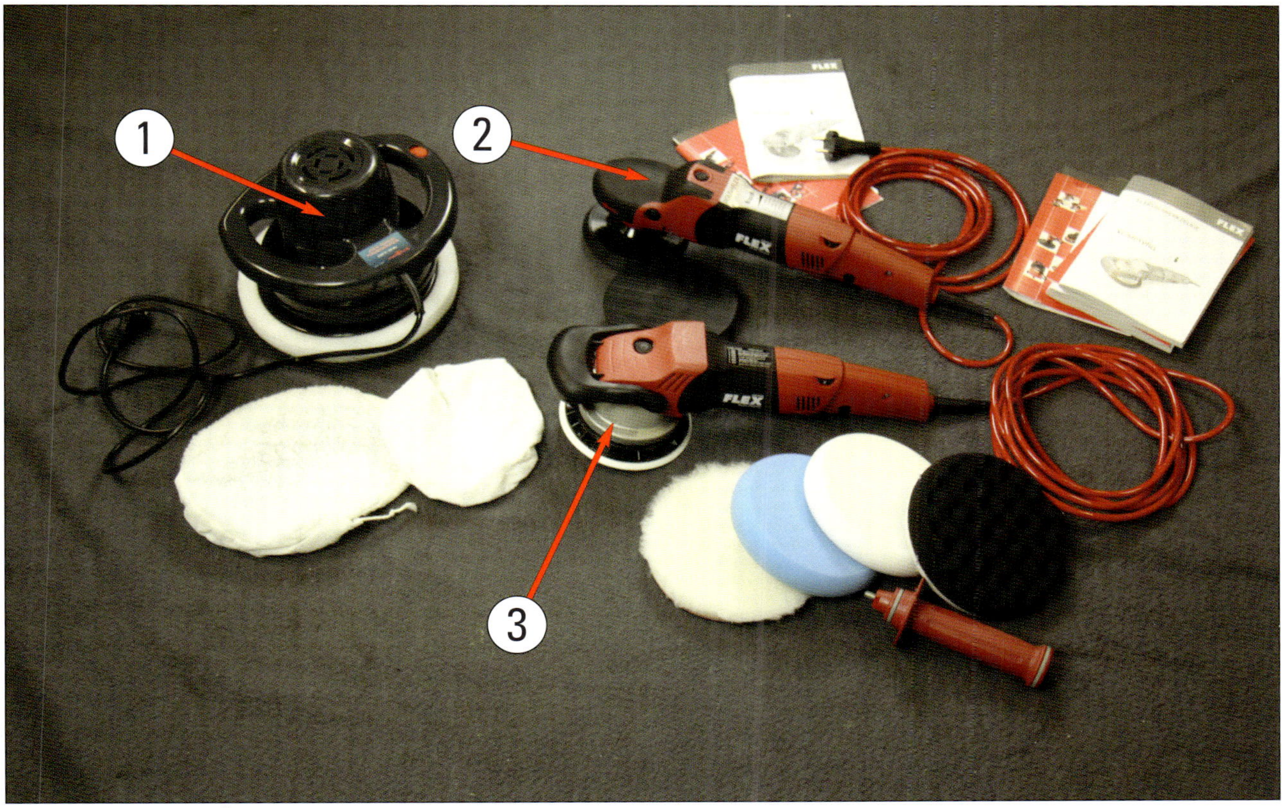

Poliergeräte in der Übersicht: 1 Baumarktpolierer mit Massagefunktion, 2 Flex-Rotationspo iermaschine, 3 Flex-Exzenterpoliermaschine mit zwangsangetriebenem Teller.

Der richtige Durchmesser

In der Regel sind bei heutigen Poliermaschinen die Polieraufsätze mit einem Klettverschluss am Polierteller befestigt. Der Polieraufsatz sollte immer etwa 2 bis 3 cm größer ausfallen als der Polierteller. Damit sind schon einmal Schäden ausgeschlossen, die im Eifer des Gefechts durch ein Ausstoßen des Poliertellers an Bauteile oder Lack entstehen könnten.

Arbeitstemperaturen

Wo Reibung ist, ist auch Wärme. Das trifft natürlich auch und gerade beim Polieren zu. Achten Sie auf die Wärmeentwicklung bei Ihren Polierarbeiten mit der Maschine. Gerade im groben Bereich wie dem Arbeiten mit dem Lammfell und/oder grobkörniger Politur kann durchaus eine Temperatur entstehen, die den Lack verfärbt und im schlimmsten Fall sogar »hochgehen« lässt. Hier bleibt dann nur die Neulackierung.

Lammfellaufsatz

Lammfell, das im Allgemeinen als besonders weich und schonend angesehen wird, ist der aggressivste Polieraufsatz, den Sie auf einer Poliermaschine einsetzen können. Das Lammfell nimmt die Politur um jedes einzelne Haar herum auf und kann so das höchste Schleifergebnis abliefern. Es ist hervorragend dafür geeignet, verwitterten Lack schnell aufzuarbeiten. Es ist auch sehr gut für die Glättung der Oberfläche (Orangenhaut ausschleifen) und starke Kratzer geeignet. Die beste Wirkung zeigt es mit einer groben Schleifpolitur auf einer Rotationspoliermaschine. In dieser Kombination entstehen grundsätzlich Hologramme, die später nachgearbeitet werden müssen.

Grober Polierschwamm »mittelhart«

Der mittelharte Schwamm mit grober Struktur ist die erste Stufe unter dem recht aggressiven Lammfell. Er verformt sich wenig und erlaubt so einen recht hohen Andruck der Schleifmittel in der Politur auf die Lackoberfläche. Das heißt nicht, dass Sie nun fest drücken müssen. Der Andruck entspricht gerade dem Gewicht der Hand, mit der Sie die Maschine führen. Die grobe Schwammstruktur erlaubt etwas mehr Schleifpolitur einzulagern und liefert somit ein Arbeitsergebnis, das etwas feiner ist als das beim Lammfell. Auch hier können bei der Arbeit mit einer Rotationspoliermaschine noch Hologramme entstehen, die im Laufe der Arbeiten wieder entfernt werden müssen.

Lammfellaufsatz: Es sieht zwar kuschelweich aus, ist aber im Einsatz besonders hart am Lack, da es die höchste Politurmenge transportieren kann.

Polierschwämme mittelhart: Die unterschiedlichen Porengrößen werden bei den Markenherstellern farblich gekennzeichnet. Blau steht für große Poren, weiß für die feineren.

Polierschwämme weich: Ob mit oder ohne Waffelprofil, die Strukturhärte und die feinen Poren machen den Unterschied. Das Waffelprofil macht in der Praxis keinen merklichen Unterschied.

Retikulierter Schaumstoff

WISSENSWERTES

Wenn Schaumstoff hergestellt wird, befinden sich in der Kunststoffmasse kleine Luftblasen, die sehr dicht aneinanderliegen. Diese Bläschen sind abgeschlossene Bereiche, die sich nicht miteinander austauschen können. Der Schaumstoff ist nicht saugfähig. Durch einen weiteren Fertigungsprozess werden diese Bläschen meist durch Wasserdampf überhitzt und platzen. Die Kunststoffstruktur bleibt erhalten, aber der Schwamm wird nun saugfähig. Für die Polieraufsätze Ihrer Poliermaschine sollten Sie unretikulierten Schaumstoff verwenden. Die Saugfähigkeit des Schaumstoffes nimmt Poliermittel auf und gibt es aber nur zu einem sehr geringen Anteil während der Arbeit wieder frei. Unterscheiden lassen sich die beiden Kunststoffe durch einen sehr einfachen Test. Legen Sie Ihren Mund an den Schaumstoff und versuchen Sie durch ihn Luft einzuatmen. Gelingt das nicht, handelt es sich um einen unretikulierten Schaumstoff; gelingt es, haben Sie einen retikulierten Schaumstoff vor sich. Grundsätzlich sollten Sie versuchen nur Ersteren zu verwenden. Fragen Sie beim Fachhändler Ihres Vertrauens nach.

Feiner Polierschwamm »mittelhart«

Wiederum eine Stufe feiner ist das Arbeitsergebnis des mittelharten Polierschwamms mit feinen Poren. Die mechanischen Eigenschaften hinsichtlich des Andrucks entsprechen den des Polieraufsatzes mit groben Poren. Lediglich die Menge der Politur, die aufgenommen und während der Arbeit wieder freigesetzt wird, unterscheidet sich deutlich. Die Hologrammentstehung beim Einsatz einer Rotationspoliermaschine nimmt deutlich ab.

Feiner Polierschwamm »weich« mit oder ohne Waffelstruktur

Die nächstfeinere Stufe wird durch die weichen Polieraufsätze erreicht. Der Polieraufsatz reduziert durch Nachgeben den Andruck auf das Schleifmittel in der Politur und ermöglicht schon so ein feineres Schliffbild. Weiterhin wird nur wenig Schleifmittel in die Poren eingelagert. Dieser Aufsatz wird zur Hologrammentfernung oder auch zum Auftragen von Versiegelungen wie Wachsen oder Polymären verwendet. Die Markenhersteller stellen diesen Aufsatz in der Regel als »Sandwich« mit härteren Schaumstoffen her, um eine bessere Formstabilität zu erreichen.

Mikrofasertücher: Am besten in unterschiedlichen Farben für die unterschiedlichen Aufgaben beschaffen, um sie besser auseinanderhalten zu können.

Schleifpolituren von Flex: Die Schleifpolituren sind in grob und fein untergliedert. Hierin finden Sie keine Versiegelung, diese muss zusätzlich aufgetragen werden.

Polituren aus dem Autozubehör: Oftmals handelt es sich um Kombipolituren, in denen die Versiegelung bereits eingebracht ist. Das Beurteilen des Schleifergebnisses ist hier viel schwerer.

Mehrere Mikrofasertücher

Um zu vermeiden, dass unterschiedliche Schleifpolituren oder Versiegelungen miteinander vermischt werden, sollten Sie auch zum Ab- oder Nachwischen für jedes Material einen eigenen Lappen verwenden. Es könnten Schleifpartikel auf die bereits versiegelte Oberfläche eingetragen werden, die dann die Polierarbeit zumindest teilweise zunichte machen.

Unterschiedliche Polituren

Im Grundsatz gibt es unüberschaubar viele Polituren. Sucht man nun nach etwas Speziellem, um die Lackoberfläche zu bearbeiten ohne den gleichzeitigen Wachs- oder Polymärauftrag, wird man im Profibereich im gut sortierten Autozubehörgeschäft fündig.

Aufgaben und Inhaltsstoffe

Natürlich gibt es auch Universalpolituren, deren Ergebnisse im Normalfall recht überzeugend sind. Diese Polituren enthalten eine Mischung aus Wachsen oder Polymeren und einem recht feinen Schleifmittel. Sie sollen möglichst einfach in der Anwendung sein und für den Laien möglichst schnell ein optisch vertretbares Ergebnis liefern. In der Regel ist es damit nicht möglich, eine Oberfläche wirklich im Sinne von Schleifen zu bearbeiten. Sie müssen auch von Gummiteilen und anderen anliegenden Karosserieteilen, die nicht bearbeitet werden sollen, leicht zu entfernen sein. Diese Ansprüche werden von Produkten für die professionelle oder semiprofessionelle Anwendung nur bedingt gestellt. Für einen Laien ist es fast unverständlich, warum ein Fahrzeug abgedeckt oder sogar nach dem Polieren wiederum gewaschen werden muss. Polieren ist nämlich nicht die Abschlussarbeit einer Aufbereitung, sondern eher ein Arbeitsschritt zum aufbereiteten Fahrzeug. Um den Lack zu versiegeln und vor Umwelteinflüssen zu schützen, sollte eine gute Wachspolitur aufgetragen werden. Auch diese kann mit einer Rotationspoliermaschine mit einem zwangsangetriebenen Exzenter aufgetragen werden. Das Nachwischen wird dann auch hier am besten mit einem Mikrofasertuch erfolgen.

Bewusste Materialauswahl

Angepasst an die Aufgabe, die Sie sich vorgenommen haben, sollten Sie sich das Material zur Polierarbeit auswählen. Grundsätzlich sollten Sie gerade dann, wenn Sie wenig oder keine Erfahrung in Sachen Polieren haben, mit einer Abstimmung beginnen, die Ihnen Zeit lässt sich auf die Arbeit einzustellen und auf eventuelle Fehler zu reagieren. Betrachten wir als Beispiel die Grundausstattung der Firma Flex in Sachen Polieren. Aus zwei verschiedenen Polituren und vier verschiedenen Polieraufsätzen werden schon 16 verschiedene Varianten hinsichtlich der Schleifintensität. Versuchen Sie sich langsam vom weichen Schwamm mit der feinen Politur in Richtung Lammfell vorzuarbeiten, wenn Sie einen Kratzer oder verblasste Lacke angehen wollen. Sie werden im Laufe der Zeit die für Sie optimale Kombination für die Vor- und Nacharbeiten herausfinden.

Kombinationsmöglichkeiten: Schwamm und Politurauswahl bei Flex.

Polituren »offen« halten

Polituren sind nur dann arbeitsfähig, solange sie »offen«, also flüssig sind. Gerade aber bei der Kratzerentfernung, wo ein Rotationspoliergerät zum Einsatz kommt, entsteht Wärme, die auch dafür sorgt, dass die Politur schneller abtrocknet. Um der Abtrocknung entgegenzuwirken, hilft es mit einer Sprühflasche etwas Wasser auf den Arbeitsbereich zu sprühen. Die befeuchtete Politur bleibt so »offen« und kann weiter verarbeitet werden. Natürlich kann auf diesem Weg auch der Polieraufsatz leicht befeuchtet werden. Angetrocknete Politur sollten Sie wie auch die Schleifrückstände und Politurreste mit einem Mikrofasertuch abwischen.

Reinigung der Polieraufsätze

Gute Polieraufsätze sind nicht gerade günstig. Sie können durchaus zwischen 6 Euro und 16 Euro kosten. Die Pflege dieser Arbeitsmaterialien kann sich also schnell auszahlen. Nach der Arbeit sollten die Polieraufsätze grundsätzlich mit handwarmem Wasser und etwas Seife gereinigt werden. Die Rückstände werden so

Handwäsche: Die Reinigung der Polieraufsätze erhält nicht nur den Aufsatz, sondern sichert auch ein gutes Ergebnis beim nächsten Einsatz.

überwiegend ausgewaschen. Auch hier kommt der Vorteil der unretikulierten Schaumstoffe zum Zuge. Sie saugen sich nicht voll. Die Trocknung sollte an der Luft erfolgen. Auch Polieraufsätze können hier schnell Schaden erleiden. Ein eingelaufenes Lammfell ist dann nicht »knapp« geworden, sondern einfach Abfall und sollte nicht mehr verwendet werden.

Was braucht der Profi?

Ein professioneller Aufbereiter verwendet neben Rotationspoliermaschine und Poliermaschine mit zwangsangetriebenem Exzenter einige Luftschleif- und Poliergeräte, um die Oberflächenbehandlung möglichst effektiv abarbeiten zu können. Auch finden sich entsprechende Großgebinde Polituren in Kanister im Lager, um den Bedarf abzudecken. Polituraufsätze in mehrfacher Ausführung und einige Packungen Mikrofasertücher runden den täglichen Bedarf ab. Schon dieser Maschinen- und Materialpark nur für die Lackaufbereitung rechnet sich sicherlich nicht für den privaten Hobbyschrauber. Aufbereiter mit langjähriger Erfahrung, wie Udo´s Wagenpflege aus Elz bei Limburg, lassen sich nach eigenen Rezepturen eigene Mittel nach speziellen Anforderungen herstellen. Die Ansprüche hinsichtlich der Verarbeitung und des Ergebnisses der Massenprodukte lassen offensichtlich noch Wünsche offen. Eine Beratung beim Profi ist immer sinnvoll.

Was ist für den Schrauber sinnvoll?

Sinnvoll ist es grundsätzlich sich Gedanken darüber zu machen, was man selbst erreichen möchte und was für die eigene Arbeit als erreichbares Ziel festgelegt wurde. Gerade dann, wenn man sich entschlossen hat, die Lackpflege in die eigene Hand zu nehmen, sollte klar sein, dass man besser nicht am Werkzeug sparen sollte. Ein guter Polierer liegt bei etwa 400 Euro Neupreis und kann auch gebraucht noch recht viel Geld kosten. Allerdings muss ein solches Gerät einige Anforderungen an Aufbau, Laufcharakteristik und Leistungsfähigkeit liefern, um vernünftig damit arbeiten zu können. Die Anschaffung eines Komplettsets ist gerade auf lange Nutzungsdauer eine gute Investition. Sie haben am Anfang dieses Kapitels die Anforderungen an einen Polierer kennen gelernt und können nun durchaus auf Messen oder im Werkzeugfachhandel sich nach einem Gerät umsehen, welches Ihren persönlichen Ansprüchen und dem zur Verfügung stehenden Etat am nächsten kommt.

Was taugt die Billiglösung?

Natürlich ist es möglich Poliergeräte schon für unter 50 Euro zu erstehen. Inwieweit diese dann den Anforderungen für die Polierarbeit entsprechen, bleibt fraglich. In der Regel wird das Gerät dann nach wenigen Versuchen bis auf Weiteres im Kellerregal verschwinden. Orientieren Sie sich niemals nur am Preis. Günstig kann auch einfach billig sein.

Sachgemäßer Umgang mit der Poliermaschine

Durch unsachgemäßen Gebrauch entstehen recht schnell Schäden an Material, Maschinen und natürlich auch an den Lackoberflächen. Der richtige Umgang mit der Poliermaschine ist somit sehr wichtig zum Erzielen eines guten Ergebnisses.

Die richtige Haltung

Es ist sehr wichtig, dass der Polieraufsatz vollflächig und möglichst gerade auf der zu polierenden Fläche aufliegt. Die Hand, mit der Sie den Maschinenkopf greifen, ist die Führungshand. Mit dieser Hand bestimmen Sie die Bearbeitungsrichtung. Die andere Hand hält die Maschine am anderen Ende fest. Die

Verwendung von seitlichen Haltegriffen oder Haltebügeln erschwert das Handling der Poliermaschine merklich und erfordert Übung. Es gibt aber Aufbereiter, die ohne diese Haltegriffe nicht mit der Maschine arbeiten können. Auch hier müssen Sie letztendlich Ihren eigenen Weg finden, um komfortabel und damit auch genau arbeiten können.

Drehzahleinstellung

Genauso wichtig wie die richtige Haltung ist die Einstellung. Grundsätzlich wählen Sie immer die niedrigstmögliche Drehzahleinstellung, die Sie dann im Laufe der Bearbeitung steigern können. Auch hier gibt es keine Richtwerte und Ihr persönliches Empfinden und Ihre Beobachtung des Polierablaufes ist hier sehr wichtig. Bei hochwertigen Geräten mit einem Softstartsystem und einem Gasgebehebel fällt die Drehzahleinstellung gerade beim Beginn der Arbeiten leicht. Bei günstigeren oder älteren Geräten, die ohne Softstart auskommen müssen, sollten Sie den Polieraufsatz mit der Politur bereits auf die Lackoberfläche auflegen. Sonst wird sich das Poliermaterial unkontrolliert in der Landschaft verteilen.

Andruck der Poliermaschine

In der Regel reicht es aus, die Maschine mit ihrem Eigengewicht auf der zu polierenden Fläche zu führen. Ein stärkeres Andrücken kann zu Schäden an Lack oder auch an den Polierkissen führen, wie Sie auf den nächsten Bildern gut erkennen können. Ein höherer Andruck erhöht zwar etwas die Bearbeitungsgeschwindigkeit, aber gleichzeitig die Temperatur auf dem Lack. Es können leicht Schäden durch die hohe Temperatur entstehen. Kontrollieren Sie die Temperatur regelmäßig mit dem Handrücken. Wenn sie zu hoch wird, verringern Sie den Andruck und/oder die Drehzahl und warten Sie einen Moment ab, bis sich die Temperatur wieder gesenkt hat.

Typische Schadensbilder an den Polieraufsätzen

Dass Polituraufsätze im Laufe der Zeit Schaden erleiden, ist wohl nicht abzuwenden und sicherlich auch zu einem guten Teil einfach Verschleiß. Oftmals lässt sich aber schon am Schadensbild leicht erkennen, was mit dem Polituraufsatz passiert ist. Verglaste Flächen auf einem verfilzten Lammfell lassen erahnen, wie lange es nicht gereinigt wurde und dass es beim letzten Einsatz wahrscheinlich auch eine recht hohe Temperatur erreicht hat. Versuchen Sie nicht beschädigte Aufsätze aufzuarbeiten. Erneuern ist hier der bessere Weg.

Grundhaltung: Positionieren Sie die Führungshand über dem Zentrum des Polieraufsatzes und halten Sie die Maschine gerade.

Andruck zu hoch und falscher Arbeitswinkel: Der Polierschwamm zeigt eine hohe Abnutzung, die durch hohen Andruck beziehungsweise durch Schrägstellen zum Lack entstanden ist.

Schrumpf-Schaf: Sicherlich werden die Fellaufsätze in der Kochwäsche sehr sauber … leider auch deutlich kleiner.

Kleinere Lackfehler beseitigen

Ganz klar können auch wir keine allgemeingültige Anweisung verfassen, die als Rezept für ein bestimmtes Fehlerbild eine genaue Vorgehensweise beschreibt. Aber wir möchten Ihren exemplarisch an einigen Beispielen eine mögliche Vorgehensweise vorstellen.

Wahl der »Waffen«

Dieser Fall beschäftigt sich mit einem kleinen Kratzer in der oberen Lackschicht, der es noch nicht geschafft hat die Klarlackschicht zu durchdringen. Für die Vorarbeit wählen wir ein 2000er-Nassschleifpapier. Zum Polieren wird der Roto-Exzenter von Flex mit einem mittelharten Schwamm mit grober Struktur und der Schleifpolitur verwendet. Zum Abschluss soll der weiche Schwamm mit feiner Struktur die Oberfläche auf Hochglanz bringen.

Kratzer ausschleifen

- Reinigen Sie die Schadstelle gründlich mit Reinigungsknete oder einem speziellen Lackreiniger.
- Schneiden Sie einen Streifen 2000er-Nassschleifpapier so zu, dass er auf einen Kunststoff- oder Hartschaumwürfel passt. Dieser Würfel verhindert, dass Sie nur einen Bereich der Schadstelle bearbeiten, sondern die gesamte Fläche um die Schadstelle.
- Schleifen Sie die Schadstelle mit viel Wasser an der Schleifstelle gerade so weit an, dass die Kratzer verschwunden sind.

Kleine Kratzer auspolieren

- Montieren Sie einen mittelharten Schwamm mit grober Struktur auf den Polierteller.
- Tragen Sie wenige Tupfer Politur (Schleifpolitur) auf dem Polierschwamm auf.
- Beginnen Sie die Politur mit langsamer Drehzahl zu verteilen und erhöhen Sie die Drehzahl etwas zum Polieren.
- Behalten Sie die Schadstelle im Auge und polieren Sie diese, bis die Oberfläche einigermaßen glatt erscheint.
- Montieren Sie nun einen weichen Schwamm mit feiner Struktur auf den Polierteller.

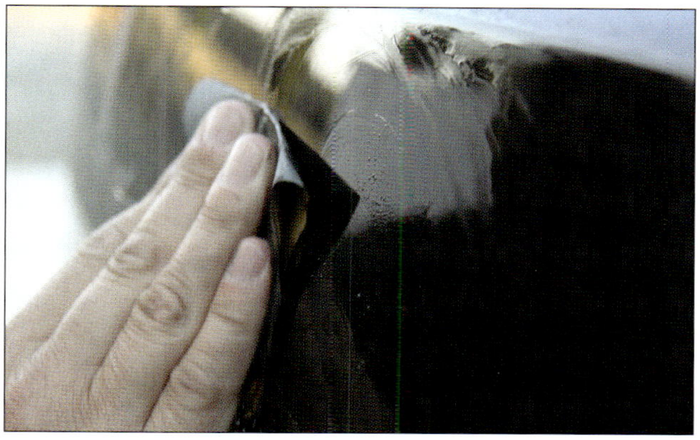

Schadstelle schleifen: Das Schleifpapier ermöglicht trotz seiner sehr feinen Körnung einen effektiven Farbabtrag. Vorsichtig schleifen! Ist erst der Lack ab, hilft nur noch lackieren.

Schleifpolitur: Die Schleifpolitur ist wie ein extrem feines Schleifpapier und trägt den Lack sehr fein und fast ohne Schleifspuren ab.

Feinpolitur: Die Finish-Politur verfeinert das Schleifbild derartig, dass nur eine glatte Fläche erkennbar ist.

- Tragen Sie wenige Tupfer Politur (Finishpolitur) auf dem Polierschwamm auf.

- Beginnen Sie die Politur mit langsamer Drehzahl zu verteilen und erhöhen Sie die Drehzahl etwas zum Polieren.

- Behalten Sie die Schadstelle weiterhin im Auge und polieren Sie die Oberfläche bis zum Hochglanz. Tragen Sie abschließend eine Versiegelung auf das ganze Karosserieteil auf.

Falls erforderlich, müssen Sie die Politur mehrfach auftragen und das Polieren weiterführen.

Steinschläge ausbessern

Steinschläge sind oftmals größer, als sie im ersten Moment erscheinen. Vor dem Austupfen der Schadstelle stehen die Reinigung der Schadstelle und das Auslösen der verbliebenen und teilweise noch festhängenden Farbsplitter auf dem Programm.

Wahl der »Waffen«

Dieser Fall beschäftigt sich mit einem Steinschlag, der die Lackschichten bis zum Blech durchschlagen hat. Im Randbereich des Einschlages befinden sich noch kraterförmig vom Blech abgelöste Lackreste. Um diese zu lösen, verwenden wir die Spitze eines scharfen Cuttermessers. Anschließend wird der Einschlagbereich mit einem Lackreiniger gründlich gereinigt. Zum Farbauftrag verwenden wir den passenden Lackstift mit der entsprechenden Farbnummer. Nach der Trocknung des Farbauftrags wählen wir für die Vorarbeit ein 2000er-Nassschleifpapier. Zum Polieren kommt wieder der Roto-Exzenter von Flex mit einem mittelharten Schwamm mit grober Struktur und der Schleifpolitur zum Einsatz. Zum Abschluss soll der weiche Schwamm mit feiner Struktur die Oberfläche auf Hochglanz bringen.

Schadensbereich reinigen

- Reinigen Sie die Schadstelle gründlich mit einem speziellen Lackreiniger.

- Kratzen Sie nun die Schadstelle mit der Spitze des Cuttermessers so weit aus, dass keine losen Lackpartikel mehr vorhanden sind.

- Reinigen Sie die Schadstelle erneut gründlich mit einem speziellen Lackreiniger.

Lackauftrag in den Schadensbereich

- Schütteln Sie den Lackstift gründlich durch, um eine gute Durchmischung der Bestandteile zu gewährleisten.

- Tragen Sie nun mit dem im Lackstift enthaltenen Pinsel den Lack genau auf die Schadstelle auf. Der Lackauftrag kann Tropfen für Tropfen erfolgen. Dazwischen können Trocknungszeiten liegen. Der Lack sollte die Schadstelle vollständig auffüllen.

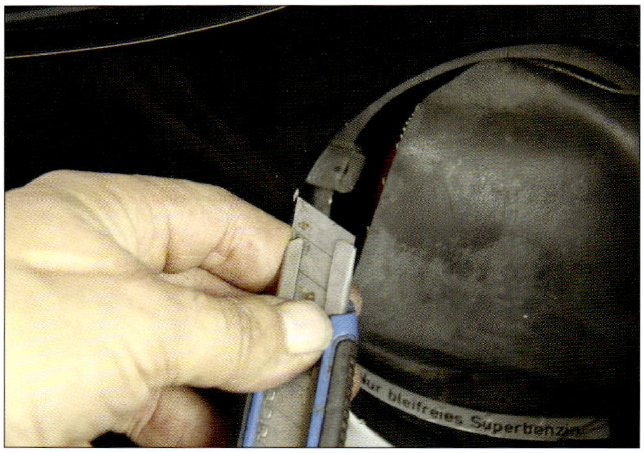

Steinschlag auskratzen: Das Auskratzen mit dem Cuttermesser ist vergleichbar mit Schleifen auf kleinstem Raum.

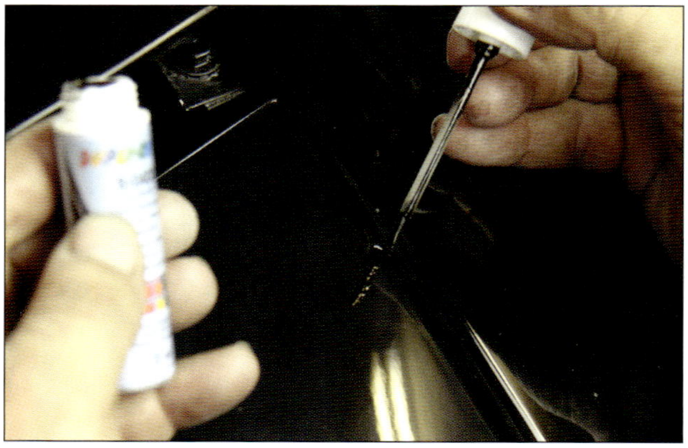

Farbauftrag in Tropfenformat: Es soll nur der eigentliche Schadensbereich aufgefüllt werden.

Anschleifen der Schadstelle: Erst wenn der Lack trocken ist, kann mit der Schleif- und Polierarbeit begonnen werden.

Oberfläche herstellen

- Schneiden Sie einen Streifen 2000er-Nassschleifpapier so zu, dass es auf einen Kunststoff- oder Hartschaumwürfel passt. Dieser Würfel hilft in diesem Fall, den Bereich der Schadstelle so zu bearbeiten, dass sie die gleiche Höhe wie die Fläche um die Schadstelle herum erreicht.
- Schleifen Sie die Schadstelle nach dem Trocknen mit viel Wasser an der Schleifstelle gerade so weit an, dass die Schadstelle unsichtbar ist.
- Montieren Sie einen mittelharten Schwamm mit grober Struktur auf den Polierteller.
- Tragen Sie wenige Tupfer Politur (Schleifpolitur) auf dem Polierschwamm auf.
- Beginnen Sie die Politur mit langsamer Drehzahl zu verteilen und erhöhen Sie die Drehzahl etwas zum Polieren.
- Behalten Sie die Schadstelle im Auge und polieren Sie diese, bis die Oberfläche einigermaßen glatt erscheint.
- Montieren Sie nun einen weichen Schwamm mit feiner Struktur auf den Polierteller.
- Tragen Sie wenige Tupfer Politur (Finishpolitur) auf dem Polierschwamm auf.
- Beginnen Sie die Politur mit langsamer Drehzahl zu verteilen und erhöhen Sie die Drehzahl etwas zum Polieren.
- Behalten Sie die Schadstelle weiterhin im Auge und polieren Sie die Oberfläche bis zum Hochglanz.

Falls erforderlich, müssen Sie die Politur mehrfach auftragen und das Polieren weiterführen.

Lackieransätze beipolieren

So genannte Lackieransätze entstehen immer, wenn im Rahmen der Teillackierung oder auch neudeutsch »Smart-Repair« nur ein Teil eines Karosserieteils lackiert wurde und der restliche Teil unbehandelt bleibt. Die Besonderheit an Lackieransätzen liegt darin, dass im Bereich, an dem die beilackierte Stelle auf den Originallack trifft, in jedem Fall mehr Lackauftrag festzustellen ist, als beim Originallack oder der Reparaturstelle selbst. Der Übergang wird bei den Profis nach dem letzten Farbdurchgang mit einer speziellen Verdünnung anlackiert, die den Verlauf des Reparaturlackes in den Originallack erleichtert.

Wahl der »Waffen«

Bei diesem Fall finden wir leichten Farbnebel vor, der durch die zuvor beilackierte Reparaturstelle im originalen Fahrzeuglack entstanden ist. Zum Polieren wird der Roto-Exzenter von Flex mit einem mittelharten

Komplettes Lackreparaturset von Dupli-Color: Alles vom Reiniger über den Filler bis zum Beispritzlack ist in diesem Karton zu finden. Es wird lediglich noch der Fahrzeugfarbton gebraucht.

Schwamm mit grober Struktur und der Schleifpolitur verwendet. Zum Abschluss soll der weiche Schwamm mit feiner Struktur die Oberfläche auf Hochglanz bringen.

Schadensbereich reinigen

- Reinigen Sie die Schadstelle gründlich mit einem speziellen Lackreiniger. Eine tiefer gehende Reinigung sollte nicht erforderlich sein, da das Karosserieteil zuvor lackiert wurde oder aus der Lackiererei kommt.

Oberfläche herstellen

- Montieren Sie einem mittelharten Schwamm mit grober Struktur auf den Polierteller.

- Tragen Sie wenige Tupfer Politur (Schleifpolitur) auf dem Polierschwamm auf, beginnen Sie die Politur mit langsamer Drehzahl zu verteilen und erhöhen Sie die Drehzahl etwas zum Polieren.

- Behalten Sie den Übergangsbereich im Auge und polieren Sie diese, bis die Oberfläche einigermaßen glatt erscheint.

- Montieren Sie nun einen weichen Schwamm mit feiner Struktur auf den Polierteller.

- Tragen Sie wenige Tupfer Politur (Finishpolitur) auf dem Polierschwamm auf und beginnen Sie wieder die Politur mit langsamer Drehzahl zu verteilen und erhöhen Sie die Drehzahl dann zum Polieren etwas.

- Behalten Sie den Übergangsbereich weiterhin im Auge und polieren Sie die Oberfläche bis zum Hochglanz. Falls erforderlich, müssen Sie die Politur mehrfach auftragen und das Polieren weiterführen.

Kaum zu erkennen: Der Lackansatz kann bei einem guten Lackierer auch in einer Fläche erfolgen. Trotzdem werden immer Kanten oder Sicken verwendet, um die Ansätze zu verstecken.

Schleifpolitur auf den Polierschwamm auftragen: Diese Menge an Schleifpolitur reicht bei dem Mittel der Firma Flex für ein ganzes Karosserieteil aus.

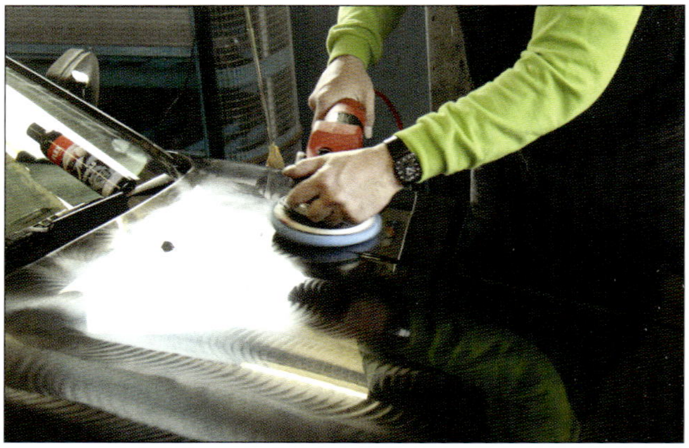

Hockglanzpolieren: Die Maschine wird mit weichem Schwamm möglichst gradlinig über die Lackoberfläche geführt.

Flächen durch Polieren aufbereiten

Grundsätzlich müssen vor der Bearbeitung ganzer Karosserieflächen die festgestellten Schäden beseitigt, das Fahrzeug gereinigt und abgedeckt werden. Dann kann mit der großflächigen Fahrzeugbehandlung begonnen werden. Achten Sie darauf, dass Sie weder in der Sonne arbeiten noch Lackteile erhitzt sind (auch die Motorhaube!).

Wahl der »Waffen«

Gehen wir von einem Fahrzeug aus, an dem bereits die Schadstellen abgearbeitet wurden und nun der verbliebene, größtenteils unbehandelte Lack aufbereitet werden soll. Zum Polieren wird unsere Universalwaffe, der Roto-Exzenter von Flex, mit einem mittelharten Schwamm mit grober Struktur und der Schleifpolitur zum Einsatz kommen. Zum Abschluss soll der weiche Schwamm mit feiner Struktur die Oberfläche mit einer Finish-Politur auf Hochglanz bringen.

Oberfläche aufbereiten

- Montieren Sie einen mittelharten Schwamm mit grober Struktur auf den Polierteller.
- Tragen Sie wenige Tupfer Politur (Schleifpolitur) auf dem Polierschwamm auf, beginnen Sie die Politur mit langsamer Drehzahl zu verteilen und erhöhen Sie die Drehzahl etwas zum Polieren.
- Polieren Sie immer eine zusammenhängende Lackfläche in einem Stück. Fangen Sie beispielsweise mit der Motorhaube an. Lässt die Schleifleistung nach, tragen Sie erneut etwas Politur auf den Schwamm auf und arbeiten Sie weiter. Achten Sie darauf, dass die Politur »offen« bleibt (nicht antrocknet).
- Wischen Sie nun die Politurreste mit einem frischen Mikrofasertuch ab.
- Montieren Sie nun einen weichen Schwamm mit feiner Struktur auf den Polierteller.
- Tragen Sie wenige Tupfer Politur (Finishpolitur) auf dem Polierschwamm auf, beginnen Sie wieder die Politur mit langsamer Drehzahl zu verteilen und erhöhen Sie die Drehzahl dann zum Polieren etwas.

Potenzielle Anstoßstellen mit Klebeband abpolstern: Überstehende Kanten, wie beispielsweise ein Spiegel, sollten Sie vor dem drehenden Polierteller schützen.

Vorher abdecken: Sollen nur bestimmte Bereiche poliert werden, sollten Sie die Karosserieteile, die nicht bearbeitet werden, mit Zeitungen und Kreppband abdecken.

- Wenn Sie die Polierarbeit beendet haben, wischen Sie mit einem anderen, wiederum frischen Mikrofasertuch die Politurreste vollständig ab.

Sie sollten nun eine makellose Oberfläche erreicht haben, die nun noch versiegelt werden muss.

Politurreste von der Lackfläche abwischen: Die Politurreste nach Abschluss der Polierarbeiten sollten Sie mit einem frischen Mikrofasertuch gründlich abwischen.

Versiegelung auftragen

Ob Sie sich nun für eine Versiegelung aus dem Nanobereich, ein Wachs oder ein Polymer entschieden haben, der Arbeitsablauf für die Schutzschicht für den Lack ist annähernd gleich.

Wahl der »Waffen«

Das Fahrzeug ist frisch poliert und daher auch sauber und bereit für die Oberflächenversiegelung. Zum Auftragen wird unsere nun hinlänglich bekannte Universalwaffe, der Roto-Exzenter von Flex, mit einem weichen Schwamm mit feiner Struktur zum Einsatz kommen.

Auftragen der Versiegelung: Durch den weichen Schwamm wird mit geringem Andruck ein gleichmäßiger Auftrag realisiert.

Oberfläche aufbereiten

Bearbeiten Sie immer ein Karosserieteil nach dem anderen, um keine Stelle zu vergessen und einen gleichmäßigen Auftrag zu gewährleisten.

- Tragen Sie wenige Tupfer Versiegelung oder Wachs auf dem Polierschwamm oder auf das Blech auf und beginnen Sie wieder mit langsamer Drehzahl das Material zu verteilen.

- Erhöhen Sie die Drehzahl dann zum Polieren etwas. Achten Sie darauf, alle Bereiche der Fläche gleichmäßig zu bearbeiten.

- Nach einer Trocknungszeit, die vom Hersteller vorgegeben wird, wischen Sie mit einem weiteren, wiederum frischen Mikrofasertuch den Materialüberschuss ab und polieren die Fläche mit dem Mikrofasertuch nach.

Abpolieren mit einem Mikrofasertuch: Das Tuch nimmt überschüssiges Material auf und hinterlässt keine Schlieren.

Anwendungsempfehlungen

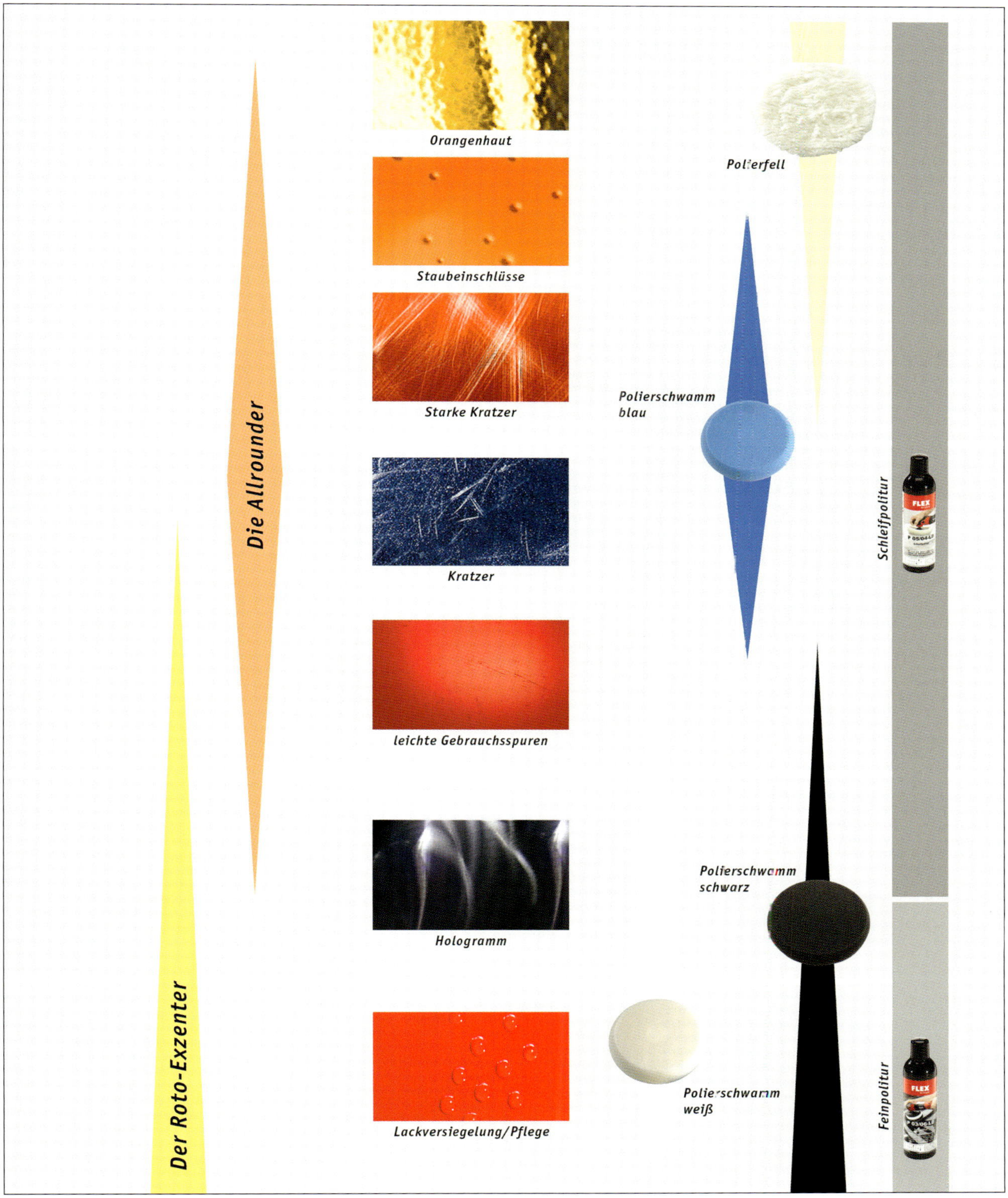

Tipps und Tricks

Der Lack von Fahrzeugen ist permanent einer Belastung durch Wetter und Luftverschmutzung sowie durch mechanische Einwirkungen ausgesetzt. Die Folgen sind Schlieren und Kratzer. Die Lackoberfläche erscheint oftmals glanzlos und matt. Besonders auffällig ist das Schadensbild auf dunklen Farbtönen und bei Sonneneinstrahlung. Nicht minder störend sind Hologramme.
Diese kreisrunden Kratzer entstehen beim Polieren. Obgleich sehr klein, hinterlassen sie, ähnlich wie ein Fettfilm, trübe und gräuliche Spuren auf der Lackoberfläche. Der gleiche Effekt wird auch durch die typischen Feinkratzer durch dauerhafte Waschstraßennutzung verursacht.

Vorschliff mit Schleifpapier

Bevor Sie Lackschäden und Mängel beheben, sollten Sie die Oberfläche zunächst wie gewohnt durch Schleifen mit entsprechender Körnung vorbereiten. Außerdem empfehlen wir nach allen Tätigkeiten, die Oberfläche mit dem Mikrofasertuch abzuwischen, um Polierrückstände zu entfernen. Wichtig ist es auch, dass Sie die unterschiedlichen Wirkungsweisen von Fell und Schwamm kennen.

Wichtige Tipps und Tricks

1. Bevor Sie loslegen, sollten Sie Gummiteile, Dichtungen sowie unlackierte Teile abkleben. Auf diese Weise ersparen Sie sich mühsames Nachreinigen der Polituspritzer auf den anliegenden Karosserieteilen.

2. Verwenden Sie die in der Anwendungsempfehlung beschriebene Kombination von Maschine, Polituraufsatz und Politur.

3. Prüfen Sie das Polieren zuvor an einer kleinen, nicht sichtbaren Stelle.

4. Starten Sie mit der Drehzahlstufe 1 und gehen Sie maximal bis 2300 1/min.

5. Prüfen Sie immer wieder die Oberflächentemperatur mit dem Handrücken. Sie darf maximal handwarm sein. Zu starker Anpressdruck und zu hohe Drehzahlen führen zu Oberflächenschäden.

6. Lassen Sie die Maschine durch ihr Eigengewicht für sich arbeiten. Es ist nicht erforderlich zusätzlich Kraft auf die Maschine zu bringen.

7. Achten Sie auf Sauberkeit der Polieraufsätze und der Mikrofaserlappen. Legen Sie diese nach dem Gebrauch bewusst auf eine saubere Fläche ab. Jede Verunreinigung von Fell und Schwamm kann das Ergebnis erheblich negativ beeinflussen.

8. Verwenden Sie für das gleiche Mittel immer denselben Schwamm bzw. dasselbe Fell.

9. Feuchten Sie den Schwamm bzw. das Fell vor dem Polieren und Versiegeln etwas an. Das erleichtert Ihnen die Arbeit und verhindert ein schnelles Austrocknen der Politur bzw. Versiegelung.

10. Eine trockene Politur kann Oberflächenschäden verursachen, deshalb sollten Sie immer wieder die Oberfläche mit einem Nasszerstäuber anfeuchten.

11. Um Oberflächenschäden zu vermeiden und ein gleichmäßiges Ergebnis zu erzielen, sollten Sie die Maschine permanent in Bewegung halten.

12. Nach allen Anwendungen sollten Sie überschüssiges Poliermittel von der Oberfläche entfernen. Mit einem sauberen Mikrofasertuch, das immer nur für ein Mittel verwendet wird.

13. Wenn Sie Fell, Schwamm und Mikrofasertuch nach dem Gebrauch reinigen, erhöhen Sie die Haltbarkeit Ihrer Hilfsmittel.

Kunststoffscheiben überarbeiten

In Wohnmobilen und auch in Anbauzelten sind oftmals Sichtelemente aus Kunststoff verbaut. Üblicherweise verkratzen und vergilben diese nach einigen Jahren. Die Scheiben werden häufig nicht nur hinsichtlich der Pflege vernachlässigt, sondern knicken oft beim Zusammenfalten oder werden zusammen mit den Verschmutzungen regelrecht aufgerieben. Oftmals hilft da nur der Sattler und das erneuern der Scheibe. Solange diese aber noch ganz und flexibel ist, kann sie auch mit einigen Handgriffen und der Poliermaschine aufgearbeitet werden.

- Reinigen Sie zuerst die Plane oder das Karosserieteil, in dem die Scheibe verbaut ist und natürlich die Scheibe selbst gründlich. Wischen Sie die Randbereiche im Übergang gründlich aus.

- Lassen Sie das Umfeld und das Fenster dann vollständig trocknen.

- Decken Sie das Verdeck rund um die Scheibe von beiden Seiten gründlich ab. Recht gut lassen sich für diesen Zweck alte Zeitungen verwerten. Im Innenraum sollten Sie die Polster zusätzlich mit einer alten Decke schützen. Verschließen Sie nun die Plane und spannen Sie so die Scheibe vor. Kunststofffenster müssen geschlossen werden, um die Halterungen beim Polieren nicht zu überlasten.

- Polieren Sie mit dem Zwangsrotationspoliergerät mit aufgetragener Reinigungspolitur die Scheibe in langsamer bis mittlerer Drehzahl, bis die Kratzer oder Mattstellen verschwunden sind.

- Wischen Sie das Restmaterial mit einem Mikrofasertuch ab.

- Tragen Sie nun eine Versiegelung (Wachs oder Polymer) auf und polieren Sie die Scheibe auf Hochglanz.

Hochglanzpolieren mit dem Mikrofasertuch: Wenn alles gut verlaufen ist, sind Kratzer und Milchglas Vergangenheit.

Schleifpolitur oder Lackreiniger auftragen: Zuerst muss das beschädigte Material abgetragen werden.

Wachse mit der Maschine auftragen: Die Verarbeitung des Hartwachses erfolgt auch mühelos mit der Maschine.

Kunststoffstoßfänger reparieren

- Entfernen Sie alle losen Kunststoffteile. Schleifen Sie die Bruchstelle mit einer Feile schräg in Bruchform an. Bei einem Riss am Ende bohren Sie ein Loch, das etwas größer als der Riss ist.

- Schadhafte Stelle dünn mit »Kunststoff-Haftvermittler« einsprühen. Auf der Rückseite Verstärkungsband auflegen, punktuell mit Kunststoffkleber fixieren und etwas antrocknen lassen. Anschließend durch das Verstärkungsband hindurch Loch mit dem »Kleber für Kunststoffteile« ausfüllen und Kleber auch großflächig über das Gewebe verteilen.

- An der Vorderseite die Rissfuge vollständig mit dem Kleber ausfüllen. Überschüssigen Kleber mit Spachtel abziehen. Die Reparaturstelle mit dem Spachtel glatt ziehen.

- Nach einer Stunde Trocknungszeit die Vorderseite mit 200er-Schleifpapier schleifen und gründlich reinigen.

- »Metallic-Spachtel hochelastisch« auftragen, um Unebenheiten auszugleichen. 30 Minuten aushärten lassen und beschleifen (P 230). Reinigen und Spachteln ggf. wiederholen.

- Auf die reparierte Fläche »Struktur-Spray« aus 20 cm Abstand kreuzweise aufsprühen. Achten Sie auf einen sauberen, guten Übergang zur nicht behandelten Fläche.

- Ebenfalls aus 20 cm Abstand und kreuzweise »Lackspray für Kunststoffteile« aufbringen. Soll perfekte Einheitlichkeit erreicht werden: Den gesamten Stoßfänger auf diese Weise lackieren. Falls die Stoßstange in Wagenfarbe lackiert ist, muss »Kunststoff-Haftvermittler« aufgetragen und mit Lack nach Anweisung des Kfz-Herstellers behandelt werden. Bei sauberer und präziser Arbeit ist das reparierte Teil nicht von einem neuen zu unterscheiden.

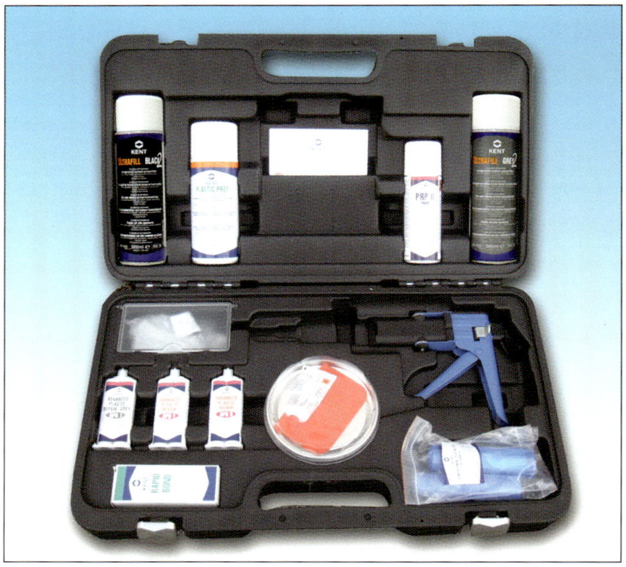

Passendes Set im Koffer: Vom Klebstoff bis zum Spachtel und der Grundierung stellt Kent einen Einsatzkoffer zusammen.

Schritt 1: Die Schadstelle muss beidseitig und gründlich ausgeschliffen werden. Anschließend die Schadstelle mit dem Kunststoffreiniger »Plastic-Prep« gründlich reinigen.

Schritt 2: Auf das passend geschnittene Gewebe mit Folie wird etwas Klebstoff aufgetragen.

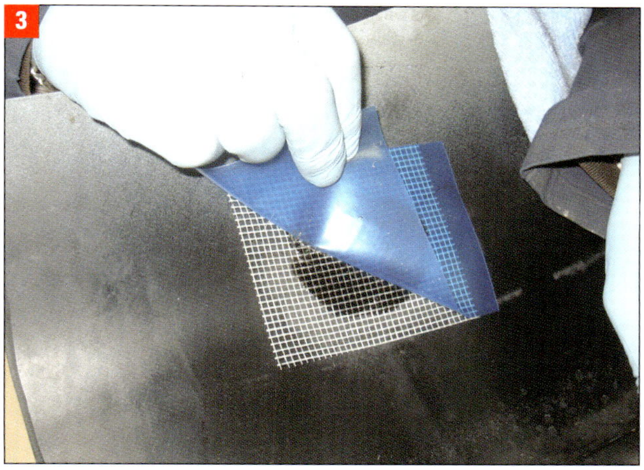

Schritt 3: Die vorbereitete Folie wird von hinten auf die Schadstelle aufgeklebt. Nach kurzer Trocknungszeit wird die Folie abgezogen.

Schritt 4: Auf der Vorderseite wird die Schadstelle mit Klebstoff aufgefüllt. Auf der Rückseite wird das Gewebe abgedeckt.

Schritt 5: Nach der Trocknungszeit können beide Seiten verschliffen werden.

Schritt 6: Die bearbeiteten Flächen werden erneut gründlich gereinigt und entfettet.

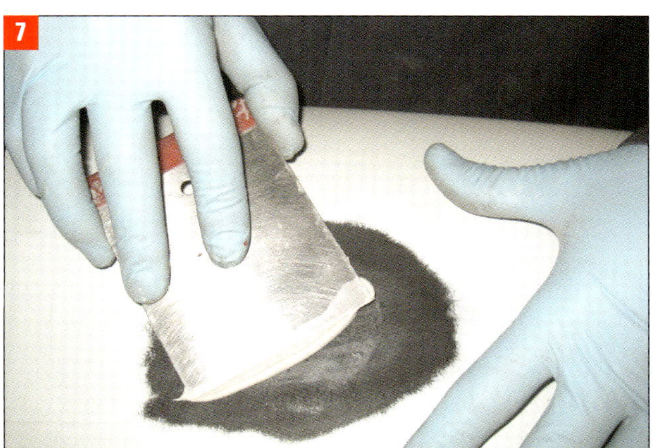

Schritt 7: Der Kunststoffspachtel aus dem Reparaturset kann nun aufgetragen werden.

Schritt 8: Grundierung und Filler in einem schließen den Arbeitsschritt ab. Weiter geht's dann mit der Lackierung.

Schalt- und Klemmpläne

Nicht nur die Ausstattung und die Aufgaben des Busses wachsen mit dem Umbau zum Camper Schritt für Schritt, natürlich müssen auch die elektrische Anlage und ihre Dokumentation mitwachsen. In diesem Kapitel liefern wir Ihnen einige Anschlussbeispiele für den T5 auf dem Weg zum Wohnmobil.

In diesem Kapitel wollen wir nicht die elektrische Anlage des T5-Busses darstellen. In der blauen Reparaturanleitung dieses Verlages für den T5 sind bereits einige Hilfen für die elektrische Anlage dargestellt. Wir möchten Ihnen aber einige Informationen zur Verfügung stellen, die Ihnen speziell beim Camper helfen. Diese wurden in dieser Form beim California umgesetzt, finden sich aber natürlich auch in Behördenfahrzeugen oder Fahrzeugen, die für einen speziellen Zweck mit einer Zweitbatterie oder sogar schon mit der zweiten Zweitbatterie, die ja dann eigentlich die Drittbatterie wäre, ausgerüstet wurden.

Zum Gebrauch der Stromlaufpläne

Die Bordelektrik wird in Aufbau und Vernetzung durch Stromlaufpläne (auch Schaltpläne genannt) dargestellt, die für den VW T5 in gedruckter Form schon in der Grundausführung 2200 Seiten umfassen, also einen Ordner von ganz beträchtlichem Umfang füllen. Das Schaltplanangebot enthält neben den einzelnen Stromlaufplänen für die Basisausstattung, die Elektrik für jeden einzelnen Motor bis hin zu Sonderausstattungen (z. B. für Climatronic, Dämpfersteuerung, Einparkhilfe, Rückfahrkamera oder Autogasbetrieb) auch zeitliche Überarbeitungen. Es macht sachlich wenig Sinn, und der begrenzte Umfang dieses Buches lässt das auch nicht zu, einzelne Stromlaufpläne aus der Fülle herauszugreifen und in diesem Ratgeber darzustellen. Wer bei der Arbeit an einer Baugruppe den jeweiligen aktuellen Schaltplan zugrunde legen möchte, hat folgende Möglichkeiten:

- Man kann die Informationen aus dem Fahrzeugbordbuch entnehmen.
- Man kann sie direkt bestellen und kaufen über https://erwin.volkswagen.de/erWinVW/
- oder per E-Mail: VWBestell@Bertelsmann.de
- oder per Post:
  Volkswagen Distributions-Service
  arvato logistics services,
  Friedrich-Menzefricke-Straße 16–18
  33775 Versmold.

Für den Umgang mit den Schaltplänen geben wir mit den folgenden Grafiken und Übersichten die grundsätzlichen Hinweise. Mit dem Bild auf der vorherigen Seite informieren wir über den Aufbau der Stromlaufpläne. Die folgende Liste fasst die häufig benutzten Klemmenbezeichnungen zusammen.

A - Batterie
B - Anlasser
D - Zündanlassschalter
J519 - Steuergerät für Bordnetz
T3a - Steckverbindung, 3-fach, im Wasserkasten (grau)
T8b - Steckverbindung, 8-fach, am Steuergerät für Bordnetz (braun)
(11) Massepunkt, im Motorraum links
(A1) Plusverbindung (30a), im Schalttafelleitungsstrang
(P1) Plusverbindung (30), im Sicherungskasten

Legende
In allen Stromlaufplänen werden für gleiche Bauteile die gleichen Teile-Bezeichnungen verwendet, z.B. immer A für Batterie.

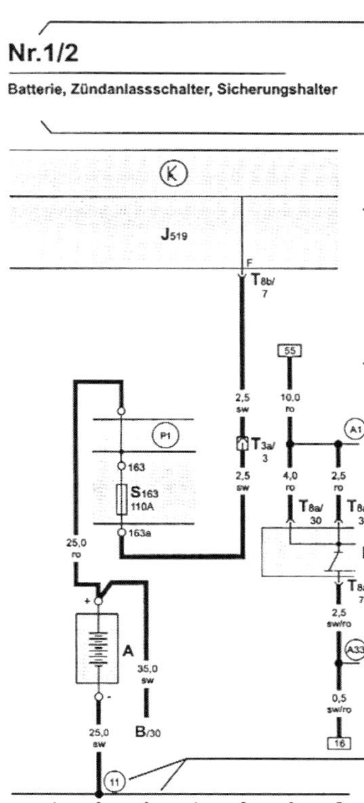

Schaltungskomplex (funktionsorientiert mit fortlaufender Nr.)

Bezeichnung der auf dieser Seite dargestellten Stromkreise

J519 – Steuergerät für Bordnetz durch graues Feld gekennzeichnet (weiter wird dieses Steuergerät in den Stromlaufplänen nicht mehr bezeichnet)

Verbraucherstromkreise mit Leitungsführung
Alle Schalter und Kontakte sind in mechanischer Ruhestellung gekennzeichnet

Schlüssel für Leitungsfarben

ws = weiß	bl = blau
sw = schwarz	gr = grau
ro = rot	li = lila
br = braun	ge = gelb
gn = grün	or = orange

Fahrzeugmasse
Zahlen in den Kreisen kennzeichnen den Einbauort (siehe Legende)

Strompfad-Nr.
Zum leichteren Auffinden der Verknüpfungen

Klemmenbezeichnungen nach Norm

15	Geschaltetes Plus hinter Batterie (Ausgangskontakt vom Zündanlassschalter)
15a	Geschaltetes Plus vom Zündanlassschalter (hinter der Sicherung)
30	Ausgang direkt von Batterie-Plus
30a	Ausgang direkt von Batterie-Plus (hinter der Sicherung)
30aI	Ausgeschaltetes Plus von Steuergerät für Bordnetz für Innenleuchte
31	Batterie-Minus oder Fahrzeugmasse
50	Ausgangskontakt vom Zündanlassschalter für Anlasser
54	Bremsleuchten
56	Ausgang von Lichtschalter für Abblendlicht und Fernlicht
56a	Fernlicht
56aL	Fernlicht links
56aR	Fernlicht rechts
56b	Abblendlicht
56bL	Abblendlicht links
56bR	Abblendlicht rechts
58	Stand- und Schlusslicht Kennzeichenleuchte
58d	Beleuchtung von Schaltern und Schalttafeleinsatz (Beleuchtungsintensität einstellen)
58L	Standlicht Schlusslicht und Parklicht links
58R	Standlicht Schlusslicht und Parklicht rechts
49L	Blinker links
49R	Blinker rechts
49a	Blinkrelais Ausgang (nur konventionelle Blinkanlagen)
71	Eingang für Signalhorn
75	Ausgangskontakt vom Zündanlassschalter zum Ausschalten von Verbrauchern für Entlastung der Batterie beim Anlassen
75a	Ausgeschaltetes Plus hinter dem Relais als Entlastung der Batterie beim Anlassen (hinter der Sicherung)
86s	Ausgeschaltetes Plus durch Zündanlassschalter beim vollständigen Herausziehen des Schlüssels aus dem Zündanlassschalter
87	Ausgangskontakt vom Kraftstoffpumpenrelais oder vom Relais für Dieseldirekteinspritzanlage
87a	Ausgangskontakt vom Kraftstoffpumpenrelais oder vom Relais für Dieseldirekteinspritzanlage hinter der Sicherung.
CAN - H. Antrieb	Datenbus zwischen Steuergeräte von Antrieb (Motor, automatisches Getriebe, ABS, Diagnose-Interface für Datenbus...)
CAN - L. Antrieb	
CAN - H. Komfort	Komfort-Datenbus zwischen Steuergeräte von Komfortelektrik (Türsteuergeräte, Climatic, Steuergerät für Bordnetz, Diagnose-Interface für Datenbus ...)
CAN - L. Komfort	
CAN - H - KI	Datenbus zwischen Schalttafeleinsatz und Diagnose-Interface für Datenbus
CAN - L- KI	
CAN - H. Infotainment}	Datenbus zwischen Diagnose-Interface für Datenbus und Radio, Verstärker ...
CAN - L. Infotainment	
LIN - Bus	Datenbus zwischen Steuergerät für Bordnetz, Steuergerät für Wischermotor ...
K-Leitung	Reizleitung Diagnoseleitung Steuergeräte

230-V-Bordladegerät (Schaltplan)

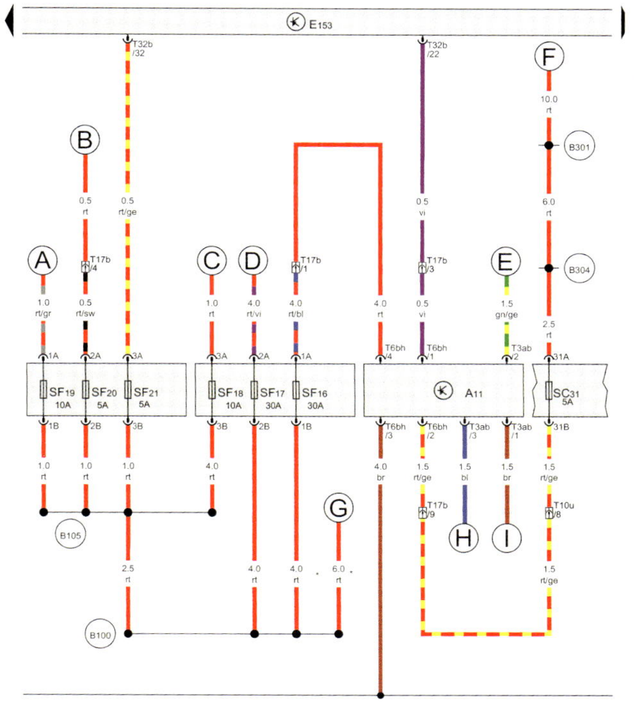

ws = weiss	rt = rot	bl = blau	vi = lila
sw = schwarz	br = braun	gr = grau	ge = gelb
ro = rot	gn = grün	li = lila	or = orange
			rs = rosa

Bordladegerät, Bedienungs- und Anzeigeeinheit für Campingausrüstung, Sicherung 16 auf Sicherungshalter F, Sicherung 17 auf Sicherungshalter F, Sicherung 18 auf Sicherungshalter F, Sicherung 19 auf Sicherungshalter F, Sicherung 20 auf Sicherungshalter F, Sicherung 21 auf Sicherungshalter F, Sicherung 31 auf Sicherungshalter C

A11	Bordladegerät, Nähe Kühlbox
E153	Bedienungs- und Anzeigeeinheit für Campingausrüstung
SF16	Sicherung 16 auf Sicherungshalter F
SF17	Sicherung 17 auf Sicherungshalter F
SF18	Sicherung 18 auf Sicherungshalter F
SF19	Sicherung 19 auf Sicherungshalter F
SF20	Sicherung 20 auf Sicherungshalter F
SF21	Sicherung 21 auf Sicherungshalter F
SC31	Sicherung 31 auf Sicherungshalter C
T3ab	Steckverbindung, 3fach, schwarz
T6bh	Steckverbindung, 6fach, grau
T10u	Steckverbindung, 10fach, blau, unter dem Fahrersitz
T17b	Steckverbindung, 17fach, schwarz, im Schrank unten
T32b	Steckverbindung, 32fach, schwarz
B100	Plusverbindung 4 im Leitungsstrang Camper
B105	Plusverbindung 5 im Leitungsstrang Camper
B301	Plusverbindung 5 (30) im Hauptleitungsstrang
B304	Plusverbindung 8 (30) im Hauptleitungsstrang
*	nur für Camper, nicht für Camper Beach
A	Zur Kühlbox
B	Zum Schalter Wasserhahn
C	Zum B531 (Plusversorgung Camperaufbau)
D	Zum Steuergerät Dachhydraulik
E	PE Schutzleiter an Fahrzeugmasse
F	KL30 Batterie Fahrzeug (Starterbatterie)
G	KL 30 Zusatzbatterie 1
H	230V Nulleiter
I	230V Leiter L1 (Spannungsführend)

230-V-Bordladegerät (Schaltschema)

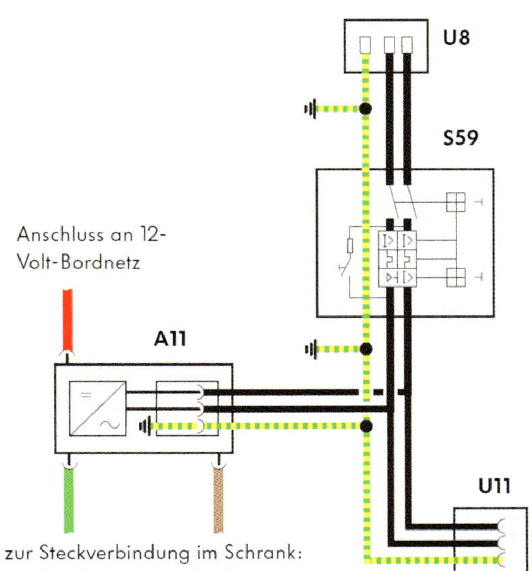

zur Steckverbindung im Schrank:

- Signalleitung zur Bedienungs- und Anzeigeeinheit für Campingausrüstung E153,
- Masseanbindung

Wechselspannung 230 V

Schutzleiter

A11 = Bordladegerät

S59 = 230-V-Personenschutz-Automat

U8 = 230-V-Außensteckdose (Netzanschluss)

U11 = 230-V-Innersteckdose

Zweitbatterie Spannungsversorgung

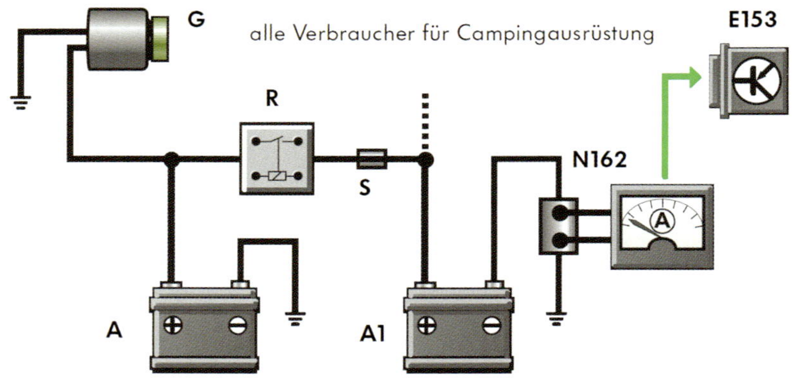

A	Starterbatterie	N162	Messwiderstand für Batterie-Ladungskontroll (nahe der Zweitbatterie unter dem Beifahrersitz verbaut)
A1	Zweitbatterie (Serienausstattung, unter dem Beifahrersitz verbaut)	R	Trennrelais
E153	Bedienungs- und Anzeigeeinheit für Campingausrüstung	S	Sicherung
G	Generator		

Zweitbatterie Spannungsversorgung (nicht Camper)

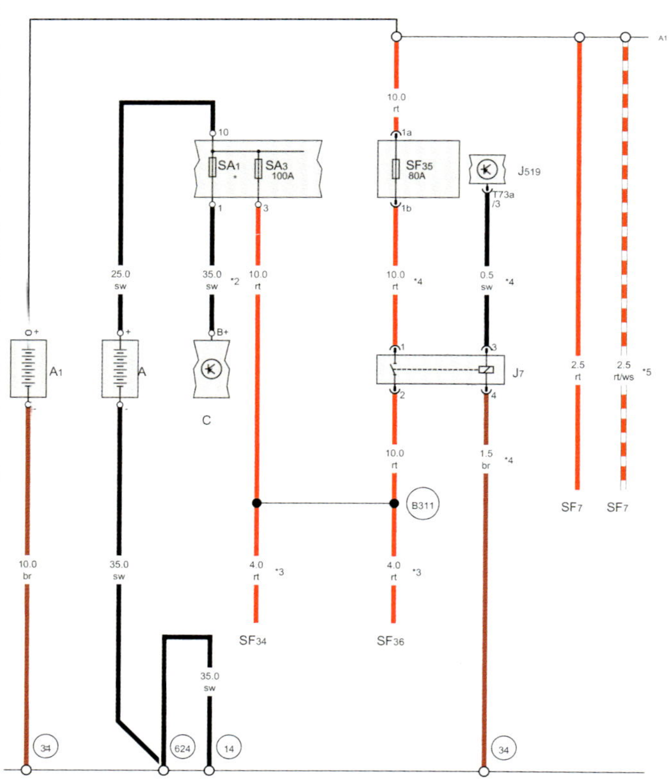

Batterie, Zweitbatterie, Batterietrennrelais, Sicherung 7 auf Sicherungshalter F, Sicherung 35 auf Sicherungshalter F

A	Batterie
A1	Zweitbatterie
C	Drehstromgenerator
J7	Batterietrennrelais, im Fahrersitzkasten
J519	Bordnetzsteuergerät
SA1	Sicherung 1 auf Sicherungshalter A
SA3	Sicherung 3 auf Sicherungshalter A
SF7	Sicherung 7 auf Sicherungshalter F
SF34	Sicherung 34 auf Sicherungshalter F
SF35	Sicherung 35 auf Sicherungshalter F
SF36	Sicherung 36 auf Sicherungshalter F
T73a	Steckverbindung, 73fach, schwarz
14	Massepunkt am Getriebe
34	Massepunkt unter Fahrersitz
624	Massepunkt neben Starterbatterie
B311	Plusverbindung 15 (30) im Hauptleitungsstrang
*	siehe Einbauorte
*2	Querschnitt ist ausstattungsabhängig
*3	nur für Fahrzeuge mit elektrischer Schiebetür
*4	nur für Fahrzeuge ohne Campingausstattung
*5	nur für Fahrzeuge mit Kühlbox, nicht für Camper

ws = weiss
sw = schwarz
ro = rot
rt = rot
br = braun
gn = grün
bl = blau
gr = grau
li = lila
vi = lila
ge = gelb
or = orange
rs = rosa

Drittbatterie Spannungsversorgung (Auslegung beim California)

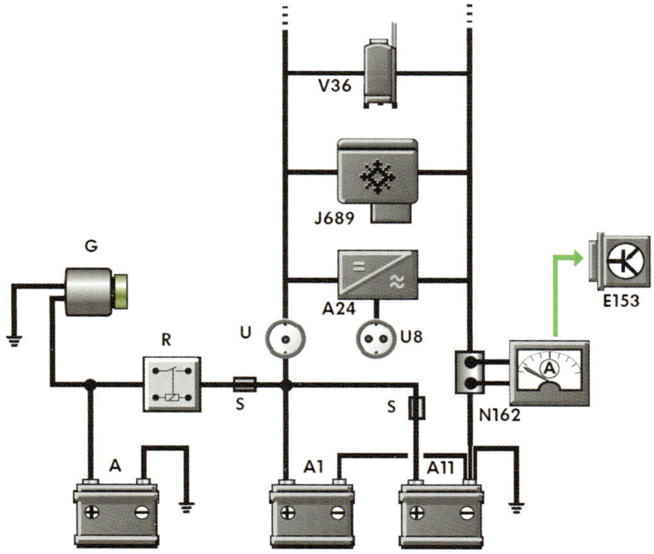

A	Starterbatterie
A1	Zweitbatterie (Serienausstattung, unter dem Beifahrersitz verbaut)
A11	Bordladegerät
A24	Batterie für Sonderfahrzeug (bei Ausstattung mit Zusatzluftheizung oder optional; vom Kofferraum aus hinter dem Frischwassertank verbaut)
E153	Bedienungs- und Anzeigeeinheit für Campingausrüstung
G	Generator
J689	Kühlbox
N162	Messwiderstand für Batterie-Ladungskontrolle (im Schrank unter der Kühlbox verbaut)
R	Trennrelais
S	Sicherung
U	Steckdose (12 Volt)
U8	230-V-Außensteckdose
V36	Wasserpumpe

Drittbatterie Spannungsversorgung (Auslegung beim California)

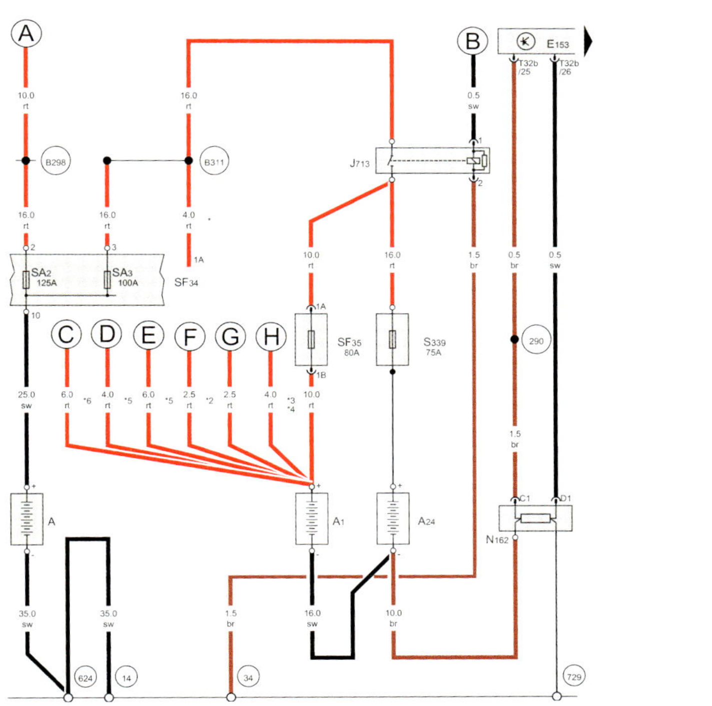

Zweitbatterie, Batterie für Sonderfahrzeug, Bedienungs- und Anzeigeeinheit für Campingausrüstung, Laderelais für Zweitbatterie, Messwiderstand für Batterieladungskontrolle, Sicherung 2 auf Sicherungshalter A, Sicherung 3 auf Sicherungshalter A

A	Batterie
A1	Zweitbatterie
A24	Batterie für Sonderfahrzeug
E153	Bedienungs- und Anzeigeeinheit für Campingausrüstung
J713	Laderelais für Zweitbatterie
N162	Messwiderstand für Batterieladungskontrolle
SA2	Sicherung 2 auf Sicherungshalter A
SA3	Sicherung 3 auf Sicherungshalter A
SF34	Sicherung 34 auf Sicherungshalter F
SF35	Sicherung 35 auf Sicherungshalter F
S339	Sicherung für Batterie im Sonderfahrzeug
T32b	Steckverbindung, 32fach, schwarz
14	Massepunkt am Getriebe
34	Massepunkt unter Fahrersitz
290	Masseverbindung - im Leitungsstrang Zweitbatterie
624	Massepunkt neben Starterbatterie
729	Massepunkt am Radhaus hinten links
B298	Plusverbindung 2 (30) im Hauptleitungsstrang
B311	Plusverbindung 15 (30) im Hauptleitungsstrang
A	geht zu SC31
B	wird vom Bordnetzsteuergerät T73a/42 angesteuert
C	über SF17 zum Steuergerät für Dachhydraulik
D	über SF4 zur Taschenlampe Beifahrersitz
E	KL30 im Hauptleitungsstrang (B307)
F	SF 23 12V Steckdose an der Spüle
G	SF7 KL30 Wechselrichter
H	KL 30 Camperaufbau auf S131, S132, S133

ws	=	weiss	gr	=	grau	*	nur für Fahrzeuge mit elektrischer Schiebetür
sw	=	schwarz	li	=	lila	*2	Querschnitt 6,0 möglich
ro	=	rot	vi	=	lila	*3	nur für Camper Beach
rt	=	rot	ge	=	gelb	*4	Querschnitt 1,5 möglich
br	=	braun	or	=	orange	*5	je nach Ausstattung
gn	=	grün	rs	=	rosa	*6	nur für Camper, nicht für Camper Beach
bl	=	blau					

Wechselrichter mit Steckdose

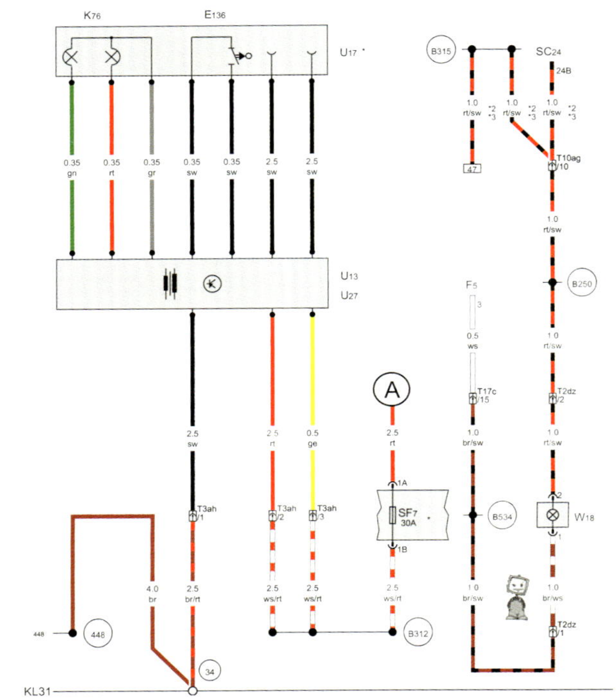

Wechselrichter mit Steckdose, 12 V-230 V, Innensteckdose 2, 230 V, 110 V, Kofferraumleuchte links

E136	Schalter für Wechselrichter
F5	Schalter für Kofferraumbeleuchtung
K76	Kontrollleuchte für Steckdose
SF7	Sicherung 7 auf Sicherungshalter F
SC24	Sicherung 24 auf Sicherungshalter C
T2dz	Steckverbindung, 2fach, schwarz, hinter der D-Säulen-Verkleidung links
T3ah	Steckverbindung, 3fach, schwarz, am Wechselrichter
T10ag	Steckverbindung, 10fach, braun, in der Kupplungsstation, A-Säule links
T17c	Steckverbindung, 17fach, schwarz, hinter der D-Säulen-Verkleidung links unten
U13	Wechselrichter mit Steckdose, 12 V-230 V
U17	Innensteckdose 2, 230 V, 110 V
U27	Wechselrichter mit Steckdose, 12 V-115 V
W18	Kofferraumleuchte links
34	Massepunkt unter Fahrersitz
448	Masseverbindung 1 im Leitungsstrang Camper
B250	Plusverbindung im Leitungsstrang Dach
B312	Plusverbindung 16 (30) im Hauptleitungsstrang
B315	Plusverbindung 1 (30a) im Hauptleitungsstrang
B534	Verbindung 1 (Schalter Kofferraum) im Leitungsstrang Dach
A	B+ der Zusatzbatterie 1

ws	= weiss		gr	=	grau
sw	= schwarz		li	=	lila
ro	= rot		vi	=	lila
rt	= rot		ge	=	gelb
br	= braun		or	=	orange
gn	= grün		rs	=	rosa
bl	= blau				

Spannungsversorgung Camperaufbau

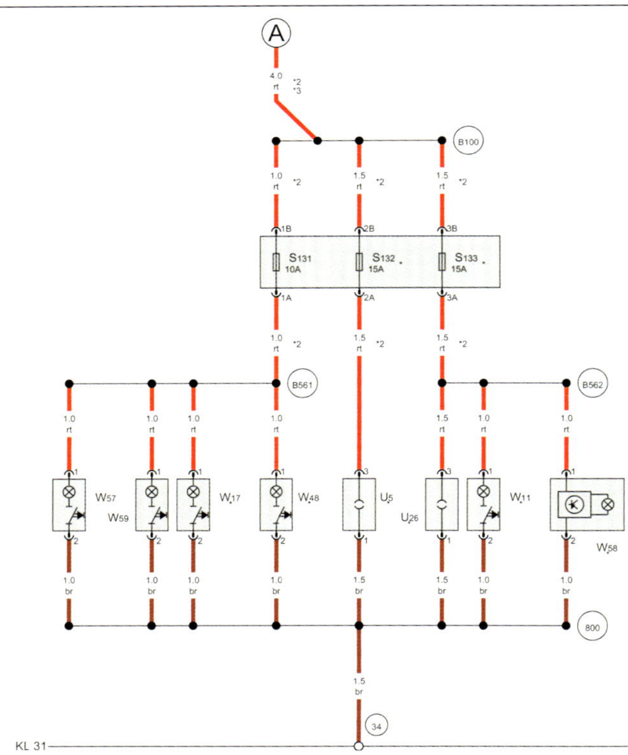

Schmelzsicherung 1, Schmelzsicherung 2, Schmelzsicherung 3, 12-V-Steckdose, 12-V-Steckdose 5, Leseleuchte hinten links, Innenleuchte rechts, Innenleuchte hinten rechts, Leuchte 1 für Küche, Leuchte 2 für Küche, Leuchte 3 für Küche

S131	Schmelzsicherung 1
S132	Schmelzsicherung 2
S133	Schmelzsicherung 3
U5	12-V-Steckdose, an der B-Säule links oben
U26	12-V-Steckdose 5, an der B-Säule links
W11	Leseleuchte hinten links, in der D-Säule links
W17	Innenleuchte rechts, an der B-Säule rechts oben
W48	Innenleuchte hinten rechts, an der C-Säule rechts
W57	Leuchte 1 für Küche, an der B-Säule links oben
W58	Leuchte 2 für Küche
W59	Leuchte 3 für Küche, an der C-Säule links
34	Massepunkt unter Fahrersitz
800	Masseverbindung 4 im Leitungsstrang Camper
B100	Plusverbindung 4 im Leitungsstrang Camper
B561	Plusverbindung 1 im Leitungsstrang Camper
B562	Plusverbindung 2 im Leitungsstrang Camper
*	nur für Fahrzeuge mit 12-V-Steckdose
*2	nur für Camper Beach
*3	Querschnitt 1,5 möglich
A	Kommt von H »Zweitbatterie Spannungsversorgung« KL30

ws	= weiss		gr	=	grau
sw	= schwarz		li	=	lila
ro	= rot		vi	=	lila
rt	= rot		ge	=	gelb
br	= braun		or	=	orange
gn	= grün		rs	=	rosa
bl	= blau				

Adressen und Kontakte

Nicht nur die Ausstattung und die Aufgaben des Busses wachsen mit dem Umbau zum Camper Schritt für Schritt, natürlich müssen auch die elektrische Anlage und ihre Dokumentation mitwachsen. In diesem Kapitel liefern wir Ihnen einige Anschlussbeispiele für den T5 auf dem Weg zum Wohnmobil.

Fahrzeughersteller

bimobil – von Liebe GmbH
Aich 15
85667 Oberpframmern
Telefon: + 49 (0) 8106 99690
info@bimobil.com
www.bimobil.com

Dipa Reisemobilbau e.K Jürgen Pasler
Siemensstraße 5
72622 Nürtingen-Zizishausen
Telefon + 49 07022 65901
info@dipa-reisemobilbau.de
www.dipa-reisemobilbau.de

Bürstner GmbH & Co. KG
Weststraße 33
77694 Kehl
Telefon: + 49 (0) 7851 850
info@buerstner.com
www.buerstner.com

Capron GmbH
Berghausstraße 1
01844 Neustadt/Sa.
Telefon: + 49 (0) 3596 530
kontakt@capron.eu
www.capron.de

Campmobil Schwerin GbR
Görslower Straße 2
19067 Leezen
Telefon + 49 (0) 3866 544
vertrieb@campmobil-schwerin.de
www.campmobil-schwerin.de

Colognecamper Jörg Remus
Auenweg 173, Gebäude 6
51063 Köln
Telefon + 49 (0)221 259211049
info@colognecamper.com

Easycamper Freizeit Wittke GmbH,
Ernststraße 12
13509 Berlin
Telefon + 49 (0)30 43777711
info@freizeit-wittke.de
www.easycamper-germany.de

REIMO Reisemobilcenter GmbH
Boschring 10
63329 Egelsbach
Telefon: + 49 (0) 6103 400575
info@reimo.com
www.reimo.com

ROBEL-Mobil Fahrzeugbau GmbH
Wankelstraße 1
48488 Emsbüren
Telefon: + 49 (0) 5903 93990
info@robel.de
www.robel.de

Neureuther Automobile
Mannheimer Straße 56
68535 Edingen-Neckarhausen
Telefon: + 49 (0) 6203 9543810
j.neureuther@neureuther-automobile.de
www.neureuther-automobile.de

Schmitz Reisemobile
Badenheimer Straße 21
55576 Sprendlingen
Telefon: + 49 (0) 6701 911536
info@ schmitz-reisemobile.de
www.schmitz-reisemobile.de

Skippy Campmodul Erhard Rau
Berghovener Straße 71
53227 Bonn
info@skippy-campmodul.de
www.skippy-campmodul.de

Terracamper Martin Hemp
Lange Eck 9
58099 Hagen
Telefon: + 49 (0) 2331 900804
info@terracamper.de, www.terracamper.de

Tischer GmbH Freizeitfahrzeuge
Frankenstraße 3
97892 Kreuzwertheim
Telefon: + 49 (0) 9342 8159
tischer.trail@t-online.de
www.tischer-pickup.com

VanEssa mobilcamping Hubert Vollert
Lauser Straße 27
83620 Großhöhenrain
info@vanessa-mobilcamping.de
www.vanessa-mobilcamping.de

Volkswagen AG I
Volkswagen Nutzfahrzeuge
Postfach 21 05 80
30405 Hannover
Telefon: + 49 (0) 511 7980
vw@volkswagen.de
www.volkswagen-nutzfahrzeuge.de

Werz Wohnmobile
Gewerbestraße 2
72813 St. Johann-Upfingen
info@werz-wohnmobile.de
www. werz-wohnmobile.de

Westfalen Mobil GmbH
Franz-Knöbel-Straße 34
33378 Rheda-Wiedenbrück
Telefon: + 49 (0) 5242 150
infoservice@westfalia-mobil.de
www.westfalia-mobil.de

Zulieferer

ABL SURSUM
Bayerische Elektrozubehör GmbH & Co. KG
Ottensooser Straße 22
91207 Lauf/Pegnitz
Telefon: + 49 (0) 9123 1880
info@abl-sursum.com
www.abl-sursum.com

Alde Deutschland GmbH
Mühläckerstraße 11
97520 Röthlein
Telefon: + 49 (0) 9723 911660
info@alde-deutschland.de
www.alde-deutschland.de

Alois Kober GmbH
Ichenhauser Straße 14
89359 Kötz
Telefon: + 49 (0) 8221 97-82 19
fahrzeugtechnik@al-ko.de
www.al-ko.de

alphatronics GmbH
Breitengraserstraße 6
90482 Nürnberg
Telefon: + 49 (0) 911 216554-0
info@alphatronics.de
www.alphatronics.de

Fritz Berger GmbH
Fritz-Berger-Straße 1
92318 Neumarkt
Telefon: + 49 (0) 9181 3300
www.fritz-berger.de

Berker GmbH & Co. KG
Klagebach 38, 58579
Schalksmühle
Telefon: +49 (0) 2355 9050
info@berker.de
www.berker.de

Büttner Elektronik GmbH
Dieselstraße 27
48485 Neuenkirchen
Telefon: + 49 (0) 5973 900370
info@buettner-elektronik.de
www.buettner-elektronik.de

Comet-Pumpen Systemtechnik GmbH & Co. KG
Industriestraße 5
37308 Pfaffschwende
Telefon: + 49 (0) 36082 4360
kontakt@comet-pumpen.de
www.comet-pumpen.de

dataschalt engineering GmbH
An der Hülshorst 7–9
23568 Lübeck
Telefon + 49 (0) 451 29059-0
kontakt_engineering@dataschalt.com
www.dataschalt.com

DEKA Kleben & Dichten GmbH DEKALIN®
Gartenstraße 4
63691 Ranstadt
Telefon + 49 (0) 6041 820380
info@dekalin.de
www.dekalin.de

Dometic GmbH,
In der Steinwiese 16,
57074 Siegen,
Telefon: + 49 (0) 271 692-0,
info@dometic.de,
www.dometic.de

Dometic Seitz GmbH
Altkrautheimer Strasse 28
74238 Krautheim
Telefon: + 49 (0) 6294 9070
info@dometic.de
www.dometic.de

dwt-Zelte Dieter Winneknecht GmbH
Harzweg 11
34225 Baunatal
Telefon: + 49 (0) 561 948770
info@dwt-zelte.de
www.dwt-zelte.de

EXIDE Technologies GmbH
Im Thiergarten
63654 Büdingen
Telefon: + 49 (0) 6042 81149
automotive@exide.de
www.exide.de

FAWO GmbH Fahrzeugtechnik
Am Neuberg 10
55268 Nieder-Olm
Telefon: + 49 (0) 6136 76171
info@fawo.de
www.fawo.de

GOK Regler- und Armaturen
Gesellschaft mbH & Co.KG
Obernbreiter Straße 2–16
97340 Marktbreit
Telefon: + 49 (0) 9332 4040
info@gok-online.de
www.gok-online.de

HARTAL Hans Holzhauer GmbH & Co. KG
Fritz-Lürmann-Straße 21
58638 Iserlohn
Telefon: + 49 (0) 2371 3540
info@hartal.de
www.hartal.de

Henkel AG & Co. KGaA
Standort München
Gutenbergstraße 3
85748 Garching
Telefon: + 49 (0) 89 92681116
joerg.ameln@henkel.com
www.henkel.com

Holzbearbeitung Kraus GmbH
St.-Nikolaus-Straße 8
86450 Zusamzell
Telefon: + 49 08296 96550
zentrale@kraus-holzbearbeitung.de
www.kraus-holzbearbeitung.de

Höpke Möbelstoff-Handels GmbH
Simonsgasse 19–21
96489 Niederfüllbach
Telefon: + 49 (0) 9565 7960
info@hoepke.de
www.hoepke.de

Kathrein-Werke KG
Anton-Kathrein-Straße 1–3
83022 Rosenheim
Telefon: + 49 (0) 8031 184-0
sat@kathrein.de
www.kathrein.de

Otto Just GmbH & Co. KG
Rapsacker 21
23556 Lübeck
Telefon: + 49 (0) 451 879720
info@otto-just.de
www.otto-just.de

Kesseböhmer GmbH
Mindener Straße 208
49152 Bad Essen
Telefon: + 49 (0) 5742 460
info@kesseboehmer.de
www.kesseboehmer.de

Liedtke Kunststofftechnik GmbH
Industriestraße 10 –12
85229 Markt Indersdorf
Telefon: + 49 (0) 8136 93010
schneider.d@kunststoff-liedtke.de
www.kunststoff-tiefziehtechnik-liedtke.de

LILIE GmbH & Co. KG
Heinrich-Hertz-Straße 30
74354 Besigheim
Telefon: + 49 (0) 7143 96230
info@lilie.com
www.lilie.com

Megasat Werke GmbH
Industriestraße 4 a
97618 Niederlauer
Telefon: + 49 (0) 9771 63567-100
info@megasat.tv
www.megasat.tv

Reich GmbH
Regel- und Sicherheitstechnik
Ahornweg 37
35713 Eschenburg
Telefon: + 49 (0) 2774 93050
info@reich-web.com
www.reich-web.com

Remis
Gesellschaft für Entwicklung und Vertrieb
von technischen Elementen mbH
Mathias-Brüggen-Straße 67–69
50829 Köln
Telefon: + 49 (0) 221 788800
remis@remis.de
www.remis.de

Schattdecor AG
Walter-Schatt-Allee 1–3
83101 Thansau
Telefon: + 49 (0) 8031 275-0
info@schattdecor.de
www.schattdecor.de/de/

SFC Energy AG
Eugen-Sänger-Ring 7
85649 Brunnthal
Telefon: + 49 (0) 89 6735920
info@sfc.com
www.sfc.com

Sika Deutschland GmbH
Kornwestheimer Straße 103–107
70439 Stuttgart,
Telefon: + 49 (0) 711 80090
industry@de.sika.com
www.sika.de

tegos GmbH & Co. KG
Heiligenberger Straße 44
88356 Ostrach
Telefon: + 49 (0) 7585 1898
E-Mail: info@tegos-systeme.de
www.tegos-systeme.de

Teleco GmbH
Franz-Josef-Strauß-Straße 41
82041 Deisenhofen
Telefon: + 49 (0) 8031 98939
telecogmbh@telecogroup.com
www.telecogroup.com

ten Haaft GmbH
Oberer Strietweg 8
75245 Neulingen-Göbrichen
Telefon: + 49 (0) 7237 48550
info@ten-haaft.de
www.ten-haaft.com

Truma Gerätetechnik GmbH & Co. KG
Wernher-von-Braun-Straße 12
85640 Putzbrunn
Telefon: + 49 (0) 89 46170
info@truma.com
www.truma.com

Vöhringer GmbH
In Aufzügen 11
72818 Trochtelfingen
Telefon: + 49 (0) 7124 92980
voehringer@v-group.com
www.v-group.com

Dometic WAECO International GmbH
Hollefeldstraße 63
48282 Emsdetten
Telefon: + 49 (0) 2572 8790
vbb@waeco.de
www.dometic-waeco.de

Webasto AG
Kraillinger Straße 5
82131 Stockdorf
Telefon: + 49 (0) 89 857940
kundencenter@webasto.com
www.webasto-reisemobil.de

Organisationen und Verbände

DVFG
Deutscher Verband Flüssiggas e.V.
Stralauer Platz 33–34
10243 Berlin
Telefon: + 49 (0) 30 2936710
info@dvfg.de
www.dvfg.de

TÜH, TÜV Technische Überwachung Hessen GmbH
Rüdesheimer Straße 119
64285 Darmstadt
Telefon: + 49 (0) 6151 600-0
www.tuev-hessen.de

TÜV SÜD AG
Westendstraße 199
80686 München,
Telefon: + 49/89/5791-0
info@tuev-sued.de
www.tuev-sued.de

TÜV NORD AG
Am TÜV 1
30519 Hannover
Telefon: + 49 511 998-0
infotuev-nord.de
www.tuev-nord.de

TÜV Rheinland AG
Am Grauen Stein
51105 Köln
Telefon: + 49 (0) 221 / 806 - 0
genau.richtig@de.tuv.com
www.tuv.com/

TÜV Thüringen-Gruppe
Melchendorfer Str. 64
99096 Erfurt
Telefon: + 49 (0) 361 4283 - 0
info@tuev-thueringen.de
www.tuev-thueringen.de

TÜV Saarland e.V.
Am TÜV 1
D-66280 Sulzbach
Telefon: + 49 (0) 68 97 / 5 06 -0
E-Mail: info@tuev-saar.de
www.tuev-saar.de/

GTÜ
Gesellschaft für Technische Überwachung mbH
vor dem Lauch 25
70567 Stuttgart
Telefon: + 49 (0) 711 97676-0
E-Mail: info@gtue.de
www.gtue.de

FSP GmbH & Co KG
Zur Bergmeierei 1
14548Schwielowsee (Brandenburg)
Telefon: + 49 (0) 3327 5998-0
www.fsp.de

DEKRA
Handwerkstrasse 15
70565 Stuttgart
Telefon + 49 (0) 711 7861 - 0
www.dekra.de